소방기계시설론

유창범, 이장원, 유재길, 이정필 지음

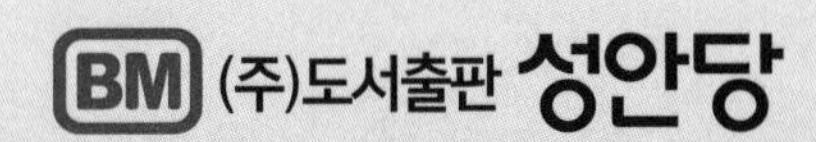

■ 도서 A/S 안내

성안당에서 발행하는 모든 도서는 저자와 출판사, 그리고 독자가 함께 만들어 나갑니다.

좋은 책을 펴내기 위해 많은 노력을 기울이고 있습니다. 혹시라도 내용상의 오류나 오탈자 등이 발견되면 "좋은 책은 나라의 보배"로서 우리 모두가 함께 만들어 간다는 마음으로 연락주시기 바랍니다. 수정 보완하여 더 나은 책이 되도록 최선을 다하겠습니다.

성안당은 늘 독자 여러분들의 소중한 의견을 기다리고 있습니다. 좋은 의견을 보내주시는 분께는 성안당 쇼핑몰의 포인트(3,000포인트)를 적립해 드립니다.

잘못 만들어진 책이나 부록 등이 파손된 경우에는 교환해 드립니다.

저자 문의 e-mail : 671121@hanmail.net

본서 기획자 e-mail : coh@cyber.co.kr(최옥현)

홈페이지 : http://www.cyber.co.kr 전화 : 031) 950-6300

머리말

21세기 현대 사회에서 소방기계설비는 화재로 인한 재난을 예방하고, 인명과 재산을 보호하는 데 중요한 역할을 하고 있습니다. 소방기계설비는 그 자체로도 중요하지만, 이를 이해하고 효과적으로 활용할 수 있는 전문 인력과 불의의 화재로부터 생명과 재산을 안전하게 지키기 위해서는 체계적이고 신뢰할 수 있는 소방기계설비가 필요합니다. 소방기계설비는 단순히 화재를 진압하는 것을 넘어 예방하고 관리하며 대비하는 데에도 중점을 둡니다. 이를 통해 건축물 내 거주자들의 안전을 강화하고, 화재로 인한 피해를 최소화하는 데 이바지합니다.

이 책에서는 소방기계설비의 기초부터 고급 기술까지 다양한 내용을 다루며, 독자들이 실질적인 지식과 기술을 습득할 수 있도록 안내합니다. 소방기계설비의 종류, 설치 및 유지 보수 방법, 그리고 최신 기술 등을 통해 소방분야의 전문가로 성장하는 데 필요한 모든 정보를 제공합니다.

현대 사회에서 전문 자격증은 개인의 직업적 발전과 경력 성장을 위한 중요한 도구입니다. 자격증을 획득함으로써 개인은 자신의 전문지식을 공식적으로 인정받고, 경쟁력 있는 인재로 자리매김할 수 있습니다. 이 책은 독자들이 소방설비 기계분야의 자격증을 성공적으로 취득할 수 있도록 자격증 시험의 준비 과정을 단계별로 설명하고, 필요한 이론적 지식과 실용적인 팁을 제공합니다. 또한, 실제 시험에서 자주 출제되는 문제유형과 해결방법을 다루어 독자들이 효과적으로 학습할 수 있도록 하였으며, 또한 각 장마다 상세한 설명과 그림, 실전 문제 풀이를 통해 독자들이 자신감을 가지고 시험에 임할 수 있도록 구성했습니다.

이 책을 통해 독자 여러분이 원하는 자격증을 취득하고, 더욱 밝은 미래를 향해 나아가길 바랍니다.

또한 본서가 소방기계설비에 대한 이해를 높이고, 더욱 안전한 환경을 구축하는 데 실질적인 큰 도움이 될 것입니다.

「소방기계시설론」은 소방기계기구 및 설비에 대해 다음 내용을 담고 있습니다.

- **소방설비의 구성요소** : 소화기, 스프링클러등, 물분무등, 배관, 배관부속품 등
- **소방설비의 작동원리** : 소화설비의 작동방식, 작동원리, 배관설비의 구성 및 작동방식 등
- **소방설비의 관리방법** : 소방기계의 정기점검, 법적 · 기술적 적정관리방법, 문제발생 시 대응방법 등

이와 같은 내용을 통해 「**소방기계시설론**」은 다음과 같이 소방설비의 효율적인 운영과 안전한 환경을 유지하는 데 중요한 역할을 합니다.

- **화재 예방 및 진압** : 효과적인 소방기계설비를 통해 화재를 예방하고, 화재발생 시 신속하고 안전하게 진압할 수 있습니다.
- **인명 및 재산 보호** : 소방기계설비는 화재로 인한 인명 피해와 재산 손실을 최소화하는 데 중요한 역할을 합니다.
- **법적 요구사항 준수** : 건축물에 대한 소방기계설비 설치 및 유지 보수는 법적으로 요구되는 사항입니다. 이를 이해하고 준수하는 것은 안전한 환경을 유지하는 데 필수적입니다.
- **기술 향상 및 전문성 강화** : 소방기계설비에 대한 지식과 기술을 습득함으로써 전문성을 강화하고, 소방 관련 직업에서 더욱 효율적으로 일할 수 있습니다.
- **재난 대응 능력 강화** : 다양한 소방기계설비를 이해하고 사용할 수 있는 능력은 재난발생 시 신속하고 적절한 대응을 가능하게 합니다.

이 책이 소방기계설비 분야에 관심을 두고 있는 모든 학생에게 유익한 지침서가 되기를 바랍니다. 또한 여러분의 학습과 연구에 큰 도움이 되길 바라며, 전문성을 가진 전문가로 건승하기를 바랍니다.

끝으로 이 책의 출판을 위해 많은 노력을 기울여주신 성안당 출판사 관계자에게 심심한 감사를 드립니다.

이 책의 구성

(2) 설치장소의 제한

① 지하층, 무창층, 밀폐된 거실로서 바닥면적 20[m^2] 미만의 장소(CO_2, 할로겐 화합물 소화기(자동확산소화기 제외)) ★★★★★

무지밀2

② 예외 : 배기를 위한 유효한 개구부가 있는 장소

중요 내용은 '색'으로 표시하여 구분해서 학습할 수 있도록 구성하였다.

중요 내용을 암기할 수 있도록 '암기팁'을 제시하였다.

3 소화기구의 작동원리

(1) 소화기구

① 소화기 : 소화약제를 압력에 따라 방사하는 기구로서 사람이 수동으로 조작하여 소화하는 아래의 것

꼼꼼체크 **소화약제** : 소화기구 및 자동소화장치에 사용되는 소화 성능이 있는 고체·액체 및 기체의 물질

㉠ 소화능력단위에 의한 분류 ★★★★★

구분	능력단위	
소형 소화기	1단위 이상	
대형 소화기	A급	10단위 이상
	B급	20단위 이상

시험에 자주 출제되는 내용은 '별표(★)'로 표시하여 집중적으로 학습할 수 있도록 구성하였다.

▌소형 소화기▐

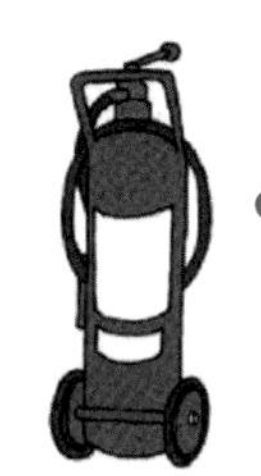
▌대형 소화기(차륜식)▐

내용을 간략한 '표'와 '그림'으로 표현하여 알기 쉽게 이해할 수 있도록 정리하였다.

꼼꼼체크 **대형 소화기**
화재 시 사람이 운반할 수 있도록 운반대와 바퀴가 설치되어 있고 능력단위가 A급 10단위 이상, B급 20단위 이상인 소화기를 말한다.

본문 중 참고할 내용은 '꼼꼼체크'로 정리하여 이해하는 데 도움을 주었다.

이 책의 구성

실제 자격시험에 대비할 수 있도록 출제되었던 문제와 출제가 예상되는 문제를 '**객관식 기출 · 예상문제**'로 정리하여 구성하였다.

문제에 '**이해도**'를 구성하여 문제를 얼마나 이해했는지 체크하면서 학습할 수 있도록 도움을 주었다.

자주 출제되는 문제에 '**중요도(★)**'를 제시하여 집중하여 학습할 수 있도록 구성하였다.

본문에서 중요한 내용을 '**단답식 핵심문제**'로 구성하여 한 번 더 핵심내용을 파악하고 이해했는지 확인할 수 있도록 수록하였다.

CHAPTER 02 · 옥내 · 외소화전

객관식 기출·예상문제

01 이해도 ○ △ × / 중요도 ★★

국내 규정상 단위 옥내소화전설비 가압송수장치의 최소시설기준으로 다음과 같은 항목을 맞게 열거한 것은? (단, 순서는 법정 최소방사량[L/min] – 법정 최소방출압력[MPa] – 법정 최소방출시간[분]이다.)

① 130[L/min] – 1.0[MPa] – 30[분]
② 350[L/min] – 2.5[MPa] – 30[분]
③ 130[L/min] – 0.17[MPa] – 20[분]
④ 350[L/min] – 3.5[MPa] – 20[분]

해설 옥내소화전설비

구분	방사량	방수압	방출시간
옥내소화전	130[L/min]	0.17[MPa]	20[min]

암기 Tip 내일칠하자

여기서, 130[L/min] : 분당 방사량
20[min] : 방사시간

▌옥내소화전 층방출계수▐

층수	층방출계수	비고
30층 미만	$2.6\times N$ (≤2)	$2.6[m^3]$= 130[L/min]×20[min]
30~49층	$.2\times N$ (≤2)	기본량의 2배 (2.6×2)
50층 이상	$7.8\times N$ (≤2)	기본량의 3배 (2.6×3)

03 이해도 ○ △ × / 중요도 ★★

소화설비의 지하수조에 소화설비용 펌프의 후드밸브 위에 일반급수 펌프의 후드밸브가 설치되어 있을 때 소

CHAPTER 02 · 옥내 · 외소화전

단답식 핵심문제

01 옥내소화전 1차 수원량$[m^3]$: (①) × N(≤(②))

02 층방출계수

층수	층방출계수
30층 미만	(①)
30 ~ 49층	(②)
50층 이상	(③)

이 책의 차례

이 책의 차례

CHAPTER 04 물분무소화설비

CHAPTER 05 포소화설비

CHAPTER 06 가스계 소화설비

CHAPTER 09 기 타

소방기계 시설론

CHAPTER 01_ 소화기구
CHAPTER 02_ 옥내·외소화전
CHAPTER 03_ 스프링클러설비
CHAPTER 04_ 물분무소화설비
CHAPTER 05_ 포소화설비
CHAPTER 06_ 가스계 소화설비
CHAPTER 07_ 피난·구조·소화용수설비
CHAPTER 08_ 소화활동설비
CHAPTER 09_ 기타

소화기구

01 개 요

1 소화기구와 자동소화장치의 분류

소화기구와 자동소화장치는 화재 초기 즉시 대응할 수 있는 소화설비로 화재진압에 있어서 가장 효과적인 설비이다.

(1) 소화기구의 종류

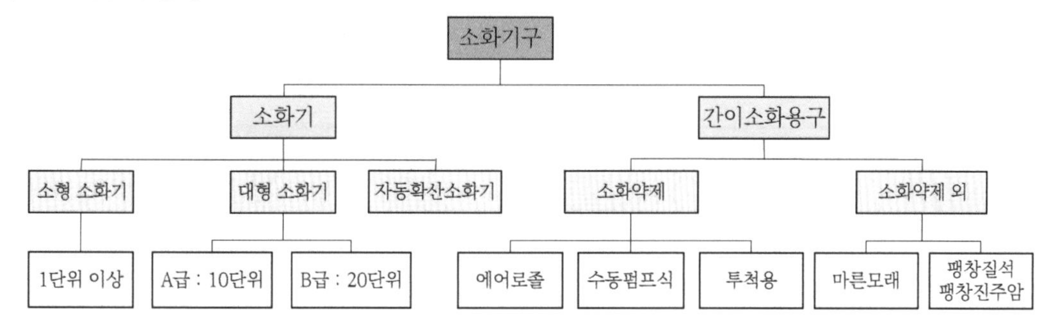

(2) 자동소화장치의 종류 ★

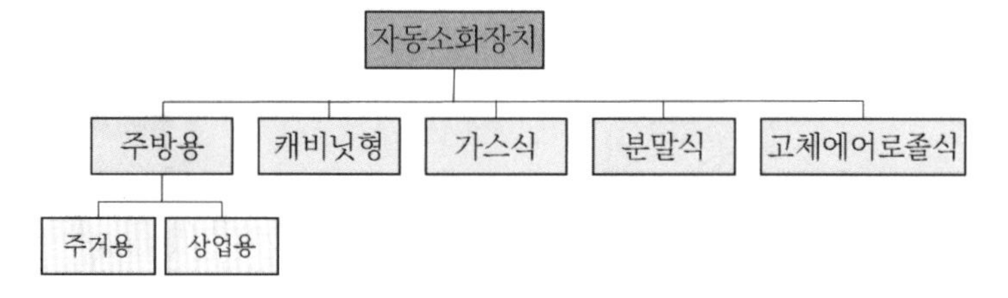

2 설치대상 및 설치장소의 제한

(1) 설치대상

소화기구	자동소화장치	
	주거용 주방 ★★	캐비닛형, 가스, 분말 또는 고체에어로졸
연면적 $33[m^2]$ 이상(예외 노유자시설의 경우에는 투척용 소화용구 등을 화재안전기술기준에 따라 산정된 소화기 수량의 $\frac{1}{2}$ 이상으로 설치 가능)	아파트 등	소방시설법이 정하는 장소
지정문화재 및 가스시설	오피스텔의 모든 층	

(2) 설치장소의 제한

① **지**하층, **무**창층, **밀**폐된 거실로서 바닥면적 **2**0[m^2] 미만의 장소(CO_2, 할로겐 화합물 소화기(자동확산소화기 제외)) ★★★★★

암기 Tip 무지밀2

② 예외 : 배기를 위한 유효한 개구부가 있는 장소

3 소화기구의 작동원리

(1) 소화기구

① 소화기 : 소화약제를 압력에 따라 방사하는 기구로서 사람이 수동으로 조작하여 소화하는 아래의 것

소화약제 : 소화기구 및 자동소화장치에 사용되는 소화 성능이 있는 고체·액체 및 기체의 물질

㉠ 소화능력단위에 의한 분류 ★★★★★

구분	능력단위	
소형 소화기	1단위 이상	
대형 소화기	A급	10단위 이상
	B급	20단위 이상

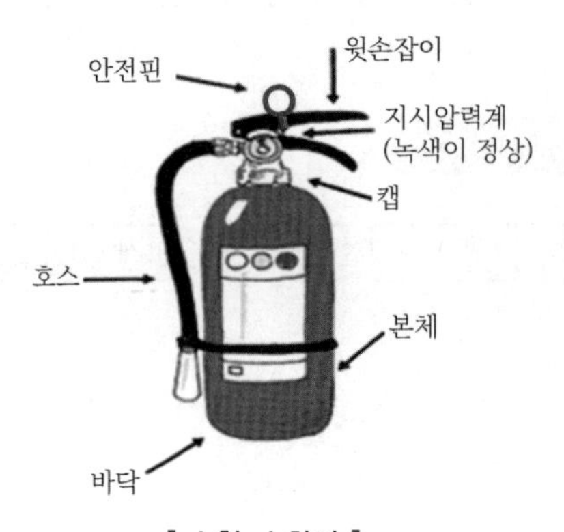

▌소형 소화기▐

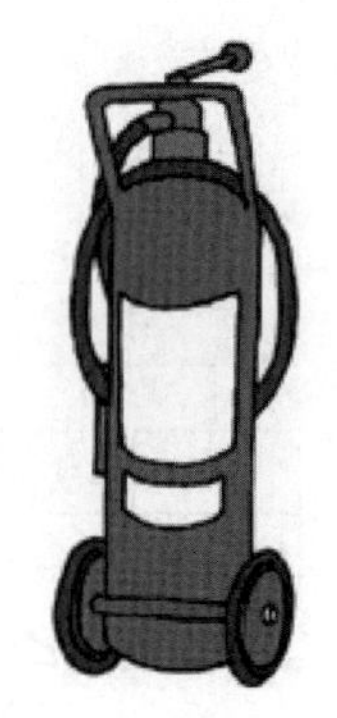

▌대형 소화기(차륜식)▐

대형 소화기

화재 시 사람이 운반할 수 있도록 운반대와 바퀴가 설치되어 있고 능력단위가 A급 10단위 이상, B급 20단위 이상인 소화기를 말한다.

㉡ 작동방식에 따른 분류

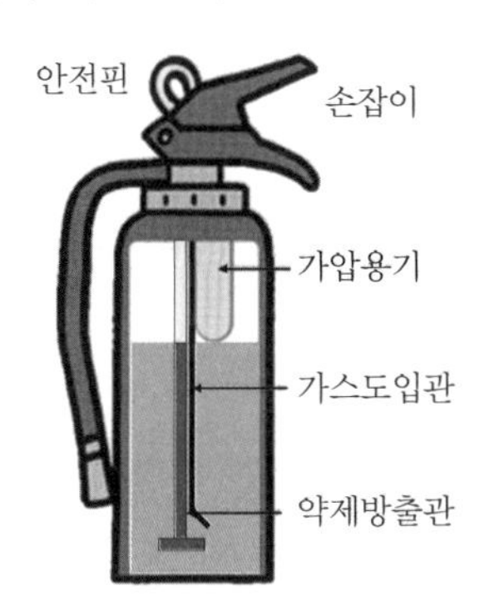

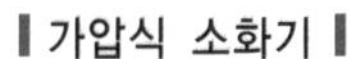
▌가압식 소화기▐

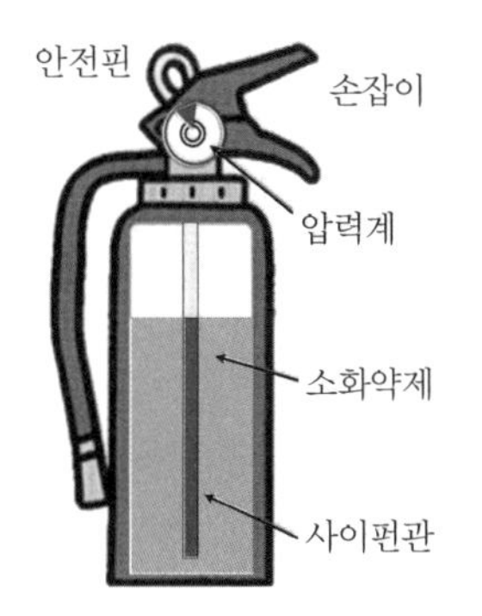

▌축압식 소화기▐

구분	정의	특징
가압식	별도의 가압용기에 의해서 가압하여 방출압을 형성하는 소화기	• 소화기 몸체에 별도의 게이지가 없다. • 한번 약제가 방출되면 전체가 다 방사될 때까지 계속해서 약제가 방출 • 저장용기가 노화됐을 경우 폭발 위험 • 작동 시 1.5[MPa] 정도의 압력을 받음
축압식	용기 내에 축압가스로 가압하여 방출압을 형성하는 소화기로 압력을 측정할 수 있는 압력계가 있다. (정상적인 사용압 : 0.7~0.98[MPa]) ★	• 소화기 몸체에 별도의 압력 게이지 부착 • 가스 충압 여부를 압력 게이지를 통해 확인이 가능 • 손잡이를 누를 때만 소화약제가 방출 • 축압이 빠지면 약제를 방출할 수가 없다.

② **간이소화용구** : 소화기 및 자동소화장치를 제외한 소화능력 1단위 미만의 보조소화용구

③ **자동확산소화기** : 화재를 감지하여 자동으로 소화약제를 방출 · 확산시켜 국소적으로 소화하는 소화기

㉠ 일반화재용 자동확산소화기 : 보일러실, 건조실, 세탁소, 대량화기취급소 등에 설치되는 자동확산소화기

㉡ 주방화재용 자동확산소화기 : 음식점, 다중이용업소, 호텔, 기숙사, 의료시설, 업무시설, 공장 등의 주방에 설치되는 자동확산소화기

㉢ 전기설비용 자동확산소화기 : 변전실, 송전실, 변압기실, 배전반실, 제어반, 분전반 등에 설치되는 자동확산소화기

④ 대형 소화기의 소화약제 충전량 ★★★

소화약제	물	강화액	CO_2	할로겐	분말	포
약제량	80[L]	60[L]	50[kg]	30[kg]	20[kg]	20[L]

암기 Tip 물강이할분포 865322

(2) 자동소화장치의 종류

① **주방자동소화장치** : 가연성 가스 등의 누출을 자동으로 차단하며, 소화약제를 방사하여 소화하는 소화장치

㉠ 종류

- 주거용 주방자동소화장치 : 주거용 주방에 설치된 열발생 조리기구의 사용으로 인한 화재발생 시 열원(전기 또는 가스)을 자동으로 차단하며 소화약제를 방출하는 소화장치
- 상업용 주방자동소화장치 : 상업용 주방에 설치된 열발생 조리기구의 사용으로 인한 화재발생 시 열원(전기 또는 가스)을 자동으로 차단하며 소화약제를 방출하는 소화장치

㉡ 주거용 주방자동소화장치의 기능 ★

- 가스누설 시 자동**경**보기능
- 가스누설 시 가스밸브의 자동**차**단기능
- 가스레인지 화재 시 소화약제 자동**분**사기능

암기 Tip 경차분

② **캐비닛형 자동소화장치**

㉠ 정의 : 열, 연기 또는 불꽃 등을 감지하여 소화약제를 방사하여 소화하는 캐비닛 형태의 소화장치

㉡ 소화약제의 종류 : 이산화탄소, 할론 1301, HCFC BLEND A, HFC-227ea, HFC-125 등과 같은 가스계 소화약제

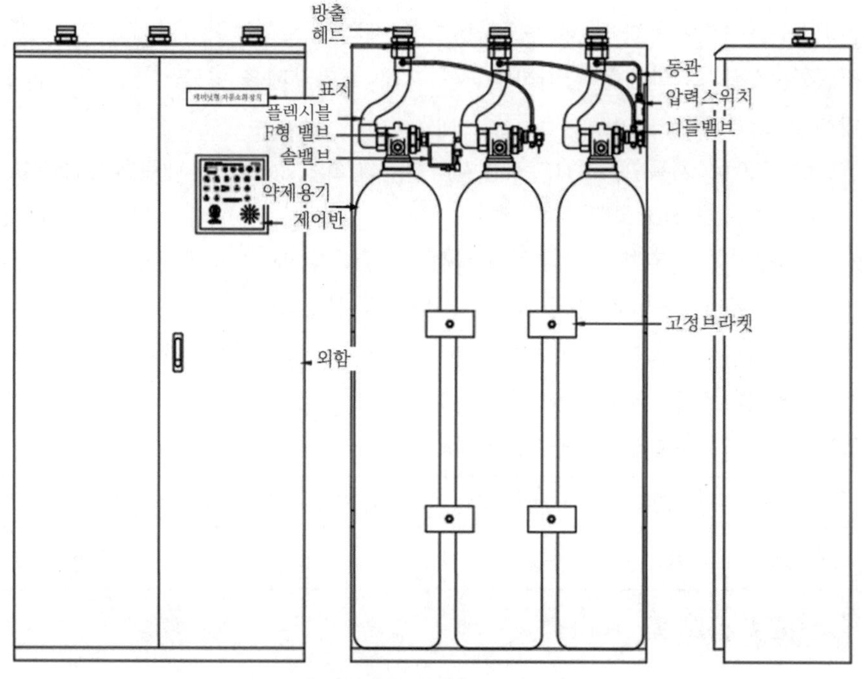

▌캐비닛형 자동소화장치▐

③ **가스식 자동소화장치** : 열, 연기 또는 불꽃 등을 감지하여 가스계 소화약제를 방사하여 소화하는 소화장치

④ **분말식 자동소화장치** : 열, 연기 또는 불꽃 등을 감지하여 분말의 소화약제를 방사하여 소화하는 소화장치

⑤ **고체에어로졸식 자동소화장치** : 열, 연기 또는 불꽃 등을 감지하여 에어로졸의 소화약제를 방사하여 소화하는 소화장치

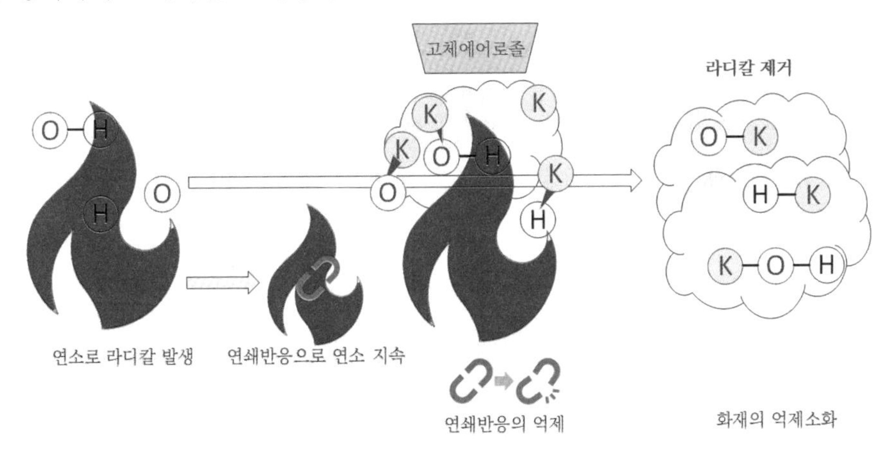

▌고체에어로졸 작동원리▐

4 소화기의 소화약제 종류

구분			주성분
수계	물소화기		물+침윤제
	산 · 알칼리		A제 : $NaHCO_3$
			B제 : H_2SO_4(황산)
	강화액		K_2CO_3
	포소화기	화학포	A제 : $NaHCO_3$
			B제 : $Al_2(SO_4)_3$(황산알루미늄)
		기계포	AFFF(수성막포)
			FFFP(불화단백 수성막포)
가스계	이산화탄소		CO_2
	할론	1211	CF_2ClBr
		1301	CF_3Br
	할로겐화합물	HCFC-123	$C_2HCl_2F_3$
분말	1, 2종	중탄산염류	$NaHCO_3$(1종)
			$KHCO_3$(2종)
	3종	인산염류	$NH_4 \cdot H_2PO_4$(제일인산암모늄)

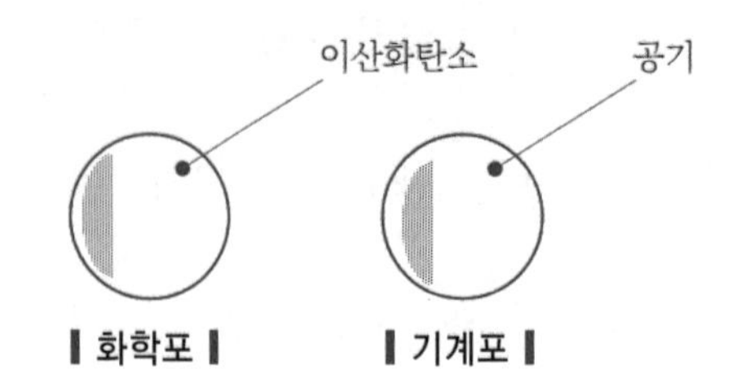

5 소화기 사용방법 ★★

(1) 소화기의 안전핀을 뽑는다.

(2) 바람을 등지고 노즐을 잡고 불쪽을 향한다.

(3) 손잡이를 움켜진다.

(4) 불길의 아랫부분부터 윗부분으로 비로 쓸 듯이 쏜다.

02 소화기구 및 자동소화장치(NFTC 101)

1 용어의 정의(1.7)

(1) 소화약제

소화기구 및 자동소화장치에 사용되는 소화성능이 있는 고체·액체 및 기체의 물질

(2) 능력단위

소화기 및 소화약제에 따른 간이소화용구에 있어서는 형식승인된 수치를 말하며, 소화약제 외의 것을 이용한 간이소화용구에 있어서는【별표 2】에 따른 수치 ★★

① 소요능력단위 산출 : 기본소요 능력단위 + 추가소요 능력단위

② 기본소요 능력단위

㉠ 특정소방대상물별 소화기구의 능력단위 기준【별표 3】★★★★★

$$\text{소화능력단위} = \frac{\text{바닥면적}[m^2]}{\text{1단위 능력단위당 면적}[m^2]}$$

소화대상물	1단위 능력단위당 면적	
	기타 구조	주요 구조부 : 내화구조 실내마감재 : 불연, 준불연, 난연재
위락시설	30[m²]	60[m²] (30[m²]×2배)
공연장, 집회장, 관람장, 문화재, 장례식장 및 의료	50[m²]	100[m²] (50[m²]×2배)

소화대상물	1단위 능력단위당 면적	
	기타 구조	주요 구조부 : 내화구조 실내마감재 : 불연, 준불연, 난연재
근린생활, 판매, 영업, 숙박, 노유자, 전시장, 공동주택, 업무시설, 공장, 자동차, 관광휴게 시설, 창고	100[m^2]	200[m^2] (100[m^2]×2배)
기타	200[m^2]	400[m^2] (200[m^2]×2배)

암기 Tip 위락 공관의 공근 삼오백이

㉡ 간이소화용구의 능력단위 ★★★★★

구분	종류	용량	능력단위
소화약제 외의 것을 이용한 간이소화용구	마른모래	삽을 상비한 50[L] 이상의 것 1포	0.5
	팽창질석 또는 팽창진주암	삽을 상비한 80[L] 이상의 것 1포	0.5
소화약제의 것을 이용한 간이소화용구	에어로졸식 소화용구(사람이 조작하여 압력에 의하여 방사하는 기구)	소화약제의 중량이 0.7[kg] 미만	1 미만
	수동펌프식 소화용구 : 소화약제를 충전하여 수동펌프로서 방사시키는 것		
	투척용 소화용구 : 화재가 발생한 곳에 던져서 소화하는 소화용구		

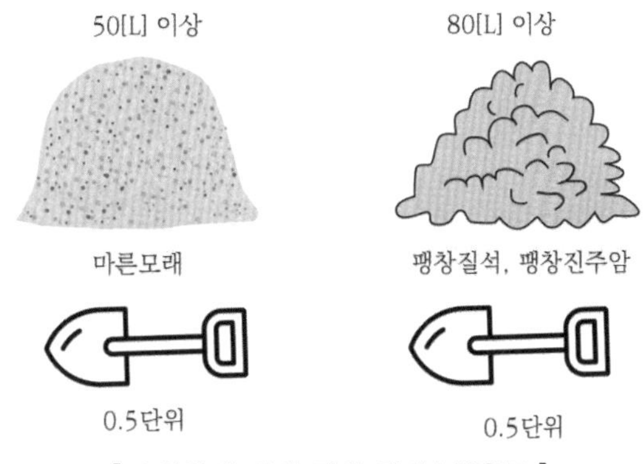

▌소화약제 외의 것의 간이소화용구▐

1. **팽창질석** : 알루미늄, 마그네슘, 철의 수산화규산염으로 구성된 점토광물이다. 회백색 또는 갈색을 띠며 진주광택이 난다. 열을 받으면 최대 30배까지 팽창하여 열을 차단하는 기능을 한다. 화학적으로 안정적이며 독성이 없어서 소화약제로 사용된다.
2. **팽창진주암** : 천연유리를 조각으로 분쇄한 것을 말한다. 팽창진주암 조각에 형성된 얇은 공기막이 빛에 의해 반사되어 진주와 같은 빛을 띤다고 해서 진주암이라고 한다. 열을 받으면 체적이 20배 정도 팽창하는 특징을 가지고 있고 평상시에는 백색을 띤다.

③ 추가소요 능력단위([표 2.1.2.3] 부속용도별로 추가하여야 할 소화기구)

<table>
<tr><th colspan="4">용도별</th><th>소화기구의 능력단위</th></tr>
<tr><td colspan="4">(1) 다음의 시설(예외 스프링클러설비 · 간이스프링클러설비 · 물분무등소화설비 또는 상업용 주방자동소화장치가 설치된 경우에는 자동확산소화기 설치 제외)
① 보일러실(아파트 방화구획된 것 제외한) · 건조실 · 세탁소 · 대량화기취급소
② 음식점(지하가 음식점 포함) · 다중이용업소 · 호텔 · 기숙사 · 노유자시설 · 의료시설 · 업무시설 · 공장의 주방
③ 관리자의 출입이 곤란한 변전실 · 송전실 · 변압기실 및 배전반실</td><td>• 소화기구 : $\frac{\text{해당 용도의 바닥면적}}{25[m^2]}$ ×1단위
(단, 최소 1단위 이상)
• 자동확산소화기 ★
– 바닥면적 $10[m^2]$ 이하 : 1개
– 바닥면적 $10[m^2]$ 초과 : 2개
• '②'의 주방의 경우 : 소화기 중 1개 이상은 주방화재용 소화기(K급)를 설치</td></tr>
<tr><td colspan="4">(2) 발전실 · 변전실 · 송전실 · 변압기실 · 배전반실 · 통신기기실 · 전산기기실 · 기타 이와 유사한 시설이 있는 장소(예외 상기 (1)의 ③ 장소 제외)</td><td>• 소화기 추가 배치 ★★★★★
$\frac{\text{해당 용도의 바닥면적}}{50[m^2]}$ ×소화기 1개
• 자동소화장치 : 유효설치 방호체적 이내</td></tr>
<tr><td colspan="4">(3) 위험물안전관리법 지정수량의 1/5 이상 지정수량 미만의 위험물을 저장 또는 취급하는 장소</td><td>• 소화기구 : 능력단위 2단위 이상
• 자동소화장치 : 유효설치 방호체적 이내</td></tr>
<tr><td rowspan="2">(4) 특수가연물 저장 또는 취급장소</td><td colspan="3">화재의 확대가 빠른 특수가연물 수량 이상</td><td>소화기구 : $\frac{\text{저장수량}}{\text{지정수량의 50배}}$ ×1단위</td></tr>
<tr><td colspan="3">화재의 확대가 빠른 특수가연물 수량의 500배 이상</td><td>대형 소화기 1개 이상</td></tr>
<tr><td rowspan="2">(5) 법에서 규정하는 가연성가스를 연료로 사용하는 장소</td><td colspan="3">액화석유가스 기타 가연성 가스를 연료로 사용하는 연소기기가 있는 장소</td><td>연소기로부터 보행거리 10[m] 이내 : 능력단위 3단위 이상의 소화기 1개 이상(주방용 자동소화장치가 설치된 장소는 제외)</td></tr>
<tr><td colspan="3">액화석유가스 기타 가연성 가스를 연료로 사용하기 위하여 저장하는 저장실(저장량 300[kg] 미만 제외)</td><td>능력단위 5단위 이상의 소화기 2개 이상 + 대형 소화기 1개 이상</td></tr>
<tr><td rowspan="6">(6) 가연성 가스를 연료 이외의 용도로 사용하는 장소</td><td rowspan="6">저장하고 있는 양 또는 1개월 동안 제조 · 사용하는 양</td><td rowspan="2">200[kg] 미만</td><td>저장하는 장소</td><td>능력단위 3단위 이상의 소화기 2개 이상</td></tr>
<tr><td>제조 · 사용하는 장소</td><td>능력단위 3단위 이상의 소화기 2개 이상</td></tr>
<tr><td rowspan="2">200[kg] 이상 300[kg] 미만</td><td>저장하는 장소</td><td>능력단위 5단위 이상의 소화기 2개 이상</td></tr>
<tr><td>제조 · 사용하는 장소</td><td>바닥면적 $50[m^2]$마다 능력단위 5단위 이상의 소화기 1개 이상</td></tr>
<tr><td rowspan="2">300[kg] 이상</td><td>저장하는 장소</td><td>대형 소화기 2개 이상</td></tr>
<tr><td>제조 · 사용하는 장소</td><td>바닥면적 $50[m^2]$마다 능력단위 5단위 이상의 소화기 1개 이상</td></tr>
<tr><td colspan="4">(7) 마그네슘 합금 칩을 저장 또는 취급하는 장소</td><td>금속화재 소화기(급) 1개 이상을 보행거리 20[m] 이내로 설치</td></tr>
</table>

주) 화재의 확대가 빠른 특수가연물 : 소방법 시행령 【별표 2】의 수량

2 설치기준(2.1)

(1) 특정소방대상물의 설치장소에 따라 [표 2.1.1.1]에 적합한 종류의 것으로 할 것

▌소화기구의 소화약제별 적응성 [표 2.1.1.1]▐ ★★★★★

소화약제 구분 / 적응대상	가스			분말		액체				기타			
	이산화탄소소화약제	할론소화약제	할로겐화합물 및 불활성기체 소화약제	인산염류소화약제	중탄산염류소화약제	산·알칼리소화약제	강화액소화약제	포소화약제	물·침윤소화약제	고체에어로졸화합물	마른모래	팽창질석·팽창진주암	그 밖의 것
일반화재(A급 화재)	–	○	○	○	–	○	○	○	○	○	○	○	–
유류화재(B급 화재)	○	○	○	○	○	○	○	○	○	○	○	○	–
전기화재(C급 화재)	○	○	○	○	○	*	*	*	*	○	–	–	–
주방화재(K급 화재)	–	–	–	–	*	–	*	*	*	–	–	–	*
금속화재(D급 화재)	–	–	–	–	*	–	–	–	–	–	○	○	*

주) "*"의 소화약제별 적응성은 형식승인 및 제품검사의 기술기준에 따라 화재 종류별 적응성에 적합한 것으로 인정되는 경우에 한한다.

(2) 금속화재(칼륨, 나트륨, 알킬알루미늄 등)의 소화약제 ★★

① 마른모래

② 팽창질석

③ 팽창진주암

(3) 소화기 설치기준

① 각 층마다 설치하고 아래의 보행거리 이내에 위치하도록 하여야 한다.

② 보행거리 ★★★★★

㉠ 소형 소화기 : 20[m]

㉡ 대형 소화기 : 30[m]

㉢ 가연성 물질이 없는 작업장의 경우에는 작업장의 실정에 맞게 보행거리를 완화하여 배치할 수 있다.

③ **'㉠, ㉡' 규정 외** : 바닥면적 33[m^2] 이상으로 구획된 거실에는 각 구획실마다 추가로 설치(APT : 세대별로 설치)

▌소화기 위치 표시▐

④ **설치제한** : 능력단위가 2단위 이상이 되도록 소화기를 설치하여야 할 특정소방대상물 또는 그 부분에 있어서는 간이소화용구의 능력단위가 전체 능력단위의 $\frac{1}{2}$을 초과하지 아니하게 할 것(예외 노유자시설)

⑤ **설치높이** : 1.5[m] 이하

⑥ **표지 설치**

㉠ 원칙 : 보기 쉬운 위치

㉡ 예외

- 소화기 및 투척용 소화용구의 표지 : 축광식 표지
- 주차장 : 1.5[m] 이상의 높이에 설치

(4) 소화기의 형식승인 및 제품검사의 기술기준

① 호스(제15조)

㉠ 소화기에는 호스 부착

㉡ 호스를 부착하지 않아도 되는 경우 ★★★

소화약제	소화약제 중량
할로겐화물소화기	4[kg] 미만
이산화탄소소화기	3[kg] 미만
분말소화기	2[kg] 미만
액체계 소화약제 소화기	3[L] 미만

② 소화기 사용온도(제36조) ★★

소화기 종류	사용온도
강화액	−20[℃] 이상 40[℃] 이하
분말	−20[℃] 이상 40[℃] 이하
그 밖의 소화기	0[℃] 이상 40[℃] 이하

(5) 자동확산소화기의 설치장소 및 기준(2.1.1.7)

① 설치장소

㉠ 주방(음식점, 호텔)

㉡ 관리자의 출입이 곤란한 변전실, 송전실

㉢ 화기 취급 장소(보일러실, 건조실, 세탁실 등)

암기 Tip 주관화

② 설치기준

㉠ 방호대상물에 소화약제가 유효하게 방사될 수 있도록 설치할 것

㉡ 작동에 지장이 없도록 견고하게 고정할 것

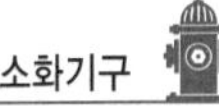

(6) 자동소화장치의 정의 및 종류

① 정의 : 소화약제를 자동으로 방사하는 고정된 소화장치로서 법 제37조 또는 제40조에 따라 형식승인이나 성능인증을 받은 유효설치 범위(설계방호체적, 최대설치높이, 방호면적 등을 말한다) 이내에 설치하여 소화하는 소화장치이다.

② 종류

㉠ 주거용 주방자동소화장치 : 주거용 주방에 설치된 열발생 조리기구의 사용으로 인한 화재발생 시 열원(전기 또는 가스)을 자동으로 차단하며 소화약제를 방출하는 소화장치

- 소화약제 : 보통 ABC 분말약제 또는 강화액 약제를 사용한다.
- 감지부 : 화재 시 열을 감지하는 장치로서 감지기, 퓨지블링크, 유리벌브, 온도센서 등이 있다.
- 탐지부 : 가스가 누설되어 일정 농도가 되면 가스를 탐지하여 음향경보를 한다.
- 수신부 : 감지부에서 온도를 감지하거나 탐지부에서 가스누출을 탐지하면 가스차단장치와 소화약제 방출장치에 신호를 발신한다.
- 가스차단장치 : 수신부의 신호에 따라 가스밸브를 차단한다.
- 작동장치 : 수신부의 신호에 따라 소화약제 저장용기를 개방한다.

㉡ 상업용 주방자동소화장치 : 상업용 주방에 설치된 열발생 조리기구의 사용으로 인한 화재발생 시 열원(전기 또는 가스)을 자동으로 차단하며 소화약제를 방출하는 소화장치

㉢ 캐비닛형 자동소화장치 : 열, 연기 또는 불꽃 등을 감지하여 소화약제를 방사하여 소화하는 캐비닛 형태의 소화장치

㉣ 가스자동소화장치 : 열, 연기 또는 불꽃 등을 감지하여 가스계 소화약제를 방사하여 소화하는 소화장치

㉤ 분말자동소화장치 : 열, 연기 또는 불꽃 등을 감지하여 분말의 소화약제를 방사하여 소화하는 소화장치

㉥ 고체에어로졸자동소화장치 : 열, 연기 또는 불꽃 등을 감지하여 에어로졸의 소화약제를 방사하여 소화하는 소화장치

(7) 자동소화장치 설치기준(2.1.2)

① 주거용 주방자동소화장치의 설치기준 ★★★★★

㉠ 소화약제 방출구는 환기구의 청소부분과 분리되어 있어야 하며, 형식승인 받은 유효설치높이 및 방호면적에 따라 설치할 것

㉡ 감지부 설치위치 : 형식승인 받은 유효한 높이 및 위치에 설치할 것

㉢ 차단장치(전기 또는 가스) : 상시 확인 및 점검이 가능하도록 설치할 것

㉣ 탐지부는 수신부와 분리하여 설치 ★★★★

가스의 종류	탐지부의 위치
공기보다 가벼운 가스(LNG)	천장면에서 30[cm] 이하
공기보다 무거운 가스(LPG)	바닥면에서 30[cm] 이하

㉤ 수신부의 설치 : 열기류 또는 습기 등과 주위 온도에 영향을 받지 아니하고 사용자가 상시 볼 수 있는 장소

② 상업용 주방자동소화장치의 설치기준(2.1.2.2)

㉠ 성능인증 받은 설계 매뉴얼에 적합하게 설치할 것

㉡ 감지부의 설치위치 : 성능인증 받은 유효높이 및 위치에 설치할 것

㉢ 차단장치(전기 또는 가스) : 상시 확인 및 점검이 가능하도록 설치할 것

㉣ 후드에 방출되는 분사헤드 : 후드의 가장 긴 변의 길이까지 방출될 수 있도록 약제 방출 방향 및 거리를 고려하여 설치할 것

㉤ 덕트에 방출되는 분사헤드 : 성능인증 받은 길이 이내에 설치할 것

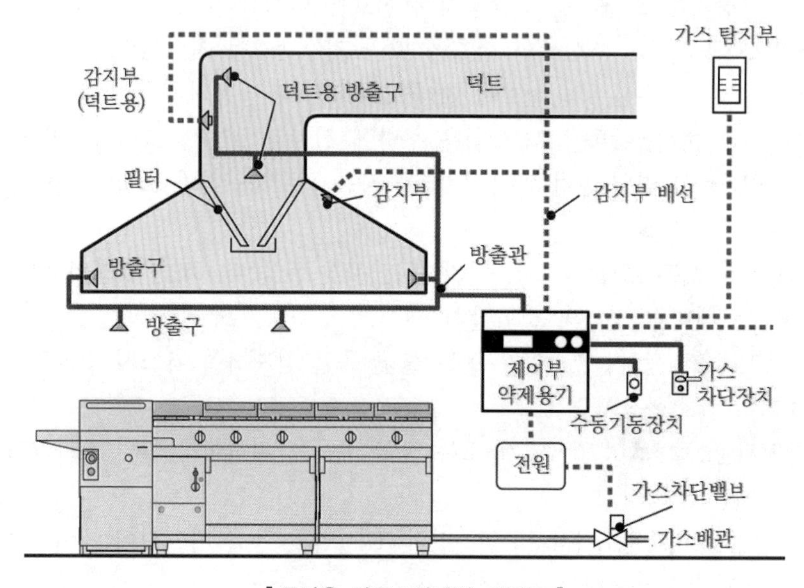

▌주방용 자동소화장치 개념도▐

③ 캐비닛형 자동소화장치의 설치기준(2.1.2.3)

㉠ 분사헤드의 설치높이 : 방호구역의 바닥으로부터 형식승인을 받은 범위 내에서 유효하게 소화약제를 방출시킬 수 있는 높이에 설치할 것

㉡ 화재감지기 설치 : 방호구역 내의 천장 또는 옥내에 면하는 부분

㉢ 화재감지기와 연동 : 방호구역 내의 화재감지기의 감지에 따라 작동

㉣ 화재감지기의 회로 : 교차회로방식(예외 8개의 특수감지기)

꼼꼼체크 **교차회로방식으로 설치하지 않는 특수감지기** : 불꽃, 정온식 감지선형, 분포형, 복합형, 광전식 분리형, 아날로그방식, 다신호방식, 축적방식

암기 Tip 불정분 광복아 다축

ⓜ 교차회로 내의 화재감지기 1개가 담당하는 바닥면적 : 화재안전기술기준이 규정하는 바닥면적

ⓑ 개구부 및 통기구 : 약제가 방사되기 전에 자동 폐쇄(예외 가스압에 의하여 폐쇄되는 것은 소화약제 방출과 동시에 폐쇄)

ⓢ 설비의 고정 : 작동에 지장이 없도록 견고하게 고정

④ 가스식, 분말식, 고체에어로졸 설치기준(2.1.2.4)

㉠ 소화약제 방출구 : 형식승인 받은 유효설치 범위 내에 설치

㉡ 방호구역 내에 형식승인된 1개의 제품을 설치

㉢ 감지부

- 형식승인된 유효설치 범위 내에 설치
- 설치장소의 평상시 최고주위온도에 따라 표시온도의 것으로 설치
  (예외 열감지선의 감지부는 형식승인 받은 최고주위온도 범위 내에 설치)

설치장소의 최고주위온도	표시온도
39[℃] 미만	79[℃] 미만
39[℃] 이상 64[℃] 미만	79[℃] 이상 121[℃] 미만
64[℃] 이상 106[℃] 미만	121[℃] 이상 162[℃] 미만
106[℃] 이상	162[℃] 이상

⑤ 이산화탄소 또는 할로겐화합물을 방사하는 소화기구 설치제외 장소(예외 자동확산소화기)
★★★

㉠ 지하층
㉡ 무창층
㉢ 밀폐된 거실

— 바닥면적이 20[m^2] 미만
(예외 배기를 위한 유효한 개구부가 있는 장소)

암기 Tip 무지밀 2

3 소화기의 감소(2.2)

<table>
<tr><th>대상</th><th>설치된 소방설비</th><th>설치대상의 감소 비율</th><th>예외</th></tr>
<tr><td rowspan="2">소형 소화기</td><td>대형 소화기</td><td>$\frac{1}{2}$</td><td rowspan="2">• 건물의 고층 : 층수가 11층 이상인 부분
• 화재위험이 큰 장소 : 근린생활시설, 위락시설, 문화 및 집회시설, 운동시설, 판매시설, 운수시설
• 화재 시 인명피해우려 장소 : 숙박시설, 노유자시설, 의료시설, 아파트, 업무시설(무인변전소를 제외), 방송통신시설, 교육연구시설, 항공기 및 자동차 관련 시설, 관광휴게시설</td></tr>
<tr><td>• 옥내소화전설비
• 스프링클러설비
• 물분무등소화설비
• 옥외소화전설비</td><td>$\frac{1}{3}$</td></tr>
<tr><td>대형 소화기</td><td>• 옥내소화전설비
• 스프링클러설비
• 물분무등소화설비
• 옥외소화전설비</td><td>면제</td><td>없음</td></tr>
</table>

기출·예상문제

01

이해도 ○ △ × / 중요도 ★

다음 중 자동소화장치를 설치하여야 하는 소방대상물은?

① 연면적 33[m^2] 이상인 것
② 지정문화재
③ 터널
④ 아파트

해설 소화기구 설치대상

자동소화장치	
주거용 주방	캐비닛형, 가스, 분말 또는 고체에어로졸
아파트	소방시설법이 정하는 장소
30층 이상 오피스텔의 모든 층	

02

이해도 ○ △ × / 중요도 ★★★

수동으로 조작하는 대형 소화기 B급의 능력단위는?

① 10단위 이상
② 15단위 이상
③ 20단위 이상
④ 30단위 이상

해설 소화능력단위에 의한 분류

구분	능력단위	
소형 소화기	1단위 이상	
대형 소화기	A급	10단위 이상
	B급	20단위 이상

03

이해도 ○ △ × / 중요도 ★

소화기의 정의 중 다음 ( ) 안에 알맞은 것은?

> 대형 소화기란 화재 시 사람이 운반할 수 있도록 (㉠)와 (㉡)가 설치되어 있고 능력단위가 A급 10단위 이상, B급 20단위 이상인 소화기를 말한다.

① ㉠ 운반대, ㉡ 바퀴
② ㉠ 수레, ㉡ 바퀴
③ ㉠ 손잡이, ㉡ 바퀴
④ ㉠ 손잡이, ㉡ 운반대

해설 대형 소화기
화재 시 사람이 운반할 수 있도록 운반대와 바퀴가 설치되어 있고 능력단위가 A급 10단위 이상, B급 20단위 이상인 소화기를 말한다.

04

이해도 ○ △ × / 중요도 ★

축압식 분말소화기 지시압력계의 정상 사용압력 범위 중 상한값은?

① 0.68[MPa]
② 0.78[MPa]
③ 0.88[MPa]
④ 0.98[MPa]

해설 축압식 분말소화기의 정상적인 사용압
0.7~0.98[MPa]

정답 01. ④ 02. ③ 03. ① 04. ④

05

이해도 ○ △ × / 중요도 ★★

이산화탄소소화기에 대한 설명 중 부적절한 것은?

① 전기화재에 적응성이 있다.
② 용기는 고압가스 안전관리법에 의거 제조되고 25[MPa]의 내압시험에 합격해야 한다.
③ 충전비는 1.5 이상이다.
④ 약제의 충전량이 30[kg] 이상 시 대형 소화기로 분류된다.

해설 이산화탄소소화기의 대형 소화기 소화약제 충전량은 50[kg] 이상이다.

06

이해도 ○ △ × / 중요도 ★★

다음 중 수동식 소화기의 사용방법으로 맞는 것은?

① 소화기는 한 사람이 쉽게 사용할 수 있어야 하며 조작 시 인체에 부상을 유발하지 아니하는 구조이어야 한다.
② 바람이 불 때는 바람이 불어오는 방향으로 방사하여야 한다.
③ 불길의 윗부분에 약제를 방출하고 가까이에서 전방으로 향하게 방사한다.
④ 개방되어 있는 실내에서는 질식의 우려가 있으므로 사용하지 않는다.

해설 ① 수동식 소화기는 한 사람이 쉽게 사용할 수 있어야 하며, 조작 시 인체에 부상을 유발하지 않는 구조이어야 한다.
② 바람이 불 때는 바람이 불어오는 방향이 아니라 반대방향으로 방사하여야 약제가 조작자에게 오지 않는다.
③ 불길의 윗부분이 아니라 아랫부분부터 약제를 방출하고 가까이에서 전방으로 향하게 방사한다.
④ 개방되어 있는 실내는 질식의 우려가 없다. 밀폐된 실내에서는 질식의 우려가 있으므로 사용하지 않는다.

07

이해도 ○ △ × / 중요도 ★

대형 이산화탄소소화기의 소화약제 충전량은 얼마인가?

① 20[kg] 이상
② 30[kg] 이상
③ 50[kg] 이상
④ 70[kg] 이상

해설 이산화탄소소화기의 대형 소화기 소화약제 충전량은 50[kg] 이상이다.

08

이해도 ○ △ × / 중요도 ★

소화기구 및 자동소화장치의 화재안전기준에 따른 용어에 대한 정의로 틀린 것은?

① "소화약제"란 소화기구 및 자동소화장치에 사용되는 소화성능이 있는 고체·액체 및 기체의 물질을 말한다.
② "대형 소화기"란 화재 시 사람이 운반할 수 있도록 운반대와 바퀴가 설치되어 있고 능력단위가 A급 20단위 이상, B급 10단위 이상인 소화기를 말한다.
③ "전기화재(C급 화재)"란 전류가 흐르고 있는 전기기기, 배선과 관련된 화재를 말한다.
④ "능력단위"란 소화기 및 소화약제에 따른 간이소화용구에 있어서는 소방시설법에 따라 형식승인된 수치를 말한다.

해설 소화능력단위에 의한 분류

구분	능력단위	
소형 소화기	1단위 이상	
대형 소화기	A급	10단위 이상
	B급	20단위 이상

정답 05. ④ 06. ① 07. ③ 08. ②

09

이해도 ○ △ × / 중요도 ★

할로겐화합물(자동확산소화기 제외)을 방출하는 소화기구에 관한 설명이다. 설치장소로 적합한 것은?

① 지하층으로서 그 바닥면적이 20[m^2] 미만인 곳
② 무창층으로서 그 바닥면적이 20[m^2] 미만인 곳
③ 밀폐된 거실로서 그 바닥면적이 20[m^2] 미만인 곳
④ 밀폐된 거실로서 그 바닥면적이 20[m^2] 이상인 곳

해설 지하층, 무창층, 밀폐된 거실로서 바닥면적 20[m^2] 미만의 장소(CO_2, 할로겐화합물 소화기(자동확산소화기 제외))

암기 Tip 무지밀2

10

이해도 ○ △ × / 중요도 ★★

소화기구에 적용되는 능력단위에 대한 설명이다. 맞지 않는 항목은?

① 소화기구의 소화능력을 나타내는 수치이다.
② 화재종류 A급, B급, C급별로 구분하여 표시된다.
③ 소화기구의 적용 기준은 소화대상물의 소요능력단위 이상의 수량을 적용하여야 한다.
④ 간이소화용구에는 적용되지 않는다.

해설 능력단위
소화기 및 소화약제에 따른 간이소화용구에 있어서는 형식승인된 수치

11

이해도 ○ △ × / 중요도 ★★★★★

소화약제 외의 것을 이용한 간이소화용구의 능력단위 기준 중 다음 (   ) 안에 알맞은 것은?

간이소화용구		능력단위
마른모래	삽을 상비한 (㉠)[L] 이상의 것 1포	0.5 단위
팽창질석 또는 팽창진주암	삽을 상비한 (㉡)[L] 이상의 것 1포	

① ㉠ 50, ㉡ 80
② ㉠ 50, ㉡ 160
③ ㉠ 100, ㉡ 80
④ ㉠ 100, ㉡ 160

해설 간이소화용구의 능력단위

구분	내용	능력단위
마른모래	삽을 상비한 50[L] 이상의 것 1포	0.5 단위
팽창질석 또는 팽창진주암	삽을 상비한 80[L] 이상의 것 1포	0.5 단위

12

이해도 ○ △ × / 중요도 ★★★★★

바닥면적 280[m^2]의 발전실에 부속용도별로 추가하여야 할 적응성이 있는 소화기의 최소수량은 몇 개인가?

① 2　　② 4
③ 6　　④ 12

해설 발전실 · 변전실 · 송전실 · 변압기실 · 배전반실 · 통신기기실 · 전산기기실 · 기타 이와 유사한 시설이 있는 장소의 소화기 추가배치

$$= \frac{\text{해당 용도의 바닥면적}}{50[\text{m}^2]} \times \text{소화기 1개}$$

$\therefore \frac{280}{50} \times 1\text{개} = 5.6 ≒ 6\text{개}$(소화기를 소수점 이하로 배치할 수 없으므로 절상한다)

정답 09. ④ 10. ④ 11. ① 12. ③

13

이해도 ○ △ × / 중요도 ★

소화기구의 화재안전기술기준상 소화설비가 설치되지 아니한 소방대상물의 보일러실에 자동확산소화기를 설치하려 한다. 보일러실 바닥면적이 23[m^2]이면 자동확산소화기는 몇 개를 설치하여야 하는가?

① 1개　　② 2개
③ 3개　　④ 4개

해설 자동확산소화기
(1) 바닥면적 10[m^2] 이하 : 1개
(2) 바닥면적 10[m^2] 초과 : 2개

14

이해도 ○ △ × / 중요도 ★★★

소화기구의 소화약제별 적응성 중 C급 화재에 적응성이 없는 소화약제는?

① 마른모래
② 할로겐화합물 및 불활성기체 소화약제
③ 이산화탄소 소화약제
④ 중탄산염류 소화약제

해설 소화약제의 적응성

소화약제 구분 / 적응 대상	가스			분말		액체				기타			
	이산화탄소소화약제	할로겐화합물소화약제	할로겐화합물및불활성기체소화약제	인산염류소화약제	중탄산염류소화약제	산·알칼리소화약제	강화액소화약제	포소화약제	물·침윤소화약제	고체에어로졸화합물	마른모래	팽창질석·팽창진주암	그밖의것
일반화재 (A급 화재)	–	○	○	○	–	○	○	○	○	○	○	○	–
유류화재 (B급 화재)	○	○	○	○	○	○	○	○	○	○	○	○	–
전기화재 (C급 화재)	○	○	○	○	○	*	*	*	*	○	–	–	–
주방화재 (K급 화재)	–	–	–	–	*	–	*	*	*	–	–	–	*

주) "*"의 소화약제별 적응성은 형식승인 및 제품검사의 기술기준에 따라 화재 종류별 적응성에 적합한 것으로 인정되는 경우에 한한다.

15

이해도 ○ △ × / 중요도 ★

소화기구 및 자동소화장치의 화재안전기술기준상 일반화재, 유류화재, 전기화재 모두에 적응성이 있는 소화약제는?

① 마른모래
② 인산염류 소화약제
③ 중탄산염류 소화약제
④ 팽창질석 · 팽창진주암

해설 소화약제의 적응성

소화약제 구분 / 적응 대상	분말		기타	
	인산염류소화약제	중탄산염류소화약제	마른모래	팽창질석·팽창진주암
일반화재 (A급 화재)	○	–	○	○
유류화재 (B급 화재)	○	○	○	○
전기화재 (C급 화재)	○	○	–	–
주방화재 (K급 화재)	–	*	–	–

✔ 정답 13. ② 14. ① 15. ②

16

이해도 ○ △ × / 중요도 ★★

소화기구 중 금속나트륨이나 칼륨화재의 소화에 가장 적합한 것은?

① 산 · 알칼리소화기
② 물소화기
③ 포소화기
④ 팽창질석

해설 금속화재(칼륨, 나트륨, 알킬알루미늄 등)의 소화약제
(1) 마른모래
(2) 팽창질석
(3) 팽창진주암

17

이해도 ○ △ × / 중요도 ★★★★★

통신기기실에 비치하는 소화기로 가장 적합한 것은?

① 포소화기
② 이산화탄소소화기
③ 강화액소화기
④ 산 · 알칼리소화기

해설 통신기기실은 전기를 이용하는 시설로 C급 화재(전기화재)에는 이산화탄소소화기가 적응성이 있다.

18

이해도 ○ △ × / 중요도 ★★★★★

대형 소화기의 능력단위 기준 및 보행거리 배치기준이 적절하게 표시된 것은?

① A급 화재 : 10단위 이상
B급 화재 : 20단위 이상
보행거리 : 30[m] 이내
② A급 화재 : 20단위 이상
B급 화재 : 20단위 이상
보행거리 : 30[m] 이내
③ A급 화재 : 10단위 이상
B급 화재 : 20단위 이상
보행거리 : 40[m] 이내
④ A급 화재 : 20단위 이상
B급 화재 : 20단위 이상
보행거리 : 40[m] 이내

해설 (1) 소화능력단위에 의한 분류

구분	능력단위	
소형 소화기	1단위 이상	
대형 소화기	A급	10단위 이상
	B급	20단위 이상

(2) 보행거리 배치기준
① 소형 소화기 : 20[m]
② 대형 소화기 : 30[m]

19

이해도 ○ △ × / 중요도 ★

대형 소화기의 정의 중 다음 ( ) 안에 알맞은 것은?

> 화재 시 사람이 운반할 수 있도록 운반대와 바퀴가 설치되어 있고 능력단위가 A급 (㉠)단위 이상, B급 (㉡)단위 이상인 소화기를 말한다.

① ㉠ 20, ㉡ 10
② ㉠ 10, ㉡ 5
③ ㉠ 5, ㉡ 10
④ ㉠ 10, ㉡ 20

해설 소화능력단위에 의한 분류

구분	능력단위	
소형 소화기	1단위 이상	
대형 소화기	A급	10단위 이상
	B급	20단위 이상

정답 16. ④ 17. ② 18. ① 19. ④

20

이해도 ○ △ × / 중요도 ★

다음 중 소화기구의 설치에서 이산화탄소소화기를 설치할 수 없는 곳의 설치기준으로 옳은 것은?

① 밀폐된 거실로서 바닥면적이 35[m^2] 미만인 곳
② 무창층 또는 밀폐된 거실로서 바닥면적이 20[m^2] 미만인 곳
③ 밀폐된 거실로서 바닥면적이 25[m^2] 미만인 곳
④ 무창층 또는 밀폐된 거실로서 바닥면적이 30[m^2] 미만인 곳

해설 이산화탄소 또는 할로겐화합물을 방사하는 소화기구 설치제외 장소(예외 자동확산소화기)

지하층, 무창층, 밀폐된 거실 — 바닥면적이 20[m^2] 미만 (예외 배기를 위한 유효한 개구부가 있는 장소)

21

이해도 ○ △ × / 중요도 ★

대형 소화기에 충전하는 최소소화약제의 기준 중 다음 ( ) 안에 알맞은 것은?

- 분말소화기 : (㉠)[kg] 이상
- 물소화기 : (㉡)[L] 이상
- 이산화탄소소화기 : (㉢)[kg] 이상

① ㉠ 30, ㉡ 80, ㉢ 50
② ㉠ 30, ㉡ 50, ㉢ 60
③ ㉠ 20, ㉡ 80, ㉢ 50
④ ㉠ 20, ㉡ 50, ㉢ 60

해설 대형 소화기의 소화약제 충전량

소화약제	물	강화액	CO_2	할로겐	분말	포
약제량	80[L]	60[L]	50[kg]	30[kg]	20[kg]	20[L]

암기 Tip 물강이할분포 865322

22

이해도 ○ △ × / 중요도 ★

소화기구 및 자동소화장치의 화재안전기술기준에 따른 캐비닛형 자동소화장치 분사헤드의 설치높이 기준은 방호구역의 바닥으로부터 얼마이어야 하는가?

① 최소 0.1[m] 이상 최대 2.7[m] 이하
② 최소 0.1[m] 이상 최대 3.7[m] 이하
③ 최소 0.2[m] 이상 최대 2.7[m] 이하
④ 최소 0.2[m] 이상 최대 3.7[m] 이하

해설 캐비닛형 자동소화장치 분사헤드의 설치높이
최소 0.2[m] 이상 최대 3.7[m] 이하

23

이해도 ○ △ × / 중요도 ★

주거용 주방자동소화장치의 기능으로서 옳지 않은 것은?

① 가스누설 시 자동경보기능
② 가스누설 시 가스밸브의 자동차단기능
③ 가스레인지 화재 시 소화약제 자동분사기능
④ 가스누설 시 경보발생 및 소화약제 방출

해설 주거용 주방자동소화장치의 기능
(1) 가스누설 시 자동경보기능
(2) 가스누설 시 가스밸브의 자동차단기능
(3) 가스레인지 화재 시 소화약제 자동분사기능

정답 20. ② 21. ③ 22. ④ 23. ④

24

이해도 ○ △ × / 중요도 ★

일정 이상의 층수를 가진 오피스텔에서는 모든 층에 주거용 주방자동소화장치를 설치해야 하는데, 몇 층 이상인 경우 이러한 조치를 취해야 하는가?

① 15층 이상
② 20층 이상
③ 25층 이상
④ 30층 이상

해설 소화기구 설치대상

자동소화장치	
주거용 주방	캐비닛형, 가스, 분말 또는 고체에어로졸
아파트	화재안전기준이 정하는 장소
30층 이상 오피스텔의 모든 층	

25

이해도 ○ △ × / 중요도 ★

소방시설 설치 및 관리에 관한 법률상 자동소화장치를 모두 고른 것은?

㉠ 분말자동소화장치
㉡ 액체자동소화장치
㉢ 고체에어로졸 자동소화장치
㉣ 공업용 주방자동소화장치
㉤ 캐비닛형 자동소화장치

① ㉠, ㉡
② ㉡, ㉢, ㉣
③ ㉠, ㉢, ㉤
④ ㉠, ㉡, ㉢, ㉣, ㉤

해설 캐비닛형, 가스, 분말, 고체에어로졸, 주거용 주방·상업용 주방자동소화장치

26

이해도 ○ △ × / 중요도 ★★★★★

주거용 주방자동소화장치의 설치기준으로 틀린 것은?

① 아파트의 각 세대별 주방 및 오피스텔의 각 실별 주방에 설치한다.
② 소화약제 방출구는 환기구의 청소부분과 분리되어 있어야 한다.
③ 주거용 소화장치에 사용하는 가스차단장치는 손이 닿지 않도록 접근이 곤란한 장소에 설치한다.
④ 주거용 주방자동소화장치의 탐지부는 수신부와 분리하여 설치하되, 공기보다 무거운 가스를 사용하는 장소에는 바닥면으로부터 30[cm] 이하의 위치에 설치한다.

해설 주거용 주방자동소화장치 차단장치(전기 또는 가스)
상시 확인 및 점검이 가능하도록 설치할 것

27

이해도 ○ △ × / 중요도 ★★★★★

액화천연가스(LNG)를 사용하는 아파트 주방에 주거용 주방자동소화장치를 설치할 경우 탐지부의 설치위치로 옳은 것은?

① 바닥면으로부터 30[cm] 이하의 위치
② 천장면으로부터 30[cm] 이하의 위치
③ 가스차단장치로부터 30[cm] 이상의 위치
④ 소화약제 분사노즐로부터 30[cm] 이상의 위치

해설 주거용 주방자동소화장치 탐지부는 수신부와 분리하여 설치
(1) 공기보다 가벼운 가스(LNG) : 천장면에서 30[cm] 이하
(2) 공기보다 무거운 가스(LPG) : 바닥면에서 30[cm] 이하

정답 24. ④ 25. ③ 26. ③ 27. ②

핵심문제

01 소화능력단위에 의한 분류

구분	능력단위	
소형 소화기	1단위 이상	
대형 소화기	A급	(①)
	B급	(②)

02 소화기 사용방법

(1) 소화기의 안전핀을 뽑는다.

(2) 바람을 (①) 노즐을 잡고 불쪽을 향한다.

(3) 손잡이를 움켜진다.

(4) 불길의 (②)으로 비로 쓸 듯이 쏜다.

03 소화기 및 소화약제에 따른 간이소화용구에 있어서는 형식승인된 수치를 (   ) 라고 한다.

04 특정소방대상물별 소화기구의 능력단위 기준

소화대상물	1단위 능력단위당 면적	
	기타 구조	주요 구조부 : 내화구조 실내마감재 : 불연, 준불연, 난연재
위락시설	(①)	60[m^2]
공연장, 집회장, 관람장, 문화재, 장례식장 및 의료	50[m^2]	(②)
근린생활, 판매, 영업, 숙박, 노유자, 전시장, 공동주택, 업무시설, 공장, 자동차, 관광휴게시설, 창고	(③)	(④)
기타	200[m^2]	400[m^2]

정답

01. ① 10단위 이상, ② 20단위 이상

02. ① 등지고, ② 아랫부분부터 윗부분

03. 능력단위

04. ① 30[m^2], ② 100[m^2], ③ 100[m^2], ④ 200[m^2]

05 소화약제 외의 것을 이용한 간이소화용구의 능력단위

구분	내용	능력단위
마른모래	(①)	0.5단위
팽창질석 또는 팽창진주암	(②)	0.5단위

06 발전실 · 변전실 · 송전실 · 변압기실 · 배전반실 · 통신기기실 · 전산기기실, 기타 이와 유사한 시설이 있는 장소로 부속용도별로 추가하여야 할 소화기구의 산정기준 : (   )

07 부속용도별로 추가하여야 할 소화기구로 자동확산소화기의 설치기준은?

(1) 바닥면적 10[m^2] 이하 : (   )

(2) 바닥면적 10[m^2] 초과 : (   )

08 금속화재(칼륨, 나트륨, 알킬알루미늄 등)의 소화약제

(1) (   )

(2) (   )

(3) (   )

09 통신기기실에 적응성이 있는 소화기는 (①), (②), (③) 등이다.

10 소화기 설치간격

(1) 소형 소화기 : (   )

(2) 대형 소화기 : (   )

정답

05. ① 삽을 상비한 50[L] 이상의 것 1포, ② 삽을 상비한 80[L] 이상의 것 1포

06. $\frac{\text{해당 용도의 바닥면적}}{50[\text{m}^2]}$ ×소화기 1개

07. (1) 1개, (2) 2개

08. (1) 마른모래, (2) 팽창질석, (3) 팽창진주암

09. ① 가스계, ② 분말, ③ 고체에어로졸

10. (1) 보행거리 20[m], (2) 보행거리 30[m]

11 분말소화기의 사용온도 : (   )

12 주거용 주방자동소화장치 차단장치(전기 또는 가스) : (   )이 가능하도록 설치할 것

13 주거용 주방자동소화장치 탐지부는 수신부와 분리하여 설치

(1) 공기보다 가벼운 가스(LNG) : 천장면에서 (   )
(2) 공기보다 무거운 가스(LPG) : 바닥면에서 (   )

14 이산화탄소 또는 할로겐화합물을 방사하는 소화기구 설치제외 장소(예외 자동확산소화기)

(①), (②), (③)으로 바닥면적이 20[m^2] 미만(예외 배기를 위한 유효한 개구부가 있는 장소)

11. −20[℃] 이상 40[℃] 이하
12. 상시 확인 및 점검
13. (1) 30[cm] 이하, (2) 30[cm] 이하
14. ① 지하층, ② 무창층, ③ 밀폐된 거실

CHAPTER 2 옥내 · 외소화전

01 옥내소화전설비(NFTC 102)

1 개요

(1) 정의

관계인이 화재를 발견하면 옥내소화전함의 문을 열고 소방용 호스와 방사관창(노즐)을 꺼내고, 소화전 앵글밸브를 개방한 후 관창을 화재가 발생된 장소로 향하여 물을 방사하여 소화하는 반고정식, 수동식 수계 초기소화설비이다.

(2) 구성

방수구, 배관, 가압송수장치(펌프 등), 송수구, 수조 등

(3) 설치대상 및 기준

설치대상		설치기준	비고
모든 대상 건축물	연면적	3,000[m^2] 이상 모든 층	지하가 중 터널 제외
	지하층 · 무창층 또는 층수가 4층 이상인 층 중 바닥면적	600[m^2] 이상 모든 층	축사 제외
해당 용도 건축물(모든 대상 건축물에 해당하지 않는 것으로서)	근린생활 · 판매 · 운수 · 의료 · 노유자 · 업무 · 숙박 · 위락 · 공장 · 창고 · 항공기 및 자동차 관련 · 국방 · 군사 · 방송통신 · 발전 · 장례 · 복합건축물 용도로 연면적	1,500[m^2] 이상 모든 층	-
	지하층 · 무창층 또는 4층 이상인 층 중 바닥면적	300[m^2] 이상 모든 층	-
건축물의 옥상	차고, 주차장으로서 차고 또는 주차용도 바닥면적	200[m^2] 이상	-
지하가 중 터널	길이	1,000[m] 이상	-
	행정안전부령으로 정하는 터널	예상교통량, 경사도 등	-
공장 및 창고	특수가연물을 저장 · 취급량	지정수량의 750배 이상	-

(4) 옥내소화전의 특징 ★★

구분	옥내소화전
방호개념	초기진압용으로 소방대 도착까지 연소확대 방지
수원	1차 수원 + 2차 수원(자체 수조 확보)
방호반경	수평거리 25[m]
방수구 구경 ★	40[mm]
사용자	건물 내 거주자
방수구당 방수량	130[L/min](≤2)
방사압력	0.17 ~ 0.7[MPa]
펌프 토출량(L/분)	방수구×130(≤2)
방사시간(분)	20(준초고층 40, 초고층 60)

암기 Tip 내일 칠하자

(5) 옥내소화전과 기타 설비의 차이점

설비	옥내소화전	스프링클러설비	역할
구성에서의 차이	방수구(앵글밸브)	• 알람밸브 • 프리액션밸브 • 일제살수밸브	소화수 제어
	관창(노즐)	헤드	소화수 방출
	펌프기동방식	수동 또는 자동	전부 자동
화재감지	사람	헤드 또는 감지기	–
진압방식	관창 조작에 의한 수동 방수	헤드 자동 살수	–

2 종류

(1) 옥내소화전

(2) 호스릴

아파트 · 업무시설 또는 노유자시설

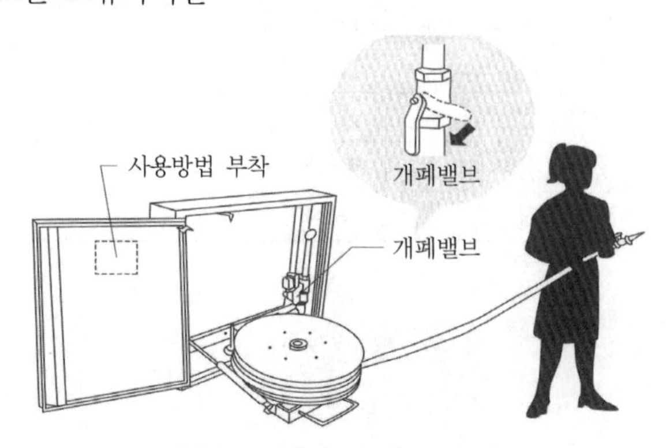

▌호스릴 옥내소화전 개념도▐

(3) 호스릴 옥내소화전과 옥내소화전의 비교

구분	소화전	호스릴
수평거리	25[m]	25[m]
수원	$2.6 \times N(\leq 2)$	$2.6 \times N(\leq 2)$
노즐선단 방사압	0.17[MPa]	0.17[MPa]
호스구경	40[mm]	25[mm]
배관구경	주배관 : 50[mm] 이상	주배관 : 32[mm] 이상
	가지배관 : 40[mm] 이상	가지배관 : 25[mm] 이상
개폐장치	앵글밸브	앵글밸브 또는 볼밸브

도로터널의 화재안전기술기준(NFTC 603)

가압송수장치는 옥내소화전 2개(4차로 이상의 터널인 경우 3개)를 동시에 사용할 경우 각 옥내소화전의 노즐선단에서의 방수압력은 0.35[MPa] 이상이고, 방수량은 190[L/min] 이상이 되는 성능의 것으로 할 것. 다만, 하나의 옥내소화전을 사용하는 노즐선단에서의 방수압력이 0.7[MPa]을 초과할 경우에는 호스접결구의 인입측에 감압장치를 설치하여야 한다.

3 수원(2.1)

(1) 1차 수원

① 목적 : 화재를 소화하기 위한 수원

② 수원량[m^3]

> 층방출계수 $\times N(\leq 2)$ ★★★★★

여기서, N : 층에 가장 많이 설치된 소화전 수량
(30층 이상 $N \leq 5$)

③ 층방출계수

층수	층방출계수	비고
30층 미만	2.6	2.6[m^3]=130[L/min]×20[min]
30 ~ 49층	5.2	기본량의 2배(2.6×2)
50층 이상	7.8	기본량의 3배(2.6×3)

여기서, 130[L/min] : 소화전 1개의 분당 방사량
20[min] : 방사시간

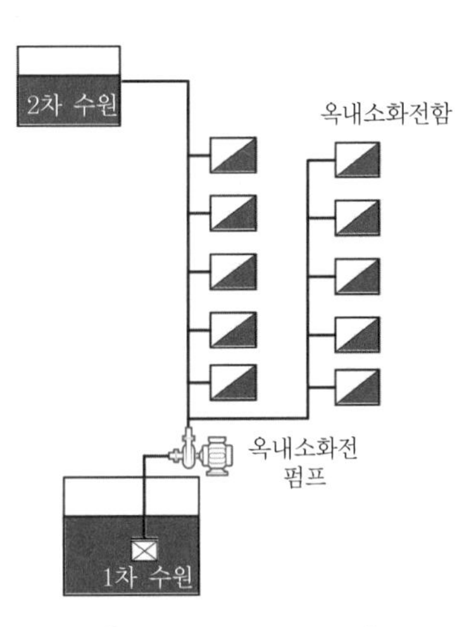

▌1, 2차 수원 개념도 ▌

(2) 수조

① 원칙 : 소방설비 전용

② 겸용 설치

㉠ 옥내소화전 펌프의 풋밸브 또는 흡수배관의 흡수구를 다른 설비의 풋밸브 또는 흡수구보다 낮은 위치에 설치한 때

㉡ 고가수조로부터 옥내소화전설비의 수직배관에 물을 공급하는 급수구를 다른 설비의 급수구보다 낮은 위치에 설치한 때

③ 유효수량

㉠ 전용 : 수직배관 급수구와 저수면 사이의 수량

㉡ 겸용 : 옥내소화전설비의 풋밸브 · 흡수구 또는 수직배관의 급수구와 다른 설비의 풋밸브 · 흡수구 또는 수직배관의 급수구와의 사이의 수량

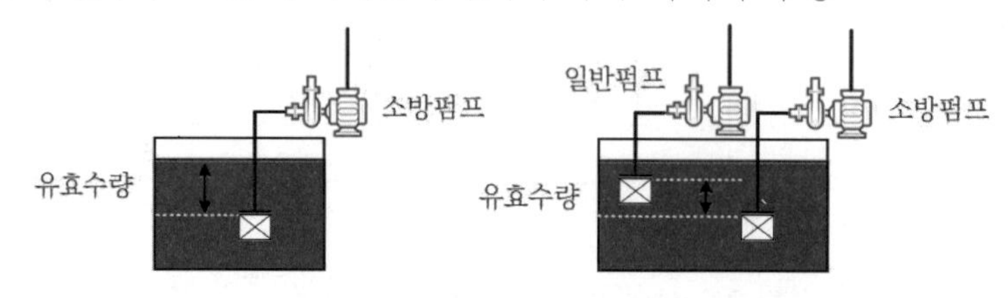

▌유효수량▐

(3) 2차 수원

① 목적 : 가압송수장치의 고장이나 정전 시 자연낙차압에 의하여 방사되는 물로 소화를 할 수 있도록 하기 위한 수원

② 수원량 : 산출된 유효수량 외 유효수량의 $\frac{1}{3}$ 이상을 옥상에 설치

(4) 총저수량

1차 수원 + 2차 수원

(5) 2차 수원 설치면제 대상 ★★★★

면제사유	대상
실효성이 없는 경우	건축물의 높이가 지표면에서 **10**[m] 이하인 경우(수압×)
수조가 건물보다 높이 설치된 경우	수원이 건축물 **최**상층에 설치된 방수구보다 높은 위치에 설치된 경우
	고가수조를 가압송수장치로 설치한 경우
구조상 불가능한 경우	**지**하층만 있는 건축물
예비펌프	• 주펌프와 동등 이상의 성능이 있는 별도의 펌프로서 **내**연기관의 기동과 연동하여 작동 • **비**상전원을 연결하여 설치

암기 Tip 최고지 십내 비

(6) 2차 수원 설치면제 대상 예외

층수가 30층 이상인 특정소방대상물

(7) 수조 설치기준

① **동**결방지조치를 한다.

② **점**검이 편리한 곳에 설치한다.

③ 수조의 외부에 **수**위계를 설치한다.

④ 수조의 상단이 바닥보다 높은 때에는 외부에 고정**사**다리를 설치한다.

⑤ 수조 하부에 배수밸브 및 배수관을 설치한다.
⑥ 전용수조표지를 설치한다.
⑦ 조명설비를 설치한다.
⑧ 수조 접속부에 전용수조표지를 설치한다.

암기 Tip 동점 수사 배표 조표

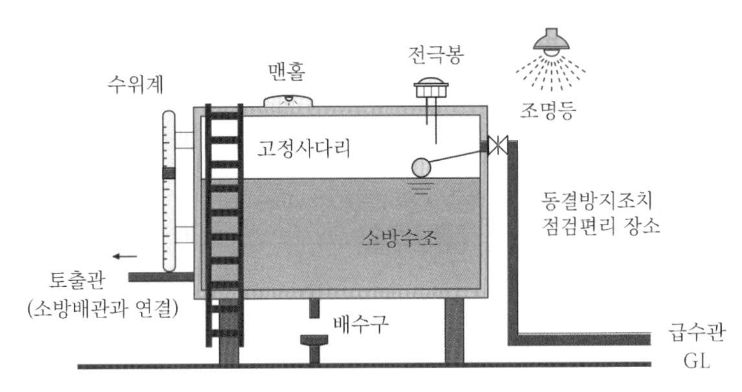

▌수조의 설치기준▐

4 가압송수장치(2.2)

(1) 종류

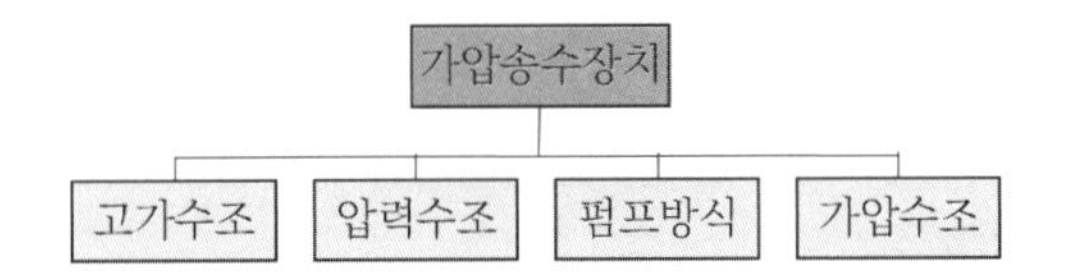

(2) 펌프방식

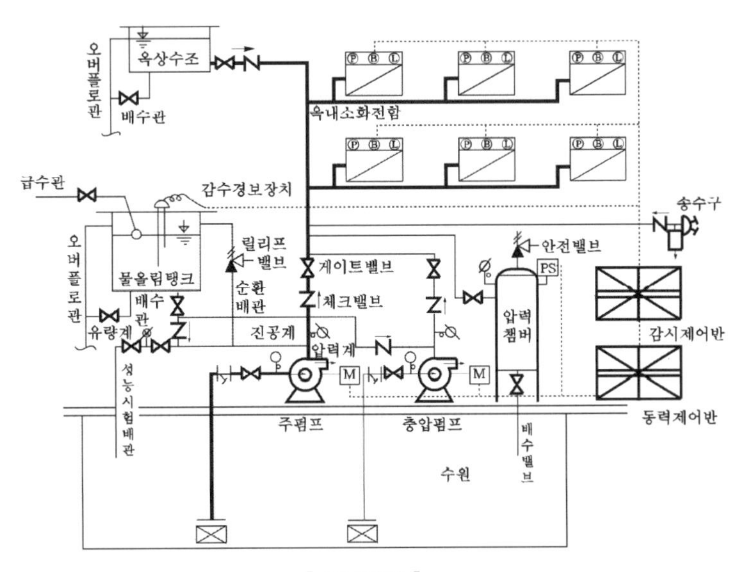

▌펌프방식▐

꼼꼼체크 **펌프(pump)** : 에너지를 이용해 유체를 끌어올리거나 가압하는 장치

① **설치장소**

㉠ 쉽게 접근할 수 있고, 점검하기에 충분한 공간이 있는 장소

㉡ 화재 및 침수 등의 재해로 인한 피해를 받을 우려가 없는 장소

㉢ 동결방지조치를 하거나 동결의 우려가 없는 장소

② **방수압** : 노즐선단에서 0.17[MPa] 이상(호스릴 포함) 0.7[MPa] 초과 시 호스접결구의 인입측에 감압장치를 설치할 것

③ **방수량 및 펌프 토출량**

㉠ 방수량 : 130[L/min] 이상(호스릴 포함)

㉡ 토출량

$$Q[\text{L/min}] = 130[\text{L/min}] \times N$$

여기서, N : 층별 소화전 수량(최대 2개)

130 : 1개 소화전의 분당 토출량

㉢ 방수압과 방수량의 관계

$$Q = 2.086d^2\sqrt{P}$$

여기서, Q : 유량[L/min]

d : 노즐구경[mm]

P : 압력[MPa]

④ **펌프**

㉠ 전용(예외 다른 소화설비와 겸용하는 경우 각각의 소화설비의 성능에 지장이 없을 때)

㉡ 주펌프 : 전동기에 따른 펌프

⑤ **압력측정장치**

구분	설치장소	측정압
압력계	펌프의 토출측에 체크밸브 이전에 펌프 토출측 플랜지에서 가까운 곳에 설치	대기압 기준으로 양압(+) 측정(0[kg])
진공계	펌프 흡입측	진공압(부압 −)
연성계	펌프 흡입측	양압(+) + 진공압(−)

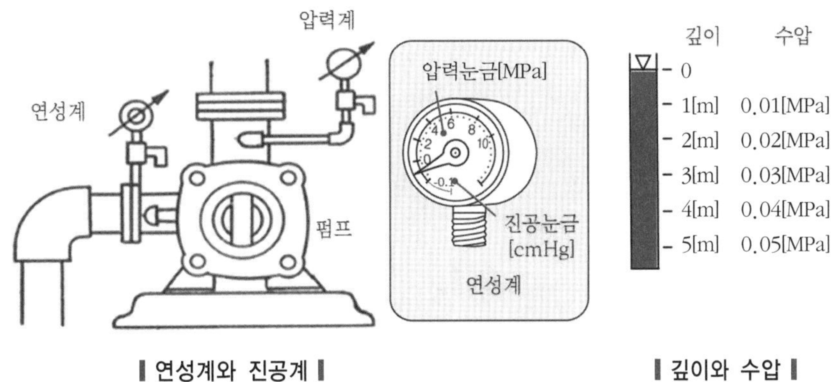

‖ 연성계와 진공계 ‖　　‖ 깊이와 수압 ‖

⑥ 성능시험배관 설치(예외 충압펌프)

⑦ 순환배관 설치(예외 충압펌프)

순환배관의 설치 목적 : 수온의 상승을 방지

⑧ 기동장치

구분	내용
수동기동방식	• 정의 : on-off 버튼을 이용하여 펌프를 원격으로 기동하는 방식 • 설치대상 : 학교 · 공장 · 창고시설(옥상수조를 설치한 대상은 제외)로서 동결의 우려가 있는 장소
자동기동방식	• 정의 : 기동용 수압개폐장치 또는 동등 이상의 성능이 있는 것을 이용하여 펌프를 자동으로 기동하는 방식 • 설치대상 : 동결의 우려가 있는 장소 외

수동기동방식은 동결을 방지하기 위해 배관을 건식으로 비워 넣는다.

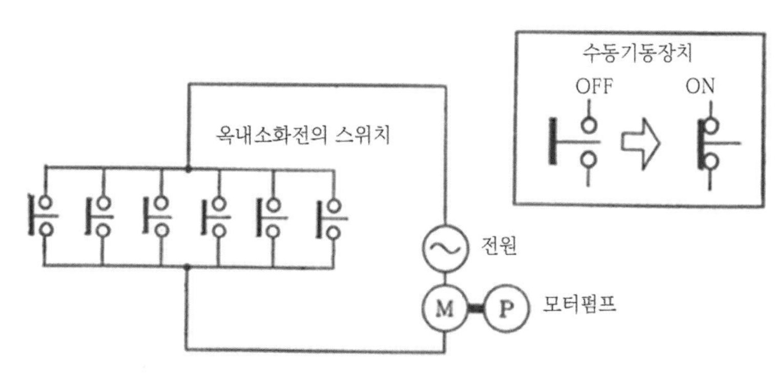

‖ 수동기동방식 ‖

⑨ 기동용 수압개폐장치(압력챔버)

㉠ 용적 : 100[L] 이상 ★★★

㉡ 정의 : 소화설비의 배관 내의 압력 변동을 검지하여 자동적으로 펌프를 기동 또는 정지시키고 배관 내 적정압을 유지하는 장치 ★★

㉢ 구성 : 압력챔버는 압력계, 압력스위치, 안전밸브, 배수밸브 등

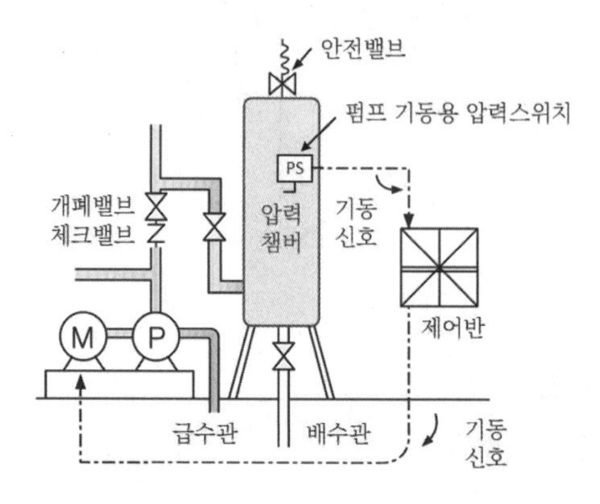

▌기동용 수압개폐장치▐

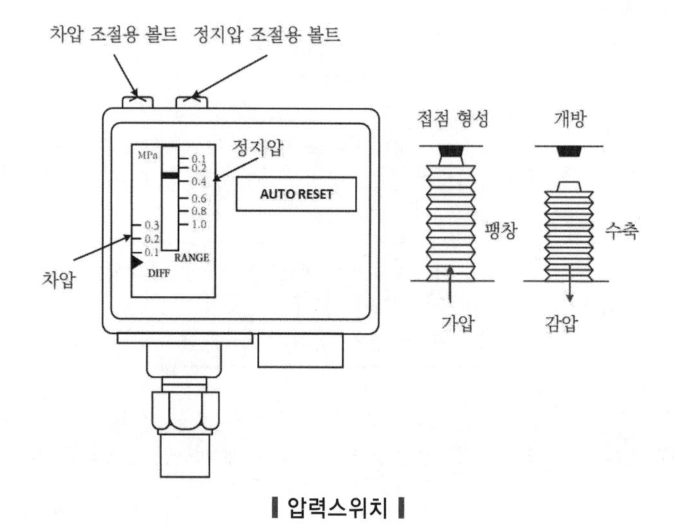

▌압력스위치▐

㉣ 압력스위치(pressure switch) 표시 구분

- range : 펌프의 정지압력 눈금
- diff : 펌프의 정지압력과 기동압력의 차이 눈금(펌프가 diff만큼 압력이 떨어지면 다시 기동하게 된다.)
- 압력스위치 셋팅 기준

구분	펌프	기동압[MPa]	정지압[MPa]
옥내(외) 소화전	주	자연압 + 0.2[MPa]	펌프의 전양정(자동정지 ×)
	충압	주펌프의 기동압 + 0.05[MPa]	펌프의 전양정(또는 주펌프 정지압과 같거나 0.05[MPa] 정도)

구분	펌프	기동압[MPa]	정지압[MPa]
스프링클러	주	다음에서 구한 압력 중에서 더 큰 값 • 최고위 헤드의 위치에서 기동용 수압개폐장치까지의 낙차압력 + 0.2[MPa] • 옥상수조의 위치에서 기동용 수압개폐장치까지의 낙차압력 + 0.05[MPa]	펌프의 전양정(가압송수장치가 기동된 경우에는 자동으로 정지되지 않도록 할 것. 2.2.1.17)
	충압	주펌프의 기동압 + 0.05[MPa]	펌프의 전양정(또는 주펌프 정지압과 같거나 0.05[MPa] 정도 크게 놓는다.)

ⓜ 소화펌프의 정지압력 설정

구분	기계적인 방법	전기적인 방법
방법	주펌프의 정지압력을 최소소요유량 방수 시의 압력과 릴리프밸브 작동압력 사이에 설정을 하게 되면 오동작으로 자동 기동된 주펌프의 경우와 소화활동이 끝나고 소화급수배관의 모든 밸브가 정상적으로 닫힌 경우에는 주펌프가 정지된다. 체절압력 이상으로 압력설정하면 자동정지가 곤란해진다.	동력제어반 또는 감시제어반에 주펌프가 자동 기동 시 계속적으로 기동상태가 유지되도록 자기유지회로를 구성하는 방법이다.
문제점	압력스위치가 정밀하지 못한 경우에는 송수 중에 정지되거나 체절운전 시에도 자동정지가 되지 않는 경우가 발생할 수 있다.	감시제어반 또는 동력제어반이 설치된 장소에 관리인원이 없을 경우 주펌프가 오동작으로 자동 기동되면 펌프가 계속 체절운전을 할 우려가 있다.

ⓑ 종류

구분	개념	구성품	비고
압력챔버 방식(스프링식)	펌프의 토출측 배관에 연결되어 배관 내 압력을 감지하고 배관 내 압력이 감소하면 압력스위치를 작동하여 충압펌프와 주펌프를 작동하게 하는 것	압력계와 압력스위치, 압력챔버, 안전밸브, 배수밸브	• 탱크 용량 : 100[L], 200[L] • 사용압력 범위 : 1[MPa], 2[MPa]용
전자식 기동용 압력스위치 방식	수격 또는 순간압력 변동 등으로부터 안정적으로 압력을 검지할 수 있도록 압력검지신호 제어장치(전자식)를 사용하는 기동용 수압개폐장치	전자식 압력스위치	배관 관로 중에 설치하며, 압력챔버에 비해 구성품이 없고 설치하기가 간단하다.
부르동관 기동용 압력스위치 방식	수격 또는 순간압력 변동 등으로부터 안정적으로 압력을 검지할 수 있도록 부르동관을 사용하는 장치	부르동관 기동용 압력스위치	배관 관로 중에 설치하며, 압력챔버에 비해 구성품이 없고 설치하기가 간단하다.

▎전자식 기동용 압력스위치▎

▎부르동관 기동용 압력스위치▎

⑩ 물올림장치
  ㉠ 설치대상 : 수원의 수위가 펌프보다 낮은 위치에 있는 가압송수장치
  ㉡ 전용탱크 설치
  ㉢ 유효수량 : 100[L] 이상 ★
  ㉣ 급수배관 : 15[mm] 이상의 급수배관에 따라 해당 탱크에 물이 계속 보급되도록 할 것
  ㉤ 설치목적 : 부압식 수조(펌프보다 아래에 위치한 수조)에 물 공급을 통해서 펌핑을 원활하게 하기 위함이다. 따라서 수조의 수위가 낮은 경우에 설치한다.

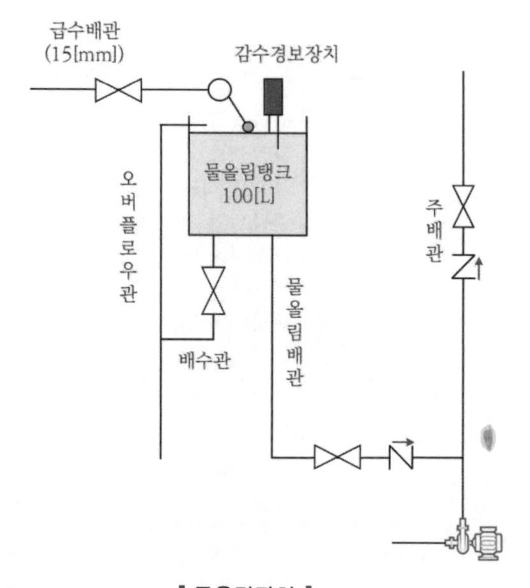

▎물올림장치▎

⑪ 기동용 수압개폐장치를 기동장치로 사용할 경우 : 충압펌프 설치
  ㉠ 충압펌프의 토출압력
    • 설비의 최고위 호스접결구의 자연압 + 0.2[MPa] < P ★
    • 가압송수장치의 정격토출압력과 같게 할 것
  ㉡ 충압펌프의 정격토출량
    • 정상적인 누설량 < 정격토출량
    • 옥내소화전설비가 자동적으로 작동할 수 있도록 충분한 토출량을 유지
  ㉢ 충압펌프 설치 예외
    • 옥내소화전이 각 층에 1개씩 설치되고 소화용 급수펌프로도 상시 충압이 가능하고 펌프의 토출압력이 그 설비의 최고위 호스접결구의 자연압보다 적어도 0.2[MPa] 더 큰 경우
    • 가압송수장치의 정격토출압력과 같은 경우
  ㉣ 충압펌프 : 배관 내 압력손실에 따른 주펌프의 빈번한 기동을 방지하기 위하여 충압 역할을 하는 펌프로 저유량, 고양정의 특성의 웨스코펌프를 주로 사용하며 일반적으로 60[L/min]를 사용한다.

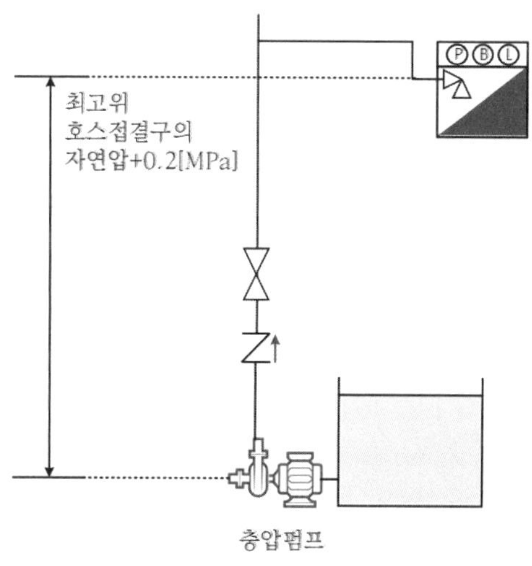

▎충압펌프▕

⑫ 내연기관을 사용하는 경우

㉠ 내연기관 기동방법

구분	내용
수동기동방식	소화전함의 위치에서 원격조작이 가능하고 기동을 명시하는 적색등을 설치
자동기동방식	기동용 수압개폐장치

㉡ 제어반 : 자동기동 및 수동기동

㉢ 축전지설비 : 상시 충전

㉣ 내연기관의 연료량

구분	연료량
일반건축물(30층 미만)	20분 이상(기본시간)
준초고층(30~49층)	40분 이상(기본시간×2)
초고층(50층 이상)	60분 이상(기본시간×3)

⑬ **표지 설치** : 옥내소화전펌프(병행설비 명칭 표시)

⑭ **수동정지** : 가압송수장치가 기동이 된 경우에는 자동으로 정지되지 아니하도록 하여야 한다(**예외** 충압펌프). ★

⑮ 소방펌프의 종류

대분류	소분류	특징
원심펌프 ★★	볼류트	• 회전차 바깥둘레에 안내깃이 없고 바깥둘레에 바로 접하여 와류실이 있는 펌프 • 저양정, 대유량에 사용된다.
	터빈	• 임펠러 바깥둘레에 안내깃을 가지고 있는 펌프 • 고양정에 사용된다. • 1단 증가 시 0.3 ~ 0.6[MPa] 증가하고 보통 2 ~ 6단을 많이 사용한다.

대분류	소분류	특징
용적형	피스톤	• 유량의 변화에 상관없이 일정한 양정이 가능하다. • 플랜지에 비해 더 효율적이다.
	플랜지	• 유량의 변화에 상관없이 일정한 양정이 가능하다.

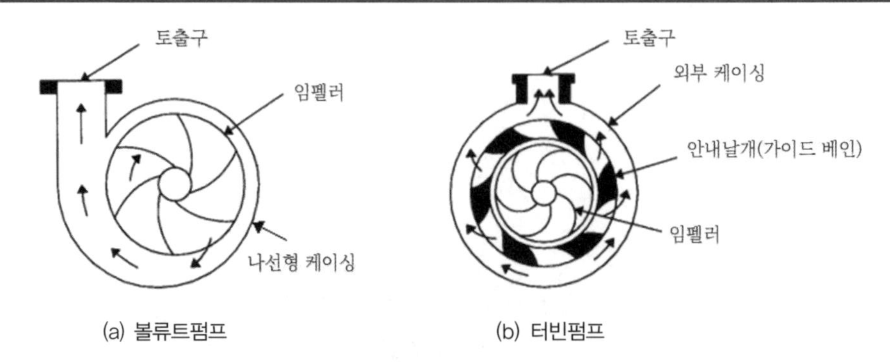

(a) 볼류트펌프 (b) 터빈펌프

▍원심펌프▍

⑯ **펌프의 재질** : 가압송수장치는 부식 등으로 인한 펌프의 고착을 방지할 수 있도록 다음의 기준에 적합한 것으로 할 것(**예외** 충압펌프)

㉠ 임펠러 : 청동 또는 스테인리스 등 부식에 강한 재질

㉡ 펌프축 : 스테인리스 등 부식에 강한 재질

⑰ **펌프 운전**

㉠ 직렬운전 : 양정은 2배, 유량은 동일

㉡ 병렬운전 : 양정은 동일, 유량은 2배 ★

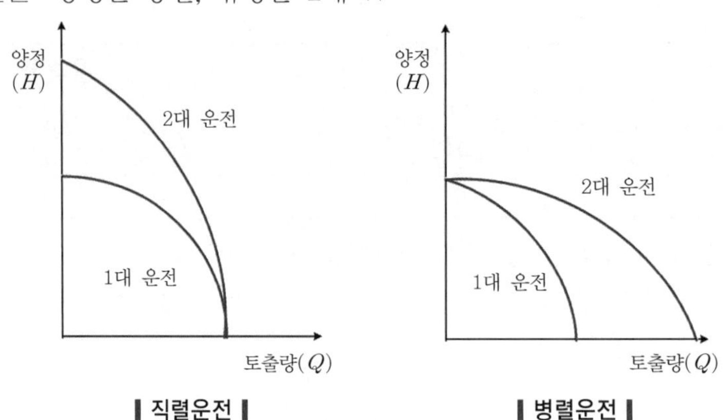

▍직렬운전▍ **▍병렬운전▍**

⑱ **소요동력의 계산**

㉠ 동력 : 단위시간당 일(J/s=kW)

㉡ 펌프 구동을 위하여 필요한 동력은 전양정, 토출량으로 결정되는 이론동력과 각의 기기의 효율로 결정

$$P=\frac{\gamma\cdot Q\cdot H}{\eta}\times K \text{ ★}$$

여기서, P : 모터 동력[kW]

γ : 비중량[kN/m^3]

Q : 유량[m^3/sec]

H : 전양정(수두)[m]

K : 전달계수(전동기 직결 시 1.1)

η : 펌프의 효율

$$P = \frac{0.163 \times Q \times H}{\eta} \times K$$

여기서, P : 전동기의 출력[kW]

$0.163 : \frac{9.8}{60}$

Q : 토출량[m^3/min]

H : 전양정(수두)[m]

η : 펌프의 효율

K : 전달계수

(3) 고가수조방식

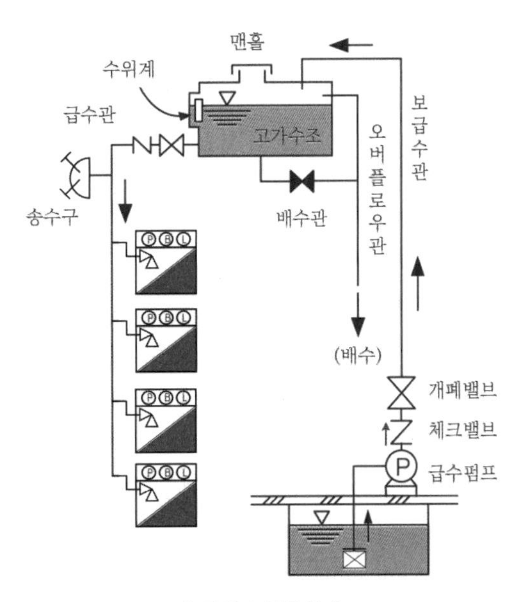

▌고가수조방식▐

① **정의** : 고가수조의 자연낙차압을 이용하여 가압송수하는 방식

② **필요 낙차** : 고가수조의 자연낙차 수두식에 따라 산출한 수치 이상

$$H = h_1 + h_2 + 17(\text{호스릴옥내소화전설비를 포함}) ★★$$

여기서, H : 필요 낙차[m]

h_1 : 소방용 호스 마찰손실수두[m]

h_2 : 배관의 마찰손실수두[m]

17 : 방출구에서 필요한 최소수두

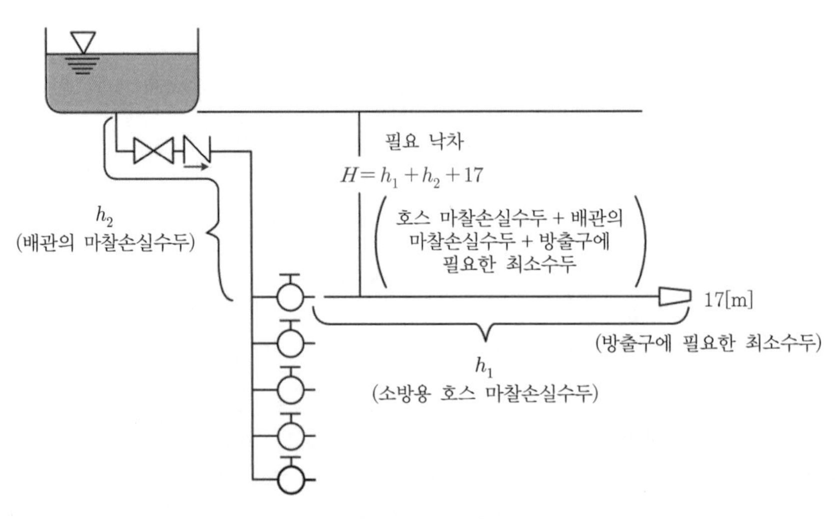

▌필요 낙차▌

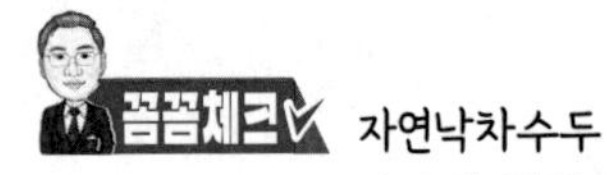

자연낙차수두

수조의 하단으로부터 최고층에 설치된 소화전 호스접결구까지의 수직거리

③ **구성** : 수위계, 배수관, 급수관, 오버플로우관, 맨홀 ★★★★★

(4) 압력수조방식

① **정의** : 압력수조에 물을 넣고 공기압축기(compressor)를 이용하여 압축한 공기압에 의해 소화수를 가압하여 그 압으로 송수하는 방식

② **압력수조의 압력** : 다음의 식에 따라 산출한 수치 이상

$$P=p_1+p_2+p_3+0.17$$ ★★

여기서, P : 필요한 압력[MPa]

p_1 : 호스의 마찰손실수두압[MPa]

p_2 : 배관의 마찰손실수두압[MPa]

p_3 : 낙차의 환산수두압[MPa]

③ **구성** : 수위계, 급수관, 배수관, 급기관, 맨홀, 압력계, 안전장치, 압력저하 방지를 위한 자동식 공기압축기(에어컴프레서) ★★

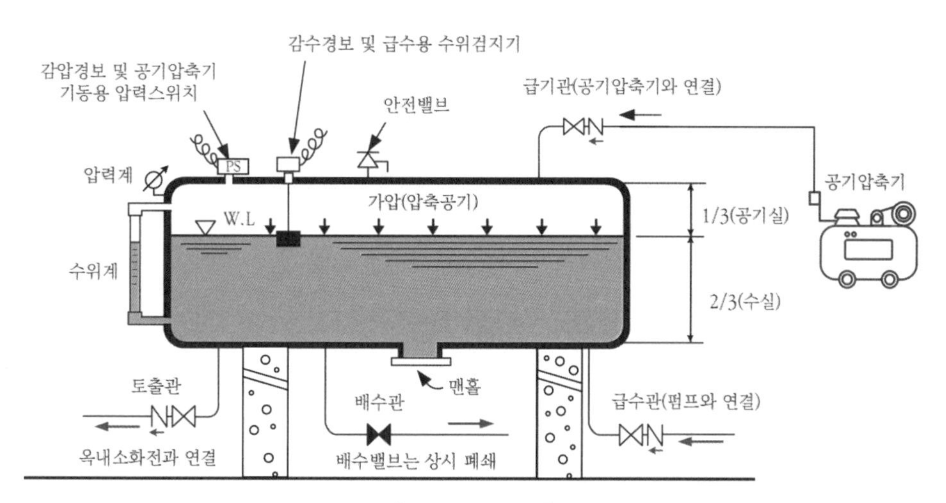

▎압력수조방식▎

(5) 가압수조방식

① 정의 : 가압원인 압축공기 또는 불연성 고압기체를 이용하여 소방용수를 가압시키는 방식

② 구성 : 수조, 가압용기, 제어반, 압력조정장치, 성능시험배관 및 기타 필요한 기기

③ 가압수조 방수량, 방수압 : 20분 이상

④ 가압수조 및 가압원의 설치장소 : 방화구획된 장소

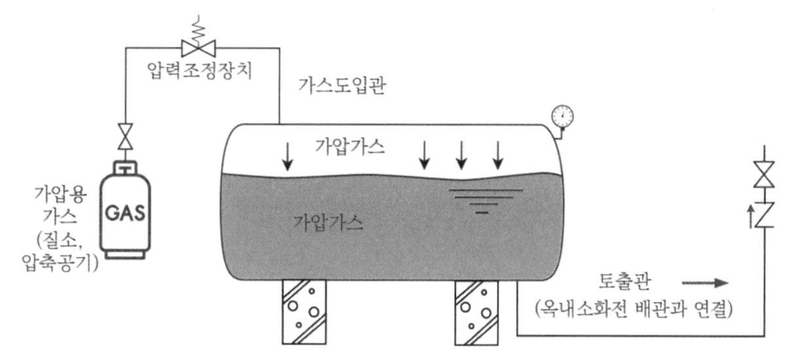

▎가압수조방식▎

5 배관 등(2.3)

(1) 재질 ★★★★★

압력 : 1.2[MPa] 미만	압력 : 1.2[MPa] 이상	합성수지관
배관용 탄소강관(KS D 3507) 이음매 없는 구리 및 구리합금관(KS D 5301). 다만, 습식의 배관에 한함.	압력배관용 탄소강관 (KS D 3562)	천장과 반자를 불연재료 또는 준불연재료로 설치하고 소화배관 내부에 항상 소화수가 채워진 상태로 설치하는 경우

압력 : 1.2[MPa] 미만	압력 : 1.2[MPa] 이상	합성수지관
배관용 스테인리스강관(KS D 3576) 또는 일반배관용 스테인리스강관(KS D 3595)	배관용 아크용접 탄소강관 (KS D 3583)	별도의 구획된 덕트 또는 피트의 내부에 설치
덕타일 주철관(KS D 4311)		지하에 매설

암기 Tip 지내천

(2) 급수배관

전용

(3) 펌프 흡입측 배관 ★★

① **설치구조** : 공기고임이 생기지 않는 구조

② **여과장치 설치** : Y형 스트레이너

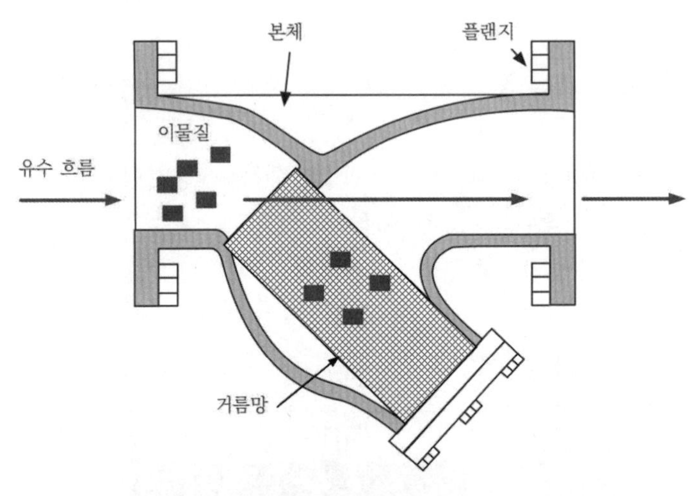

Y형 스트레이너

③ **별도 설치** : 수조가 펌프보다 낮게 설치된 경우

(4) 펌프 토출측 배관

① **배관의 구경**

㉠ 주배관 : 속도제한 4[m/sec] 이하 ★★★

㉡ 용도에 따른 관경의 제한 ★★★★★

구분	가지배관	수직배관
호스릴방식	25[mm] 이상	32[mm] 이상
옥내소화전	40[mm] 이상	50[mm] 이상
연결송수관과 겸용방식	65[mm] 이상	100[mm] 이상

② **급수차단밸브** : 개폐표시형(예외 펌프의 흡입측 배관에는 버터플라이밸브 외의 개폐표시형 밸브를 설치) ★

③ 배관 내 유속 제한

설비	구분	유속
옥내소화전	토출측	4[m/s] 이하
스프링클러	가지배관	6[m/s] 이하
	기타 배관	10[m/s] 이하

(5) 성능시험배관 ★★★★★

① **설치위치** : 펌프 토출측 개폐밸브 이전에서 분기

② **구조** : 전단 직관부에 개폐밸브, 후단 직관부에 유량조절밸브를 설치

③ **유량측정장치의 성능** : 정격토출량의 175[%] 이상 측정할 수 있는 장치 설치 ★★★

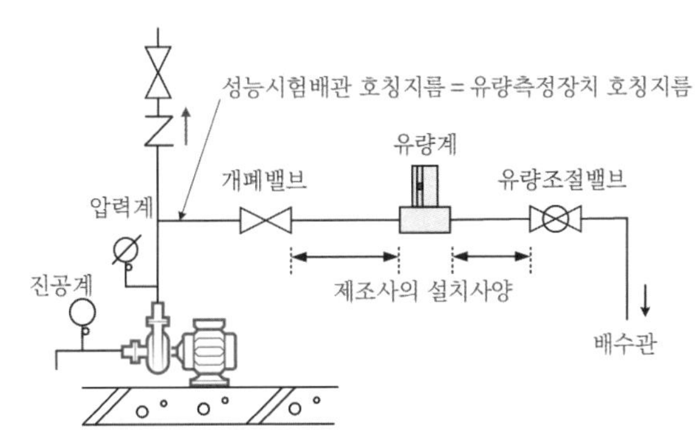

▌성능시험배관▐

④ **소방펌프의 성능기준** : 운전점 A, B, C를 모두 만족시켜야 한다.

㉠ 점 A : 체절운전점(무부하 운전)은 정격압력의 140[%] 이하(H_1 : 체절전양정)

㉡ 점 B : 정격운전점은 정격유량으로 정격압 운전점(Q_2 : 정격토출량, H_2 : 정격전양정)

㉢ 점 C : 과부하운전점은 정격운전점의 토출량 150[%]로 운전 시 정격토출압력의 65[%] 이상(Q_3 : Q_1의 150[%] 토출량, H_3 : Q_3의 방사량일 때 전양정)

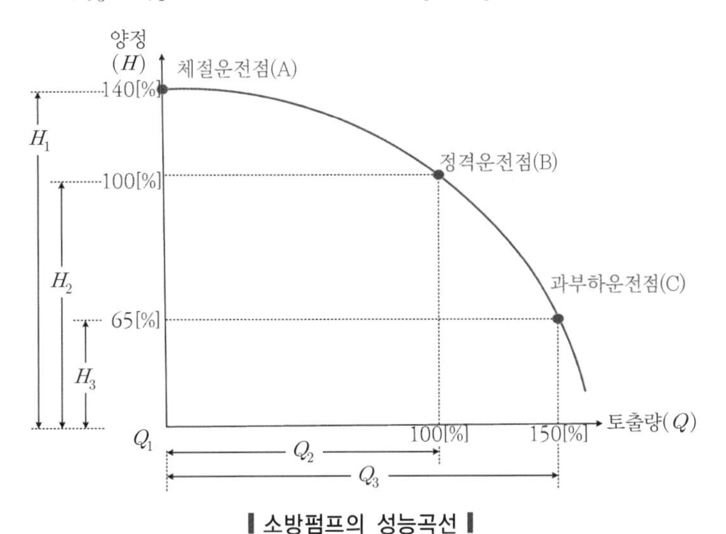

▌소방펌프의 성능곡선▐

(6) 순환배관

① **설치목적** : 체절운전 시 수온 상승을 방지

② **설치위치** : 체크밸브와 펌프 사이에서 분기

③ **구조** : 구경 20[mm] 이상의 배관에 체절압력 미만(1.25 ~ 1.4)에서 개방되는 릴리프밸브 설치(충압펌프 제외)

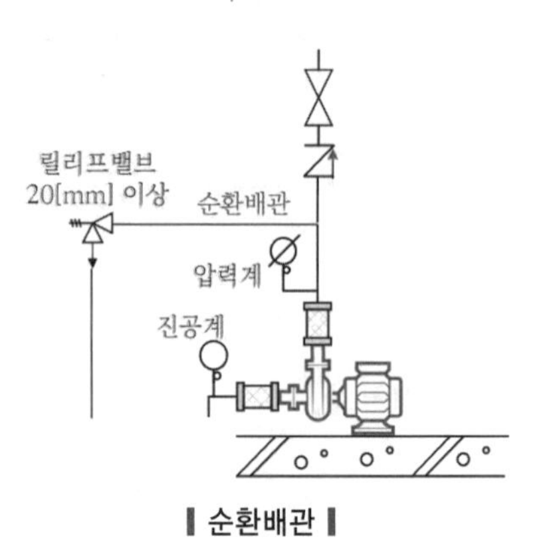

▌순환배관▐

(7) 펌프와 체크밸브(또는 개폐밸브) 사이에 설치하는 배관 ★★

① 물올림장치배관

② 성능시험배관(개폐밸브)

③ 순환배관

(8) 배관의 동결방지

① 배관은 동결방지조치를 하거나 동결의 우려가 없는 장소에 설치

② **보온재** : 난연재료 성능 이상

③ **난방설비** : 배관 주위온도를 4[℃] 이상으로 유지

④ 배관 내에 부동액을 채우거나, 배관 내의 물을 상시 유동시킬 수 있도록 시공한다.

⑤ 전열전선(heating cable)을 배관 주위에 시공한다.

⑥ 옥외 지하매설배관은 동절기 동결을 방지하도록 각 지방의 동결심도를 감안하여 배관의 상부를 동결심도보다 30[cm] 이하 깊이로 매설하여 시공한다.

(9) 배관식별표시

① 다른 설비의 배관과 쉽게 구분이 될 수 있는 위치에 설치

② 배관 표면 또는 배관 보온재 표면의 색상은 「한국산업표준(배관계의 식별 표시, KS A 0503)」 또는 적색으로 식별이 가능하도록 소방용 설비의 배관임을 표시

(10) 감압장치 설치

① 옥내소화전을 사용하는 노즐선단에서의 방수압력이 0.7[MPa]을 초과할 경우에는 호스접결구의 인입측에 감압장치를 설치

② **감압장치 설치 이유** : 0.7[MPa]를 초과할 경우 반동력이 일반적인 성인의 체력이 감당하기 어렵기 때문에 조정이 힘들어 제한을 두는 것이다.

▌감압용 밸브▐

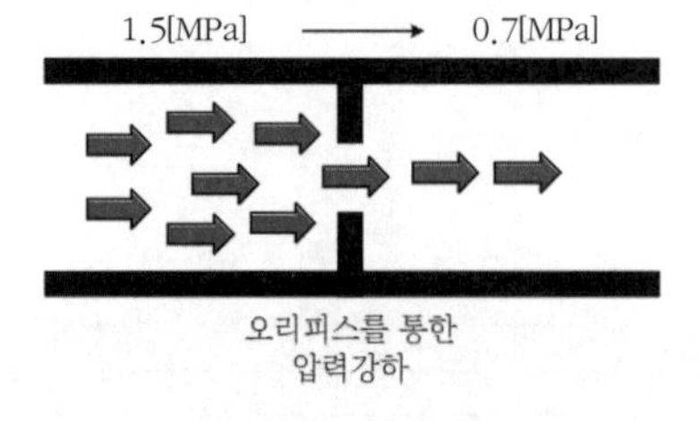

▌감압의 원리▐

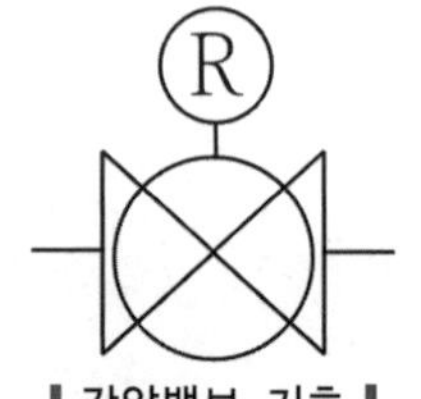

▌감압밸브 기호▐

CHAPTER 02

(11) 송수구

① 설치위치

㉠ 송수구는 소방차가 쉽게 접근할 수 있는 잘 보이는 장소

㉡ 화재층으로부터 지면으로 떨어지는 유리창 등이 송수 및 그 밖의 소화작업에 지장을 주지 아니하는 장소

② **급수를 차단하는 개폐밸브 설치금지** : 송수구로부터 주배관에 이르는 연결배관에는 개폐밸브를 설치하지 아니할 것(예외 스프링클러설비 · 물분무소화설비 · 포소화설비 또는 연결송수관설비의 배관과 겸용하는 경우)

③ **송수구 설치높이** : 0.5[m] 이상 1[m] 이하

④ **규격** : 구경 65[mm]의 쌍구형 또는 단구형

⑤ 송수구의 가까운 부분에 자동배수밸브(또는 직경 5[mm]의 배수공) 및 체크밸브를 설치

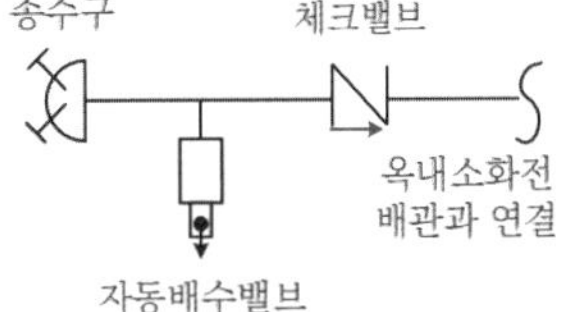

❙ 송수구 부근 배관도 ❙

1. **자동배수밸브** : 송수구로부터 송수를 한 후에 송수구와 체크밸브 사이에 고여 있는 물을 스프링의 장력으로 자동으로 배수시키는 밸브
2. **배수공** : 배관에 배수구멍(직경 5[mm])을 뚫어 배수가 되도록 한 구멍

⑥ **송수구에 마개 설치** : 이물질 유입방지

(12) 수원의 수위가 펌프의 위치보다 높은 경우 제외되는 설비 ★

① 물올림장치

② 연성계 또는 진공계

③ 풋밸브

(13) 배관 이음

① **나사식 이음(thread joint)** : 저압인 일반용 배관 50[mm] 이하에 사용하는 것이며 심한 마모, 충격, 진동, 부식이나 균열 등이 발생할 수 있는 장소에는 나사식 이음쇠를 사용해서는 안 된다.

② **용접식 이음(welding joint)** : 50[mm] 이상 배관에 사용한다.

③ **플랜지 이음(flange joint)** : 배관의 각종 기기를 해체하거나 교환해야 할 때는 플랜지 이음으로 시공하며, 이는 플랜지를 볼트나 너트로 접속하는 것이다. 플랜지 사이에는 유체가 새는 것을 방지하도록 개스킷(gasket)을 삽입한다.

④ **기계적 이음(mechanical joint)** : 용접을 하지 않는 무용접 이음방법이며 배관에 홈(groove)을 만들고 서로 연결하는 방식이다. 밀봉 역할을 하는 개스킷, 이를 감싸 조여주는 하우징, 하우징을 연결하는 볼트와 너트로 구성되어 있고 내진의 지진분리이음의 역할을 할 수 있다.

(14) 소방용 합성수지 배관

① **CPVC(chlorinated polyvinyl chloride) 재료의 성질** : CPVC는 기존의 PVC 배관에 염화반응(염소)을 추가하여 내열성, 내압성, 내충격성, 기계적 강도 및 내식성을 획기적으로 강화시킨 내열성 경질 염화비닐관이다.

② **배관재의 특성**

㉠ 내부식성 및 위생성

㉡ 자기 소화성

㉢ 낮은 마찰손실 : 타 배관재에 비해 조도계수(C)가 커서 마찰손실이 적어 소음이 적고 수격현상 발생압이 강관의 $\frac{1}{3}$ 정도임

㉣ 열손실 감소 및 온실가스 감축

(15) 워터 해머쿠션(water hammer cushion : 수격방지기)

수격작용에 의한 충격을 흡수하는 역할을 한다. ★

6 함 및 방수구 등(2.4)

(1) 소화전함

소화작업을 할 수 있는 기기와 용구를 보관하는 함

(2) 구조

호스, 방사형 노즐 등이 보관되어 있으며, 적색 표시등, 기동장치, 음향장치 등 부착

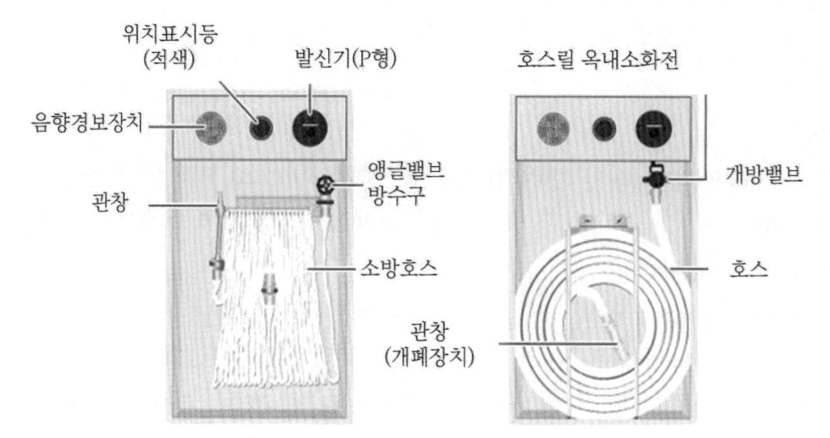

▌옥내소화전의 구성▐

(3) 방수구

① **설치대상** : 소방대상물의 층마다 설치

② **높이** : 바닥에서 1.5[m] 이하

③ **호스 구경**

㉠ 옥내소화전 : 40[mm]

㉡ 호스릴 : 25[mm]

④ **호스릴 개폐장치** : 노즐을 쉽게 개폐할 수 있는 장치 부착

⑤ **수평거리** : 25[m] 이하(호스릴 포함) ★★★★

⑥ 수평거리의 기준을 초과하는 경우로서 기둥 또는 벽이 설치되지 아니한 대형 공간의 설치기준

㉠ 호스 및 관창은 방수구의 가장 가까운 장소의 벽 또는 기둥 등에 함을 설치하여 비치할 것

㉡ 방수구의 위치표지는 표시등 또는 축광도료 등으로 상시 확인이 가능하게 할 것

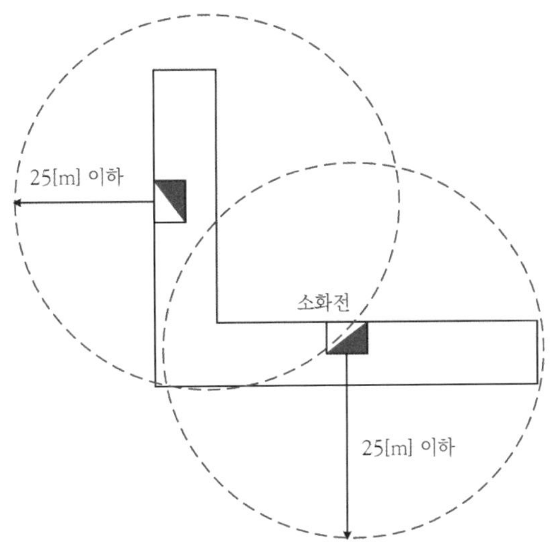

▌옥내소화전의 수평거리▐

⑦ 위치표시등 ★

㉠ 설치위치 : 함의 상부

㉡ 성능 : 15° 이상의 범위, 10[m] 이내에서 쉽게 식별할 수 있는 적색등

㉢ 가압송수장치의 기동을 표시하는 표시등 : 함의 상부 또는 직근에 적색등

구분	위치표시등	기동표시등
점등	평상시	기동시
소등	–	평상시

㉣ 자체소방대 : 가압송수장치의 기동표시등을 설치하지 않을 수도 있음

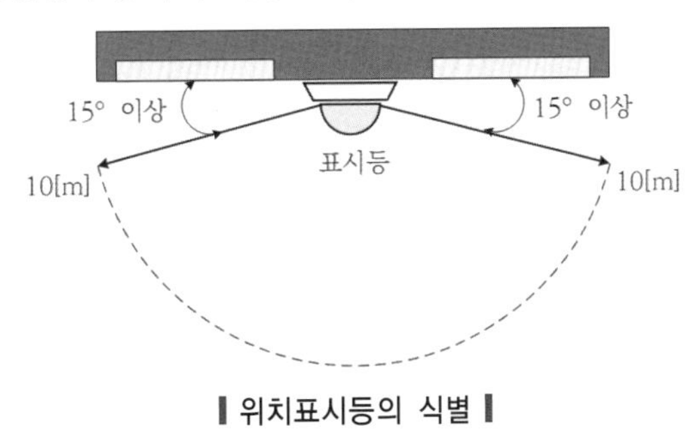

▌위치표시등의 식별▐

⑧ 표시판 부착

㉠ 설치위치 : 함 가까이 보기 쉬운 곳

㉡ 사용 요령 : 외국어와 시각적인 그림을 포함하여 표시

㉢ 표지판을 함의 문에 붙이는 경우 : 문의 내부 및 외부 모두에 부착

⑨ 옥내소화전함 재질 및 문짝의 면적

구분	내용
함의 재질 및 두께 ★★★	강판 : 1.5[mm] 이상
	합성수지재 : 4[mm] 이상
문짝의 면적	0.5[m²] 이상

7 전원(2.5)

(1) 상용전원회로의 배선설치(예외 가압수조방식 20분 이상)

(2) 설치기준

① **저압수전** : 인입개폐기의 직후에서 분기하여 전용배선, 전용 전선관 보호

② **특별고압수전 또는 고압수전**

㉠ 전력용 변압기 2차측의 주차단기 1차측에서 분기하여 전용배선

㉡ 상용전원의 상시 공급에 지장이 없을 경우에는 주차단기 2차측에서 분기하여 전용배선

(3) 비상전원

① 설치대상(예외 2 이상의 변전소에서 전력을 동시에 공급받을 수 있거나 하나의 변전소로부터 전력의 공급이 중단되는 때에는 자동으로 다른 변전소로부터 전원을 공급받을 수 있도록 상용전원을 설치한 경우와 가압수조방식)

㉠ 층수가 7층 이상으로서 연면적이 2,000[m²] 이상

㉡ 지하층의 바닥면적의 합계가 3,000[m²] 이상

암기 Tip 칠이지삼

② 종류 : 자가발전설비, 축전지설비, 전기저장장치

③ 설치기준 ★★★

㉠ 점검에 편리하고 화재 및 침수 등의 재해로 인한 피해를 받을 우려가 없는 장소

㉡ 20분 이상 작동할 수 있는 성능

㉢ 상용전원 차단 시 자동으로 비상전원으로 전환

㉣ 설치장소는 다른 장소와 방화구획

㉤ 실내에 설치 시 비상조명등 설치

8 제어반(2.6)

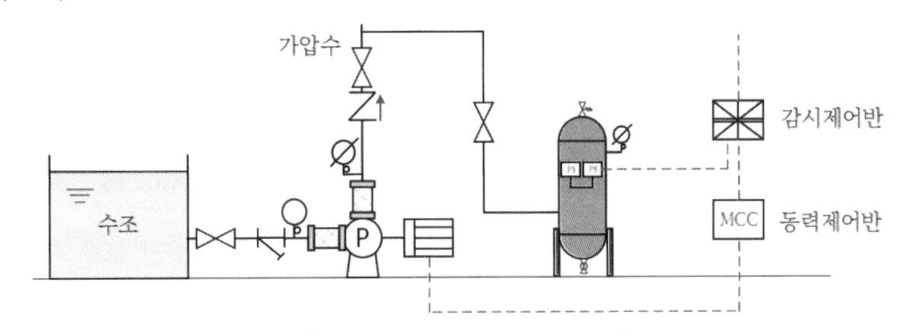

▌감시제어반과 동력제어반▐

(1) 감시제어반과 동력제어반을 겸용으로 설치할 수 있는 경우

① 비상전원설치 대상에 해당하지 아니하는 특정소방대상물에 설치되는 옥내소화전설비
② 내연기관의 가압송수장치
③ 고가수조의 가압송수장치
④ 가압수조의 가압송수장치

(2) 감시제어반 기능 ★

① 각 펌프의 작동 여부를 확인할 수 있는 표시등 및 음향경보기능
② 각 펌프를 자동 및 수동으로 작동 또는 중단
③ 비상전원을 설치한 경우에는 상용전원 및 비상전원의 공급 여부를 확인
④ 수조 또는 물올림탱크가 저수위로 될 때 표시등 및 음향으로 경보
⑤ 각 확인회로마다 도통시험 및 작동시험을 할 수 있어야 할 것
　㉠ 기동용 수압개폐장치의 압력스위치회로
　㉡ 수조 또는 물올림탱크의 저수위감시회로
　㉢ 급수를 차단하는 개폐밸브의 폐쇄상태 확인회로
⑥ 예비전원이 확보되고 예비전원의 적합 여부를 시험

(3) 감시제어반 설치기준

① 화재 및 침수 등의 재해로 인한 피해를 받을 우려가 없는 곳에 설치할 것
② 전용으로 할 것(예외 옥내소화전설비의 제어에 지장이 없는 경우)
③ 감시제어반은 전용실 안에 설치할 것
　㉠ 다른 부분과 방화구획
　㉡ 피난층 또는 지하 1층에 설치
　㉢ 지상 2층 또는 지하 1층 외의 지하층에 설치(특별피난계단이 설치되고 그 계단(부속실 포함) 출입구로부터 보행거리 5[m] 이내에 전용실의 출입구가 있는 경우 또는 아파트 관리동)
　㉣ 비상조명등 및 급 · 배기설비 설치
　㉤ 무선통신보조설비가 설치된 특정소방대상물의 경우 유효하게 통신이 가능할 것

ⓑ 바닥면적은 감시제어반의 설치에 필요한 면적 + 화재 시 소방대원이 그 감시제어반의 조작에 필요한 최소면적 이상

(4) 동력제어반 설치기준

① 앞면은 적색으로 하고 "옥내소화전소화설비용 동력제어반"이라고 표시한 표지를 설치
② 함은 두께 1.5[mm] 이상의 강판 또는 이와 동등 이상의 강도 및 내열성능
③ 화재 및 침수 등의 재해로 인한 피해를 받을 우려가 없는 곳에 설치할 것
④ 전용으로 할 것

9 배선 등(2.7)

(1) 비상전원

① 비상전원으로부터 동력제어반 및 가압송수장치에 이르는 전원회로의 배선 : 내화배선
② 예외 : 자가발전설비와 동력제어반이 동일한 실에 설치된 경우의 전원회로 배선

(2) 상용전원

① 동력제어반에 이르는 배선, 그 밖의 옥내소화전설비의 감시 · 조작 또는 표시등 회로의 배선 : 내열배선
② 예외 : 감시제어반 또는 동력제어반 안의 감시 · 조작 또는 표시등 회로의 배선

(3) 과전류차단기 및 개폐기의 표지

(4) 배선의 양단 및 접속단자의 표지

10 방수구의 설치제외(2.8) ★★

불연재료로 된 특정소방대상물 또는 그 부분으로서 다음의 어느 하나에 해당하는 곳에는 옥내소화전 방수구를 설치하지 아니할 수 있다.

(1) 냉장창고 중 온도가 영하인 **냉**장실 또는 냉동창고의 냉동실
(2) 고온의 **노**가 설치된 장소 또는 물과 격렬하게 반응하는 물품의 저장 또는 취급장소
(3) 발전소 · 변전소 등으로서 **전**기시설이 설치된 장소
(4) 식물원 · 수족관 · 목욕실 · **수**영장(관람석 부분을 제외한다) 또는 그 밖의 이와 비슷한 장소
(5) **야**외음악당 · 야외극장 또는 그 밖의 이와 비슷한 장소

암기 Tip 냉노전수야

11 수원 및 가압송수장치의 펌프 등의 겸용(2.9)

소방시설 또는 장치 등의 사용에 지장이 없는 경우 겸용이 가능한 설비 ★

(1) 수원

(2) 토출배관

(3) 가압송수장치 중 펌프

(4) 송수구

02 옥외소화전설비(NFTC 109)

1 개요

(1) 사용목적

건축물의 화재를 진압하기 위해 외부에 설치된 설비로서 자체소화 또는 인접 건물로의 연소 방지

(2) 사용시기

화재의 초기 진압과 본격 화재

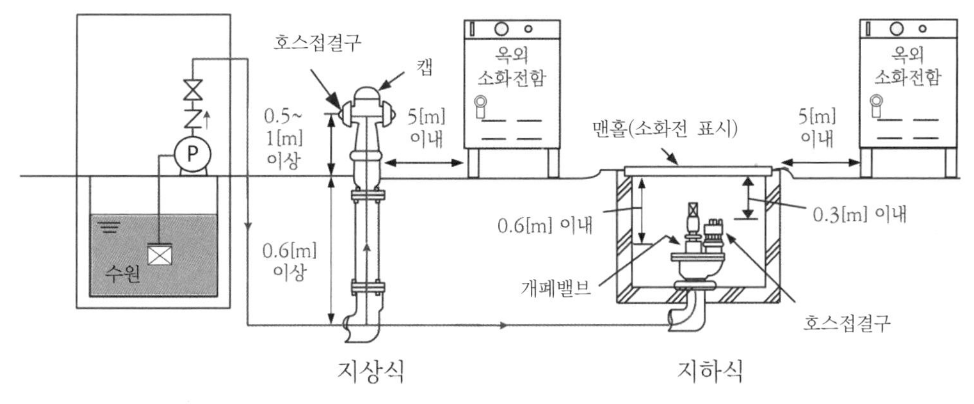

▌옥외소화전▐

(3) 구성

수원, 가압송수장치, 배관, 제어반, 비상전원, 옥외소화전함

(4) 설치대상

설치대상	설치기준
지상 1층 및 2층의 바닥면적 합계	9,000[m^2] 이상
보물 또는 국보로 지정된 목조건축물	해당 시설
공장 또는 창고로서 특수가연물 저장 · 취급량	750배 이상

2 수원(2.1)

$$Q = N \times 7[\mathrm{m}^3]$$ ★★★★★

여기서, Q : 수원의 저수량[m^3]
N : 옥외소화전의 설치개수(≤2)
7[m^3] : 350[L/min]×20min

3 가압송수장치(2.2) ★★

(1) 옥외소화전(max : 2개)을 동시에 사용할 경우

① 옥외소화전 노즐선단의 방수압력 : 0.25[MPa] 이상 ★
② 방수량 : 350[L/min] 이상

(2) 감압장치 설치

노즐선단에서의 방수압력이 0.7[MPa]을 초과할 경우

4 배관 등(2.3)

(1) 호스접결구의 높이

0.5[m] 이상 1[m] 이하

(2) 설치 간격

특정소방대상물의 각 부분으로부터 하나의 호스접결구까지의 수평거리가 40[m] 이하 ★★★

암기 Tip 외사랑(옥외소화전 40[m])

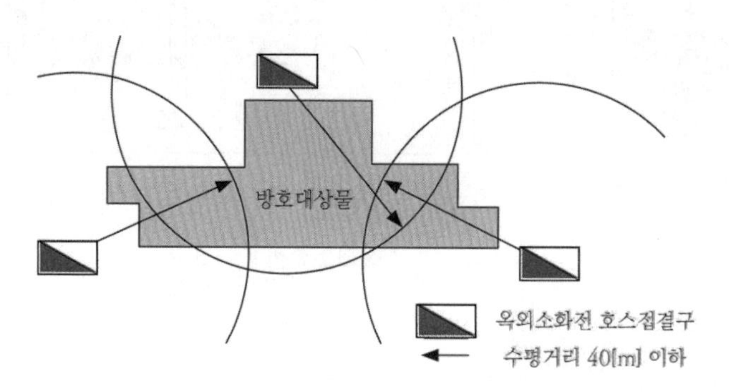

▌옥외소화전 수평거리▐

(3) 호스

65[mm] ★

5 옥외소화전함 등(2.4)

(1) 설치기준 ★★★★

옥외소화전 설치개수	소화전함 설치기준
10개 이하	옥외소화전으로부터 5[m] 이내의 장소에 1개 이상
11개 이상 ~ 30개 이하	11개 이상을 분산 설치
31개 이상	소화전 3개당 1개 이상

(2) 소화전함에 부착되는 것

① 위치표시등 : 옥외소화전함의 위치를 표시하는 표시등으로 소화전함 상부에 부착하여 상시 점등

② 펌프기동표시등 : 옥외소화전이 방수되면 가압송수장치인 펌프가 기동을 나타내는 표시등으로 펌프기동 시에만 점등

③ 옥외소화전함 표시

6 옥외소화전의 종류

(1) 지상식

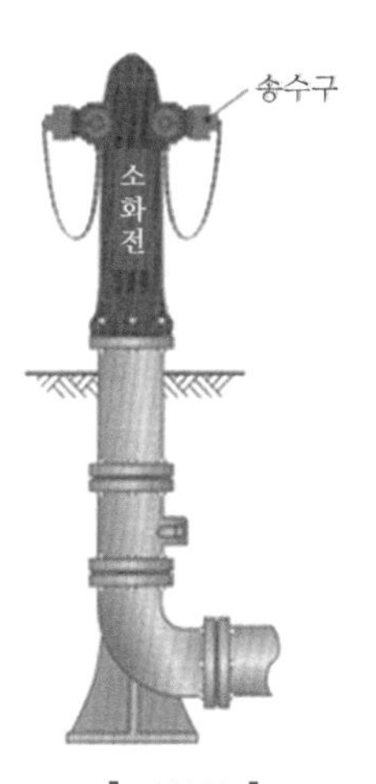

▌지상식▐

(2) 지하식

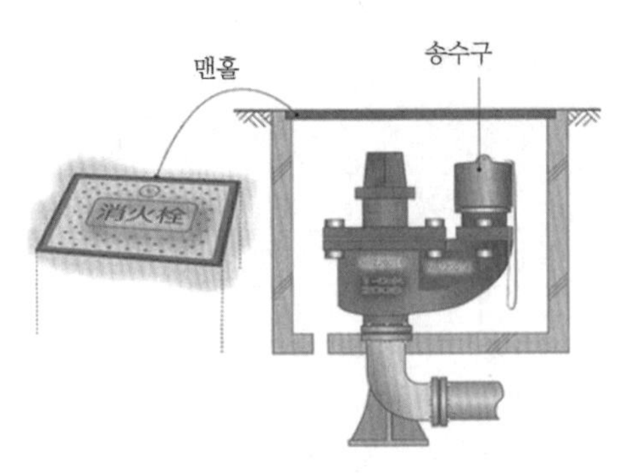

❙ 지하식 ❙

7 옥외소화전 특징

구분	옥외소화전
방호개념	저층부의 연소확대 방지, 인접구역 연소확대 방지
수원	소화전 설치개수(max 2)×7[m^3] (최대저수량 14[m^3])
설치반경	소방대상물의 각 부분으로부터 수평거리 40[m]
방수구(호스) 구경	65[mm]
호스접결구	0.5[m] 이상 1[m] 이하
사용자	건물 내 거주자
방수구당 방수량	350[L/min](≤2)
방수압력	0.25 ~ 0.7[MPa]
펌프토출량(L/분)	방수구×350(≤2)
방사시간(분)	20
노즐구경	19

8 소화전 노즐(관창)의 방수량

$$Q = 2.086 d^2 \sqrt{P}$$

여기서, Q : 유량[L/min]
d : 노즐구경[mm]
P : 압력[MPa]

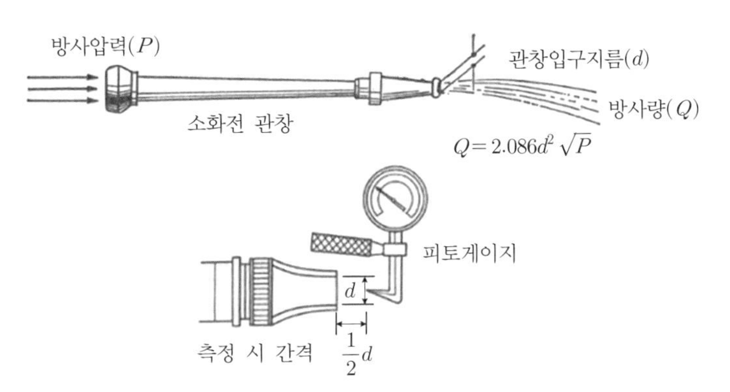

❙ 방수량 측정방법 ❙

9 소화전의 비교

구분	옥내소화전	옥외소화전	연결송수관
방호개념	초기진압용으로 소방대 도착까지 연소확대 방지	저층부의 연소확대 방지	최성기 화재진압용, 고층부 화재 진압에 효과적이다.
수원	자체 수조 확보	자체 수조 확보	소방차
방호반경	수평거리 25[m]	수평거리 40[m]	지하 : 수평거리 25[m] 지상 : 수평거리 50[m]
방수구 구경 및 호스	40[mm](15[m]×2본)	65[mm](15[m]×2본)	65[mm]
사용자	건물 내 거주자	건물 내 거주자	소방관
방수압	0.17[MPa]	0.25[MPa]	0.35[MPa]
방수구당 방수량	130[L/min](≤2)	350[L/min](≤2)	800[L/min](≤5)

기출·예상문제

01 이해도 ○ △ × / 중요도 ★★

국내 규정상 단위 옥내소화전설비 가압송수장치의 최소시설기준으로 다음과 같은 항목을 맞게 열거한 것은? (단, 순서는 법정 최소방사량[L/min] – 법정 최소방출압력[MPa] – 법정 최소방출시간[분]이다.)

① 130[L/min] – 1.0[MPa] – 30[분]
② 350[L/min] – 2.5[MPa] – 30[분]
③ 130[L/min] – 0.17[MPa] – 20[분]
④ 350[L/min] – 3.5[MPa] – 20[분]

해설 옥내소화전설비

구분	방사량	방수압	방출시간
옥내소화전	130[L/min]	0.17[MPa]	20[min]

암기 Tip 내일 칠하자

02 이해도 ○ △ × / 중요도 ★★★★★

옥내소화전이 1층에 4개, 2층에 4개, 3층에 2개가 설치된 소방대상물이 있다. 옥내소화전설비를 위해 필요한 최소 수원의 양은?

① 2.6[m^3] ② 5.2[m^3]
③ 7.8[m^3] ④ 10.4[m^3]

해설 옥내소화전 수원

층방출계수× N(max : 2)

여기서, 층방출계수 : 2.6(30층 이하)[m^3]
N : 설치개수가 가장 많은 층의 소화전 수량(≤2)

∴ 2×2.6[m^3]=5.2[m^3]
2.6[m^3]=130[L/min]×20[min]

여기서, 130[L/min] : 분당 방사량
20[min] : 방사시간

▌옥내소화전 층방출계수 ▐

층수	층방출계수	비고
30층 미만	2.6× N (≤2)	2.6[m^3] =130[L/min]×20[min]
30~49층	5.2× N (≤2)	기본량의 2배 (2.6×2)
50층 이상	7.8× N (≤2)	기본량의 3배 (2.6×3)

03 이해도 ○ △ × / 중요도 ★★

소화설비의 지하수조에 소화설비용 펌프의 후드밸브 위에 일반급수 펌프의 후드밸브가 설치되어 있을 때 소화에 필요한 유효수량을 옳게 나타낸 것은?

① 지하수조의 바닥면과 일반급수용 펌프의 후드밸브 사이의 수량
② 일반급수 펌프의 후드밸브와 옥내소화전용 펌프의 후드밸브 사이의 수량
③ 소화설비용 펌프의 후드밸브와 지하수조 상단 사이의 수량
④ 지하수조의 바닥면과 상단 사이의 전체 수량

해설 유효수량

옥내소화전설비의 후드밸브·흡수구 또는 수직배관의 급수구와 다른 설비의 후드밸브·흡수구 또는 수직배관의 급수구와의 사이의 수량

정답 01. ③ 02. ② 03. ②

04

이해도 ○ △ × / 중요도 ★★

옥내소화전설비 수원을 산출된 유효수량 외에 유효수량의 1/3 이상을 옥상에 설치해야 하는 경우는?

① 지하층만 있는 소방대상물
② 지표면으로부터 해당 건축물 옥상 바닥까지 15[m]인 소방대상물
③ 수원이 건축물의 최상층에 설치된 방수구보다 높은 위치에 설치된 소방대상물
④ 주펌프와 동등 이상의 성능이 있는 별도의 펌프로서 내연기관의 기동과 연동하여 작동되거나 비상전원을 연결하여 설치한 경우

해설 옥상수조 제외 대상
(1) 수원이 건축물 **최**상층에 설치된 방수구보다 높은 위치에 설치된 경우
(2) **고**가수조를 가압송수장치로 설치한 경우
(3) **지**하층만 있는 소방대상물
(4) 건축물의 높이가 지표면에서 **10**[m] 이하인 경우
(5) 주펌프와 동등 이상의 성능이 있는 별도의 펌프로서 **내**연기관의 기동과 연동하여 작동하거나 **비**상전원을 연결하여 설치한 경우

암기 Tip 최고지 십내 비

05

이해도 ○ △ × / 중요도 ★

옥내소화전소화설비의 가압송수장치의 설치기준 중 틀린 것은? (단, 전동기 또는 내연기관에 따른 펌프를 이용하는 가압송수장치이다.)

① 기동용 수압개폐장치를 기동장치로 사용할 경우에 설치하는 충압펌프의 토출압력은 가압송수장치의 정격토출압력과 같게 한다.
② 가압송수장치가 기동된 경우에는 자동으로 정지되도록 한다.
③ 기동용 수압개폐장치(압력챔버)를 사용할 경우 그 용적은 100[L] 이상으로 한다.
④ 수원의 수위가 펌프보다 낮은 위치에 있는 가압송수장치에는 물올림장치를 설치한다.

해설 수동정지
가압송수장치가 기동이 된 경우에는 자동으로 정지되지 아니하도록 하여야 한다(예외 충압펌프).

06

이해도 ○ △ × / 중요도 ★

다음은 옥내소화전소화설비의 가압송수장치에 관한 화재안전기술기준이다. 틀린 것은?

① 가압송수장치가 기동이 된 경우에는 자동으로 정지되지 아니하도록 하여야 한다.
② 가압송수장치(충압펌프 포함)에는 순환배관을 설치하여야 한다.
③ 가압송수장치에는 펌프의 성능을 시험하기 위한 배관을 설치하여야 한다.
④ 가압송수장치는 점검이 편리하고, 화재 등의 재해로 인한 피해를 받을 우려가 없는 곳에 설치하여야 한다.

해설 옥내소화전소화설비의 가압송수장치에는 순환배관을 설치(예외 충압펌프)한다.

정답 04. ② 05. ② 06. ②

07

이해도 ○ △ × / 중요도 ★★

다음 장치 중 소화설비의 소화수 배관 내에 요구되는 적정압력을 상시 유지시켜 주고 적정압력 이하로 될 경우 소화수 펌프를 자동 기동시켜 주는 장치는?

① 물올림장치
② 유수검지장치
③ 기동용 수압개폐장치
④ 가압송수장치

해설 기동용 수압개폐장치
소화설비의 배관 내의 압력 변동을 검지하여 자동적으로 펌프를 기동 또는 정지시키는 장치

08

이해도 ○ △ × / 중요도 ★★

옥내소화전설비의 가압송수장치를 기동용 수압개폐장치로 사용할 경우 압력챔버 용적의 기준이 되는 수치는?

① 50[L] 이상 ② 100[L] 이상
③ 150[L] 이상 ④ 200[L] 이상

해설 기동용 수압개폐장치(압력챔버) 용적
100[L] 이상

09

이해도 ○ △ × / 중요도 ★

볼류트펌프와 터빈펌프에 대한 설명 중 옳지 않은 것은?

① 두 개 모두 원심펌프이고 가장 빈번하게 사용되고 있다.
② 터빈펌프는 원심펌프이고, 볼류트펌프는 왕복펌프에 해당된다.
③ 터빈펌프에는 임펠러의 주위에 고정된 물의 안내깃이 있다.
④ 볼류트펌프는 흡입구가 양쪽에 2개 달린 것도 있다.

해설 원심펌프
(1) 볼류트펌프(volute pump)
① 회전차 바깥둘레에 안내깃이 없고 바깥둘레에 바로 접하여 와류실이 있는 펌프
② 저양정에 사용된다.
(2) 터빈펌프(turbine pump)
① 임펠러 바깥둘레에 안내깃을 가지고 있는 펌프
② 고양정에 사용된다.

10

이해도 ○ △ × / 중요도 ★

성능이 같은 두 대의 소화펌프를 양정이 1[m]인 것을 병렬로 연결하였을 때의 양정은?

① 0.5[m] ② 1[m]
③ 1.5[m] ④ 2[m]

해설 펌프의 병렬운전
양정은 동일, 유량은 2배
∴ 두 대를 병렬운전 시 양정은 동일한 1[m]이다.

11

이해도 ○ △ × / 중요도 ★★

옥내소화전설비에서 사용하고 있는 $H = h_1 + h_2 + 17$의 식에서 H는 무엇을 나타내는 식인가? (단, h_1 : 소방용 호스의 마찰손실수두[m], h_2 : 배관의 마찰손실수두[m])

① 내연기관의 용량
② 필요한 낙차
③ 소방용 호스의 마찰손실수두
④ 배관의 마찰손실수두

해설 고가수조의 자연낙차수두식

$$H = h_1 + h_2 + 17$$
(호스릴옥내소화전설비를 포함)

여기서, H : 필요한 낙차[m]
h_1 : 소방용 호스 마찰손실수두[m]
h_2 : 배관의 마찰손실수두[m]
17 : 헤드에서 필요한 최소수두

정답 07. ③ 08. ② 09. ② 10. ② 11. ②

12

이해도 ○ △ × / 중요도 ★★★

스프링클러설비 고가수조에 설치하지 않아도 되는 것은?

① 수위계 ② 배수관

③ 압력계 ④ 오버플로우관

해설 고가수조에는 낙차압력만 걸리므로 압력 변동이 없어 압력계를 설치할 필요가 없다.

13

이해도 ○ △ × / 중요도 ★

옥내소화전설비 배관과 배관이음쇠의 설치기준 중 배관 내 사용압력이 1.2[MPa] 미만일 경우에 사용하는 것이 아닌 것은?

① 배관용 탄소강관(KS D 3507)

② 배관용 스테인리스강관(KS D 3576)

③ 덕타일 주철관(KS D 4311)

④ 배관용 아크용접 탄소강관(KS D 3583)

해설 옥내소화전설비 배관의 재질

<table>
<tr><th>압력
1.2[MPa] 미만</th><th>압력
1.2[MPa] 이상</th></tr>
<tr><td>배관용 탄소강관
(KS D 3507)</td><td rowspan="2">압력배관용
탄소강관
(KS D 3562)</td></tr>
<tr><td>이음매 없는 구리
및 구리합금관
(KS D 5301)
다만, 습식의
배관에 한함</td></tr>
<tr><td>배관용
스테인리스강관
(KS D 3576) 또는
일반배관용
스테인리스강관
(KS D 3595)</td><td rowspan="2">배관용 아크용접
탄소강강관
(KS D 3583)</td></tr>
<tr><td>덕타일 주철관
(KS D 4311)</td></tr>
</table>

14

이해도 ○ △ × / 중요도 ★

수계 소화설비에 설치하는 스트레이너에 대한 설명이다. 옳지 않은 것은?

① 스트레이너는 펌프의 흡입측과 토출측에 설치한다.

② 스트레이너는 배관 내의 여과장치의 역할을 한다.

③ 흡입배관에 사용하는 스트레이너는 보통 Y형을 사용한다.

④ 헤드가 막히지 않게 이물질을 제거하기 위한 것이다.

해설 펌프 흡입측에 설치하는 스트레이너
펌프 흡입측에 이물질이 들어오지 못하도록 하는 여과장치로 보통 Y형 스트레이너를 사용한다. 펌프 토출측에는 스트레이너를 사용하지 않는다.

15

이해도 ○ △ × / 중요도 ★

옥내소화전설비의 화재안전기술기준에서 옥내소화전설비의 배관설치기준에 적합하지 않은 것은?

① 배관은 배관용 탄소강관(KS D 3507) 또는 압력배관용 탄소강관(KS D 3562)이나 이와 동등 이상의 강도 등을 가진 것으로 하여야 한다.

② 펌프의 토출측 배관은 공기고임이 생기지 아니하는 구조로 하고 여과장치를 설치하여야 한다.

③ 연결송수관설비의 배관과 겸용할 경우의 주배관은 구경 100[mm] 이상, 방수구로 연결되는 배관의 구경은 65[mm] 이상의 것으로 하여야 한다.

④ 동결방지조치를 하거나 동결 우려가 없는 장소에 설치하여야 한다.

정답 12. ③ 13. ④ 14. ① 15. ②

해설 펌프 흡입측 배관
(1) 설치구조 : 공기고임이 생기지 않는 구조
(2) 여과장치 설치 : Y형 스트레이너
(3) 별도설치 : 수조가 펌프보다 낮게 설치된 경우에는 각 펌프(충압펌프도 포함)마다 수조로부터 별도로 설치
② 흡입측 배관은 공기고임이 생기지 않는 구조로 하고 여과장치를 설치하여야 한다.

16

이해도 ○ △ × / 중요도 ★

옥내소화전설비의 화재안전기술기준상 배관 등에 관한 설명으로 옳은 것은?

① 펌프의 토출측 주배관의 구경은 유속이 5[m/s] 이하가 될 수 있는 크기 이상으로 하여야 한다.
② 연결송수관설비의 배관과 겸용할 경우의 주배관은 구경 80[mm] 이상, 방수구로 연결되는 배관의 구경은 65[mm] 이상의 것으로 하여야 한다.
③ 성능시험배관은 펌프의 토출측에 설치된 개폐밸브 이전에서 분기하여 설치하고, 유량측정장치를 기준으로 전단 직관부에 개폐밸브를, 후단 직관부에는 유량조절밸브를 설치하여야 한다.
④ 가압송수장치의 체절운전 시 수온의 상승을 방지하기 위하여 체크밸브와 펌프 사이에서 분기한 구경 20[mm] 이상의 배관에 체절압력 이상에서 개방되는 릴리프밸브를 설치하여야 한다.

해설 옥내소화전설비의 배관
(1) 펌프의 토출측 주배관의 구경 : 유속 4[m/s] 이하가 될 수 있는 크기 이상
(2) 연결송수관설비의 배관과 겸용할 경우
① 주배관 : 100[mm] 이상
② 방수구로 연결되는 배관 : 65[mm] 이상
(3) 가압송수장치의 체절운전 시 수온 상승을 방지 : 체크밸브와 펌프 사이에서 분기한 구경 20[mm] 이상의 배관에 체절압력 미만에서 개방되는 릴리프밸브 설치

17

이해도 ○ △ × / 중요도 ★★★

옥내소화전설비의 화재안전기술기준에 관한 설명 중 틀린 것은?

① 물올림탱크의 급수배관의 구경은 15[mm] 이상으로 설치해야 한다.
② 릴리프밸브는 구경 20[mm] 이상의 배관에 연결하여 설치한다.
③ 펌프의 토출측 주배관의 구경은 유속이 5[m/s] 이하가 될 수 있는 크기 이상으로 한다.
④ 유량측정장치는 펌프 정격토출량의 175[%]까지 측정할 수 있는 성능으로 한다.

해설 펌프의 토출측 주배관의 구경은 유속이 4[m/s] 이하가 될 수 있는 크기 이상으로 한다.

18

이해도 ○ △ × / 중요도 ★★★★

옥내소화전설비 배관의 설치기준 중 다음 ( ) 안에 알맞은 것은?

> 연결송수관설비의 배관과 겸용할 경우의 주배관은 구경 (㉠)[mm] 이상, 방수구로 연결되는 배관의 구경은 (㉡)[mm] 이상의 것으로 하여야 한다.

① ㉠ 80, ㉡ 65
② ㉠ 80, ㉡ 50
③ ㉠ 100, ㉡ 65
④ ㉠ 125, ㉡ 65

정답 16. ③ 17. ③ 18. ③

해설 옥내소화전설비 배관

구분	가지배관	수직배관
연결 송수관과 겸용방식	65[mm] 이상(방수구와 연결)	100[mm] 이상

19

이해도 ○ △ × / 중요도 ★

옥내소화전설비 또는 스프링클러설비에 사용되는 밸브에 대한 설명으로 옳지 않은 것은?

① 펌프의 토출측 체크밸브는 배관 내 압력이 가압송수장치로 역류되는 것을 방지한다.
② 가압송수장치의 후드밸브는 펌프의 위치가 수원의 수위보다 높을 때 설치한다.
③ 입상관에 사용하는 스윙체크밸브는 아래에서 위로 송수하는 경우에만 사용된다.
④ 펌프의 흡입측 배관에는 버터플라이밸브의 개폐표시형 밸브를 설치하여야 한다.

해설 급수배관에 설치되어 급수를 차단할 수 있는 개폐밸브(옥내소화전 방수구를 제외)는 개폐표시형으로 하여야 한다. 이 경우 펌프의 흡입측 배관에는 버터플라이밸브 외의 개폐표시형 밸브를 설치하여야 한다.

20

이해도 ○ △ × / 중요도 ★★

옥내 · 외소화전설비에서 성능시험배관의 직관부에 설치된 유량측정장치는 펌프의 정격토출량의 몇 [%] 이상 측정할 수 있는 성능이 있어야 하는가?

① 175[%] ② 150[%]
③ 75[%] ④ 50[%]

해설 유량측정장치는 정격토출량의 175[%]까지 측정할 수 있는 성능이 있어야 한다.

21

이해도 ○ △ × / 중요도 ★

옥내소화전설비 중 펌프의 성능은 체절운전(shut off) 시 정격토출압력의 몇 [%]를 초과하지 않아야 하는가?

① 65 ② 75
③ 100 ④ 140

해설 소방펌프의 성능기준
(1) 체절운전점(무부하운전) : 정격압력의 140[%]를 초과하지 않아야 한다.
(2) 정격운전점 : 정격유량으로 정격압 운전점
(3) 과부하운전점 : 정격운전점의 토출량 150[%]로 운전 시 정격토출압력의 65[%] 이상이 되도록 하여야 한다.

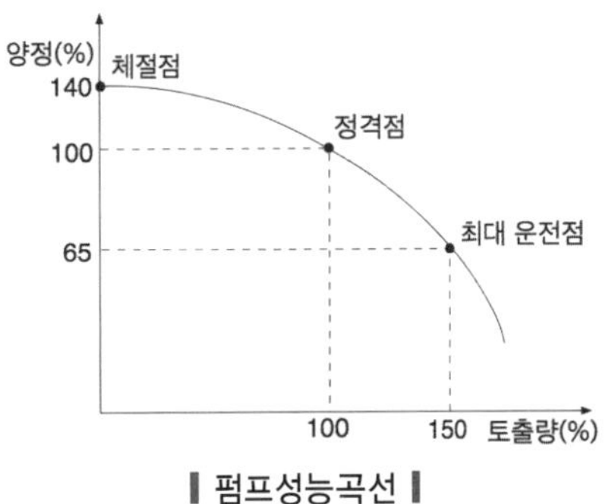

펌프성능곡선

22

이해도 ○ △ × / 중요도 ★★

스프링클러설비의 펌프실을 점검하였다. 펌프의 토출측 배관에 설치되는 부속장치 중에서 펌프와 체크밸브(또는 개폐밸브) 사이에 설치할 필요가 없는 배관은?

① 기동용 수압개폐장치배관
② 성능시험배관
③ 물올림장치배관
④ 릴리프밸브배관

정답 19. ④ 20. ① 21. ④ 22. ①

해설 펌프와 체크밸브(또는 개폐밸브) 사이에 설치하는 배관
(1) 몰올림장치배관
(2) 성능시험배관
(3) 순환배관

① 기동용 수압개폐장치배관은 펌프 토출측 개폐밸브 2차측에서 분기하여 설치한다.

23

이해도 ○ △ × / 중요도 ★★

하나의 옥내소화전을 사용하는 노즐선단에서의 방수압력이 0.7[MPa]를 초과할 경우에 감압장치를 설치하여야 하는 곳은?

① 방수구 연결배관
② 호스접결구의 인입측
③ 노즐선단
④ 노즐 안쪽

해설 소화전 노즐의 방수압력이 0.7[MPa] 이상이 되면 호스접결구 인입측에 감압장치를 설치한다.

24

이해도 ○ △ × / 중요도 ★

수원의 수위가 펌프의 흡입구보다 높은 경우에 소화펌프를 설치하려고 한다. 고려하지 않아도 되는 사항은?

① 펌프의 토출측에 압력계 설치
② 펌프의 성능시험배관 설치
③ 물올림장치를 설치
④ 동결의 우려가 없는 장소에 설치

해설 수원의 수위가 펌프의 위치보다 높은 경우 제외되는 설비
(1) 물올림장치
(2) 연성계 또는 진공계
(3) 후드밸브

25

이해도 ○ △ × / 중요도 ★★★

옥내소화전 방수구는 특정소방대상물의 층마다 설치하되 해당 특정소방대상물의 각 부분으로부터 하나의 옥내소화전 방수구까지의 수평거리가 몇 [m] 이하가 되도록 하는가?

① 20 ② 25
③ 30 ④ 40

해설 옥내소화전 방수구 수평거리
25[m] 이하

26

이해도 ○ △ × / 중요도 ★

다음은 옥내소화전함의 표시등에 대한 설명이다. 가장 적합한 것은?

① 위치표시등은 평상시 불이 켜지지 않은 상태로 있어야 한다.
② 기동표시등은 평상시 불이 켜지지 않은 상태로 있어야 한다.
③ 위치표시등 및 기동표시등은 평상시 불이 켜진 상태로 있어야 한다.
④ 위치표시등 및 기동표시등은 평상시 불이 안 켜진 상태로 있어야 한다.

해설 옥내소화전함의 표시등

구분	위치표시등	기동표시등
점등	평상시	기동시
소등	–	평상시

27

이해도 ○ △ × / 중요도 ★★★

옥내소화전함의 재질을 합성수지 재료로 할 경우 두께는 몇 [mm] 이상이어야 하는가?

① 15 ② 2
③ 3 ④ 4

정답 23. ② 24. ③ 25. ② 26. ② 27. ④

해설 옥내소화전함의 재질 및 두께
(1) 강판 : 1.5[mm] 이상
(2) 합성수지재 : 4[mm] 이상

28

이해도 ○ △ × / 중요도 ★

옥내소화전설비 화재안전기술기준에 따라 옥내소화전설비의 표시등 설치기준으로 옳은 것은?

① 가압송수장치의 기동을 표시하는 표시등은 옥내소화전함의 상부 또는 그 직근에 설치한다.
② 가압송수장치의 기동을 표시하는 표시등은 녹색등으로 한다.
③ 자체소방대를 구성하여 운영하는 경우 가압송수장치의 기동표시등을 반드시 설치해야 한다.
④ 옥내소화전설비의 위치를 표시하는 표시등은 함의 하부에 설치하되, 「표시등의 성능인증 및 제품검사의 기술기준」에 적합한 것으로 한다.

해설 위치표시등
(1) 설치위치 : 함의 상부
(2) 성능 : 15° 이상의 범위, 10[m] 이내에서 쉽게 식별할 수 있는 적색등
(3) 가압송수장치의 기동을 표시하는 표시등 : 함의 상부 또는 직근에 적색등
(4) 자체소방대 : 가압송수장치의 기동표시등을 설치하지 않을 수도 있음

29

이해도 ○ △ × / 중요도 ★

다음 중 옥내소화전의 비상전원을 설치해야 하는 소방대상물은?

① 지하층을 제외한 층수가 3층 이상이고, 연면적 3,000[m^2] 이상인 것
② 지하층을 제외한 층수가 5층 이상이고, 연면적 3,500[m^2] 이상인 것
③ 지하층을 제외한 층수가 7층 이상이고, 연면적 2,000[m^2] 이상인 것
④ 옥내소화전설비가 되어 있는 모든 소방대상물에는 비상전원을 설치한 것

해설 옥내소화전의 비상전원 설치대상
(1) 층수가 7층 이상으로서 연면적이 2,000[m^2] 이상
(2) 지하층의 바닥면적의 합계가 3,000[m^2] 이상

암기 Tip 칠이지삼

30

이해도 ○ △ × / 중요도 ★★

11층 이상 소방대상물의 옥내소화전설비에는 다음의 기준에 의하여 자가발전설비 또는 축전지설비에 의한 비상전원을 설치하여야 한다. 틀린 것은?

① 비상전원은 해당 옥내소화전설비를 유효하게 40분 이상 작동할 수 있어야 한다.
② 비상전원 설치장소는 다른 장소와 방화구획한다.
③ 상용전원으로부터 전력공급이 중단된 때에는 자동적으로 비상전원으로 전환되는 것으로 한다.
④ 비상전원의 실내설치장소에는 점검 및 조작에 필요한 비상조명등을 설치하여야 한다.

해설 비상전원 설치기준
(1) 점검에 편리하고 화재 및 침수 등의 재해로 인한 피해를 받을 우려가 없는 장소
(2) 20분 이상 작동할 수 있는 성능

층수	용량
일반건축물(30층 미만)	20분
준초고층(30~49층)	40분
초고층(50층 이상)	60분

정답 28. ① 29. ③ 30. ①

(3) 상용전원 차단 시 자동으로 비상전원으로 절환
(4) 설치장소는 다른 장소와 방화구획
(5) 실내에 설치 시 비상조명등 설치

31

이해도 ○ △ × / 중요도 ★★

다음 중 옥내소화전 방수구를 설치하여야 하는 곳은?

① 냉장창고의 냉장실
② 식물원
③ 수영장의 관람석
④ 수족관

해설 옥내소화전 방수구의 설치제외 장소
(1) 냉장창고 중 온도가 영하인 냉장실 또는 냉동창고의 냉동실
(2) 고온의 노가 설치된 장소 또는 물과 격렬하게 반응하는 물품의 저장 또는 취급장소
(3) 발전소 · 변전소 등으로서 전기시설이 설치된 장소
(4) 식물원 · 수족관 · 목욕실 · 수영장(관람석 부분을 제외) 또는 그 밖의 이와 비슷한 장소
(5) 야외음악당 · 야외극장 또는 그 밖의 이와 비슷한 장소

암기 Tip 냉노전수야

32

이해도 ○ △ × / 중요도 ★

다음 중 옥외소화전을 설치하여야 하는 특정소방대상물은?

① 1개층의 바닥면적이 3,000[m^2]인 지상 15층의 특정소방대상물
② 1개층의 바닥면적이 3,000[m^2](1개의 건축물 기준)인 지상 3층의 특정소방대상물이 동일 구내에 연소 우려가 있는 구조로 2개 건축(2개의 특정소방대상물)
③ 1개층의 바닥면적이 1,000[m^2](1개의 건축물 기준)인 지상 30층의 특정소방대상물이 동일 구내에 연소 우려가 있는 구조로 2개 건축(2개의 특정소방대상물)
④ 1개층의 바닥면적이 1,000[m^2]인 지상 30층의 특정소방대상물이 무창층으로 건축

해설 옥외소화전

설치대상	설치기준
1, 2층	바닥면적의 합이 9,000[m^2] 이상
목조건축물	국보 또는 보물로 지정
공장 또는 창고시설	지정수량의 750배 이상의 특수가연물을 저장 · 취급

1개층의 바닥면적이 3,000[m^2](1개의 건축물 기준)인 지상 3층의 특정소방대상물이 동일 구내에 연소 우려가 있는 구조로 2개 건축(2개의 특정소방대상물)
3,000[m^2/층]×2층(1, 2층이 설치대상)×2개 건축물=12,000[m^2]
1, 2층의 바닥면적의 합이 9,000[m^2] 이상이 설치대상이므로 12,000[m^2]는 설치대상이 된다.

33

이해도 ○ △ × / 중요도 ★★★★★

어느 소방대상물에 옥외소화전이 6개 설치되어 있다. 옥외소화전설비를 위해 필요한 최소수원의 수량은?

① 10[m^3] ② 14[m^3]
③ 21[m^3] ④ 35[m^3]

해설 옥외소화전 수원

$$Q = N \times 7[\mathrm{m}^3]$$

여기서, Q : 수원의 저수량[m^3]
N : 옥외소화전의 설치개수(≤2)
7[m^3] : 350[L/min]×20min

∴ $Q = 2 \times 7[\mathrm{m}^3] = 14[\mathrm{m}^3]$

정답 31. ③ 32. ② 33. ②

문제에서 주어진 옥외소화전의 설치개수는 6개이지만 최소수원은 최대 2개이다.

34

이해도 ○ △ × / 중요도 ★

옥외소화전설비의 가압송수장치에 대한 설명으로 틀린 것은?

① 펌프는 전용으로 한다.
② 해당 소방대상물에 설치된 옥외소화전을 동시에 사용할 경우 각 옥외소화전의 노즐선단 방수압력은 3.5[MPa] 이상이어야 한다.
③ 해당 소방대상물에 설치된 옥외소화전을 동시에 사용할 경우 각 옥외소화전의 노즐선단 방수량은 350[L/min] 이상이어야 한다.
④ 펌프의 토출측에는 압력계를 체크밸브 이전에 설치한다.

해설 옥외소화전(≤ 2)을 동시에 사용할 경우
(1) 옥외소화전 노즐선단의 방수압력 : 0.25[MPa] 이상
(2) 방수량 : 350[L/min] 이상

35

이해도 ○ △ × / 중요도 ★★★

옥외소화전설비의 호스접결구는 특정소방대상물의 각 부분으로부터 하나의 호스접결구까지의 수평거리는 몇 [m] 이하인가?

① 25 ② 30
③ 40 ④ 50

해설 옥외소화전 설치간격
특정소방대상물의 각 부분으로부터 하나의 호스접결구까지의 수평거리는 40[m] 이하이다.

암기 Tip 외사랑

36

이해도 ○ △ × / 중요도 ★★★★

다음은 옥외소화전설비에서 소화전함의 설치기준에 관한 설명이다. (   ) 안에 들어갈 말로 옳은 것은?

- 옥외소화전이 10개 이하 설치된 때에는 옥외소화전마다 (㉠)[m] 이내의 장소에 1개 이상의 소화전함을 설치하여야 한다.
- 옥외소화전이 11개 이상 30개 이하 설치된 때에는 (㉡)개 이상의 소화전함을 각각 분산하여 설치하여야 한다.
- 옥외소화전이 31개 이상 설치된 때에는 옥외소화전 3개마다 1개 이상의 소화전함을 설치하여야 한다.

① ㉠ 5, ㉡ 11 ② ㉠ 7, ㉡ 11
③ ㉠ 5, ㉡ 15 ④ ㉠ 7, ㉡ 15

해설 옥외소화전함의 설치기준

옥외소화전 설치개수	소화전함 설치기준
10개 이하	옥외소화전으로부터 5[m] 이내의 장소에 1개 이상
11개 이상 ~ 30개 이하	11개 이상을 분산 설치
31개 이상	소화전 3개당 1개 이상

37

이해도 ○ △ × / 중요도 ★

옥내 · 옥외소화전 노즐에 사용되는 적합한 호스 결합금구의 호칭구경은 각각 몇 [mm] 이상으로 하여야 하는가?

① 40, 50 ② 40, 65
③ 50, 55.5 ④ 50, 60

해설 호스 결합금구

구분	옥내소화전	옥외소화전
방수(호스)구경	40[mm]	65[mm]
방수압력	0.17 ~ 0.7[MPa]	0.25 ~ 0.7[MPa]

정답 34. ② 35. ③ 36. ① 37. ②

핵심문제

01 **옥내소화전 1차 수원량[m³] :** (①) × N(≤(②))

02 **층방출계수**

층수	층방출계수
30층 미만	(①)
30 ~ 49층	(②)
50층 이상	(③)

03 **2차 수원 면제대상**

면제사유	대상
실효성이 없는 경우	건축물의 높이가 지표면에서 (①)인 경우(수압 ×)
수조가 건물보다 높이 설치된 경우	수원이 건축물 (②)보다 높은 위치에 설치된 경우
	고가수조를 가압송수장치로 설치한 경우
구조상 불가능한 경우	(③)만 있는 건축물
예비펌프	주펌프와 동등 이상의 성능이 있는 별도의 펌프로서 (④) 하여 설치한 경우

04 **기동용 수압개폐장치(압력챔버)의 용적 :** (   ) 이상

05 **자동적으로 펌프를 기동 또는 정지시키고 배관 내 적정 압을 유지하는 장치는 (   )이다.**

정답

01. ① 층방출계수, ② 2(30층 이상 ≤5)

02. ① 2.6, ② 5.2, ③ 7.8

03. ① 10[m] 이하, ② 방수구, ③ 지하층
④ 내연기관의 기동과 연동하여 작동하거나 비상전원을 연결

04. 100[L]

05. 기동용 수압개폐장치(압력챔버)

06 고가수조의 자연낙차수두식 : $H = h_1 + h_2 + (\ ①\ )$(호스릴옥내소화전설비를 포함)

여기서, H : 필요한 낙차[m], h_1 : (②)[m], h_2 : (③)[m]

07 고가수조의 구성요소 : (①), (②), (③), (④), (⑤)

08 압력수조의 필요압력 : $P = p_1 + p_2 + p_3 + 0.17$

여기서, P : 필요한 압력[MPa], p_1 : (①), p_2 : (②), p_3 : (③)

09 압력수조방식의 구성요소 : 수위계, 급수관, 배수관, 급기관, 맨홀, 압력계, 안전장치, (   )

10 배관의 재질

압력 : 1.2[MPa] 미만	압력 : 1.2[MPa] 이상	합성수지관
(①)	(③)	천장과 반자를 불연재료 또는 준불연재료로 설치하고 소화배관 내부에 항상 소화수가 채워진 상태로 설치하는 경우
(②) 및 구리합금관 (다만, 습식의 배관에 한함)		
배관용 스테인리스강관 또는 일반배관용 스테인리스강관	배관용 아크용접 탄소강관	별도의 구획된 덕트 또는 피트의 내부에 설치
덕타일 주철관		(④)

정답

06. ① 17, ② 소방용 호스 마찰손실수두, ③ 배관의 마찰손실수두

07. ① 수위계, ② 배수관, ③ 급수관, ④ 오버플로우관, ⑤ 맨홀

08. ① 소방용 호스의 마찰손실수두압[MPa], ② 배관의 마찰손실수두압[MPa]
③ 낙차의 환산수두압[MPa]

09. 압력저하 방지를 위한 자동식 공기압축기(에어컴프레서)

10. ① 배관용 탄소강관, ② 이음매 없는 구리, ③ 압력배관용 탄소강관, ④ 지하에 매설

11 펌프 흡입측 배관

(1) 설치구조 : (①)
(2) 여과장치 설치 : (②)
(3) 별도 설치 : (③)

12 토출측 주배관 : 속도제한 (   ) 이하

13 용도에 따른 관경의 제한

구분	가지배관	수직배관
호스릴방식	25[mm] 이상	32[mm] 이상
옥내소화전	(①) 이상	(②) 이상
연결송수관과 겸용방식	(③) 이상(방수구와 연결)	(④) 이상

14 성능시험배관의 유량측정장치의 성능 : 정격토출량의 (   ) 이상 측정할 수 있는 장치 설치

15 펌프와 체크밸브 사이에 설치하는 배관 : (①), (②), (③)

16 옥내소화전 방수구 수평거리 : (   )

17 옥내소화전함의 재질 및 두께

(1) 강판 : (①)
(2) 합성수지재 : (②)

정답

11. ① 공기고임이 생기지 않는 구조, ② Y형 스트레이너
③ 수조가 펌프보다 낮게 설치된 경우

12. 4[m/sec]

13. ① 40[mm], ② 50[mm], ③ 65[mm], ④ 100[mm]

14. 175[%]

15. ① 물올림장치배관, ② 성능시험배관, ③ 순환배관

16. 25[m] 이하

17. ① 1.5[mm] 이상, ② 4[mm] 이상

18 **옥내소화전 비상전원 용량은 (　　　　　　　　　　　)이다.**

19

구분	방사량	방수압	방출시간
옥내소화전	(①)	(②)	(③)

20 **옥외소화전 수원 :** $Q = ($　　　　　　　　　　$)[m^3]$

여기서, Q : 수원의 저수량$[m^3]$, N : 옥외소화전의 설치개수(≤ 2)

21 **옥외소화전 노즐선단의 방수압력 : (　　　　　　　　　　)**

22 **옥외소화전 설치간격 :** 특정소방대상물의 각 부분으로부터 하나의 호스접결구까지의 (　　　　　　　　　　)

23 **옥외소화전함 설치기준**

옥외소화전 설치개수	소화전함 설치기준
10개 이하	설치된 옥외소화전으로부터 (①)의 장소에 1개 이상의 소화전함을 설치
11개 이상 ~ 30개 이하	소화전함 11개 이상을 분산하여 설치
31개 이상	설치된 옥외소화전 (②) 소화전함을 설치

24 **옥내 · 외소화전 노즐(관창)의 방수량 공식 : (　　　　　　　　　　)**

여기서, Q : 유량[L/min], d : 노즐구경[mm], P : 압력[MPa]

정답

18. 20분 이상
19. ① 130[L/min], ② 0.17[MPa], ③ 20[min]
20. $N \times 7$
21. 0.25[MPa] 이상 ~ 0.7[MPa] 이하
22. 수평거리가 40[m] 이하
23. ① 5[m] 이내, ② 3개당 1개 이상씩
24. $Q = 2.086d^2\sqrt{P}$

스프링클러설비

01 개요 및 종류별 특성

1 개요

(1) 정의

실내의 천장이나 벽 등에 설치하여 화재 시 화열로 인해 감열부가 정해진 표시온도 이상으로 가열되면 자동으로 녹거나 깨져서 오리피스를 개방하여 특정지역에 물을 적상으로 방수하여 화재를 제어하는 고정된 자동식 소화설비이다.

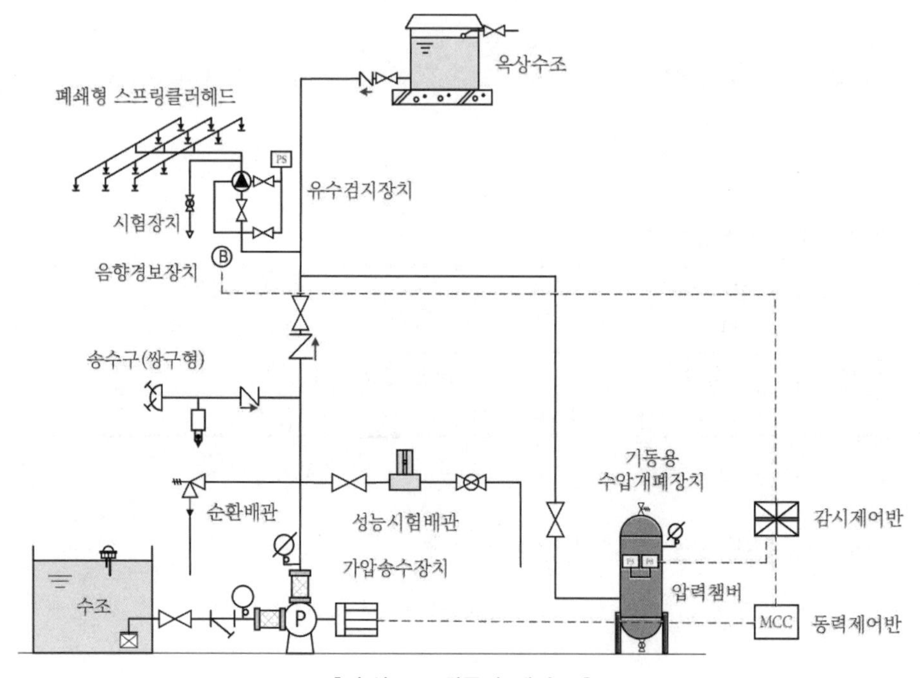

▌습식 스프링클러 개념도▐

(2) 특징

① 고정식, 자동식 소화설비이다.

② 타 설비에 비해서 신뢰성이 매우 우수하다.

③ 초기 설치비용이 많고, 소화 후 수손 피해가 크다.

(3) 설치대상

적용대상			설치기준	비고
• 문화 및 집회시설(동 · 식물원 제외) • 종교시설(주요 구조부 목재 제외) • 운동시설(물놀이형 제외)	수용인원		100인 이상 모든 층	어느 하나에 해당하는 경우 전 층
	영화상영관 용도의 층 바닥면적	지하층 · 무창층	500[m^2] 이상 모든 층	
		그 밖의 층	1,000[m^2] 이상 모든 층	
	무대부 위치	지하층 · 무창층 또는 4층 이상의 층	300[m^2] 이상 모든 층	
		위의 층 이외에 있는 경우	500[m^2] 이상 모든 층	
• 판매시설 • 운수시설 • 창고(물류터미널)	바닥면적 합계		5,000[m^2] 이상 모든 층	–
	수용인원		500인 이상 모든 층	
층수 6층 이상(기존 아파트 리모델링의 경우 : 연면적 및 층높이가 변경되지 않는 경우 사용검사 당시 기준 적용, 스프링클러설비가 없는 기존의 특정소방대상물로 용도 변경)			모든 층	예외 SP 없는 대상물의 용도 변경, 리모델링
• 근린생활시설 중 조산원 및 산후조리원 • 의료시설 중 정신의료기관 • 의료시설 중 종합병원, 병원, 치과병원, 한방병원 및 요양병원 • 노유자시설 • 숙박이 가능한 수련시설 • 숙박시설			600[m^2] 이상 모든 층	사용시설의 바닥면적 합계
창고시설(물류터미널 제외)			5,000[m^2] 이상	바닥면적 합계
랙식 창고	천장 또는 반자의 높이가 10[m] 초과(반자가 없는 경우 지붕의 옥내에 면한 부분)		1,500[m^2] 이상	바닥면적 합계
위의 특정소방대상물 외	지하층/무창층		1,000[m^2] 이상	바닥면적
	4층 이상인 층으로서 바닥면적			
랙식 창고 외의 공장 및 창고	특수가연물 저장 · 취급량		지정수량의 1,000배 이상	–
	중 · 저준위 방사성폐기물의 저장시설 중 소화수를 수집 · 처리 설비		저장시설	원자력법 시행령 제2조 제1호

<table>
<tr><th colspan="3">적용대상</th><th>설치기준</th><th>비고</th></tr>
<tr><td rowspan="7">지붕 또는 외벽이 불연 또는 내화구조가 아닌 공장 또는 창고시설</td><td rowspan="2">창고시설
(물류터미널)</td><td>바닥면적 합계</td><td>2,500[m²] 이상</td><td>–</td></tr>
<tr><td>수용인원</td><td>250명 이상</td><td>–</td></tr>
<tr><td colspan="2">창고시설(물류터미널 제외)</td><td>2,500[m²] 이상</td><td>바닥면적 합계</td></tr>
<tr><td colspan="2">위의 랙식 창고 외의 것</td><td>750[m²] 이상</td><td>바닥면적 합계</td></tr>
<tr><td rowspan="2">위의 공장 또는 창고시설 외의 것</td><td>지하층 · 무창층 바닥면적</td><td rowspan="2">500[m²] 이상</td><td rowspan="3">–</td></tr>
<tr><td>층수가 4층 이상인 것 중 바닥면적</td></tr>
<tr><td colspan="2">위의 특수가연물 저장 · 취급실 외의 것</td><td>지정수량의 500배 이상</td></tr>
<tr><td colspan="3">지하가(터널 제외)</td><td>1,000[m²] 이상</td><td>연면적</td></tr>
<tr><td colspan="3">기숙사(교육연구시설, 수련시설 내)</td><td rowspan="2">5,000[m²] 이상
모든 층</td><td rowspan="2">연면적</td></tr>
<tr><td colspan="3">복합건축물</td></tr>
<tr><td rowspan="3">교정 및 군사시설</td><td colspan="2">보호감호소, 교도소, 구치소 및 그 지소, 보호관찰소, 갱생보호시설, 치료감호시설, 소년원 및 소년분류심사원의 수용거실</td><td>해당 장소</td><td>–</td></tr>
<tr><td colspan="2">출입국관리법의 보호시설</td><td>해당 장소</td><td>외국인 보호시설의 경우 피보호자의 생활공간, 보호시설이 임차공간인 경우 제외</td></tr>
<tr><td colspan="2">유치장</td><td>해당 장소</td><td>경찰관 직무집행법 제9조</td></tr>
<tr><td>발전시설</td><td colspan="2">전기저장시설</td><td>해당 장소</td><td>–</td></tr>
<tr><td rowspan="2">특정소방대상물</td><td colspan="2">보일러실</td><td rowspan="2">상기에 부속된 것</td><td rowspan="2">스프링클러 적용대상에 한하여 적용</td></tr>
<tr><td colspan="2">연결통로 등</td></tr>
</table>

(4) 스프링클러설비의 면제대상

물분무등소화설비를 화재안전기준에 적합하게 설치한 경우에는 그 설비의 유효범위에서 설치가 면제된다.

2 종류

(1) 스프링클러설비는 방호대상물, 설치장소 등에 따라 폐쇄형 헤드를 사용하는 방식과 개방형 헤드를 사용하는 2가지 방식으로 구분

(2) 비교 ★★★

① 유수검지장치에 의한 비교

<table>
<tr><th>구분</th><th colspan="3">유수검지장치 등</th><th>헤드</th><th>1차측</th><th>2차측</th><th>감지기/
수동기동장치</th><th>시험
장치</th></tr>
<tr><td>습식</td><td rowspan="4">유수
검지
장치</td><td rowspan="4">종
류</td><td>알람체크밸브</td><td rowspan="4">폐쇄형</td><td rowspan="5">가압수</td><td>가압수</td><td>없음</td><td>있음</td></tr>
<tr><td>건식</td><td>건식밸브</td><td>압축공기</td><td>없음</td><td>있음</td></tr>
<tr><td>준비
작동식</td><td rowspan="2">준비작동식
밸브</td><td>공기</td><td>있음</td><td>없음</td></tr>
<tr><td>부압식</td><td>부압수</td><td>있음</td><td>있음</td></tr>
<tr><td>일제
살수식</td><td colspan="3">일제개방밸브(델류지밸브)</td><td>개방형</td><td>공기</td><td>있음</td><td>없음</td></tr>
</table>

1. **유수검지장치** : 물의 흐름을 감지해서 신호를 보내는 장치
2. **일제개방밸브** : 전기적 신호에 따라 개방을 하는 밸브

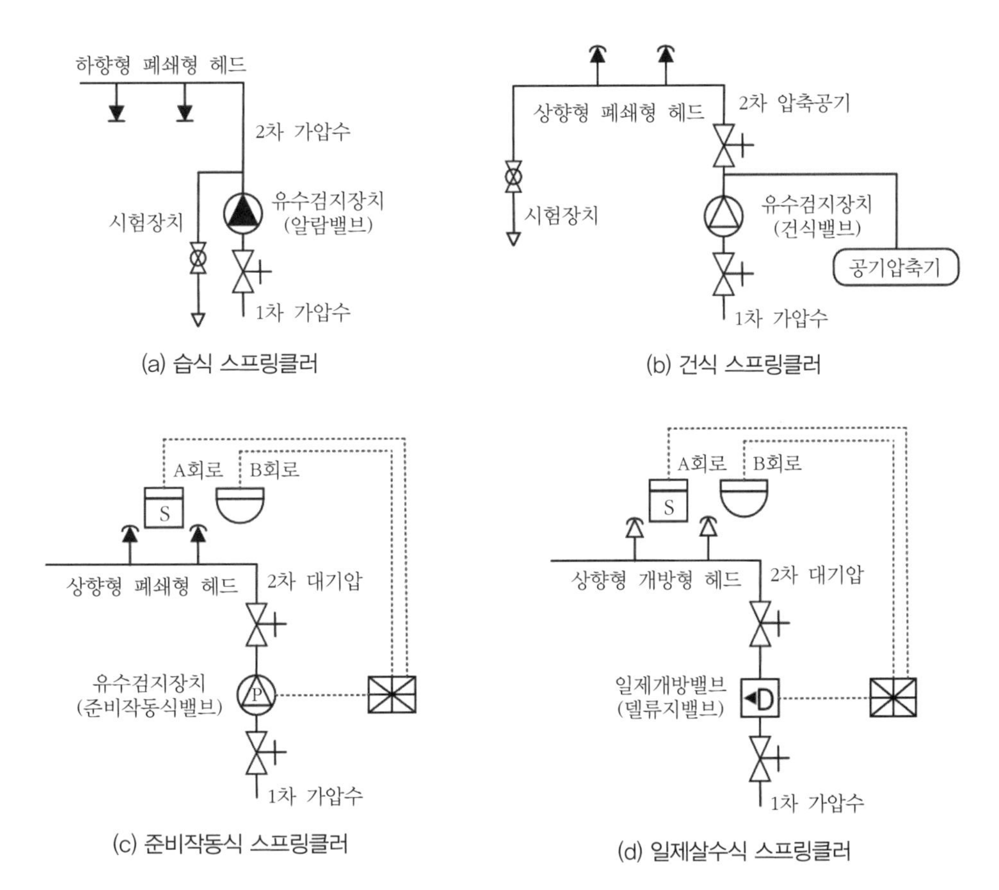

▎스프링클러 개념도 ▎

② 스프링클러설비의 종류별 비교

설비	주요 설치장소	특성	장점	단점
습식	일반 방호대상물, 공장, 근생·판매 운수시설 복합건축물, 지하가, 지하역사 등	• 폐쇄형 • 알람밸브 • 헤드가 감지 역할	• 다른 설비에 비해 구조 간단 • 반응속도 빠름	동파 우려
건식	습식과 동일, 습식의 장소 중 동파 우려가 있는 주차장	• 폐쇄형 • 건식밸브 • 헤드가 감지 역할 • 자동에어컴프레서	동파방지	• 방호구역 배관 라인에 압축공기 충전 • 구조 복잡 • 시간지연
준비작동식	습식의 장소 중 동파 우려가 있는 주차장	• 폐쇄형 • 준비작동밸브 • 화재감지기	동파방지	• 알람밸브에 비해 구조가 복잡 • 화재감지기를 추가로 설치
일제살수식	연소확대 우려가 심한 장소 무대부	• 개방형 • 일제개방밸브 • 화재감지기	• 방수구역 동시 살수 • 동파방지	• 오작동에 의한 피해 우려 • 구조 복잡
드렌처	연소확대 우려 개구부	• 개방형 • 일제개방밸브 • 수막커튼형 살수	• 동파방지 • 연소확대 차단	• 오작동 시 피해 우려 • 유지관리 미흡 시 효과 감소
간이	소방방화시설 대상	• 폐쇄형(개방형 ×) • 수도용 배관 연결 • 알람밸브 • 준비작동식	구조가 단순	• 습식 : 동파 우려 • 습식 외 방식 : 구조가 복잡

(3) 습식(wet pipe system)

① 개요

㉠ 가장 일반적인 스프링클러설비로서 1차측, 2차측에 가압수가 들어 있으며 유수검지장치로는 알람(alarm)체크밸브를 사용

㉡ 화재가 발생하여 폐쇄형 헤드가 개방되면 2차측의 물이 방출되며 이때 알람밸브의 클래퍼가 개방되어 1차측의 가압수가 2차측으로 유입되어 방사되는 설비

② 장단점 ★

장점	단점
설비가 간단하고 신뢰도가 가장 크다. (기계식 장치로 고장 우려가 적다)	물을 소화약제로 사용하므로 겨울철에 동결의 우려
즉시 가압수 방수가 가능하므로 신속히 진화가 가능하여 초기소화에 적합	헤드가 감지기능을 가지므로 층고가 높은 장소나 옥외에는 설치가 곤란
소화약제가 물이므로 값이 싸서 경제적	
별도의 감지장치인 감지기가 필요 없다.	–
소모품을 제외한 시설의 수명이 반영구적	

③ 자동경보밸브(alarm check valve)

㉠ 기능 : 폐쇄형 스프링클러헤드가 개방 → 배관 내에 유수가 발생 → 자동경보밸브의 2차측 압이 감소 → 클래퍼가 개방 → 압력스위치가 작동 → 음향경보장치를 동작(경보 + 역류방지)

꼼꼼체크 습식밸브 = 알람체크밸브 = 자동경보밸브 = 알람밸브

㉡ 구조 : 체크밸브의 구조에 리타딩챔버나 압력스위치가 설치되어 유수의 흐름이 발생 시 압력스위치가 동작하여 수신기 등에 유수경보를 발신하는 밸브

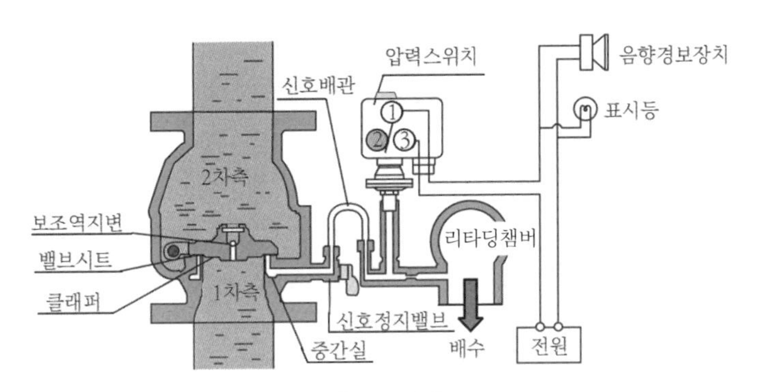

▌평상시▐

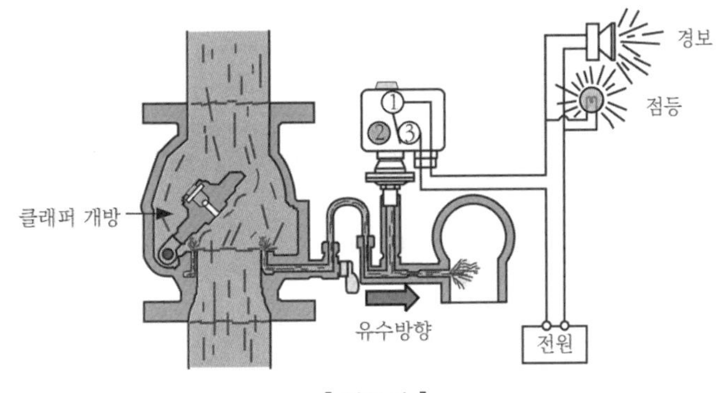

▌작동시▐

㉢ 리타딩챔버

- 설치목적 : 비화재 시 압력스위치의 오동작 방지 ★★★★★
- 작동원리
  - 평상시 오보방지 : 소량의 물의 유수가 발생하면 오리피스로 배출하여 오보를 방지
  - 클래퍼 개방 시 경보 : 다량의 유수가 발생하면 오리피스의 배수능력을 초과하므로 압력스위치로 압력이 전달되어 화재신호를 발한다.

㉣ 패들형 유수검지장치

- 정의 : 배관 내에 패들을 부착하여 유수의 운동에너지에 의해 패들이 움직임 접점에 의해 폐회로가 구성되어 경보가 발령되고 유수의 신호를 발하는 유수검지장치로 교차배관과 동일 구경의 설치가 가능
- 목적
  - 스프링클러설비의 작동지역을 신속 · 정확하게 알기 위하여 스프링클러설비를 세분화하고자 할 경우
  - 알람밸브의 보조역할을 할 경우, 저렴하므로 경제적인 필요가 있는 경우

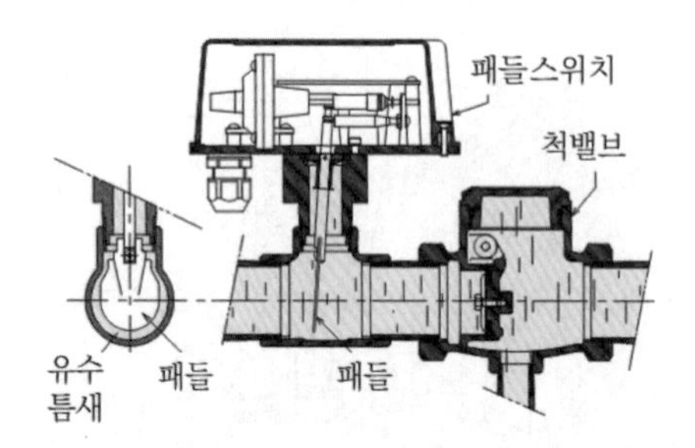

▌작동 전▐

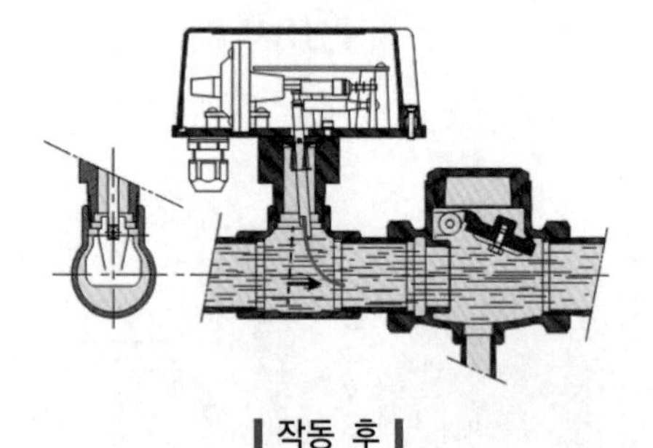

▌작동 후▐

(4) 건식(dry pipe system)

① 개요

㉠ 필요성 : 습식이 가장 이상적인 스프링클러설비이지만 동파의 문제가 있다. 따라서 겨울철에 영하로 떨어지는 지역이나 한랭지역에서는 이를 극복하기 위해 2차측에 물이 들어있지 않는 건식설비 또는 준비작동식 설비를 사용

㉡ 설치장소 : 난방이 되지 않는 공간

㉢ 1차측에는 가압수가, 2차측에는 압축공기 또는 질소 등 충전된 기체가 들어있으며 유수검지장치는 건식(dry)밸브를 사용

② 동작원리 : 화재가 발생 → 폐쇄형 스프링클러헤드 개방 → 유수검지장치 2차측 압축공기가 외부 방출 → 압력평형이 깨져 건식밸브 개방(파스칼의 원리) → 1차측의 가압수가 2차측으로 공급(압축공기 지속 배출) → 개방된 헤드를 통해 방호구역에 방수

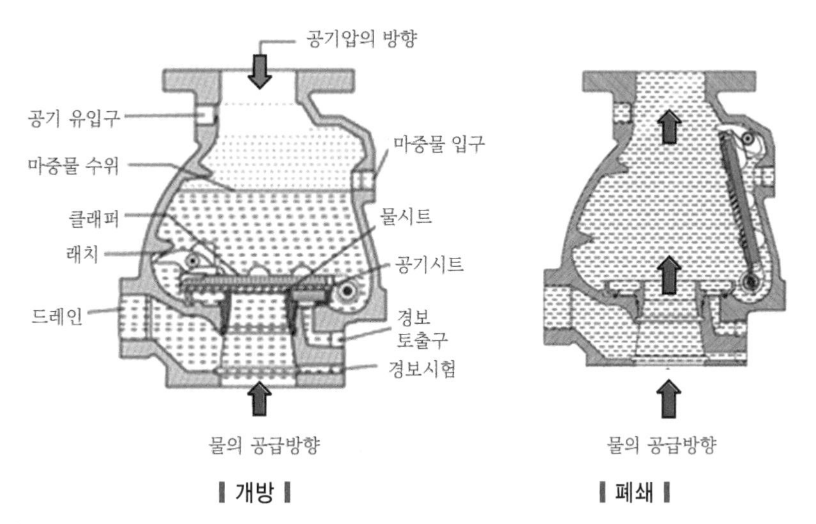

▌개방▌ ▌폐쇄▌

③ 장단점

장점	단점
동결 우려가 적다.	방수지연시간
별도의 감지장치인 감지기가 불필요	헤드 개방 시 초기에 방출되는 공기로 화재확산 우려

④ 급속개방기구(quick opening device)

㉠ 가속기(액셀레이터 ; acceleration) : 입구는 2차측 토출배관에, 출구는 중간챔버에 연결. 2차측 압축공기 일부를 중간챔버로 보내 가압을 통하여 클래퍼를 신속하게 개방하여 가압수를 헤드까지 신속하게 송수할 수 있도록 하는 장치 ★★

㉡ 공기배출기(이그져스터 ; exhauster) : 주배관의 말단에 설치. 헤드가 개방되어 2차측의 공기압이 설정압력보다 낮아졌을 때 작동하여 2차측 압축공기를 대기 중으로 신속하게 배출하는 설비

㉢ 급속개방기구 설치 이유 : 건식설비는 건식밸브 2차측이 가압공기로 차 있어서 이를 배출하는데 시간이 지연됨으로 이를 최소화하기 위한 장치를 설치

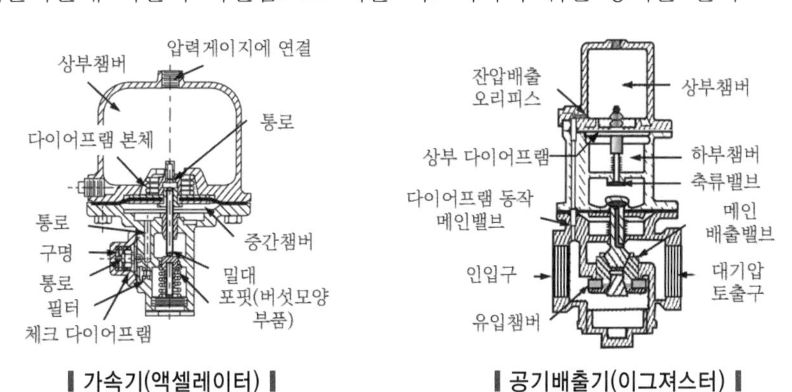

▌가속기(액셀레이터)▌ ▌공기배출기(이그져스터)▌

⑤ **공기압조절기**(에어 레귤레이터 ; air regulator) : 건식설비에서 공기압축기(에어컴프레서)가 스프링클러설비의 전용이 아닌 경우에 건식밸브와 주공기공급관 사이에 설치되며 수동 또는 자동으로 공기의 압력을 조정하는 장치

⑥ **드라이펜던트형 헤드**(dry pendent type head)

㉠ 설치대상 : 동파 우려가 있는 장소에 하향형 헤드를 사용할 경우

㉡ 설치목적 : 헤드 방향으로 동파를 방지하기 위해 물이 접근하지 못하게 공기나 질소로 봉입

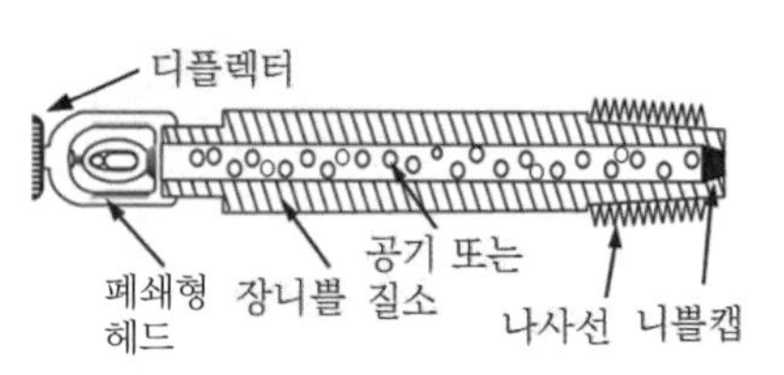

▌드라이펜던트 헤드▐

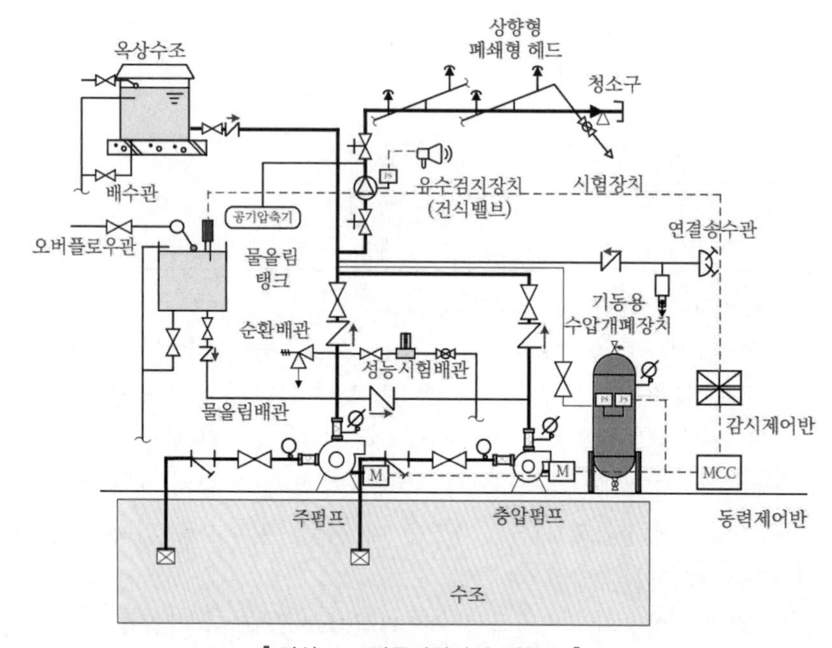

▌건식 스프링클러설비의 계통도▐

(5) 준비작동식(preaction system)

① **개요** : 준비작동식(프리액션) 밸브 1차측에 가압수가 2차측에 대기압 상태로 폐쇄형 헤드가 설치되어 있으며 감지기에 의해 준비작동식 밸브가 동작

② **설치장소** : 난방이 되지 않는 옥내에 설치하여 동파를 방지

③ **동작원리** : 화재 → 감지기 작동(A and B) → 수신반 → 전동밸브 동작 → 준비작동식 밸브 개방 → 유수검지장치 1차측에서 2차측으로 급수 → 배관 내에 물이 차서 방사 준비 → 열에 의해 폐쇄형 헤드가 개방 → 방수

④ 장단점

장점	단점
동결 우려가 적다.	감지기설비를 별도로 설치하여야 하므로 추가 공사 비용 발생
감지기에 의해서 사전경보가 발생함으로써 신속한 사전조치 가능	헤드나 배관이 손상이 있어도 경보가 없음으로 발견이 곤란하여 유지관리에 어려움
평상시 헤드 파손으로 개방되어도 2차측 소화수가 없어 수손피해의 우려가 없다.	전기적 장치에 의해 작동되므로 신뢰성의 저하
시간지연의 우려가 적다.	복잡한 설비로 관리가 어렵다.

⑤ 준비작동식밸브(프리액션밸브)

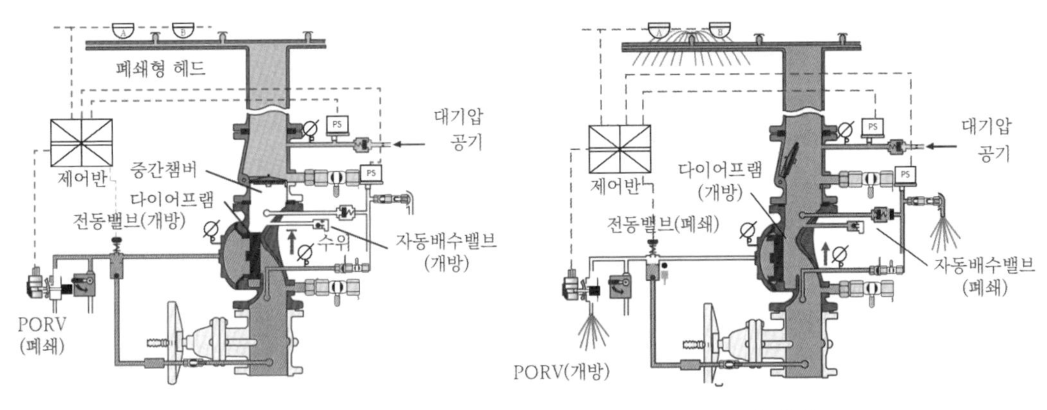

▌준비상태▌ ▌작동상태▌

PORV(압력배출밸브)

다이어프램식 건식밸브와 준비작동식에 설치되어 밸브의 개방상태를 유지시켜 주는 밸브로 클래퍼형은 필요 없다.

⑥ 슈퍼비조리패널(supervisory control panel)

㉠ 개요 : 준비작동식밸브의 주요 핵심부로 이것이 고장이 나면 준비작동식밸브가 작동하지 않는다. 왜냐하면 습식이나 건식밸브와는 달리 준비작동식밸브는 기계적인 동작 메커니즘이 아니라 전기적 신호에 의해서 동작되는 메커니즘을 가지고 있기 때문이다. 전기적인 신호에 의한 솔레노이드밸브의 기동으로 준비작동식밸브가 개방된다.

▌슈퍼비조리패널▌

㉡ 기능

- 감시기능 : 솔레노이드의 전원과 밸브상태를 감시
- 제어기능 : 준비작동식밸브 작동, 방화댐퍼 등 개구부 폐쇄 작동

㉢ 구성 : 전원램프, 밸브개방확인램프, 밸브주의확인램프, 전화, 수동기동스위치

⑦ **전동밸브(solenoid valve)** : 감지기에 의한 자동기동, 슈퍼비조리패널에 의한 수동기동에 의해서 준비작동식밸브를 개방시키는 밸브

⑧ **수동기동방식**

㉠ 전기적 방식 : 슈퍼비조리패널(super visory panel)을 설치하여 버튼을 조작하여 원격으로 솔레노이드밸브를 동작시켜 준비작동식 유수검지장치 또는 일제개방밸브를 개방

㉡ 배수식 방식 : 수동개방밸브를 설치하여 준비작동식 유수검지장치 또는 일제개방밸브를 수동으로 직접 조작하여 밸브를 개방

⑨ **감지회로** : 교차회로방식(자동기동방식)

㉠ 기능 : 2중 감시로 신뢰도 강화

㉡ 방식 : 하나의 방호구역 내에 2개 이상의 감지기 회로를 설치하고 인접한 2개 이상의 감지기가 동시에 감지되는 때에 화재로 인식하여 소화설비를 작동시켜 약제를 방출하는 방식

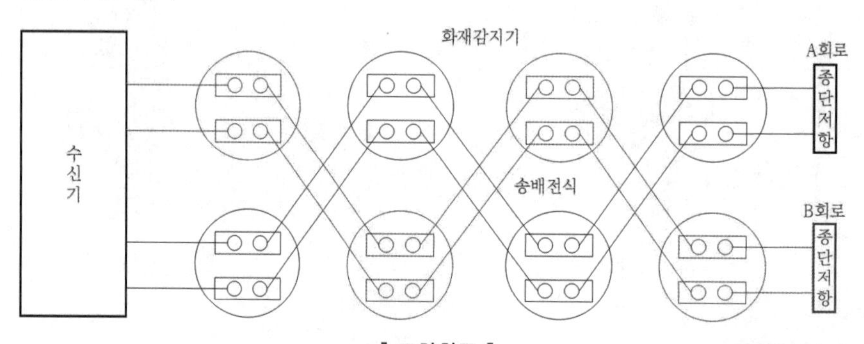

▌교차회로▐

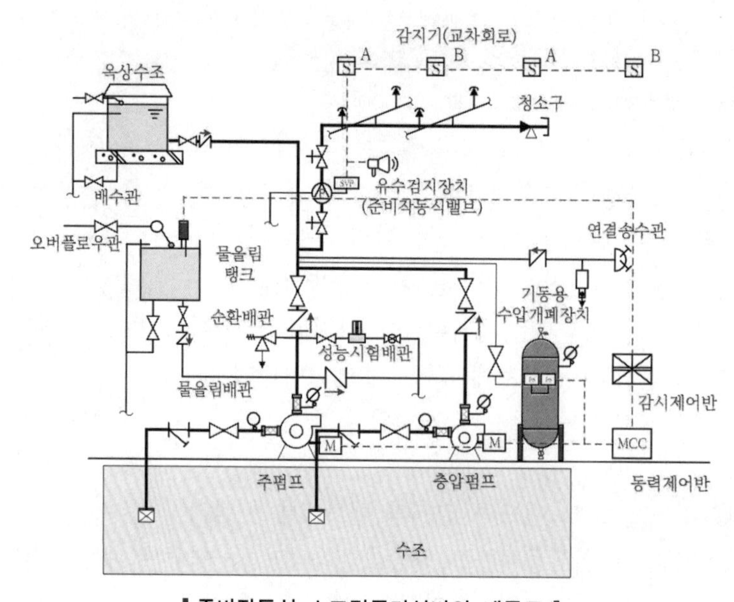

▌준비작동식 스프링클러설비의 계통도▐

(6) 부압식(vacuum system)

① 개요 : 가압송수장치에서 준비작동식 유수검지장치의 1차측까지는 항상 정압의 물이 가압되고, 2차측 폐쇄형 스프링클러헤드까지는 진공펌프에 의해 물이 부압(진공)으로 되어 있다가 화재 시 감지기의 작동에 의해 부압이 정압으로 변하여 유수가 발생하면 작동하는 스프링클러설비이다.

② 설치목적 : 습식의 수손방지, 건식의 시간지연, 배관 등의 부식 또는 지진 등의 외력으로 인한 배관 이탈에 따른 소화수 방출사고 예방, 준비작동식의 배관이나 헤드의 손상 유무, 경보 곤란 등의 문제를 개선하기 위하여 개발된 스프링클러 시스템

③ 설치장소 : 반도체 공장, 클린룸, 전산센터, 수손피해가 극심한 장소, 지진에 의한 피해가 우려되는 장소

④ 장단점

장점	단점
비화재 시 헤드나 배관의 파손 시 소화수에 의한 수손피해를 최소화	진공펌프나 관련 설비의 고장 시에는 효과를 기대할 수가 없다.
배관이나 헤드 파손의 인지 가능	감지시스템의 고장 시나 감지오류인 경우에 동작하지 않아 신뢰도가 낮다.
–	부대설비 때문에 공사비가 크고 유지관리가 어렵다.

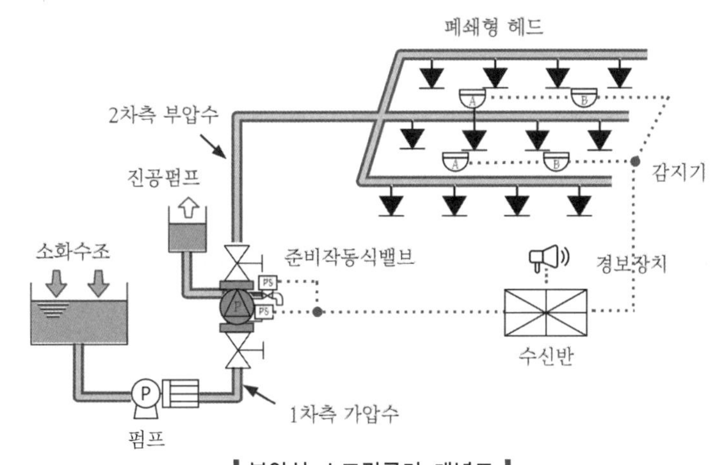

▌부압식 스프링클러 개념도 ▌

(7) 일제살수식(deluge system)

① 개요 : 초기화재에 신속하게 대처하여야 하는 장소에 설치하는 스프링클러설비로서 1차측에는 가압수가, 2차측에는 대기압 공기가 차 있고 개방형 헤드가 설치되어 있으며 일제개방밸브로는 일제살수식밸브를 사용하여 일시에 방호 전구역을 방사

② 동작원리 : 화재 → 감지기 동작 → 전동밸브 기동 → 일제살수식밸브가 개방 → 1차측의 가압수가 2차측으로 유입 → 방호구역의 전체 개방형 헤드에서 방수

③ 사용장소 : 연소할 우려가 있는 개구부, 무대부

④ 장단점

장점	단점
개방형 헤드를 사용함으로써 소화수가 2차측으로 공급되면 즉시 살수가 되므로 급격한 연소확대 우려가 있는 장소에 적합	구역 전체를 살수하므로 대량의 소화수 공급시스템이 필요
헤드의 감지부가 없으므로 층고가 높은 경우에도 적응성이 있다.	구역 전체를 살수하므로 소화수에 의한 2차 피해가 발생
-	감지시스템 구축 필요

⑤ 일제개방밸브(델류지밸브 ; deluge valve)

㉠ 가압개방식 : 배관에 전자개방밸브 또는 수동개방밸브를 설치하여 화재감지기에 의하여 전자개방밸브가 작동하거나 수동개방밸브를 개방하여 가압된 물이 일제개방밸브의 피스톤을 끌어올려 밸브가 열리는 방식

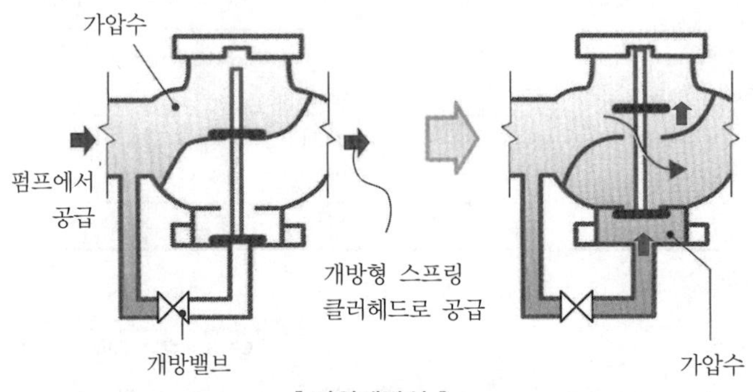

▍가압개방식▍

㉡ 감압개방식 : 바이패스 배관상에 전자밸브 또는 수동개방밸브를 설치하여 화재감지기에 의하여 전자밸브가 작동하거나 수동개방밸브를 개방하여 생긴 감압으로 밸브 피스톤을 끌어올려 밸브가 열리는 방식으로 대부분의 일제개방밸브가 감압개방식을 사용

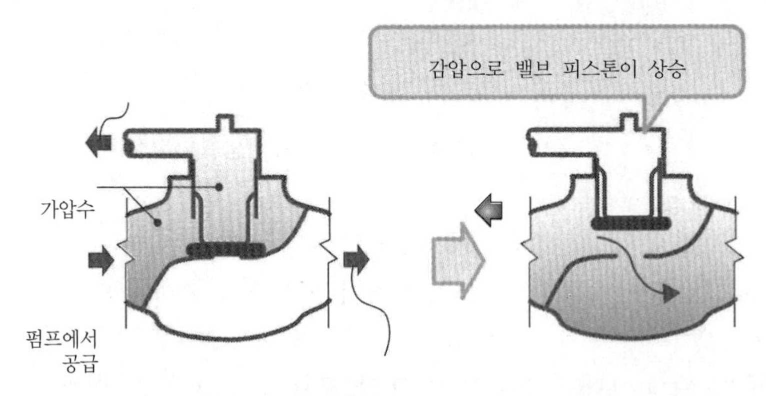

▍감압개방식▍

3 스프링클러헤드

(1) 감열체에 따른 구분

① **개방형** : 감열체 없이 방수구가 항상 열려져 있는 스프링클러헤드

② **폐쇄형** : 정상상태에서 방수구를 막고 있는 감열체가 일정온도에서 자동적으로 파괴·용해 또는 이탈됨으로써 방수구가 개방되는 스프링클러헤드

㉠ 퓨지블링크 : 감열체 중 이융성 금속으로 융착되거나 이융성 물질에 의하여 조립된 것 ★★★★

㉡ 유리벌브 : 감열체 중 유리구 안에 액체 등을 넣어 봉한 것 ★

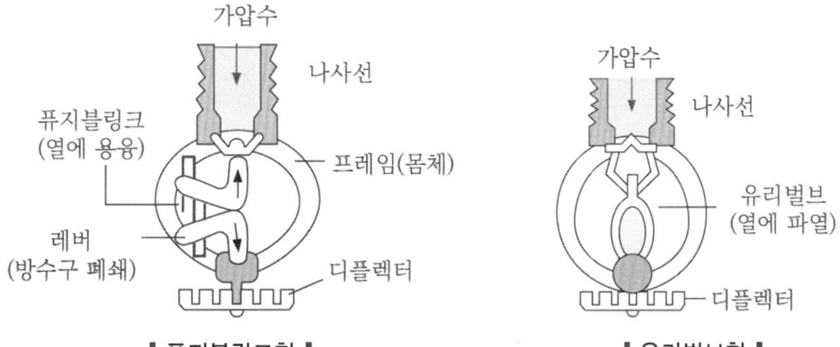

| 퓨지블링크형 | | 유리벌브형 |

③ **반사판(디플렉터)** : 스프링클러헤드의 방수구에서 유출되는 물을 세분시키는 작용을 하는 것

(2) 설치형태별 분류

설치형태	설치위치	설치장소
상향형	배관의 상부	천장, 반자가 없는 장소
하향형	배관의 상부에서 회향식	천장, 반자가 있는 장소
측벽형	벽의 측면	실내의 폭이 9[m] 이하인 경우에 한하여 벽면에 적용
반매입형(플러쉬)	배관의 상부에서 회향식	미관이 고려되는 장소
매입형(리세스드)	배관의 상부에서 회향식	헤드 파손 우려가 있는 장소
은폐형(컨실드)	배관의 상부에서 회향식	미관이 고려되는 장소

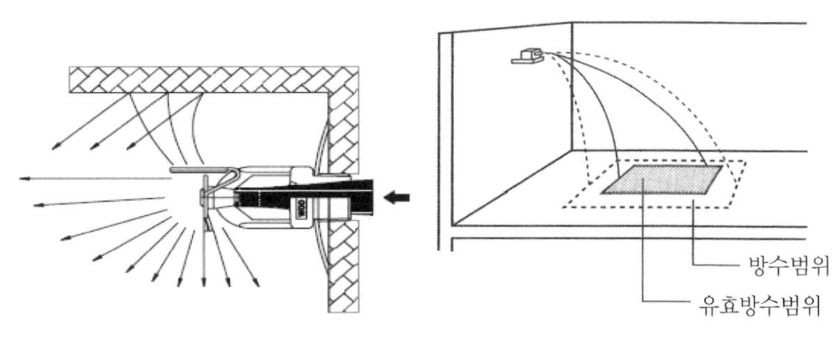

| 측벽형 스프링클러 |

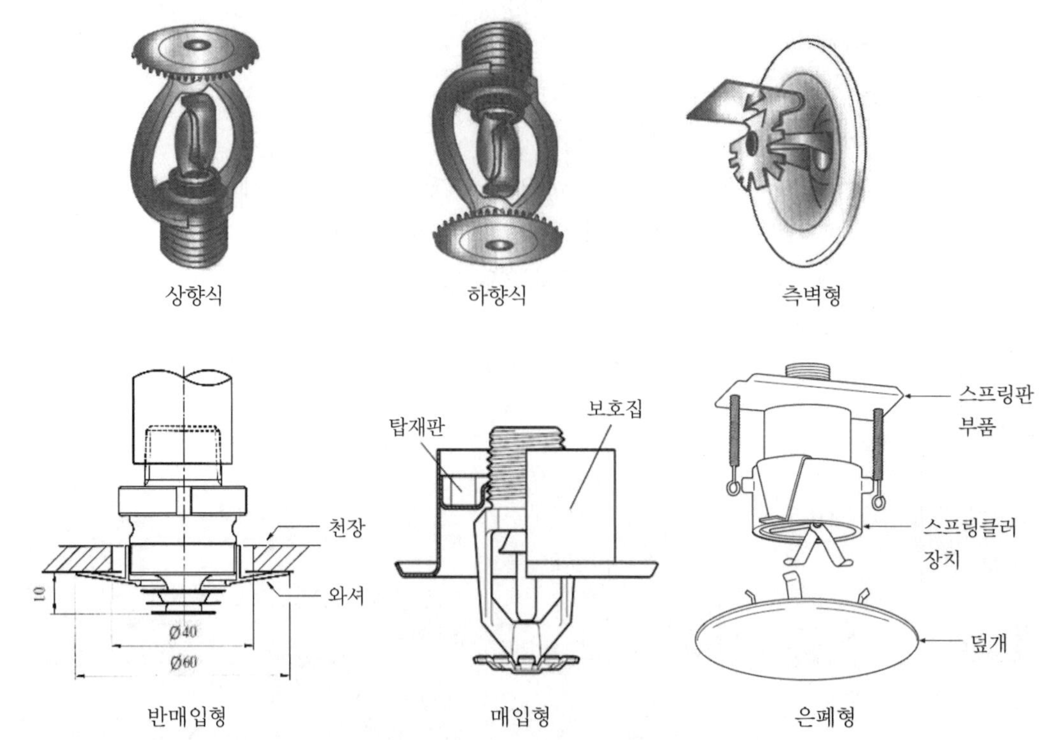

▌설치형태별 스프링클러헤드의 종류▐

(3) 감도별 분류 ★★

구분	RTI	C	설명
표준반응형 (standard response)	81 ~ 350 이하	2.0	기준이 되는 반응속도를 가진 헤드
특수반응형 (special response)	51 ~ 80 이하	1.0	특수용도의 방호를 위한 목적을 가진 헤드
조기반응형 (fast response)	50 이하	1.0	표준반응형 스프링클러헤드보다 기류온도 및 기류속도에 감열부가 조기에 반응하여 동작하는 헤드

여기서, C : 전도열전달계수$[m/s]^{0.5}$

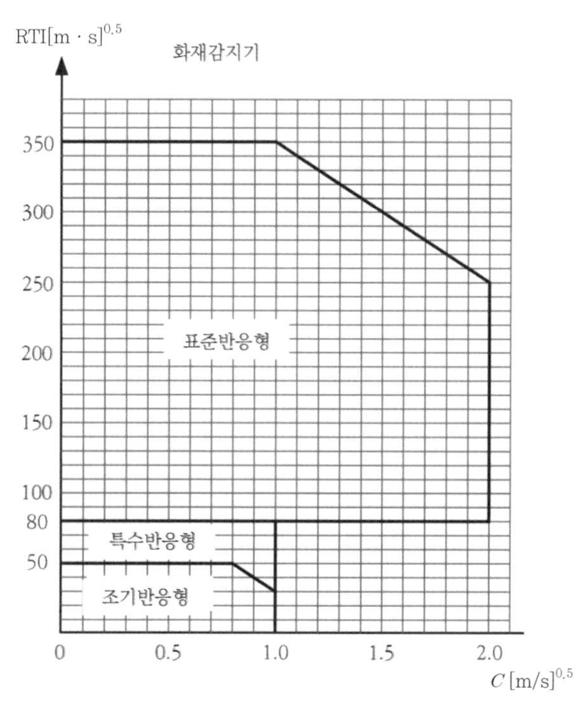

▌감도별 분류▐

(4) 반응시간지수(RTI) ★

① **목적** : 동일한 화재조건에서 스프링클러헤드의 종류에 따라 반응시간의 차이를 평가해서 스프링클러헤드의 성능을 알고 그 성능에 적합한 목적에 사용하기 위함이다.

② **공식**

$$RTI = \tau \cdot \sqrt{u}$$

여기서, RTI : 반응시간지수$[m \cdot s]^{0.5}$

τ : 감열체의 시간상수[s]

u : 기류속도[m/s]

③ RTI가 작을수록 헤드가 조기에 작동한다. 따라서 헤드의 설치간격을 넓게 할 수 있다.

④ 주위온도가 높은 곳에서는 RTI를 크게 설정한다.

⑤ 높은 천장의 방호대상물에는 RTI가 작은 것을 설치한다.

(5) 헤드 배치형태

① **정방형** : 정사각형 배치

$$S = 2R\cos 45° \quad ★★★$$

여기서, S : 수평헤드 간격[m]

R : 수평거리[m]

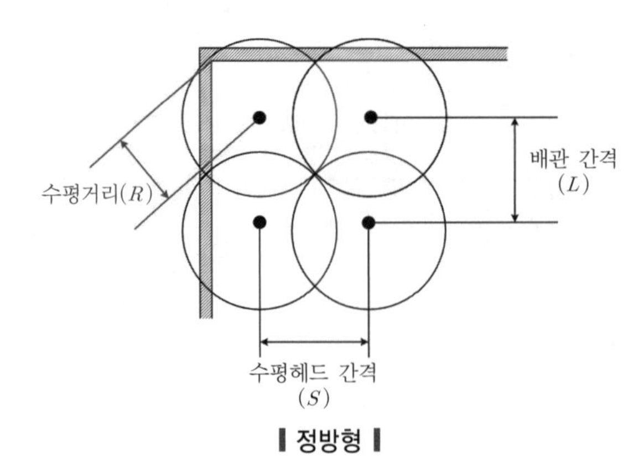

Ⅰ 정방형 Ⅰ

② 장방형 : 직사각형 배치

$$X = 2R$$

여기서, X : 헤드 간 대각선의 거리[m]
R : 수평거리[m]

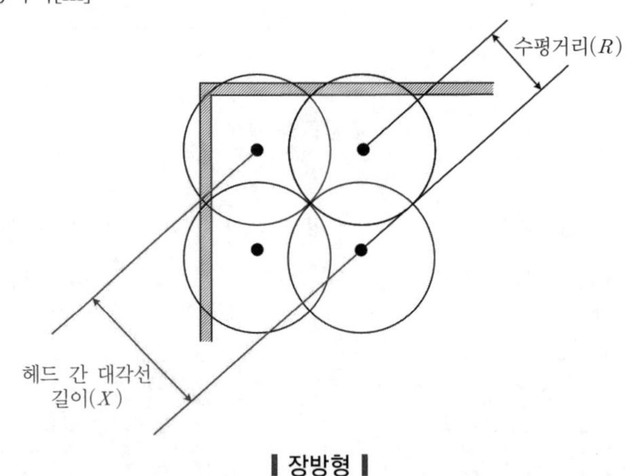

Ⅰ 장방형 Ⅰ

02 스프링클러설비(NFTC 103)

1 수원(2.1)

(1) 스프링클러헤드에 공급하기 위한 소화수의 양으로 1차 수원과 2차 수원으로 구성

(2) 1차 수원 ★★★★★

① 폐쇄형 스프링클러헤드

$$Q[\mathrm{m}^3] = \text{층방출계수} \times N$$

여기서, Q : 수원[m^3]

층방출계수[m^3]

N : 헤드 설치개수 또는 기준

㉠ 층방출계수

층수에 따른 구분	층방출계수[m^3]
일반건축물(30층 미만)	1.6(80[L/min]×20[min])
준초고층(30층 이상 49층 이하)	3.2(80[L/min]×40[min])
초고층(50층 이상)	4.8(80[L/min]×60[min])

가장 많이 설치된 헤드의 기준개수보다 설치개수가 더 적은 경우는 설치개수로 한다.

㉡ 기준개수

스프링클러설비 설치장소			기준개수
지하층을 제외한 층수가 10층 이하	공장	특수가연물을 저장 · 취급	30
		그 밖의 것	20
	근생 · 판매 운수시설 복합건축물	판매시설, 복합건축물(판매시설이 설치된)	30
		그 밖의 것(터미널, 역사)	20
	그 밖의 것	헤드의 부착높이가 8[m] 이상	20
		헤드의 부착높이가 8[m] 미만	10
11층 이상 소방대상물(APT 제외), 지하가, 지하역사			30

② 개방형 스프링클러헤드

구분	수원
스프링클러헤드 개수 30개 이하	$Q[m^3]=1.6[m^3]\times N$
스프링클러헤드 개수 30개 초과	$Q[m^3]$=가압송수장치 송수량[m^3/min]×20[min]
층수가 30층 이상 49층 이하(준초고층)	$Q[m^3]=3.2[m^3]\times N$
50층 이상(초고층)	$Q[m^3]=4.8[m^3]\times N$

여기서, Q : 수원[m^3]

N : 헤드 설치개수 또는 기준개수

(3) 2차 수원

1차 수원의 $\frac{1}{3}$을 옥상수조에 저장

2 가압송수장치(2.2)

(1) 종류

고가수조, 압력수조, 가압수조, 펌프(전동기 또는 내연기관)방식

(2) 정격토출압력

하나의 헤드선단에서 0.1 ~ 1.2[MPa] ★

(3) 송수량

① 기준개수의 모든 헤드가 0.1[MPa]의 방수압력 기준으로 80[L/min]로 20[min] 이상의 방수성능

② 가압송수장치의 1분당 송수량

구분		송수량[L/min]
폐쇄형		$Q=80\times N$ ★★★★★
개방형	헤드수 30개 이하	$Q=80\times N$
	헤드수 30개 초과	모든 헤드가 0.1[MPa]의 방수압력 기준으로 80[L/min] 이상의 방수성능

여기서, Q : 분당 송수량[L/min]
N : 헤드 설치개수 또는 기준개수

③ 공식

$$Q=K\sqrt{10P} \text{ (방수압력 단위가 [kg/cm}^2\text{]일 경우, } Q=K\sqrt{P}\text{)}$$

여기서, Q[L/min] : 스프링클러헤드의 방수량
P[MPa] : 방수압력(설계압력)
K : 방출계수

3 폐쇄형 스프링클러설비의 방호구역 · 유수검지장치(2.3)

(1) 방호구역 ★★★★★

① 정의 : 폐쇄형 스프링클러를 설치하는 구역으로 유수검지장치를 설치

② 면적 : 3,000[m^2] 이하(예외 폐쇄형 스프링클러설비에 격자형 배관방식으로 3,700[m^2] 범위 내에서 수리학적으로 계산한 결과 소화 목적을 달성하는데 충분한 경우)

암기 Tip 폐호삼(폐쇄형 방호구역 3,000[m^2])

③ 하나의 방호구역이 2개 층에 미치지 않아야 한다(예외 1개 층에 설치되는 스프링클러 헤드의 수가 10개 이하인 경우와 복층형 구조의 공동주택에는 3개 층 이내).

(2) 유수검지장치

① 정의 : 본체 내의 유수현상을 자동적으로 검지하여 신호 또는 경보를 발하는 장치 ★★★

② 종류 : 습식 유수검지장치(패들형 포함), 건식 유수검지장치, 준비작동식 유수검지장치

③ 설치개수 : 하나의 방호구역에 1개 이상 설치

④ 장소 : 화재발생 시 접근이 쉽고 점검하기 편리한 장소

⑤ 구획 : 실내에 설치하거나 보호용 철망 등으로 구획

⑥ 설치위치 : 0.8 ~ 1.5[m] ★

⑦ 출입문의 크기 : 0.5[m]×1[m]

⑧ 설치된 장소에 표지설치

⑨ 유수검지장치를 통과한 소화수만 스프링클러의 헤드에 공급 ★

꼼꼼체크 자연낙차의 경우는 압력차가 적어서 유수검지장치가 흐름을 감지할 수 없을 수도 있으므로 작동에 지장이 없는 최소높이 이상의 낙차를 요구하는 것이다.

(3) 자연낙차에 따라 압력수가 흐르는 배관

낙차를 두어서 유수검지장치를 설치

(4) 조기반응형 스프링클러헤드를 설치하는 경우

습식 유수검지장치 또는 부압식 스프링클러설비를 설치

4 개방형 스프링클러설비의 방수구역 및 일제개방밸브(2.4)

(1) 방수구역

① 정의 : 개방형 스프링클러를 설치하는 구역으로 일제개방밸브를 설치

② 하나의 방수구역, 2개 층에 미치지 않아야 한다.

③ 하나의 방수구역마다 일제개방밸브를 설치

④ 1구역당 설치 헤드수 : 50개 이하 ★★★★★

⑤ 2개 이상의 방수구역으로 구분 시 최소 헤드수 : 25개 이상

(2) 일제개방밸브

① 정의 : 개방형 스프링클러헤드를 사용하는 일제살수식 스프링클러설비에 설치하는 밸브로서 화재발생 시 자동 또는 수동식 기동장치에 따라 밸브가 열려지는 것

② 일제개방밸브 설치위치 : 0.8 ~ 1.5[m]

③ 출입문 : 0.5[m]×1[m]

④ 설치된 장소에 표지설치

5 배관(2.5)

(1) 스프링클러 배관의 재질, 급수배관, 흡입측 배관

옥내소화전과 동일

(2) 배관 설치장소

동결방지조치를 하거나 동결의 우려가 없는 장소에 설치

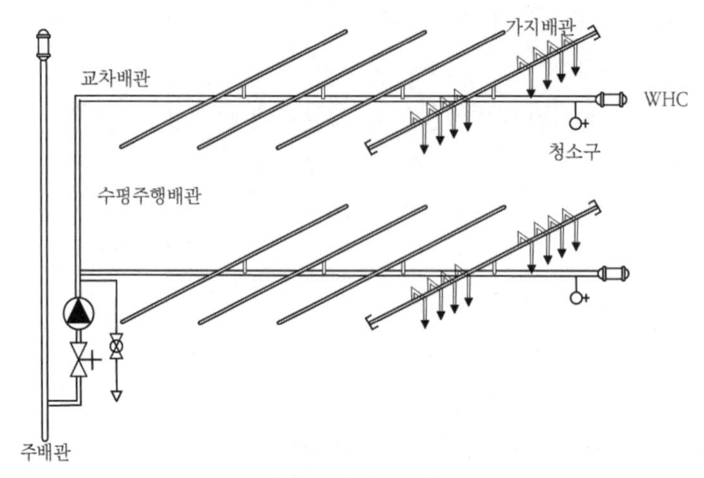

▍배관의 개념도 ▍

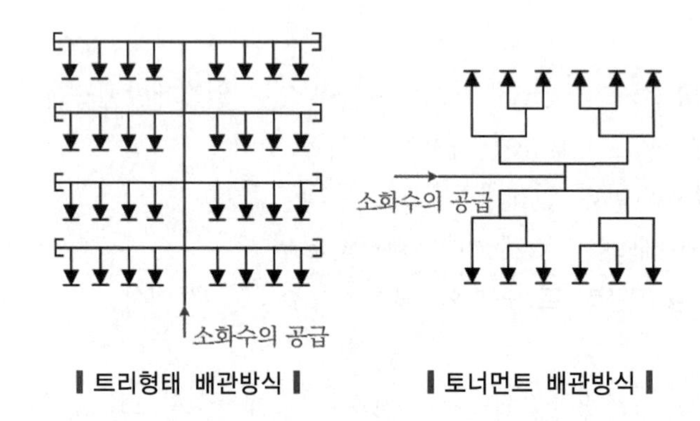

▍트리형태 배관방식 ▍ ▍토너먼트 배관방식 ▍

(3) 가지배관

① **정의** : 스프링클러헤드가 설치되어 있는 배관으로 헤드가 설치된 배관

② 토너먼트(tournament)방식이 아닐 것

③ 8개 이상의 설치가 가능한 예외

㉠ 기존의 방호구역 안에서 칸막이 등으로 구획하여 1개의 헤드를 증설하는 경우

㉡ 습식 스프링클러설비 또는 부압식 스프링클러설비에 격자형 배관방식을 채택하여 성능이 인정되는 경우

④ **가지배관과 스프링클러헤드 사이의 배관을 신축배관으로 하는 경우** : 성능인증 및 제품검사의 기술기준에 적합한 것으로 설치. 이 경우 신축배관의 설치길이는 스프링클러헤드 수평거리를 초과하지 아니할 것

⑤ 신축배관과 회향식 배관

(4) 교차배관

① **정의** : 직접 또는 수직배관을 통하여 가지배관에 급수하는 배관

② **설치** : 가지배관과 수평으로 설치하거나 또는 가지배관 밑에 설치

③ 최소구경 : 40[mm] 이상(예외 패들형 유수검지장치는 교차배관과 동일 구경 가능)

④ 청소구 : 교차배관 끝에 개폐밸브를 설치하고, 호스접결이 가능한 나사식 또는 고정배수 배관식

(5) 수평주행배관

직접 또는 입상관을 통하여 교차배관에 급수하는 배관

(6) 주배관

① 정의 : 가압송수장치 또는 송수구 등과 직접 연결되어 소화수를 이송하는 주된 배관

② 주배관의 수

구분	주배관 수
50층 이상 건축물(초고층)	2개
기타	1개

③ 배관의 구경

구분	기준	구경
주배관(수직배관)	헤드수별 배관경	[표]에 따른 구경 산출
수직배수배관	일반적인 경우	50[mm] 이상
	수직배관의 구경이 50[mm] 미만인 경우	수직배관과 동일 구경
교차배관	–	40[mm] 이상
방수구와 연결되는 배관	–	65[mm] 이상
가지배관	–	25[mm] 이상

(7) 시험장치

① 설치대상 : 습식, 건식, 부압식

② 설치기준

㉠ 설치위치 ★★★

구분	설치위치
습식	유수검지장치 2차측 배관에 연결하여 설치
부압식	
건식	유수검지장치에서 방수압력이 가장 낮은 헤드가 있는 가지배관의 끝으로부터 연결하여 설치 (유수검지장치 2차측 설비의 내용적이 2,840[L]를 초과하는 경우 시험장치 개폐밸브를 완전 개방 후 1분 이내에 물이 방사)

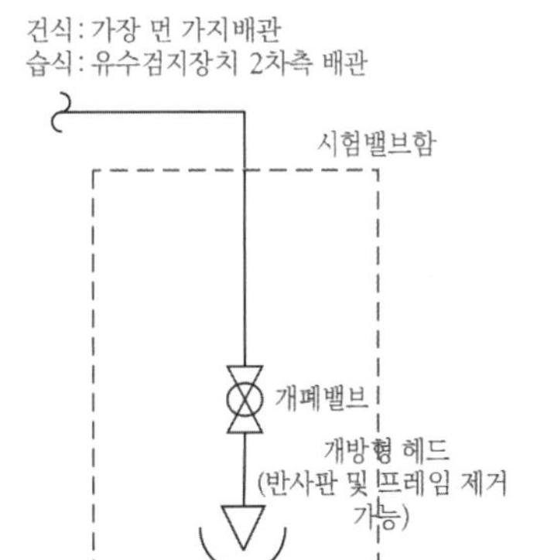

▎시험배관의 구성 ▎

㉡ 시험장치 배관의 구경 : 시험장치 배관의 구경은 25[mm] 이상

㉢ 구조

• 개폐밸브 및 개방형 헤드 또는 스프링클러헤드와 동등한 방수성능을 가진 오리피스를 설치

• 시험배관의 끝에 물받이통 및 배수관을 설치

③ 설치목적 : 유수검지장치의 기동(경보) 확인

(8) 행가 설치기준 ★★

① **가지배관**

㉠ 헤드의 설치지점 사이마다 1개 이상의 행가 설치

㉡ 헤드 간의 거리가 3.5[m]를 초과하는 경우 : 3.5[m] 이내마다 1개 이상 설치

㉢ 상향식 헤드와 행가 사이의 간격 : 8[cm] 이상

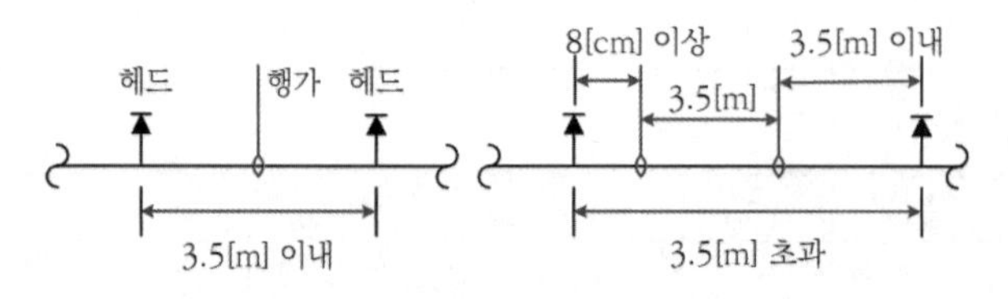

▌가지배관 행가 설치기준▐

② **교차배관**

㉠ 가지배관과 가지배관 사이마다 1개 이상의 행가 설치

㉡ 가지배관 사이의 거리가 4.5[m]를 초과하는 경우 : 4.5[m] 이내마다 1개 이상 설치

③ **수평주행배관** : 4.5[m] 이내마다 1개 이상 설치

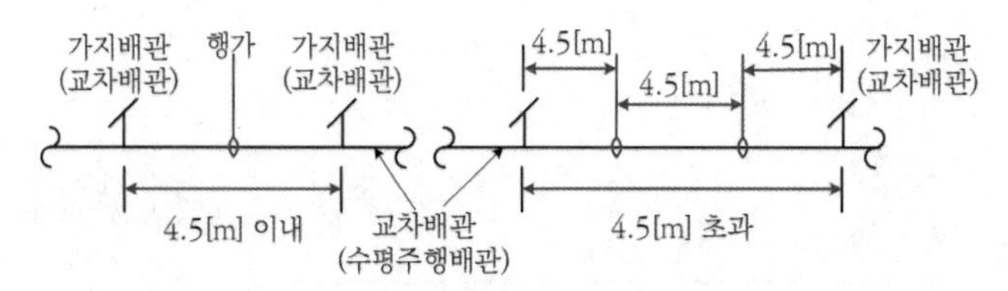

▌교차배관 또는 수평주행배관 행가 설치기준▐

(9) 주차장의 스프링클러설비

① **기준** : 습식 외의 방식

② **예외** : 다음의 경우 습식도 가능

㉠ 동절기에 상시 난방이 되는 곳이거나 그 밖에 동결의 염려가 없는 곳

㉡ 스프링클러설비의 동결을 방지할 수 있는 구조 또는 장치가 된 것

(10) 스프링클러 급수배관의 설치기준

① **원칙** : 전용으로 할 것

② 예외적으로 겸용 가능
 ㉠ 스프링클러설비의 기동장치 조작과 동시에 다른 설비의 용도에 사용하는 배관의 송수를 차단 가능한 경우
 ㉡ 스프링클러설비의 성능에 지장이 없는 경우
③ 급수를 차단할 수 있는 개폐밸브 : 개폐표시형(펌프 흡입측 배관 : 버터플라이밸브 외의 개폐표시형 밸브를 설치)

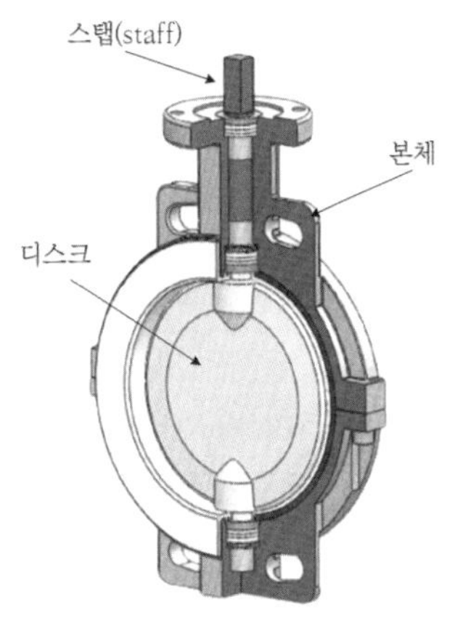

▎버터플라이밸브 ▎

버터플라이밸브 : 유수의 급격한 차단과 기밀성이 떨어지고 와류로 인한 손실이 커서 급수를 차단하는 밸브로 사용을 제한

④ 헤드수별 급수관의 구경 ★★★

구분 \ 배관의 구경	25	32	40	50	65	80	90	100	125	150
가	2	3	5	10	30	60	80	100	160	161 이상
나	2	4	7	15	30	60	65	100	160	161 이상
다	1	2	5	8	15	27	40	55	90	91 이상

꼼꼼체크 **스프링클러설비 급수배관 구경 암기법**
1. "가"란 이삼오십(오십에 10개, 65에 30개, 80에 60개로 30의 배수 90에 80개(주의), 100에 100개, 125에 160개 그 다음에는 161개 이상)
2. "나"란 이사철 이삿짐센터 전화번호는 일오삼공에 육공육오이고, 나머지는 "가"란과 동일
3. "다"란 일이오팔, 나머지는 "가"란의 절반(단, 80은 27, 100은 55에 주의)

 ㉠ 폐쇄형 스프링클러헤드를 사용하는 설비 : 최대면적은 3,000[m^2] 이하
 ㉡ 폐쇄형 헤드를 설치하는 경우 : "가"란의 헤드수

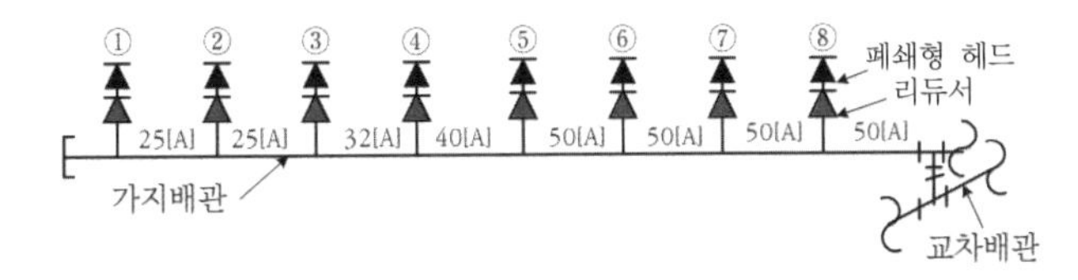

 ㉢ 폐쇄형 헤드를 설치하고 반자 아래의 헤드와 반자 속의 헤드를 동일 급수관의 가지관상에 병설하는 경우 : "나"란의 헤드수

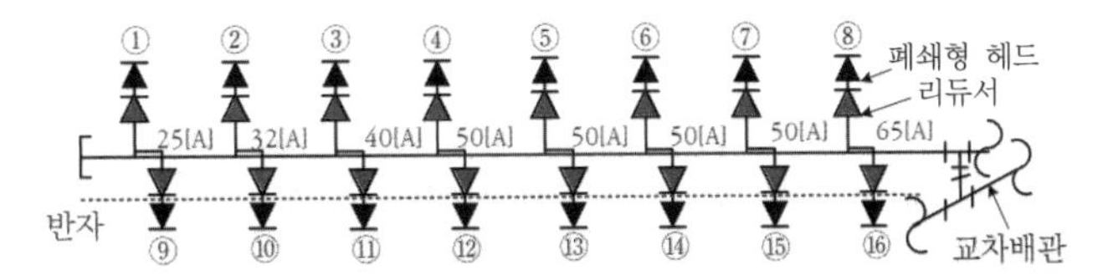

 ㉣ 특수가연물 : "다"란의 헤드수

㉤ 개방형 헤드 : 하나의 방수구역이 담당하는 헤드의 개수가 30개 이하일 때는 "다"란의 헤드수

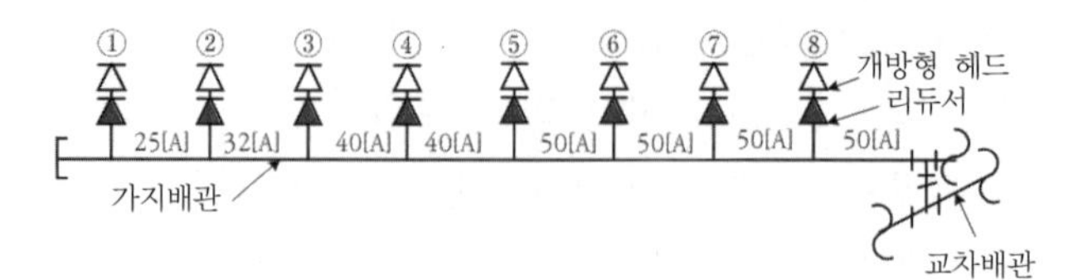

⑤ 수리계산에 의한 급수관의 구경계산 시 유속 ★★

설비	구분	유속
옥내소화전	토출측	4[m/s] 이하
스프링클러	가지배관	6[m/s] 이하
	기타 배관	10[m/s] 이하

암기 Tip 사육신(4,6,10)

(11) **스프링클러설비 배관의 배수를 위한 기울기**

① 습식과 부압식 스프링클러설비

㉠ 기본 : 배관을 수평으로 할 것

㉡ 예외 : 배관의 구조상 소화수가 남아 있는 곳에는 배수밸브를 설치

② 습식과 부압식 스프링클러설비 외의 설비(건식, 준비작동식, 일제개방식, 미분무)

㉠ 수평주행배관 : 기울기를 $\frac{1}{500}$ 이상

㉡ 가지배관 : 기울기를 $\frac{1}{250}$ 이상 ★

㉢ 배관의 구조상 기울기를 줄 수 없는 경우 : 배수밸브

③ 기울기를 주는 이유 : 2차측이 물이 없는 구조로 물이 있으면 동결 우려가 있기 때문에 자연배수를 위해 기울기를 둔다.

(12) **확관형 분기배관을 사용할 경우**

① 배관의 측면에 조그만 구멍을 뚫고 인발 등의 소성가공으로 확관시켜 배관이음자리를 만들어 놓은 배관

② 성능인증 및 제품검사의 기술기준에 적합한 것으로 설치

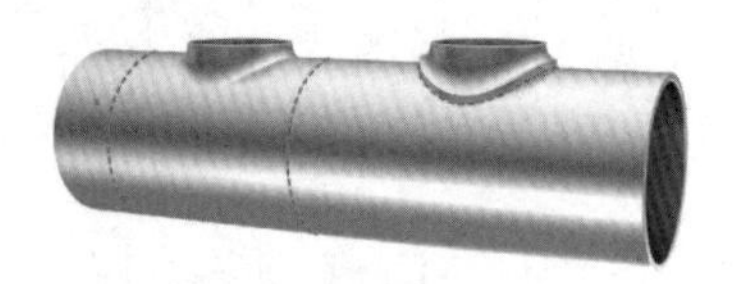

▌확관형 분기배관▐

6 음향장치 및 기동장치(2.6)

(1) **음향장치** ★

① 습식 유수검지장치 또는 건식 유수검지장치 : 헤드가 개방되면 유수검지장치가 화재신호를 발신하고 그에 따라 음향장치가 경보

② 준비작동식 유수검지장치 또는 일제개방밸브 : 화재감지기의 감지에 따라 음향장치가 경보

③ 설치 : 담당구역마다 설치, 구역의 각 부분으로부터 하나의 음향장치까지의 수평거리 25[m] 이하

④ 음향장치 : 경종 또는 사이렌(전자식 사이렌을 포함)

⑤ 음색 : 주위의 소음 및 다른 용도의 경보와 구별이 가능한 음색

⑥ 겸용 가능 : 자동화재탐지설비 · 비상벨설비 또는 자동식 사이렌설비의 음향장치

(2) 기동장치(펌프방식)

① 습식 유수검지장치 또는 건식 유수검지장치

㉠ 유수검지장치 발신(클래퍼 개방)

㉡ 기동용 수압개폐장치의 작동

㉢ 유수검지장치와 기동용 수압개폐장치의 혼용

② 준비작동식 유수검지장치 또는 일제개방밸브

㉠ 화재감지기의 화재감지

㉡ 기동용 수압개폐장치의 작동

㉢ 화재감지기와 기동용 수압개폐장치의 혼용

7 헤드(2.7)

(1) 설치위치

① 특정소방대상물의 천장 · 반자 · 천장과 반자 사이 · 덕트 · 선반, 기타 이와 유사한 부분(폭이 1.2[m]를 초과하는 것에 한한다)

② 폭이 9[m] 이하인 실내에 있어서는 측벽에 설치 가능

(2) 헤드 배치기준 ★★★★★

대상		수평거리(R)	
무대부, 특수가연물을 저장 · 취급하는 장소 암기 Tip 특무일칠		방호대상물의 각 부분으로부터 하나의 스프링클러헤드까지	1.7[m] 이하
그 외의 소방대상물	내화구조		2.3[m] 이하
	기타		2.1[m] 이하

대상		설치간격	
연소 우려가 있는 개구부(개방형) 암기 Tip 연이오	폭 2.5[m] 초과	상하좌우에 2.5[m] 간격으로 설치	
	폭 2.5[m] 이하	중앙에 설치	
측벽형 암기 Tip 삼육사오구이	폭 4.5[m] ~ 9[m] 이하	3.6[m] 이내마다	긴 변의 양쪽에 각각 일렬로 설치 마주보는 헤드가 나란히꼴이 되도록 설치
	폭 4.5[m] 미만		긴 변의 한쪽 벽에 일렬로 설치

(3) 조기반응형 설치대상 ★★★

① 공동주택 · 노유자시설의 거실

② 오피스텔, 숙박시설의 침실

③ 병원, 의원의 입원실

암기 Tip 오공노숙병의

조기반응형 헤드

표준형 스프링클러헤드보다 기류온도 및 기류속도에 조기에 반응하는 헤드

(4) 폐쇄형의 설치장소(개방형 설치장소 외)

① 설치장소의 최고주위온도보다 표시온도가 높은 것을 선택 ★★

최고주위온도	표시온도
39[℃] 미만	79[℃] 미만
39[℃] ~ 64[℃] 미만 ★★★	79[℃] ~ 121[℃] 미만
64[℃] ~ 106[℃] 미만	121[℃] ~ 162[℃] 미만
106[℃] 이상	162[℃] 이상

(단, 높이가 4[m] 이상인 공장 및 창고 : 121[℃] 이상)

② 표시온도에 따라 색표시

유리벌브형		퓨지블링크형	
표시온도[℃]	액체의 색별	표시온도[℃]	프레임의 색별
57	오렌지	77 미만	색표시 안 함
68	빨강	78 ~ 120	흰색
79	노랑	121 ~ 162	파랑
93	초록	163 ~ 203	빨강
141	파랑	204 ~ 259	초록
182	연한자주	260 ~ 319	오렌지
227 이상	검정	320 이상	검정

암기 Tip 빨노초(789)

(5) 헤드 설치기준

① 하향식 헤드의 설치

㉠ 가지배관으로부터 헤드에 이르는 헤드접속배관 : 가지관 상부에서 분기

㉡ 예외 : 소화설비용 수원의 수질이 먹는 물의 수질기준에 적합하고 덮개가 있는 저수조로부터 물을 공급받는 경우에는 가지배관의 측면 또는 하부에서 분기

② 스프링클러 살수공간 확보 : 설치반경 60[cm] 이상 ★★★★★

③ 벽과 스프링클러 간의 이격공간 : 10[cm] 이상 이격 ★★

꼼꼼체크 설치반경을 60[cm] 이상 확보하는 이유는 살수패턴의 장애를 방지하기 위함이고 벽으로부터 10[cm] 이상 이격하는 것은 화재로 인한 열기류가 공기를 몰고 벽으로 가는 과정에서 공기층이 형성되므로 이곳에 헤드가 설치되면 감지가 곤란하기 때문이다.

④ 헤드와 부착면의 거리 : 30[cm] 이하

부착면과 30[cm] 이하의 위치에 설치하는 이유

감열부가 동작을 하려면 천장 열기류에 접해야 하므로 천장면에 가까운 위치에 설치해야 열기류의 열전달이 용이하기 때문이다.

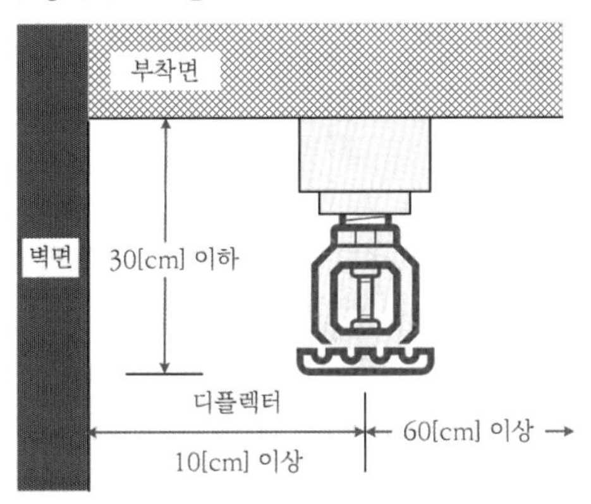

▍헤드 설치기준 ▍

⑤ 배관 · 행가 및 조명기구 등 살수를 방해하는 것이 있는 경우 : 아래에 설치(예외 스프링클러헤드와 장애물과의 이격거리를 장애물 폭의 3배 이상 확보한 경우)

⑥ 반사판, 부착면과 수평으로 설치한다(예외 측벽형, 연소할 우려가 있는 개구부).

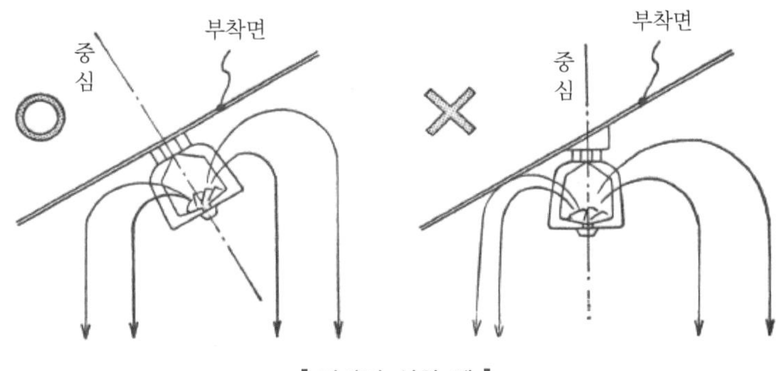

▍경사지 설치 예 ▍

⑦ 천장의 기울기가 $\frac{1}{10}$을 초과하는 경우(경사천장, 톱날지붕, 둥근지붕 등)의 스프링클러헤드 설치기준

㉠ 가지관을 천장의 마루와 평행하게 설치

㉡ 천장 최상부에 설치하는 스프링클러헤드 : 반사판을 수평으로 설치

㉢ 천장의 최상부를 중심으로 가지관을 서로 마주보게 설치하는 경우

- 최상부의 가지관 상호간의 거리가 가지관상의 스프링클러헤드 상호간의 거리의 $\frac{1}{2}$ 이하(최소 1[m] 이상)가 되게 설치
- 가지관의 최상부에 설치하는 스프링클러헤드 : 천장 최상부로부터의 수직거리가 90[cm] 이하 ★★

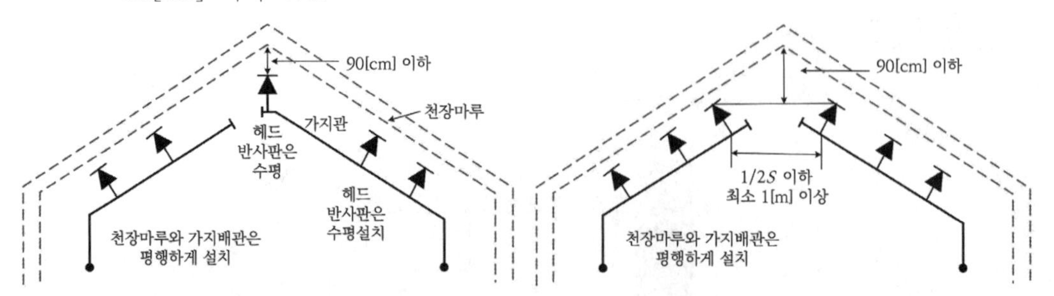

▌천장 최상부에 헤드를 설치하는 경우▐ ▌천장 최상부를 중심으로 가지관을 마주보는 경우▐

⑧ 연소할 우려가 있는 개구부 ★

㉠ 정의 : 각 방화구획을 관통하는 컨베이어 · 에스컬레이터 또는 이와 유사한 시설의 주위로서 방화구획을 할 수 없는 부분

㉡ 스프링클러헤드 : 상하좌우에 2.5[m] 간격으로(개구부의 폭이 2.5[m] 이하인 경우는 중앙) 설치

㉢ 스프링클러헤드와 개구부의 내측 면으로부터 직선거리 : 15[cm] 이하

㉣ 사람이 상시 출입하는 개구부로서 통행에 지장이 있는 경우 : 개구부의 상부 또는 측면(개구부의 폭이 9[m] 이하인 경우에 한한다)에 설치하되, 헤드 상호간의 간격은 1.2[m] 이하

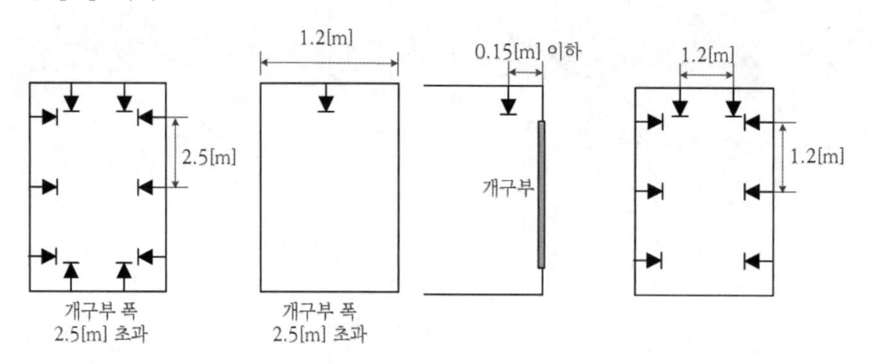

▌통행에 지장이 없는 개구부▐ ▌통행에 지장이 있는 개구부▐

⑨ 습식 이외 헤드 : 상향식 스프링클러헤드 설치

⑩ 습식 외 하향식 헤드 설치가능 대상

㉠ 드라이펜던트 스프링클러헤드

㉡ 동파의 우려가 없는 곳

㉢ 개방형 스프링클러헤드

⑪ 측벽형 스프링클러헤드를 설치하는 경우

㉠ 폭이 4.5[m] 이하인 실 : 긴 변의 한쪽 벽에 일렬로 3.6[m] 이내마다 설치

㉡ 폭이 4.5[m] 이상 9[m] 이하인 실 : 긴 변의 양쪽에 각각 일렬로 설치하되 마주보는 스프링클러헤드가 나란히꼴이 되도록 설치

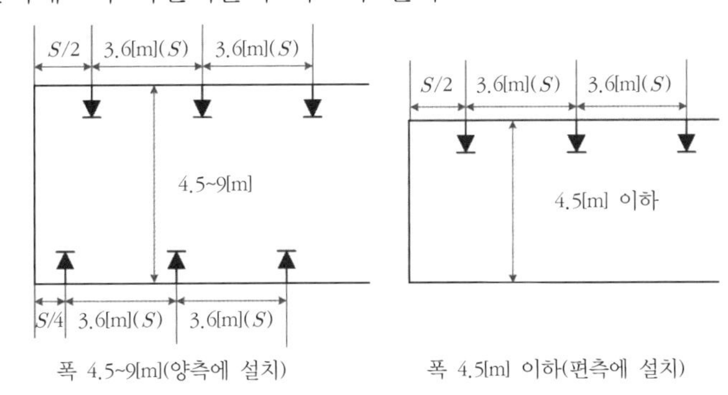

▌측벽형 스프링클러헤드▐

⑫ 상부에 설치된 헤드의 방출수에 따라 감열부에 영향을 받을 우려가 있는 헤드 : 차폐판 설치

(6) 보에 근접한 스프링클러헤드 설치기준

스프링클러헤드의 반사판 중심과 보의 수평거리	스프링클러헤드의 반사판 높이와 보의 하단 높이의 수직거리
0.75[m] 미만	보의 하단보다 낮을 것
0.75[m] 이상 1[m] 미만	0.1[m] 미만일 것
1[m] 이상 1.5[m] 미만	0.15[m] 미만일 것
1.5[m] 이상	0.3[m] 미만일 것

다만, 천장면에서 보의 하단까지의 길이가 55[cm]를 초과하고 보의 하단 측면 끝부분으로부터 스프링클러헤드까지의 거리가 스프링클러헤드 상호간 거리의 $\frac{1}{2}$ 이하가 되는 경우에는 스프링클러헤드와 그 부착면과의 거리를 55[cm] 이하로 할 수 있다.

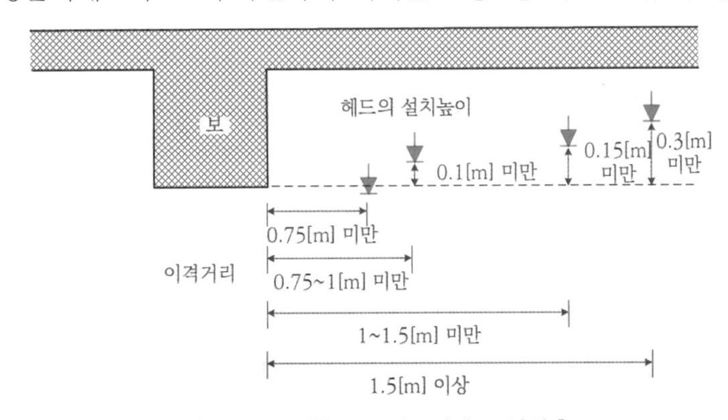

▌보에 근접한 스프링클러헤드 설치▐

(7) 헤드의 성능기준

① 헤드의 방수량 : 80[L/min · 개]

② 헤드의 방수압 : 0.1 ~ 1.2[MPa] 이하

(8) 개방형 스프링클러헤드 설치장소

① 무대부

② 연소할 우려가 있는 개구부

8 송수구(2.8)

(1) 설치장소

① 소방차가 쉽게 접근할 수 있는 잘 보이는 장소

② 화재층으로부터 지면으로 떨어지는 유리창 등이 송수 및 그 밖의 소화작업에 지장을 주지 아니하는 장소

(2) 송수구로부터 스프링클러설비의 주배관에 이르는 연결배관에 개폐밸브 설치위치

개폐상태를 쉽게 확인 및 조작할 수 있는 옥외 또는 기계실 등의 장소

(3) 송수구에 설치하는 규격

구경 65[mm]의 쌍구형

(4) 표지설치

송수구 가까운 곳의 보기 쉬운 곳에 송수압력범위를 표시한 표지

(5) 송수구 설치수량

바닥면적이 3,000[m^2]를 넘을 때마다 1개 이상(5개를 넘을 경우에는 5개)을 설치

(6) 설치높이

지면으로부터 높이가 0.5[m] 이상 1[m] 이하의 위치

(7) 송수구 주변의 설치 관부속

① 관부속 : 자동배수밸브(또는 직경 5[mm]의 배수공), 체크밸브

② 설치위치 : 송수구 가까운 곳(자동배수밸브는 배관 안의 물이 잘 빠질 수 있는 위치에 설치하되, 배수로 인하여 다른 물건 또는 장소에 피해를 주지 아니하여야 한다.)

(8) 송수구에 마개 설치

이물질을 막기 위한 마개 설치

9 헤드 설치제외(2.12)

(1) 헤드의 설치제외 장소

<table>
<tr><th>구분</th><th>대상</th></tr>
<tr><td rowspan="7">헤드의 설치가 전혀 필요하지 않은 장소
: 불연재료로 된 소방대상물로 탈 것이 없는 장소 ★★</td><td>정수장 · 오물처리장, 그 밖의 이와 비슷한 장소</td></tr>
<tr><td>펄프공장의 작업장 · 음료수공장의 세정 또는 충전하는 작업장, 그 밖의 이와 비슷한 장소</td></tr>
<tr><td>불연성의 금속 · 석재 등의 가공공장으로서 가연성 물질을 저장 또는 취급하지 아니하는 장소</td></tr>
<tr><td>가연성 물질이 존재하지 않는 「건축물의 에너지 절약 설계기준」에 따른 방풍실</td></tr>
<tr><td>펌프실, 그 밖의 이와 비슷한 장소</td></tr>
<tr><td>영하의 냉장창고의 냉장실 또는 냉동창고의 냉동실</td></tr>
<tr><td><table>
<tr><td rowspan="4">천장과 반자</td><td rowspan="2">모두가 불연재</td><td rowspan="4">천장과 반자의 거리</td><td>2[m] 이상</td><td rowspan="2">반자 내부</td><td>가연물 없음</td></tr>
<tr><td>2[m] 미만</td><td>가연물 존재</td></tr>
<tr><td>한쪽이 불연재료</td><td colspan="3">1[m] 미만</td></tr>
<tr><td>모두가 불연재가 아닌 재료</td><td colspan="3">0.5[m] 미만</td></tr>
</table></td></tr>
<tr><td rowspan="2">스프링클러헤드를 설치하여도 효율성이 적은 장소</td><td>파이프덕트 및 덕트피트(파이프 · 덕트를 통과시키기 위한 구획된 구멍에 한한다) · 목욕실 · 수영장(관람석 부분 제외) · 화장실 · 직접 외기에 개방되어 있는 복도, 기타 이와 유사한 장소</td></tr>
<tr><td>현관 또는 로비 등으로서 바닥으로부터 높이가 20[m] 이상인 장소</td></tr>
<tr><td rowspan="6">스프링클러헤드를 설치하였을 때 문제를 야기할 수 있는 장소
★★★★★
암기 Tip 노발수 통대계</td><td>병원의 수술실 · 응급처치실, 기타 이와 유사한 장소</td></tr>
<tr><td>고온의 노가 설치된 장소 또는 물과 격렬하게 반응하는 물품의 저장 또는 취급장소</td></tr>
<tr><td>통신기기실 · 전자기기실, 기타 이와 유사한 장소</td></tr>
<tr><td>발전실 · 변전실 · 변압기, 기타 이와 유사한 전기설비가 설치되어 있는 장소</td></tr>
<tr><td>계단실(특별피난계단의 부속실을 포함) · 경사로 · 승강기의 승강로 · 비상용 승강기의 승강장</td></tr>
<tr><td>공동주택 중 아파트의 대피공간</td></tr>
</table>

(2) 드렌처설비

① **정의** : 건물의 창, 외벽, 지붕 등의 연소할 우려가 있는 개구부에 드렌처헤드를 설치하여 수막형태로 살수하여 연소확대를 방지하기 위한 설비

② **구성원리** : 스프링클러설비와 같으며, 헤드만 드렌처헤드를 설치

③ 설치기준 ★★★★

㉠ 설치위치 : 개구부 위 측에 2.5[m] 이내마다 1개를 설치

㉡ 제어밸브의 설치위치 : 0.8[m] 이상 1.5[m] 이하 ★★

꼼꼼체크 **제어밸브** : 일제개방밸브·개폐표시형 밸브 및 수동조작부를 합한 것

㉢ 방수압력 : 0.1[MPa] 이상

㉣ 방수량 : 80[L/min] 이상

㉤ 가압송수장치의 설치장소 : 점검이 쉽고 화재 등의 재해로 인한 피해 우려가 없는 장소

④ 수원

$$Q = 1.6N \ ★★★$$

여기서, Q : 수원[m^3]

N : 드렌처헤드 수(하나의 제어밸브 내에 최대헤드 수)

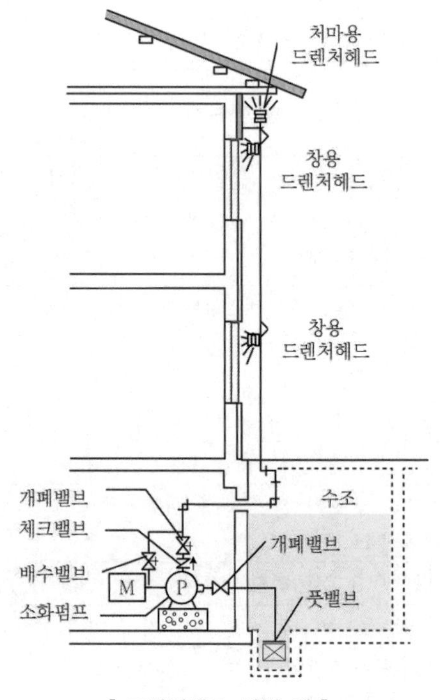

▌드렌처헤드 설치 예▐

기출·예상문제

01

이해도 ○ △ × / 중요도 ★

준비작동식 스프링클러설비에 필요한 기기로만 열거된 것은?

① 준비작동밸브, 비상전원, 가압송수장치, 수원, 개폐밸브
② 준비작동밸브, 수원, 개방형 스프링클러, 원격조정장치
③ 준비작동밸브, 컴프레서, 비상전원, 수원, 드라이밸브
④ 드라이밸브, 수원, 리타딩챔버, 가압송수장치, 로우에어알람스위치

해설 ②의 개방형 스프링클러는 일제살수식에 사용하는 헤드이다.
③, ④ 드라이밸브는 건식설비의 유수검지장치이다.

02

이해도 ○ △ × / 중요도 ★

건식 스프링클러설비에 대한 설명 중 옳지 않은 것은?

① 폐쇄형 스프링클러헤드를 사용한다.
② 건식밸브가 작동하면 경보가 발생한다.
③ 건식밸브의 1차측과 2차측은 헤드의 말단까지 일반적으로 공기가 압축·충진되어 있다.
④ 헤드가 화재에 의하여 작동하면 2차측 배관 내 공기압이 감소하여 건식밸브가 열린다.

해설 건식밸브는 1차측에는 가압수가, 2차측에서 헤드의 말단까지 압축공기로 충진되어 있다.

03

이해도 ○ △ × / 중요도 ★★

배관 내에 헤드까지 물이 항상 차 있어 가압된 상태에 있는 스프링클러설비는?

① 폐쇄형 습식
② 폐쇄형 건식
③ 개방형 습식
④ 개방형 건식

해설 스프링클러방식 비교

<table>
<tr><th>구분</th><th colspan="3">유수검지장치 등</th><th>헤드</th><th>1차측</th><th>2차측</th></tr>
<tr><td>습식</td><td rowspan="4">유수검지장치</td><td rowspan="4">종류</td><td>알람밸브</td><td rowspan="4">폐쇄형</td><td rowspan="5">가압수</td><td>가압수</td></tr>
<tr><td>건식</td><td>건식밸브</td><td>압축공기</td></tr>
<tr><td>준비작동식</td><td rowspan="2">준비작동식밸브</td><td>공기</td></tr>
<tr><td>부압식</td><td>부압수</td></tr>
<tr><td>일제살수식</td><td colspan="3">일제개방밸브
(델류지밸브)</td><td>개방형</td><td>공기</td></tr>
</table>

정답 01. ① 02. ③ 03. ①

04

이해도 ○ | △ | × / 중요도 ★

습식 스프링클러설비의 특징에 대한 설명 중 틀린 것은?

① 초기화재에 효과적이다.
② 소화약제가 물이므로 값이 싸서 경제적이다.
③ 헤드 감지부의 구조가 기계적이므로 오동작의 염려가 있다.
④ 소모품을 제외한 시설의 수명이 반영구적이다.

해설 습식 스프링클러설비의 장점
(1) 설비가 간단하고 신뢰도가 가장 크다(기계식 장치로 고장 우려가 적다).
(2) 즉시 가압수 방수가 가능하므로 신속히 진화가 가능하여 초기소화에 적합하다.
(3) 소화약제가 물이므로 값이 싸서 경제적이다.
(4) 별도의 감지장치인 감지기가 필요 없다.
(5) 소모품을 제외한 시설의 수명이 반영구적이다.

> ③ 헤드 감지부의 구조가 기계적이므로 오동작의 염려가 적다. 일반적으로 기계식이 전기식에 비해서 오동작 염려가 적어서 신뢰가 높다고 본다.

05

이해도 ○ | △ | × / 중요도 ★★★★★

스프링클러설비의 누수로 인한 유수검지장치의 오작동을 방지하기 위한 목적으로 설치되는 것은?

① 솔레노이드
② 리타딩챔버
③ 물올림장치
④ 성능시험배관

해설 리타딩챔버
비화재 시 자동경보밸브 압력스위치의 오동작 방지를 위해서 설치한다.

06

이해도 ○ | △ | × / 중요도 ★★★

다음 중 스프링클러설비의 소화수 공급계통의 자동경보장치와 직접 관계가 있는 장치는 어느 것인가?

① 수압개폐장치
② 유수검지장치
③ 물올림장치
④ 일제개방밸브장치

해설 유수검지장치
습식 유수검지장치(패들형을 포함한다), 건식 유수검지장치, 준비작동식 유수검지장치를 말하며, 본체 내의 유수현상을 자동적으로 검지하여 신호 또는 경보를 발하는 장치이다.

07

이해도 ○ | △ | × / 중요도 ★★

건식 스프링클러설비의 공기를 빼내어 속도를 증가시키고 클래퍼를 빨리 열리게 하기 위하여 드라이밸브에 설치하는 것은?

① 트리밍 셋 ② 리타딩챔버
③ 탬퍼스위치 ④ 액셀레이터

해설 가속기(액셀레이터, acceleration)
입구는 2차측 토출배관에, 출구는 중간챔버에 연결한다. 2차측 압축공기 일부를 중간챔버로 보내, 가압을 통하여 클래퍼를 신속하게 개방하여 가압수를 헤드까지 신속하게 송수할 수 있도록 하는 장치이다.
① 트리밍 셋(trimming set) : 건식밸브의 작동 및 시험을 위하여 설치되는 클래퍼의 밀폐기구, 과압배출을 위한 기구, 압력표시를 위한 기구, 수면을 유지하기 위한 기구 등을 말하며 건식밸브의 시험조작 및 리세팅에 사용된다.
② 리타딩챔버 : 알람밸브의 오동작 방지장치이다.
③ 탬퍼스위치 : 급수를 차단하는 밸브의 개방상태를 감시하는 장치이다.

정답 04. ③ 05. ② 06. ② 07. ④

08

이해도 ○ △ × / 중요도 ★★★

스프링클러헤드에서 이용성 금속으로 융착되거나 이용성 물질에 의하여 조립된 것은?

① 프레임
② 디플렉터
③ 유리벌브
④ 퓨지블링크

해설 퓨지블링크
감열체 중 이용성 금속으로 융착되거나 이용성 물질에 의하여 조립된 것으로 일정온도 이상이 되면 퓨지가 분리된다.

09

이해도 ○ △ × / 중요도 ★

스프링클러헤드에 있어서의 용어를 설명한 것이다. 내용이 적합하지 않은 것은?

① "방수압력"이라 함은 정류통에 의하여 측정한 방수 시의 정압을 말한다.
② "퓨지블링크"라 함은 감열체 중 이융성 금속으로 융착되거나 이융성 물질에 의해 조립된 것을 말한다.
③ "유리벌브"라 함은 유리구 안에 액체나 기체 등을 넣어 밀봉한 것을 말한다.
④ "스프링클러헤드"라 함은 화재 시의 가압된 물이 내뿜어져 분산됨으로써 소화기능을 하는 헤드를 말한다.

해설 유리벌브
감열체 중 유리구 안에 액체 등을 넣어 봉한 것이다. 따라서 기체 등이라는 표현이 적합하지 않다. 기체는 온도에 따른 부피 팽창이 커서 오동작 우려가 크기 때문에 사용이 곤란하다.

10

이해도 ○ △ × / 중요도 ★★

스프링클러헤드의 방수구에서 유출되는 물을 세분시키는 작용을 하는 것은?

① 클래퍼 ② 워터모터공
③ 리타딩챔버 ④ 디플렉터

해설
① 클래퍼 : 유수검지장치의 1차측과 2차측을 분리하는 장치이다.
② 워터모터공 : 스프링클러설비에서 물의 흐름을 이용하여 워터모터공을 울려주는 경보장치이다.
③ 리타딩챔버 : 습식설비 알람밸브의 오동작을 방지하기 위한 장치이다.
④ 디플렉터 : 물을 세분화하고 골고루 살포하기 위한 장치이다.

11

이해도 ○ △ × / 중요도 ★★

스프링클러헤드의 감도를 반응시간지수(RTI) 값에 따라 구분할 때 RTI 값이 51 초과 80 이하일 때의 헤드 감도는?

① fast response
② special response
③ standard response
④ quick response

해설

구분	RTI	설명
표준반응형 (standard response)	81 ~ 350 이하	기준이 되는 반응속도를 가진 헤드
특수반응형 (special response)	51 ~ 80 이하	특수용도의 방호를 위한 목적을 가진 헤드
조기반응형 (fast response)	50 이하	표준반응형 스프링클러헤드보다 기류온도 및 기류속도에 감열부가 조기에 반응하여 동작하는 헤드

정답 08. ④ 09. ③ 10. ④ 11. ②

12

이해도 ○ △ × / 중요도 ★★

지하층을 제외한 층수가 11층 이상인 특정소방대상물로서 폐쇄형 스프링클러헤드의 설치개수가 40개일 때의 수원은 몇 [m^3] 이상이어야 하는가?

① 16　　② 32
③ 48　　④ 64

해설 폐쇄형 스프링클러헤드 수원

$$Q = \text{층방출계수} \times N$$

여기서, Q : 수원[m^3]
층방출계수 : 1.6[m^3](30층 미만)
N : 헤드 설치개수 또는 기준개수
11층 이상 건축물의 기준개수는 30개이고, 설치개수가 30개 이상일 때는 30개로 수원을 계산한다.
∴ $Q = 1.6 \times 30 = 48[m^3]$

<table>
<tr><th colspan="3">스프링클러설비 설치장소</th><th>기준개수</th></tr>
<tr><td rowspan="6">지하층을 제외한 층수가 10층 이하</td><td rowspan="2">공장</td><td>특수가연물을 저장 · 취급</td><td>30</td></tr>
<tr><td>그 밖의 것</td><td>20</td></tr>
<tr><td rowspan="2">근생 · 판매 운수 시설 복합 건축물</td><td>판매시설, 복합건축물 (판매시설이 설치)</td><td>30</td></tr>
<tr><td>그 밖의 것 (터미널, 역사)</td><td>20</td></tr>
<tr><td rowspan="2">그 밖의 것</td><td>헤드의 부착높이가 8[m] 이상</td><td>20</td></tr>
<tr><td>헤드의 부착높이가 8[m] 미만</td><td>10</td></tr>
<tr><td colspan="3">11층 이상 소방대상물(APT 제외), 지하가, 지하역사</td><td>30</td></tr>
</table>

13

이해도 ○ △ × / 중요도 ★

스프링클러설비의 헤드 설치높이가 10[m] 이상인 지하철 대합실의 경우 전용 수원의 최소기준량[m^3]은?

① 25　　② 32
③ 16　　④ 48

해설 폐쇄형 스프링클러헤드 수원

$$Q = \text{층방출계수} \times N$$

여기서, Q : 수원[m^3]
층방출계수 : 1.6[m^3](30층 미만)
N : 헤드 설치개수 또는 기준개수
지하가 또는 지하역사의 기준개수는 30개이다.
∴ $Q = 1.6 \times 30 = 48[m^3]$

14

이해도 ○ △ × / 중요도 ★

지하층을 제외한 층수가 10층인 병원 건물에 습식 스프링클러설비가 설치되어 있다면 스프링클러설비에 필요한 수원의 양은 얼마 이상이어야 하는가? (단, 헤드는 각 층별로 200개씩 설치되어 있고, 헤드의 부착높이는 3[m] 이하이다.)

① 16[m^3]　　② 24[m^3]
③ 32[m^3]　　④ 48[m^3]

해설 폐쇄형 스프링클러헤드 수원

$$Q = \text{층방출계수} \times N$$

여기서, Q : 수원[m^3]
층방출계수 : 1.6[m^3](30층 미만)
N : 헤드 설치개수 또는 기준개수
10층 이하의 부착높이가 8[m] 이하의 기준개수는 10개이다.
∴ $Q = 1.6 \times 10 = 16[m^3]$

✔ 정답　12. ③　13. ④　14. ①

15

이해도 ○ △ × / 중요도 ★

스프링클러설비에 있어서 지하층을 제외한 건축물의 층수가 11층 이상의 업무용 건물에 설치하는 펌프의 양수량은 얼마 이상이어야 하는가?

① 1,000[L/min]
② 1,200[L/min]
③ 2,400[L/min]
④ 3,000[L/min]

해설 폐쇄형 스프링클러 분당 토출량

$$Q = 80 \times N$$

여기서, Q : 분당 송수량[L/min]
N : 헤드 설치개수 또는 기준개수
문제에서 11층 이상(아파트 제외)의 경우 기준개수는 30개이다.
∴ $80 \times 30 = 2,400$[L/min]

16

이해도 ○ △ × / 중요도 ★

층고가 12[m]인 6층 무대부에 3개 회로로 분기하여 개방형 스프링클러헤드를 각 회로당 20개씩 설치하였을 경우에 소요되는 펌프의 분당 토출량 및 수원의 양은 얼마 이상이어야 하는가?

① 1,600[L], 32.0[m^3]
② 3,200[L], 32.0[m^3]
③ 3,200[L], 48.0[m^3]
④ 1,600[L], 48.0[m^3]

해설 (1) 폐쇄형 스프링클러 분당 토출량

$$Q = 80 \times N$$

문제에서 설치개수는 20개
∴ $80 \times 20 = 1,600$[L/min]

(2) 폐쇄형 스프링클러헤드 수원

$$Q = 1.6 \times N$$

여기서, Q : 수원[m^3](80[L/min]×20[min])
N : 기준개수 or 설치개수
∴ $Q = 1.6 \times 20 = 32$[m^3]

17

이해도 ○ △ × / 중요도 ★★

스프링클러설비의 화재안전기술기준상 폐쇄형 스프링클러헤드의 방호구역 · 유수검지장치에 대한 기준으로 틀린 것은?

① 하나의 방호구역에는 1개 이상의 유수검지장치를 설치하되, 화재발생 시 접근이 쉽고 점검하기 편리한 장소에 설치할 것
② 하나의 방호구역에는 2개층에 미치지 아니하도록 할 것. 다만, 1개층에 설치되는 스프링클러헤드의 수가 10개 이하인 경우와 복층형 구조의 공동주택에는 3개층 이내로 할 수 있다.
③ 송수구를 통하여 스프링클러헤드에 공급되는 물은 유수검지장치 등을 지나도록 할 것
④ 조기반응형 스프링클러헤드를 설치하는 경우에는 습식 유수검지장치 또는 부압식 스프링클러설비를 설치할 것

해설 폐쇄형 SP의 방호구역 · 유수검지장치
스프링클러헤드에 공급되는 물은 유수검지장치를 지나도록 할 것(예외 송수구를 통하여 공급되는 물)

정답 15. ③ 16. ① 17. ③

18

이해도 ○ △ × / 중요도 ★★★★★

폐쇄형 스프링클러설비의 방호구역 및 유수검지장치에 관한 설명으로 틀린 것은?

① 하나의 방호구역에는 1개 이상의 유수검지장치를 설치한다.
② 유수검지장치란 본체 내의 유수현상을 자동적으로 검지하여 신호 또는 경보를 발하는 장치를 말한다.
③ 하나의 방호구역의 바닥면적은 3,500[m²]를 초과하여서는 안 된다.
④ 스프링클러헤드에 공급되는 물은 유수검지장치를 지나도록 한다.

해설 하나의 폐쇄형 헤드 방호구역의 면적
3,000[m²]를 초과하지 못함

암기 Tip 폐호삼

19

이해도 ○ △ × / 중요도 ★★★★★

개방형 스프링클러설비의 일제개방밸브가 하나의 방수구역을 담당하는 헤드의 최대개수는? (단, 2개 이상의 방수구역으로 나눌 경우는 제외한다.)

① 60　② 50
③ 40　④ 30

해설 방수구역
(1) 하나의 방수구역, 2개층에 미치지 않아야 한다.
(2) 하나의 방수구역마다 일제개방밸브를 설치하여야 한다.
(3) 1구역당 설치헤드수 : 50개 이하
(4) 2개 이상의 방수구역으로 구분 시 최소헤드수 : 25개 이상

20

이해도 ○ △ × / 중요도 ★★★★★

스프링클러설비의 교차배관에서 분기되는 지점을 기점으로 한쪽 가지배관에 설치되는 헤드의 개수는 최대 몇 개 이하인가? (단, 방호구역 안에서 칸막이 등으로 구획하여 헤드를 증설하는 경우와 격자형 배관방식을 채택하는 경우는 제외한다.)

① 8　② 10
③ 12　④ 15

해설 한쪽 가지배관에 설치되는 스프링클러헤드의 개수
8개 이하

21

이해도 ○ △ × / 중요도 ★★★

스프링클러설비의 배관에 대한 내용 중 잘못된 것은?

① 수직배수배관의 구경은 65[mm] 이상으로 하여야 한다.
② 급수배관 중 가지배관의 배열은 토너먼트방식이 아니어야 한다.
③ 교차배관의 청소구는 교차배관 끝에 개폐밸브를 설치한다.
④ 습식 스프링클러설비 외의 설비에는 헤드를 향하여 상향으로 가지배관의 기울기를 $\frac{1}{250}$ 이상으로 한다.

해설 배관의 구경

구분	기준	구경
주배관 (수직배관)	헤드수별 배관경	[표]에 따른 구경 산출
	연결송수관과 겸용	100[mm] 이상
수직배수배관	일반적인 경우	50[mm] 이상
	수직배관의 구경이 50[mm] 미만인 경우	수직배관과 동일 구경

정답 18. ③　19. ②　20. ①　21. ①

구분	기준	구경
교차배관	–	40[mm] 이상
방수구와 연결되는 배관	–	65[mm] 이상

22

이해도 ○ △ × / 중요도 ★★★★★

스프링클러설비 배관의 설치기준으로 틀린 것은?

① 급수배관의 구경은 25[mm] 이상으로 한다.
② 수직배수관의 구경은 50[mm] 이상으로 한다.
③ 지하매설배관은 소방용 합성수지배관으로 설치할 수 있다.
④ 교차배관의 최소구경은 65[mm] 이상으로 한다.

해설 교차배관의 최소구경은 40[mm] 이상으로 한다.

23

이해도 ○ △ × / 중요도 ★★

습식 스프링클러설비에서 시험배관을 설치하는 이유로서 옳은 것은?

① 정기적인 배관의 통수소제를 위해
② 배관 내 수압의 정상상태 여부를 수시 확인하기 위해
③ 실제로 헤드를 개방하지 않고도 방수압력을 측정하기 위해
④ 유수검지장치의 기능을 점검하기 위해

해설 시험배관의 설치목적
유수검지장치의 기능(경보)을 확인하기 위해 설치한다.

24

이해도 ○ △ × / 중요도 ★★★

습식 유수검지장치를 사용하는 스프링클러설비에 동장치를 시험할 수 있는 시험장치의 설치위치 기준으로 옳은 것은?

① 유수검지장치에서 가장 먼 가지배관의 끝으로부터 연결하여 설치할 것
② 교차관의 중간 부분에 연결하여 설치할 것
③ 유수검지장치 2차측 배관에 연결하여 설치할 것
④ 유수검지장치에서 가장 먼 교차배관의 끝으로부터 연결하여 설치할 것

해설 시험배관 설치위치
(1) 습식 및 부압식 : 유수검지장치 2차측 배관에 연결하여 설치
(2) 건식 : 유수검지장치에서 가장 먼 가지배관의 끝으로부터 연결하여 설치

25

이해도 ○ △ × / 중요도 ★★

다음 중 스프링클러설비의 배관에 설치되는 행가에 대한 설명으로 잘못된 것은?

① 가지배관에는 헤드의 설치지점 사이마다 1개 이상의 행가를 설치
② 가지배관에서 상향식 헤드의 경우 헤드와 행가 사이에 8[cm] 이상 간격을 둘 것
③ 가지배관에서 헤드 간의 간격이 3.5[m]를 초과하는 경우에는 3.5[m] 이내마다 행가를 1개 이상 설치
④ 교차배관에는 가지배관 사이의 거리가 4.5[m]를 초과하는 경우 3.5[m] 이내마다 행가를 1개 이상 설치

해설 교차배관의 행가 설치 시 가지배관 사이의 거리가 4.5[m]를 초과하는 경우
4.5[m] 이내마다 1개 이상 설치

정답 22. ④ 23. ④ 24. ③ 25. ④

26

이해도 ○ △ × / 중요도 ★★

다음 빈 칸에 들어갈 값을 순서대로 맞게 나타낸 것은?

> 스프링클러설비의 급수배관 설계를 수리계산으로 할 경우 가지배관의 유속은 ( )[m/s], 그 밖의 배관의 유속은 ( )[m/s]를 초과할 수 없다.

① 3, 6　② 3, 10
③ 6, 10　④ 10, 12

해설 수리계산에 의한 급수관의 구경계산 시 유속
(1) 가지배관 : 6[m/s] 이하
(2) 기타 배관 : 10[m/s] 이하

27

이해도 ○ △ × / 중요도 ★★

스프링클러설비의 배관 내 압력이 얼마 이상일 때 압력배관용 탄소강관을 사용해야 하는가?

① 0.1[MPa]　② 0.5[MPa]
③ 0.8[MPa]　④ 1.2[MPa]

해설 스프링클러설비 배관의 재질은 옥내소화전설비와 같다.

압력 : 1.2[MPa] 미만	압력 : 1.2[MPa] 이상
배관용 탄소강관	압력배관용 탄소강관
이음매 없는 구리 및 구리합금관 다만, 습식의 배관에 한함	
배관용 스테인리스강관 또는 일반배관용 스테인리스강관	배관용 아크용접 탄소강강관
덕타일 주철관	

28

이해도 ○ △ × / 중요도 ★

스프링클러헤드를 설치하는 천장·반자·천장과 반자 사이·덕트·선반 등의 각 부분으로부터 하나의 스프링클러헤드까지의 수평거리 기준으로 틀린 것은?

① 무대부에 있어서는 1.7[m] 이하
② 랙크식 창고에 있어서는 2.5[m] 이하
③ 공동주택(아파트) 세대 내의 거실에 있어서는 2.6[m] 이하
④ 특수가연물을 저장 또는 취급하는 장소에 있어서는 2.1[m] 이하

해설 헤드 배치기준

대상		수평거리(R)
무대부		1.7[m] 이하
특수가연물을 저장·취급하는 장소(라지드롭)		1.7[m] 이하
랙크식 창고 (라지드롭)	내화구조	2.3[m] 이하
	기타	2.1[m] 이하
공동주택		2.6[m] 이하
그 외의 소방대상물	내화구조	2.3[m] 이하
	기타	2.1[m] 이하

29

이해도 ○ △ × / 중요도 ★★★

다음의 평면도와 같이 반자가 있는 어느 실내에 전등이나 공조용 디퓨저 등의 시설물에 구애됨이 없이 수평거리를 2.1[m]로 하여 스프링클러헤드를 정방형으로 설치하고자 할 때 최소한 몇 개의 헤드를 설치하면 되는가? (단, 반자 속에는 헤드를 설치하지 아니하는 것으로 한다.)

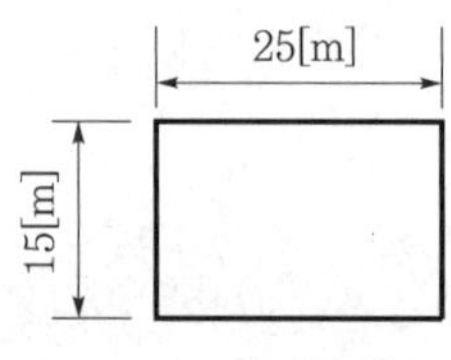

① 24개　② 54개
③ 72개　④ 96개

정답 26. ③ 27. ④ 28. ④ 29. ②

해설 정방형 헤드 배치

$$S=2R\cos45°$$

여기서, S : 헤드 간 거리[m]
R : 수평거리[m]

$S=2\times2.1\times\cos45°=2.97$[m]

따라서, 실의 가로에 설치하는 헤드개수는

$\frac{25}{2.97}=8.42 \fallingdotseq 9$개

실의 세로에 설치하는 헤드개수는

$\frac{15}{2.97}=5.05 \fallingdotseq 6$개

∴ $9\times6=54$개

30

이해도 ○ △ × / 중요도 ★

스프링클러헤드의 설치에 있어 층고가 낮은 사무실 양측 벽면 상단에 측벽형 스프링클러헤드를 설치하여 방호하려고 한다. 사무실의 폭이 몇 [m] 이하일 때 헤드의 포용이 가능한가?

① 9[m] 이하
② 10.8[m] 이하
③ 12.6[m] 이하
④ 15.5[m] 이하

해설 측벽형 스프링클러헤드를 설치하는 경우

(1) 폭이 4.5[m] 이하인 실 : 긴 변의 한쪽 벽에 일렬로 3.6[m] 이내마다 설치
(2) 폭이 4.5[m] 이상 9[m] 이하인 실 : 긴 변의 양쪽에 각각 일렬로 설치하되 마주보는 스프링클러헤드가 나란히꼴이 되도록 설치

∴ 측벽형 스프링클러헤드는 폭이 9[m] 초과의 공간에는 사용할 수 없다.

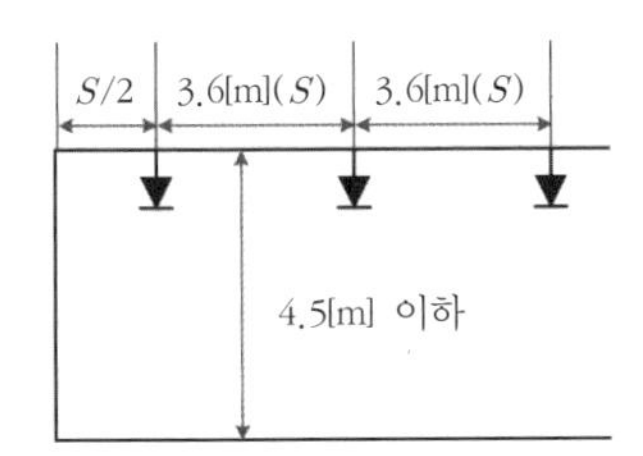

▌폭 4.5[m] 이하(편측에 설치)▐

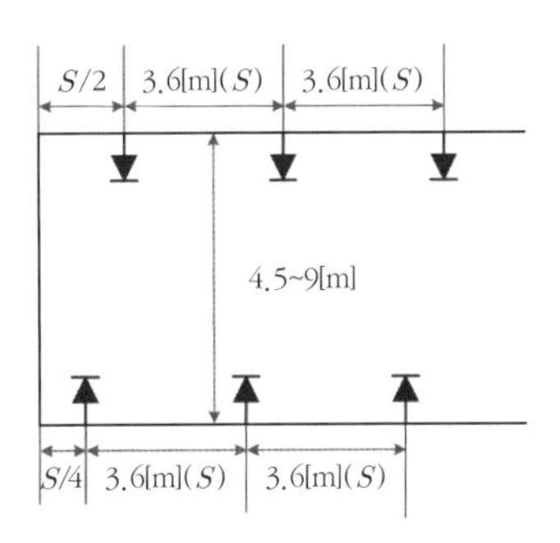

▌폭 4.5~9[m](양측에 설치)▐

31

이해도 ○ △ × / 중요도 ★★★

조기반응형 스프링클러헤드를 설치해야 하는 장소가 아닌 것은?

① 공동주택의 거실
② 수련시설의 침실
③ 오피스텔의 침실
④ 병원의 입원실

해설 조기반응형 설치대상

(1) 공동주택 · 노유자시설의 거실
(2) 오피스텔, 숙박시설의 침실
(3) 병원의 입원실

32

이해도 ○ △ × / 중요도 ★★★

스프링클러설비의 화재안전기술기준상 스프링클러헤드 설치장소의 최고주위온도가 105[℃]인 경우에 폐쇄형 스프링클러헤드는 표시온도가 몇 [℃]인 것을 사용하여야 하는가?

① 79[℃] 이상 121[℃] 미만
② 121[℃] 이상 162[℃] 미만
③ 162[℃] 이상 200[℃] 미만
④ 200[℃] 이상

정답 30. ① 31. ② 32. ②

해설 폐쇄형 헤드의 설치기준

최고주위온도	표시온도
39[℃] 미만	79[℃] 미만
39 ~ 64[℃] 미만	79 ~ 121[℃] 미만
64 ~ 106[℃] 미만	121 ~ 162[℃] 미만
106[℃] 이상	162[℃] 이상

단, 높이가 4[m] 이상인 공장 및 창고 : 121[℃] 이상

33

이해도 ○ △ × / 중요도 ★

하향식 폐쇄형 스프링클러헤드는 살수에 방해가 되지 않도록 헤드 주위 반경 몇 [cm] 이상의 살수공간을 확보하여야 하는가?

① 40[cm] ② 45[cm]
③ 50[cm] ④ 60[cm]

해설 스프링클러 살수공간 확보
설치반경 60[cm] 이상

34

이해도 ○ △ × / 중요도 ★★

배관 · 행가 및 조명기구가 있어 살수의 장애가 있는 경우 스프링클러헤드의 설치방법으로 옳은 것은? (단, 스프링클러헤드와 장애물과의 이격거리를 장애물 폭의 3배 이상 확보한 경우는 제외한다.)

① 부착면과의 거리는 30[cm] 이하로 설치한다.
② 헤드로부터 반경 60[cm] 이상의 공간을 보유한다.
③ 장애물과 부착면 사이에 설치한다.
④ 장애물 아래에 설치한다.

해설 배관 · 행가 및 조명기구 등 살수를 방해하는 것이 있는 경우
장애물 아래에 설치하여 살수에 장애가 없도록 하여야 한다(예외 스프링클러헤드와 장애물과의 이격거리를 장애물 폭의 3배 이상 확보한 경우).

35

이해도 ○ △ × / 중요도 ★★

천장의 기울기가 $\frac{1}{10}$을 초과할 경우 가지관의 최상부에 설치되는 톱날지붕의 스프링클러헤드는 천장의 최상부로부터의 수직거리가 몇 [cm] 이하가 되도록 설치하여야 하는가?

① 50 ② 70
③ 90 ④ 120

해설 천장의 기울기가 $\frac{1}{10}$을 초과하는 경우(경사천장, 톱날지붕, 둥근지붕 등)의 스프링클러헤드 가지관의 최상부에 설치하는 스프링클러헤드
천장 최상부로부터의 수직거리가 90[cm] 이하

36

이해도 ○ △ × / 중요도 ★

스프링클러헤드의 설치기준 중 다음 ( ) 안에 알맞은 것은?

> 연소할 우려가 있는 개구부에는 그 상하좌우에 (㉠)[m] 간격으로 스프링클러헤드를 설치하되, 스프링클러헤드와 개구부의 내측 면으로부터 직선거리는 (㉡)[cm] 이하가 되도록 할 것

① ㉠ 1.7, ㉡ 15
② ㉠ 2.5, ㉡ 15
③ ㉠ 1.7, ㉡ 25
④ ㉠ 2.5, ㉡ 25

정답 33. ④ 34. ④ 35. ③ 36. ②

해설 연소할 우려가 있는 개구부
(1) 스프링클러헤드 : 상하좌우에 2.5[m] 간격으로(개구부의 폭이 2.5[m] 이하인 경우는 중앙) 설치
(2) 스프링클러헤드와 개구부의 내측 면으로부터 직선거리 : 15[cm] 이하

37

이해도 ○ △ × / 중요도 ★★★★★

스프링클러헤드를 설치하지 않을 수 있는 장소로만 나열된 것은?

① 계단, 병실, 목욕실, 통신기기실, 아파트
② 발전실, 수술실, 응급처치실, 통신기기실
③ 발전실, 변전실, 병실, 목욕실, 아파트
④ 수술실, 병실, 변전실, 발전실, 아파트

해설 헤드의 설치제외

구분	대상
스프링클러헤드를 설치하였을 때 문제를 야기할 수 있는 장소	병원의 **수**술실·응급처치실·기타 이와 유사한 장소
	고온의 **노**가 설치된 장소 또는 물과 격렬하게 반응하는 물품의 저장 또는 취급장소
	통신기기실·전자기기실·기타 이와 유사한 장소
	발전실·변전실·변압기·기타 이와 유사한 전기설비가 설치되어 있는 장소
	계단실(특별피난계단의 부속실을 포함)·경사로·승강기의 승강로·비상용 승강기의 승강장
	공동주택 중 아파트의 **대**피공간

암기 Tip 수노발 통계대

①의 아파트, ③, ④의 병실, 아파트는 스프링클러헤드의 설치장소이다.

38

이해도 ○ △ × / 중요도 ★★★

연소할 우려가 있는 개구부에 드렌처설비를 설치할 경우 스프링클러헤드를 설치하지 아니할 수 있다. 이 경우 드렌처설비의 설치기준으로 잘못된 것은?

① 드렌처헤드는 개구부 위측에 2.5[m] 이내마다 1개를 설치한다.
② 제어밸브는 소방대상물 층마다에 바닥면으로부터 0.5[m] 이상 1.5[m] 이하의 위치에 설치한다.
③ 드렌처설비는 드렌처헤드가 가장 많이 설치된 제어밸브에 설치된 드렌처헤드를 동시에 사용하는 경우에 방수량이 80[L/min] 이상이어야 한다.
④ 드렌처설비는 드렌처헤드가 가장 많이 설치된 제어밸브에 설치된 드렌처헤드를 동시에 사용하는 경우의 헤드 선단에 방수압력이 0.1[MPa] 이상이어야 한다.

해설 드렌처설비 제어밸브의 설치위치
0.8[m] 이상 1.5[m] 이하

39

이해도 ○ △ × / 중요도 ★★★

연소할 우려가 있는 부분에 드렌처설비를 설치하였다. 한 개의 회로에 드렌처헤드 5개씩 2개 회로를 설치하였을 경우에 드렌처설비에 필요한 수원의 수량은 얼마 이상이어야 하는가?

① 2[m^3] ② 4[m^3]
③ 8[m^3] ④ 16[m^3]

해설 드렌처설비 수원

$$Q = 1.6N$$

CHAPTER 03

정답 37. ② 38. ② 39. ③

여기서, Q : 수원[m^3]

N : 드렌처헤드수(하나의 제어밸브 내에 최대헤드수)

$\therefore$ $Q=1.6\times5=8[m^3]$

40

이해도 ○ △ × / 중요도 ★★

스프링클러헤드의 설치기준 중 옳은 것은?

① 살수가 방해되지 아니하도록 스프링클러헤드로부터 반경 30[cm] 이상의 공간을 보유할 것

② 스프링클러헤드와 그 부착면과의 거리는 60[cm] 이하로 할 것

③ 측벽형 스프링클러헤드를 설치하는 경우 긴 변의 한쪽 벽에 일렬로 설치하고 3.2[m] 이내마다 설치할 것

④ 연소할 우려가 있는 개구부에는 그 상하좌우에 2.5[m] 간격으로 스프링클러헤드를 설치하되, 스프링클러헤드와 개구부의 내측 면으로부터 직선거리는 15[cm] 이하가 되도록 할 것

해설 ① 살수가 방해되지 아니하도록 스프링클러헤드로부터 반경 60[cm] 이상의 공간을 보유할 것

② 스프링클러헤드와 그 부착면과의 거리는 30[cm] 이하로 할 것

③ 측벽형 스프링클러헤드를 설치하는 경우 긴 변의 한쪽 벽에 일렬로 설치하고 3.6[m] 이내마다 설치할 것

41

이해도 ○ △ × / 중요도 ★★

스프링클러설비를 설치하여야 할 특정소방대상물에 있어서 스프링클러헤드를 설치하지 아니할 수 있는 기준 중 틀린 것은?

① 천장과 반자 양쪽이 불연재료로 되어 있고 천장과 반자 사이의 거리가 2.5[m] 미만인 부분

② 천장 및 반자가 불연재료 외의 것으로 되어 있고 천장과 반자 사이의 거리가 0.5[m] 미만인 부분

③ 천장·반자 중 한쪽이 불연재료로 되어 있고 천장과 반자 사이의 거리가 1[m] 미만인 부분

④ 현관 또는 로비 등으로서 바닥으로부터 20[m] 이상인 장소

해설 헤드의 설치제외 장소

<table>
<tr><th>구분</th><th colspan="6">대상</th></tr>
<tr><td rowspan="5">스프링클러헤드를 설치하여도 효율성이 적은 장소</td><td rowspan="4">천장과 반자</td><td rowspan="2">모두 불연재</td><td rowspan="4">천장과 반자의 거리</td><td>2[m] 이상</td><td rowspan="2">반자 내부</td><td>가연물 없음</td></tr>
<tr><td>2[m] 미만</td><td>가연물 존재</td></tr>
<tr><td>한쪽이 불연재료</td><td colspan="3">1[m] 미만</td></tr>
<tr><td>모두 불연재 아닌 재료</td><td colspan="3">0.5[m] 미만</td></tr>
<tr><td colspan="6">현관 또는 로비 등으로서 바닥으로부터 높이가 20[m] 이상인 장소</td></tr>
</table>

42

이해도 ○ △ × / 중요도 ★★

스프링클러설비의 가압송수장치의 정격토출압력은 하나의 헤드선단에 얼마의 방수압력이 될 수 있는 크기이어야 하는가?

① 0.01[MPa] 이상 0.05[MPa] 이하

② 0.1[MPa] 이상 1.2[MPa] 이하

③ 1.5[MPa] 이상 2.0[MPa] 이하

④ 2.5[MPa] 이상 3.3[MPa] 이하

해설 스프링클러 가압송수장치 정격토출압력

하나의 헤드선단에서 0.1 ~ 1.2[MPa]

정답 40. ④ 41. ① 42. ②

03 간이스프링클러 소화설비(NFTC 103A)

1 간이스프링클러 개요

(1) 간이스프링클러는 소규모 영업장에 스프링클러설비의 설치가 곤란하거나 설치가 안 된 건축물에 다중이용시설과 같이 위험성이 높은 시설을 설치할 경우 화재로 인한 피해를 최소화하기 위해 설치하는 자동식 스프링클러에 준하는 설비이다.

(2) 소규모 설비로 일반 스프링클러에서는 볼 수 없는 캐비닛형이나 상수도직결형과 같은 약식 설비의 설치가 가능하다.

(3) **용어의 정의**

① **간이헤드** : 폐쇄형 헤드의 일종으로 간이스프링클러설비를 설치하여야 하는 특정소방대상물의 화재에 적합한 감도 · 방수량 및 살수분포를 갖는 헤드

② **캐비닛형 간이스프링클러설비** : 가압송수장치, 수조 및 유수검지장치 등을 집적화하여 캐비닛 형태로 구성시킨 간이형태의 스프링클러설비

③ **상수도직결형 간이스프링클러설비** : 수조를 사용하지 아니하고 상수도에 직접 연결하여 항상 기준압력 및 방수량 이상을 확보할 수 있는 설비

④ **주택전용 간이스프링클러설비** : 소방법에 따라 연립주택 및 다세대주택에 설치하는 간이스프링클러설비

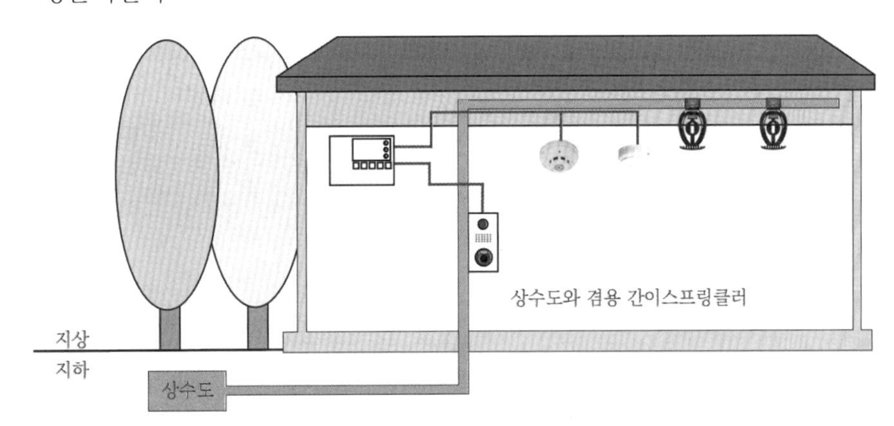

▎상수도직결형 간이스프링클러 개념도 ▎

(4) **설치대상**

적용대상		설치기준	비고
근린생활시설	바닥면적 합계	1,000[m^2] 이상 모든 층	모든 층 적용
	의원, 치과의원 및 한의원	해당 장소	입원실이 있는 시설
	조산원 및 산후조리원	600[m^2] 미만	연면적 기준
교육연구시설 내의 합숙소		100[m^2] 이상	연면적 기준

적용대상		설치기준	비고
의료시설	종합병원, 병원, 치과병원, 한방병원 및 요양병원(의료재활시설 제외)	600[m^2] 미만	입원실이 없는 정신과 의원 제외
	정신의료기관 또는 의료재활시설 바닥면적 합계	300[m^2] 이상 600[m^2] 미만	
	정신의료기관 또는 의료재활시설로 창살이 설치된 시설의 사용 바닥면적 합계(화재 시 자동으로 열리는 구조 제외)	300[m^2] 미만	
노유자시설	노유자생활시설	해당 시설	단독주택, 공동주택에 설치된 시설 제외
	상기 외의 노유자시설의 바닥면적 합계	300[m^2] 이상 600[m^2] 미만	–
	창살이 설치된 시설의 바닥면적 합계	300[m^2] 미만	화재 시 자동으로 열리는 구조 제외
보호시설		사용부분	출입국관리법에 따라 건물을 임차하여 사용하는 부분
숙박시설		300[m^2] 이상 600[m^2] 미만	바닥면적 합계
복합건축물		1,000[m^2] 이상 모든 층	연면적
공동주택 중 연립주택 및 다세대주택		해당 시설	주택전용 간이스프링클러설비

(5) 간이스프링클러설비의 면제대상

스프링클러설비, 물분무소화설비 또는 미분무소화설비를 화재안전기준에 적합하게 설치한 경우에는 그 설비의 유효범위에서 설치가 면제된다.

2 수원(2.1)

구분	수원
일반적인 경우, 주택전용	2×50[L/min](표준형 헤드 80)×10[min]
근린생활시설, 생활형 숙박시설, 복합건축물	5×50[L/min](표준형 헤드 80)×20[min]
상수도설비에 직접 연결하는 경우	수돗물

3 가압송수장치(2.2)

(1) 헤드당 방사압력

0.1[MPa]

(2) 헤드당 방사량

50[L/min](표준형 헤드 80[L/min])

(3) 주택전용 간이스프링클러설비에는 가압송수장치, 유수검지장치, 제어반, 음향장치, 기동장치 및 비상전원은 적용하지 않을 수 있다.

4 방호구역(2.3)

(1) 하나의 방호구역 바닥면적

1,000[m^2]를 초과하지 아니할 것 ★

(2) 하나의 방호구역

2개층에 미치지 아니하도록 할 것(예외 1개층에 설치되는 간이헤드의 수가 10개 이하인 경우에는 3개층 이내)

5 배관 및 밸브(2.5)

(1) 배관의 배수를 위한 기울기

수평으로 설치(배관의 구조상 소화수가 남아 있는 곳에는 배수밸브 설치)

(2) 배관 및 밸브 등의 순서

① 상수도직결형

㉠ 수도용 계량기, 급수차단장치, 개폐표시형 밸브, 체크밸브, 압력계, 유수검지장치, 2개의 시험밸브의 순으로 설치 ★★

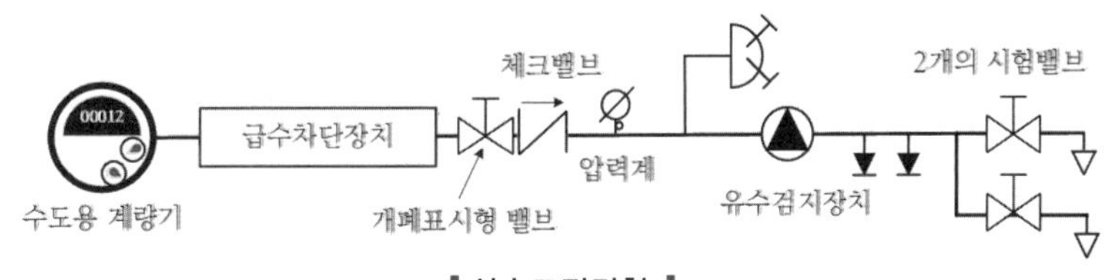

▎상수도직결형▎

㉡ 간이스프링클러설비 이외의 배관 : 급수차단장치 설치

② 캐비닛형

㉠ 수원, 연성계 또는 진공계, 펌프 또는 압력수조, 압력계, 체크밸브, 개폐표시형 밸브, 2개의 시험밸브의 순으로 설치

㉡ 소화용수의 공급 : 상수도와 직결된 바이패스관 또는 펌프에서 공급

6 간이헤드(2.6)

(1) 폐쇄형 간이헤드를 사용(조기반응형)

(2) 간이헤드의 작동온도

실내의 최대 주위천장온도	공칭작동온도
0[℃] 이상 38[℃] 이하	57[℃]에서 77[℃]
39[℃] 이상 66[℃] 이하	79[℃]에서 109[℃]

(3) 설치장소

천장, 반자, 천장과 반자 사이, 덕트, 선반 등

(4) 각 부분으로부터 간이헤드까지의 수평거리

유효반경 2.3[m] 이하(예외 수리계산에 의한 방식) ★★

(5) 헤드 설치간격

헤드의 종류	디플렉터에서 천장 또는 반자까지의 거리
상향식 간이헤드	25[mm]에서 102[mm] 이내
하향식 간이헤드	25[mm]에서 102[mm] 이내
측벽형 간이헤드	102[mm]에서 152[mm] 이내
플러쉬 스프링클러헤드	102[mm] 이하

(6) 살수장애의 영향을 받지 아니하도록 설치

(7) 주차장에 설치하는 헤드

표준반응형 스프링클러헤드

7 비상전원(2.9) ★

(1) 일반, 주택전용

10분 이상

(2) 근린생활시설 등

20분 이상

기출·예상문제

01 이해도 ○ △ × / 중요도 ★

폐쇄형 간이헤드를 사용하는 설비의 경우로서 1개층에 하나의 급수배관(또는 밸브 등)이 담당하는 구역의 최대면적은 몇 [m^2]를 초과하지 아니하여야 하는가?

① 1,000
② 2,000
③ 2,500
④ 3,000

해설 간이스프링클러설비 하나의 방호구역 바닥면적
1,000[m^2]를 초과하지 아니할 것

02 이해도 ○ △ × / 중요도 ★

다음 중 간이스프링클러설비를 상수도설비에서 직접 연결하여 배관 및 밸브 등을 설치할 경우 설치하지 않는 것은?

① 체크밸브
② 압력조절밸브
③ 개폐표시형 개폐밸브
④ 수도용 계량기

해설 상수도직결형
수도용 계량기, 급수차단장치, 개폐표시형 밸브, 체크밸브, 압력계, 유수검지장치, 2개의 시험밸브의 순으로 설치

03 이해도 ○ △ × / 중요도 ★★

간이스프링클러설비의 간이헤드에서 설치하는 천장·반자·천장과 반자 사이·덕트·선반 등의 각 부분으로부터 간이헤드까지의 수평거리는 몇 [m] 이하가 되어야 하는가?

① 2.3[m]
② 2.4[m]
③ 2.5[m]
④ 2.6[m]

해설 간이헤드를 설치하는 천장·반자·천장과 반자 사이·덕트·선반 등의 각 부분으로부터 간이헤드까지의 수평거리
유효반경 2.3[m] 이하(예외 수리계산에 의한 방식)

04 이해도 ○ △ × / 중요도 ★

근린생활시설에 간이스프링클러를 설치하고자 한다. 이때 비상전원은 몇 분 이상 스프링클러설비를 유효하게 작동할 수 있는 것으로 설치하여야 하는가?

① 5분
② 10분
③ 15분
④ 20분

해설 비상전원
(1) 일반 : 10분 이상
(2) 근린생활시설 등 : 20분 이상

정답 01. ① 02. ② 03. ① 04. ④

05

이해도 ○ △ × / 중요도 ★

간이스프링클러설비의 배관 및 밸브 등의 설치순서 중 다음 (　) 안에 알맞은 것은?

> 펌프 등의 가압송수장치를 이용하여 배관 및 밸브 등을 설치하는 경우에는 수원, 연성계 또는 진공계(수원이 펌프보다 높은 경우를 제외), 펌프 또는 압력수조, 압력계, 체크밸브, (　), 개폐표시형 밸브, 유수검지장치, 시험밸브의 순으로 설치할 것

① 진공계

② 플렉시블 조인트

③ 성능시험배관

④ 편심 리듀서

해설 **간이스프링클러설비 펌프 등 사용 시 배치순서**

수원 → 연성계 또는 진공계 → 펌프 또는 압력수조 → 압력계 → 체크밸브 → 성능시험배관 → 개폐표시형 밸브 → 유수검지장치 → 시험밸브

정답 05. ③

04 화재조기진압용 스프링클러설비(NFTC 103B)

1 개요

(1) 화재 성장에 빠르게 응답하고, 화재를 제어하기보다는 진압을 위해 많은 양의 물을 방수하도록 설계된 헤드를 이용하는 설비

(2) 표준형(standard)에 비해서 물입자의 평균 직경과 방수량이 커서 화원을 뚫고 화재를 진압할 수 있고, 헤드의 조기감열 성능을 향상시킨 랙식 창고용 스프링클러 시스템

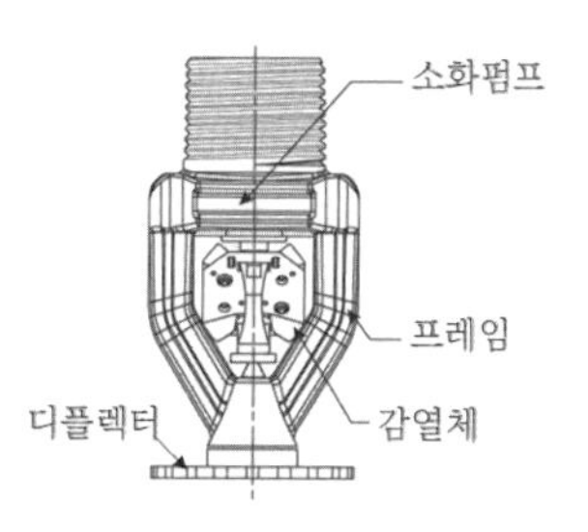

▍랙식 창고에 설치된 화재조기진압용 스프링클러▍

(3) 일반적인 스프링클러는 창고에 설치 시 일정 높이마다 설치해야 하지만 화재조기진압용은 천장의 높이가 13.7[m] 이내에서는 천장면 아래에만 설치하여도 화재에 대한 방호가 가능한 설비

(4) **설치대상**

① 랙식 창고(rack warehouse) : 랙(물건을 수납할 수 있는 선반이나 이와 비슷한 것)을 갖춘 것으로서 천장 또는 반자의 높이가 10[m]를 초과하고, 랙이 설치된 층의 바닥면적의 합계가 1,500[m^2] 이상인 경우에는 모든 층

② 지붕 또는 외벽이 불연재료가 아니거나 내화구조가 아닌 랙식 창고 중 ①에 해당하지 않는 것으로서 바닥면적의 합계가 750[m^2] 이상인 경우에는 모든 층

2 설치장소의 구조(2.1)

(1) **해당 층 높이**

13.7[m] 이하

(예외 2층 이상일 경우에는 해당 층의 바닥을 내화구조로 하고 다른 부분과 방화구획) ★

(2) **천장 기울기**

$\frac{168}{1,000}$을 초과하지 않아야 한다. 초과하면 반자를 지면과 수평으로 설치할 것

(3) **철재나 목재 트러스 구조**

돌출부분이 102[mm]를 초과하지 아니할 것

(4) 보로 사용되는 목재 · 콘크리트 및 철재 사이의 간격

① 0.9[m] 이상 2.3[m] 이하

② 보의 간격이 2.3[m] 이상 : 보로 구획된 부분의 천장 및 반자의 넓이가 28[m^2]를 초과하지 아니할 것

③ 보로 구획된 부분의 면적을 제한하는 이유 : 화재조기진압용 스프링클러헤드의 동작을 원활하게 하기 위함이다.

(5) 창고 내의 선반의 형태

하부로 물이 침투되는 구조

3 수원(2.2)

(1) 수원의 양

$$Q = 12 \times 60 \times K\sqrt{10P} \quad ★$$

여기서, Q : 수원의 양[L]

12 : 수리학적으로 가장 먼 가지배관 3개에 각각 4개의 스프링클러헤드(3×4)

60 : 60분간 방사할 수 있는 양

K : 방출계수[$L/(min \cdot MPa^{\frac{1}{2}})$]

P : 헤드선단의 방사압력[MPa]

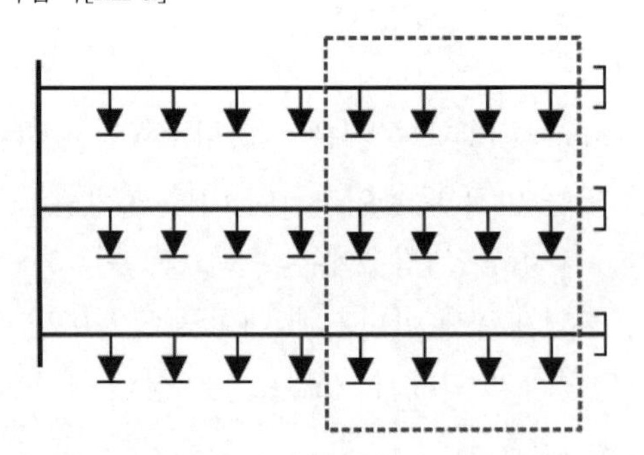

▌가장 먼 가지배관 3개의 각각 4개 헤드(12개)▐

(2) 화재조기진압용 스프링클러헤드의 최소방사압력(MPa)

최대층고[m]	최대저장 높이[m]	화재조기진압용 스프링클러헤드				
		K= 360 하향식	K= 320 하향식	K= 240 하향식	K= 240 상향식	K= 200 하향식
13.7	12.2	0.28	0.28	–	–	–
13.7	10.7	0.28	0.28	–	–	–
12.2	10.7	0.17	0.28	0.36	0.36	0.52
10.7	9.1	0.14	0.24	0.36	0.36	0.52
9.1	7.6	0.10	0.17	0.24	0.24	0.34

4 화재조기진압용 스프링클러설비의 배관(2.5)

습식

5 헤드(2.7)

(1) 헤드 하나의 방호면적

6.0[m^2] 이상 9.3[m^2] 이하 ★★

암기 Tip 369

(2) 가지배관의 헤드 사이의 거리

① 천장의 높이가 9.1[m] 미만인 경우 : 2.4[m] 이상 3.7[m] 이하

② 천장의 높이가 9.1[m] 이상 13.7[m] 이하인 경우 : 2.4[m] 이상 3.1[m] 이하 ★★★

(3) 헤드의 반사판

① 천장 또는 반자와 평행하게 설치

② 저장물의 최상부와 914[mm] 이상 확보

(4) 하향식 헤드의 반사판의 위치

천장이나 반자 아래 125[mm] 이상 355[mm] 이하

(5) 상향식 헤드

① 감지부 중앙과 천장 또는 반자와 이격거리 : 101[mm] 이상 152[mm] 이하

② 반사판의 위치 : 스프링클러 배관의 윗부분에서 최소 178[mm] 상부에 설치

(6) 헤드와 벽과의 거리

① 헤드 상호간 거리의 $\frac{1}{2}$을 초과하지 않아야 한다.

② 최소 102[mm] 이상

(7) 헤드의 작동온도

74[℃] 이하. 다만, 헤드 주위의 온도가 38[℃] 이상의 경우 공인기관의 시험을 거친 것을 사용

(8) 헤드의 살수분포에 장애를 주는 장애물이 있는 경우

이격거리와 수직거리를 띄어서 설치

(9) 상부에 설치된 헤드의 방출수에 따라 감열부에 영향을 받을 우려가 있는 헤드

방출수를 차단할 수 있는 유효한 차폐판을 설치

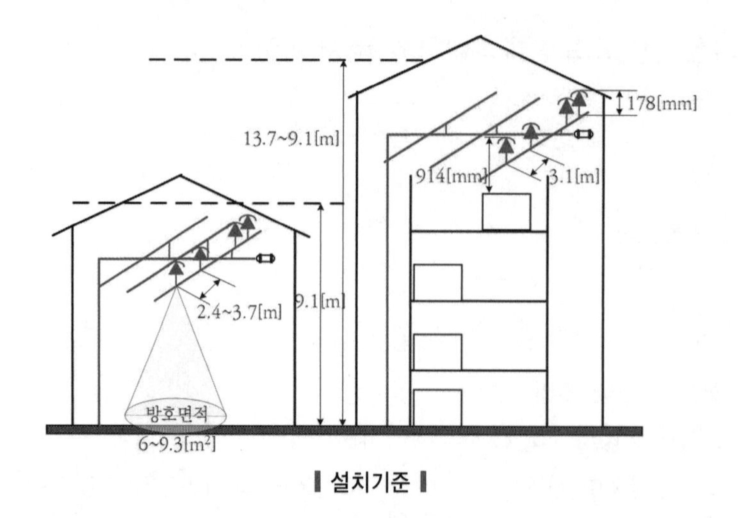

▎설치기준▎

6 저장물의 간격(2.8)

모든 방향에서 152[mm] 이상

7 환기구(2.9)

(1) 공기의 유동으로 인하여 헤드의 작동온도에 영향을 주지 않는 구조

(2) 화재감지기와 연동하여 동작하는 자동식 환기장치를 설치하지 아니할 것(예외 자동식 환기장치를 설치할 경우 최소작동온도가 180[℃] 이상)

기출·예상문제

01 이해도 ○ △ × / 중요도 ★

화재조기진압용 스프링클러설비의 수원은 화재 시 기준압력과 기준수량 및 천장높이 조건에서 몇 분간 방사할 수 있어야 하는가?

① 20　② 30
③ 40　④ 60

해설 화재조기진압용 스프링클러설비의 방사시간은 60분 이상

02 이해도 ○ △ × / 중요도 ★★

화재조기진압용 스프링클러설비 가지배관의 배열기준 중 천장의 높이가 9.1[m] 이상 13.7[m] 이하인 경우 가지배관 사이의 거리기준으로 옳은 것은?

① 2.4[m] 이상 3.1[m] 이하
② 2.4[m] 이상 3.7[m] 이하
③ 6.0[m] 이상 8.5[m] 이하
④ 6.0[m] 이상 9.3[m] 이하

해설 가지배관의 헤드 사이의 거리
(1) 천장의 높이가 9.1[m] 미만인 경우 : 2.4[m] 이상 3.7[m] 이하
(2) 천장의 높이가 9.1[m] 이상 13.7[m] 이하인 경우 : 2.4[m] 이상 3.1[m] 이하

03 이해도 ○ △ × / 중요도 ★★

화재조기진압용 스프링클러설비헤드의 기준 중 다음 ( ) 안에 알맞은 것은?

> 헤드 하나의 방호면적은 (㉠)[m^2] 이상 (㉡)[m^2] 이하로 할 것

① ㉠ 2.4, ㉡ 3.7
② ㉠ 3.7, ㉡ 9.1
③ ㉠ 6.0, ㉡ 9.3
④ ㉠ 9.1, ㉡ 13.7

해설 화재조기진압용 헤드 하나의 방호면적 6.0[m^2] 이상 9.3[m^2] 이하

04 이해도 ○ △ × / 중요도 ★★

화재조기진압용 스프링클러설비의 화재안전기술기준상 화재조기진압용 스프링클러설비 설치장소의 구조기준으로 틀린 것은?

① 창고 내의 선반의 형태는 하부로 물이 침투되는 구조로 할 것
② 천장의 기울기가 $\frac{168}{1,000}$을 초과하지 않아야 하고, 이를 초과하는 경우에는 반자를 지면과 수평으로 설치할 것
③ 천장은 평평하여야 하며 철재나 목재 트러스 구조인 경우, 철재나 목재의 돌출부분이 102[mm]를 초과하지 아니할 것
④ 해당 층의 높이가 10[m] 이하일 것. 다만, 3층 이상일 경우에는 해당 층의 바닥을 내화구조로 하고 다른 부분과 방화구획 할 것

해설 해당 층 높이
13.7[m] 이하(예외 2층 이상일 경우에는 해당 층의 바닥을 내화구조로 하고 다른 부분과 방화구획)

정답 01. ④ 02. ① 03. ③ 04. ④

단답식 핵심문제

01 스프링클러 종류에 따른 특징

<table>
<tr><th>구분</th><th colspan="3">유수검지장치 등</th><th>헤드</th><th>1차측</th><th>2차측</th><th>감지기/수동기동장치</th><th>시험장치</th></tr>
<tr><td>습식</td><td rowspan="4">유수검지장치</td><td rowspan="4">종류</td><td>알람밸브</td><td rowspan="4">(②)</td><td rowspan="5">(④)</td><td>(⑤)</td><td>없음</td><td>있음</td></tr>
<tr><td>건식</td><td>건식밸브</td><td>(⑥)</td><td>없음</td><td>있음</td></tr>
<tr><td>준비작동식</td><td rowspan="2">(①)</td><td>(⑦)</td><td>있음</td><td>없음</td></tr>
<tr><td>부압식</td><td>부압수</td><td>있음</td><td>있음</td></tr>
<tr><td>일제살수식</td><td colspan="3">일제개방밸브(델류지밸브)</td><td>(③)</td><td>공기</td><td>있음</td><td>없음</td></tr>
</table>

02 습식설비에서 비화재 시 압력스위치의 오동작 방지를 위해 (   )를 설치한다.

03 건식설비에서 가압을 통하여 클래퍼를 신속하게 개방하여 가압수를 헤드까지 신속하게 송수할 수 있도록 하는 장치는 (   )이다.

04 스프링클러헤드 감열체 중 이용성 금속으로 융착되거나 이용성 물질에 의하여 조립된 것은 (   )이다.

05 스프링클러헤드의 감도를 반응시간지수(RTI) 값에 따라 구분할 때 RTI 값이 51 초과 80 이하일 때의 헤드 감도는 (   )

정답

01. ① 준비작동식 밸브, ② 폐쇄형, ③ 개방형, ④ 가압수
⑤ 가압수, ⑥ 압축공기, ⑦ 대기압 공기

02. 리타딩챔버

03. 가속기(액셀레이터)

04. 퓨지블링크

05. special response

06 폐쇄형 스프링클러헤드에 대하여 급격한 수압을 고려하는 시험은 (   ) 이다.

07 폐쇄형 스프링클러설비의 1차 수원 : $Q[m^3]$ = 층방출계수 × N

층수에 따른 구분	층방출계수[m^3]
일반건축물(30층 미만)	(①)
준초고층(30층 이상 49층 이하)	(②)
초고층(50층 이상)	(③)

08 스프링클러헤드 기준개수

<table>
<tr><th colspan="3">스프링클러설비 설치장소</th><th>기준개수</th></tr>
<tr><td rowspan="6">지하층을 제외한 층수가 10층 이하</td><td rowspan="2">공장</td><td>특수가연물을 저장 · 취급</td><td>(①)</td></tr>
<tr><td>그 밖의 것</td><td>(②)</td></tr>
<tr><td rowspan="2">근생 · 판매 운수시설 복합건축물</td><td>판매시설, 복합건축물(판매시설)</td><td>(③)</td></tr>
<tr><td>그 밖의 것</td><td>20</td></tr>
<tr><td rowspan="2">그 밖의 것</td><td>헤드의 부착높이가 8[m] 이상</td><td>20</td></tr>
<tr><td>헤드의 부착높이가 8[m] 미만</td><td>(④)</td></tr>
<tr><td colspan="3">11층 이상 소방대상물(APT 제외), 지하가, 지하역사</td><td>(⑤)</td></tr>
</table>

09 하나의 방호구역의 면적 : (   )를 초과하지 못함

10 하나의 방호구역이 (   )에 미치지 않아야 한다.

정답

06. 수격시험
07. ① 1.6, ② 3.2, ③ 4.8
08. ① 30, ② 20, ③ 30, ④ 10, ⑤ 30
09. 3,000[m^2]
10. 2개층

11 본체 내의 유수현상을 자동적으로 검지하여 신호 또는 경보를 발하는 장치를 (　　　　) 라고 한다.

12 하나의 방수구역당 설치하는 개방형 헤드수는 (　　　　　　　　) 이하이다.

13 한쪽 가지배관에 설치되는 헤드의 개수 : (　　　　　　　　)

14 배관의 구경

구분	기준	구경
주배관	헤드수별 배관경	[표]에 따른 구경산출
	연결송수관과 겸용	100[mm] 이상
수직배수배관	일반적인 경우	(①)
	수직배관의 구경이 50[mm] 미만인 경우	수직배관과 동일 구경
교차배관	–	(②)
방수구와 연결되는 배관	–	65[mm] 이상
가지배관	–	(③)

15 가지배관 끝에 시험배관을 설치하는 이유는 (　　　　　　　　)을 위해서이다.

16 가지배관의 행가는 헤드의 설치지점 사이마다 1개 이상, (　　　　　　　　) 이상인 경우에는 그 거리 이하마다 행가를 설치한다.

정답

11. 유수검지장치
12. 50개
13. 8개 이하
14. ① 50[mm] 이상, ② 40[mm] 이상, ③ 25[mm] 이상
15. 유수검지장치의 기동(경보) 확인
16. 3.5[m]

17 수리계산에 의한 급수관의 구경계산 시 유속

(1) 가지배관 : (①)
(2) 기타 배관 : (②)

18 헤드 배치기준

대상		수평거리(R)
무대부		(①)
그 외의 소방대상물	내화구조	(②)
	기타	(③)

19 연소 우려가 있는 개구부에 스프링클러헤드 설치

(1) 폭 2.5[m] 초과 : (①)
(2) 폭 2.5[m] 이하 : (②)

20 조기반응형 헤드 설치대상

(1) (①)
(2) (②)
(3) 병원의 입원실

21 폐쇄형 헤드의 표시온도 : 설치장소의 최고주위온도보다 (①)을 선택

최고주위온도	표시온도
39[℃] 미만	79[℃] 미만
39 ~ 64[℃] 미만	79 ~ 121[℃] 미만
64 ~ 106[℃] 미만	(②)
106[℃] 이상	162[℃] 이상

정답

17. ① 6[m/s] 이하, ② 10[m/s] 이하
18. ① 1.7[m] 이하, ② 2.3[m] 이하, ③ 2.1[m] 이하
19. ① 상하좌우에 2.5[m] 간격으로 설치, ② 중앙에 설치
20. ① 공동주택 · 노유자의 거실, ② 오피스텔, 숙박시설의 침실
21. ① 표시온도가 높은 것, ② 121 ~ 162[℃] 미만

22 스프링클러 살수공간 확보 : 설치반경 (   )

23 스프링클러헤드 설치제외 장소

(1) 병원의 (①), 기타 이와 유사한 장소
(2) (②)가 설치된 장소 또는 물과 격렬하게 반응하는 물품의 저장 또는 취급장소
(3) (③), 기타 이와 유사한 장소
(4) (④), 기타 이와 유사한 전기설비가 설치되어 있는 장소

24 드렌처설비 제어밸브의 설치위치 : (   )

25 드렌처설비 수원 : Q = (   )

여기서, Q : 수원[m^3]
N : 드렌처헤드수(하나의 제어밸브 내에 최대헤드수)

26 간이헤드를 설치하는 천장 · 반자 · 천장과 반자 사이 · 덕트 · 선반 등의 각 부분으로부터 간이헤드까지의 수평거리 : 유효반경 (   )

27 하나의 방호구역 바닥면적 : (   )[m^2]를 초과하지 아니할 것

28 비상전원

(1) 일반, 주택전용 : (①)분 이상
(2) 근린생활시설 등 : (②)분 이상

정답

22. 60[cm] 이상
23. ① 수술실 · 응급처치실, ② 고온의 노, ③ 통신기기실 · 전자기기실
④ 발전실 · 변전실 · 변압기
24. 0.8[m] 이상 1.5[m] 이하
25. $Q=1.6N$
26. 2.3[m] 이하
27. 1,000
28. ① 10, ② 20

05 소방시설의 내진설계기준

1 용어의 정의

(1) 내진

면진, 제진을 포함한 지진으로부터 소방시설의 피해를 줄일 수 있는 구조를 의미하는 포괄적인 개념을 말한다.

(2) 면진

건축물과 소방시설을 지진동으로부터 격리시켜 지반진동으로 인한 지진력이 직접 구조물로 전달되는 양을 감소시킴으로써 내진성을 확보하는 수동적인 지진제어기술을 말한다.

(3) 제진

별도의 장치를 이용하여 지진력에 상응하는 힘을 구조물 내에서 발생시키거나 지진력을 흡수하여 구조물이 부담해야 하는 지진력을 감소시키는 지진제어기술을 말한다.

(4) 수평지진하중(Fpw)

지진 시 흔들림 방지 버팀대에 전달되는 배관의 동적 지진하중 또는 같은 크기의 정적 지진하중으로 환산한 값으로 허용응력설계법으로 산정한 지진하중을 말한다.

(5) 세장비(L/r)

흔들림 방지 버팀대 지지대의 길이(L)와 최소단면 2차 반경(r)의 비율을 말하며, 세장비가 커질수록 좌굴(buckling)현상이 발생하여 지진발생 시 파괴되거나 손상을 입기 쉽다.

(6) 지진분리이음

지진발생 시 지진으로 인한 진동이 배관에 손상을 주지 않고 배관의 축방향 변위, 회전, $1°$ 이상의 각도변위를 허용하는 이음을 말한다. 단, 구경 200[mm] 이상의 배관은 허용하는 각도변위를 $0.5°$ 이상으로 한다.

(7) 지진분리장치

지진발생 시 건축물 지진분리이음 설치위치 및 지상에 노출된 건축물과 건축물 사이 등에서 발생하는 상대변위 발생에 대응하기 위해 모든 방향에서의 변위를 허용하는 커플링, 플렉시블 조인트, 관부속품 등의 집합체를 말한다.

(8) 가요성 이음장치

지진 시 수조 또는 가압송수장치와 배관 사이 등에서 발생하는 상대변위 발생에 대응하기 위해 수평 및 수직 방향의 변위를 허용하는 플렉시블 조인트 등을 말한다.

(9) 가동중량(Wp)

수조, 가압송수장치, 함류, 제어반등, 가스계 및 분말소화설비의 저장용기, 비상전원, 배관의 작동상태를 고려한 무게를 말하며 다음의 기준에 따른다.

① 배관의 작동상태를 고려한 무게란 배관 및 기타 부속품의 무게를 포함하기 위한 중량으로 용수가 충전된 배관 무게의 1.15배를 적용한다.

② 수조, 가압송수장치, 함류, 제어반등, 가스계 및 분말소화설비의 저장용기, 비상전원의 작동상태를 고려한 무게란 유효중량에 안전율을 고려하여 적용한다.

(10) 지진하중에 의해 과도한 변위가 발생하지 않도록 제한하는 장치를 말한다.

(11) **상쇄배관(offset)**

영향구역 내의 직선배관이 방향전환한 후 다시 같은 방향으로 연속될 경우, 중간에 방향전환된 짧은 배관은 단부로 보지 않고 상쇄하여 직선으로 볼 수 있는 것을 말하며, 짧은 배관의 합산길이는 3.7[m] 이하여야 한다.

(12) **가지배관 고정장치**

지진거동 특성으로부터 가지배관의 움직임을 제한하여 파손, 변형 등으로부터 가지배관을 보호하기 위한 와이어타입, 환봉타입의 고정장치를 말한다.

2 가압송수장치의 내진설계

(1) 가압송수장치의 흡입측 및 토출측

가요성 이음장치를 설치

(2) 가압송수장치 지지

① **원칙** : 앵커볼트로 지지 및 고정

② **방진장치 등이 설치되어 앵커볼트로 고정할 수 없는 경우** : 내진스토퍼 설치

㉠ 내진스토퍼 : 지진하중에 의해 과도한 변위가 발생하지 않도록 제한하는 장치

㉡ 설치위치 : 정상운전 중에 접촉하지 않도록 스토퍼와 본체 사이에 최소 3[mm] 이상 6[mm] 이하 이격하여 설치한다.

㉢ 제조사에서 제시한 허용하중 ≥ 수평지진하중

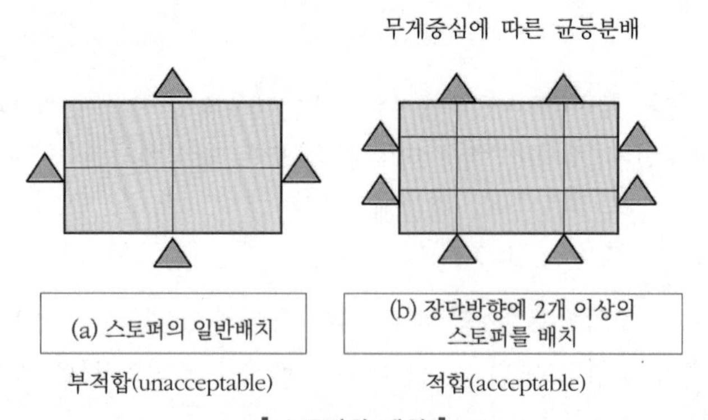

▌스토퍼의 배치▐

③ 흡입측 및 토출측에 지진발생 시 소화배관과의 상대변위를 고려하여 가요성 이음장치를 설치하여 배관과 함께 보호되어야 한다.

3 배관 내진설계

(1) 목적

지진에 의한 배관의 응력발생 및 건물 구조부재 및 각종 부착물들의 상대적인 움직임으로 인한 소방배관계통의 파손을 방지하기 위한 설계

(2) 방법

① 응력(stresses)의 최소화

㉠ 유연성(flexible) 확보를 위한 장치의 종류

구분	지진분리이음 (flexible coupling)	지진분리장치 (seismic separation assembly)
목적	배관의 변형을 최소화하고 소화설비 주요 부품 사이의 유연성을 증가시킬 필요가 있는 위치에 설치	지진발생 시 건축물의 지진하중이 소방시설에 전달되지 않도록 지진으로 인한 진동을 격리시키는 장치
설치 위치	• 배관의 변형을 최소화하고 소화설비 주요 부품 사이의 유연성을 증가시킬 필요가 있는 위치 • 구경 65[mm] 이상의 배관 – 수직직선배관은 상부 및 하부의 단부로부터 0.6[m] 이내 – 수직직선배관이 0.9[m] 미만인 경우 설치 제외 – 수직직선배관이 0.9 ~ 2.1[m] 사이의 하나를 설치 – 2층 이상의 건물인 경우 각 층의 바닥으로부터 0.3[m], 천장으로부터 0.6[m] 이내에 설치 • 수직직선배관에서 티분기된 수평배관 분기지점이 천장 아래 설치된 지진분리이음보다 아래에 위치한 경우 분기된 수평배관에 지진분리이음 – 티분기 수평직선배관으로부터 0.6[m] 이내에 설치(0.6[m] 미만은 ×)(소화전 인입구 배관) – 2차측에 수직직선배관이 설치된 경우 1차측 수직직선배관의 지진분리이음 위치와 동일선상에 지진분리이음을 설치 • 수직직선배관에 중간 지지부로부터 0.6[m] 이내의 윗부분 및 아랫부분에 설치 • 이격거리 규정을 만족하는 경우에는 지진분리이음을 설치하지 아니할 수 있다.	• 지상층에 설치된 배관으로 건축물 지진분리이음과 소화배관이 교차하는 부분 • 건축물 간의 연결배관 중 지상 노출배관이 건축물로 인입되는 위치 • 지진분리장치의 전단과 후단의 1.8[m] 이내에는 4방향 흔들림 방지 버팀대를 설치 • 지진분리장치 자체에는 흔들림 방지 버팀대를 설치할 수 없음
개념도	개스킷 하우징 그루브 볼트/너트	
내진 적용	○	○

㉡ 이격거리 유지 : 소화배관을 설치하는 경우에는 인접한 구성요소와의 충돌을 방지하기 위한 충분한 거리를 확보

② 흔들림 방지 버팀대

㉠ 종류

구분	횡방향 흔들림 방지 버팀대 (lateral sway bracing)	종방향 흔들림 방지 버팀대 (longitudinal sway bracing)	4방향 흔들림 방지 버팀대 (4-way brace)
목적	수평직선배관의 진행방향과 직각방향(횡방향)의 수평지진하중을 지지하는 버팀대	수평직선배관의 진행방향(종방향)의 수평지진하중을 지지하는 버팀대	건축물 평면상에서 종방향 및 횡방향 수평지진하중을 지지하거나, 종·횡 단면상에서 전·후·좌·우 방향의 수평지진하중을 지지하는 버팀대
설치 대상	• 모든 수평주행배관·교차배관 • 옥내소화전설비의 수평배관 • 65[mm] 이상의 가지배관 및 기타 배관	• 모든 수평주행배관·교차배관 • 옥내소화전설비의 수평배관	수직직선배관 1[m] 초과 시 (가지배관은 제외 가능)
간격	중심선을 기준으로 12[m] (좌우 6[m]) 이하	중심선을 기준으로 24[m] (좌우 12[m]) 이하	버팀대 간 8[m] 이내
단부 거리	1.8[m] 이내	12[m] 이내	수직직선배관 중심선 0.6[m] 이내

㉡ 목적 : 배관의 흔들림을 방지

㉢ 흔들림 방지 버팀대와 고정장치 : 소화설비의 동작 및 살수를 방해하지 않아야 한다.

③ 가지배관 고정장치(레스트레인트 ; restraint) : 지진거동특성으로부터 가지배관의 움직임을 제한하여 파손, 변형 등으로부터 가지배관을 보호하기 위한 고정장치로 와이어타입, 환봉타입이 있다.

(3) 배관의 설치기준

① 건물 구조부재 간의 상대변위에 의한 배관의 응력을 최소화하기 위하여 지진분리이음 또는 지진분리장치를 사용하거나 이격거리를 유지하여야 한다.

② 건축물 지진분리이음 설치위치 및 건축물 간의 연결배관 중 지상노출 배관이 건축물로 인입되는 위치의 배관에는 관경에 관계없이 지진분리장치를 설치하여야 한다.

③ 천장과 일체 거동을 하는 부분에 배관이 지지되어 있을 경우 배관을 단단히 고정시키기 위해 흔들림 방지 버팀대를 사용하여야 한다.

④ 배관의 흔들림을 방지하기 위하여 흔들림 방지 버팀대를 사용하여야 한다.

⑤ 흔들림 방지 버팀대와 그 고정장치는 소화설비의 동작 및 살수를 방해하지 않아야 한다.

(4) 수평지진하중

① 흔들림 방지 버팀대의 수평지진하중 산정 시 배관의 중량은 가동중량(Wp)으로 산정한다.

② 흔들림 방지 버팀대에 작용하는 수평지진하중은 다음에 따라 산정한다.

$$Fpw = Cp \times Wp$$

여기서, Fpw : 수평지진하중
Wp : 가동중량
Cp : 소화배관의 지진계수

③ 수평지진하중(Fpw)은 배관의 횡방향과 종방향에 각각 적용되어야 한다.
④ 벽, 바닥 또는 기초를 관통하는 배관 주위에는 이격거리를 확보하여야 한다.

(5) 가지배관 고정장치 및 헤드

① 고정장치는 수직으로부터 45° 이상의 각도로 설치하여야 하고, 설치각도에서 최소 1,340[N] 이상의 인장 및 압축하중을 견딜 수 있어야 하며 와이어를 사용하는 경우 와이어는 1,960[N] 이상의 인장하중을 견디는 것으로 설치하여야 한다.
② 가지배관상의 말단 헤드는 수직 및 수평으로 과도한 움직임이 없도록 고정하여야 한다.

4 흔들림 방지 버팀대 및 고정장치

흔들림 방지 버팀대 고정장치에 작용하는 수평지진하중은 허용하중을 초과하여서는 아니 된다.

5 유수검지장치, 비상전원, 제어반 등

(1) 유수검지장치

지진발생 시 기능을 상실하지 않아야 하며, 연결부위는 파손되지 않아야 한다.

(2) 비상전원

① 자가발전설비의 지진하중은 제3조의2 제2항에 따라 계산하고, 앵커볼트는 제3조의2 제3항에 따라 설치하여야 한다.
② 비상전원은 지진발생 시 전도되지 않도록 설치하여야 한다.

(3) 제어반 등

① 제어반 등의 지진하중은 제3조의2 제2항에 따라 계산하고, 앵커볼트는 제3조의2 제3항에 따라 설치하여야 한다. 단, 제어반 등의 하중이 450[N] 이하이고 내력벽 또는 기둥에 설치하는 경우 직경 8[mm] 이상의 고정용 볼트 4개 이상으로 고정할 수 있다.
② 건축물의 구조부재인 내력벽·바닥 또는 기둥 등에 고정하여야 하며, 바닥에 설치하는 경우 지진하중에 의해 전도가 발생하지 않도록 설치하여야 한다.
③ 제어반 등은 지진발생 시 기능이 유지되어야 한다.

객관식 기출·예상문제

01

이해도 ○ △ × / 중요도 ★

다음 중 소방시설 내진설계 기준의 세장비에 대한 설명으로 알맞은 것은?

① $\dfrac{\text{면적}(A)}{\text{도심축에 관한 단면 모멘트}(I_n)}$

② $\dfrac{\text{도심축에 관한 단면 모멘트}(I_n)}{\text{면적}(A)}$

③ $\dfrac{\text{흔들림 방지 버팀대 지지대의 길이}(L)}{\text{최소단면 2차 반경}(r)}$

④ $\dfrac{\text{최소단면 2차 반경}(r)}{\text{흔들림 방지 버팀대 지지대의 길이}(L)}$

해설 세장비(L/r)
흔들림 방지 버팀대 지지대의 길이(L)와 최소단면 2차 반경(r)의 비율을 말하며, 세장비가 커질수록 좌굴(buckling)현상이 발생하여 지진발생 시 파괴되거나 손상을 입기 쉽다.

02

이해도 ○ △ × / 중요도 ★

다음 중 소방시설 내진설계 기준의 상쇄배관(offset)에 대한 설명으로 알맞은 것은?

① 영향구역 내의 직선배관이 방향전환한 후 다시 같은 방향으로 연속될 경우, 중간에 방향전환된 짧은 배관은 단부로 보지 않고 상쇄하여 직선으로 볼 수 있는 것
② 짧은 배관의 합산길이는 6[m] 이하일 것
③ 수직직선배관의 방향전환부분의 배관길이가 상쇄배관(offset) 길이 이하인 경우 하나의 수직직선배관으로 간주한다.
④ 수평직선배관의 방향전환부분의 배관길이가 상쇄배관(offset) 길이 이하인 경우 하나의 수평직선배관으로 간주한다.

해설 상쇄배관(offset)
영향구역 내의 직선배관이 방향전환한 후 다시 같은 방향으로 연속될 경우, 중간에 방향전환된 짧은 배관은 단부로 보지 않고 상쇄하여 직선으로 볼 수 있는 것을 말하며, 짧은 배관의 합산길이는 3.7[m] 이하여야 한다.

03

이해도 ○ △ × / 중요도 ★

구경 65[mm] 이상의 수직직선배관은 상부 및 하부의 단부로부터 몇 [m] 이내에 지진분리이음을 설치하여야 하는가?

① 0.3[m] ② 0.5[m]
③ 0.6[m] ④ 0.8[m]

해설 구경 65[mm] 이상의 수직직선배관은 상부 및 하부의 단부로부터 0.6[m] 이내에 지진분리이음을 설치하여야 한다.

04

이해도 ○ △ × / 중요도 ★

지진분리장치의 전단과 후단의 몇 [m] 이내에 4방향 흔들림 방지 버팀대를 설치하여야 하는가?

① 1.2[m] ② 1.5[m]
③ 1.7[m] ④ 1.8[m]

정답 01. ③ 02. ① 03. ③ 04. ④

해설 지진분리장치의 전단과 후단의 1.8[m] 이내에는 4방향 흔들림 방지 버팀대를 설치하여야 한다.

05

이해도 ○ △ × / 중요도 ★

수평직선배관의 진행방향과 직각방향의 수평지진하중을 지지하는 버팀대를 무엇이라고 하는가?

① 횡방향 흔들림 방지 버팀대
② 종방향 흔들림 방지 버팀대
③ 3방향 흔들림 방지 버팀대
④ 4방향 흔들림 방지 버팀대

해설 횡방향 흔들림 방지 버팀대
수평직선배관의 진행방향과 직각방향(횡방향)의 수평지진하중을 지지하는 버팀대

06

이해도 ○ △ × / 중요도 ★

종방향 흔들림 방지 버팀대 중심선을 기준으로 몇 [m] 이내에 설치하여야 하는가?

① 12[m] ② 20[m]
③ 24[m] ④ 30[m]

해설 종방향 흔들림 방지 버팀대 중심선을 기준으로 24[m]로 설치하여야 한다.

07

이해도 ○ △ × / 중요도 ★

4방향 흔들림 방지 버팀대는 버팀대 간 몇 [m] 이내에 설치하여야 하는가?

① 2[m] ② 4[m]
③ 8[m] ④ 12[m]

해설 4방향 흔들림 방지 버팀대는 버팀대 간 8[m] 이내에 설치하여야 한다.

정답 05. ① 06. ③ 07. ③

CHAPTER 04

물분무소화설비

01 물분무소화설비(NFTC 104)

1 개요

(1) 정의

화재 시 물분무헤드에서 물을 미립자의 무상으로 방사하여 소화하는 설비로서, 주로 가연성 액체, 전기설비 등의 화재에 유효한 소화설비이다.

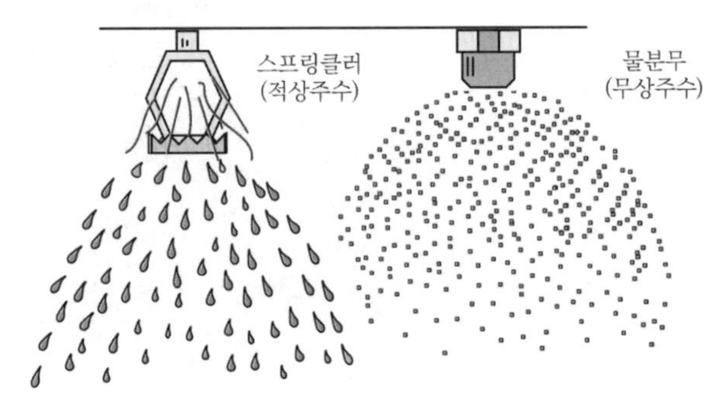

▌스프링클러와 물분무 물입자 비교▐

(2) 소화효과 ★★

구분	내용
주된 소화효과	질식소화 : 산소농도를 15[%] 이하로 낮추어서 화학반응을 억제하는 소화방법
부차적 소화효과	냉각소화 : 증발하면서 열을 빼앗는다.
	희석소화 : 증발된 증기로 가연성 가스의 농도를 낮추는 소화효과
	유화소화 : 물분무로 기름 표면을 두둘겨 에멀젼을 만들어 연소를 억제하는 소화방법

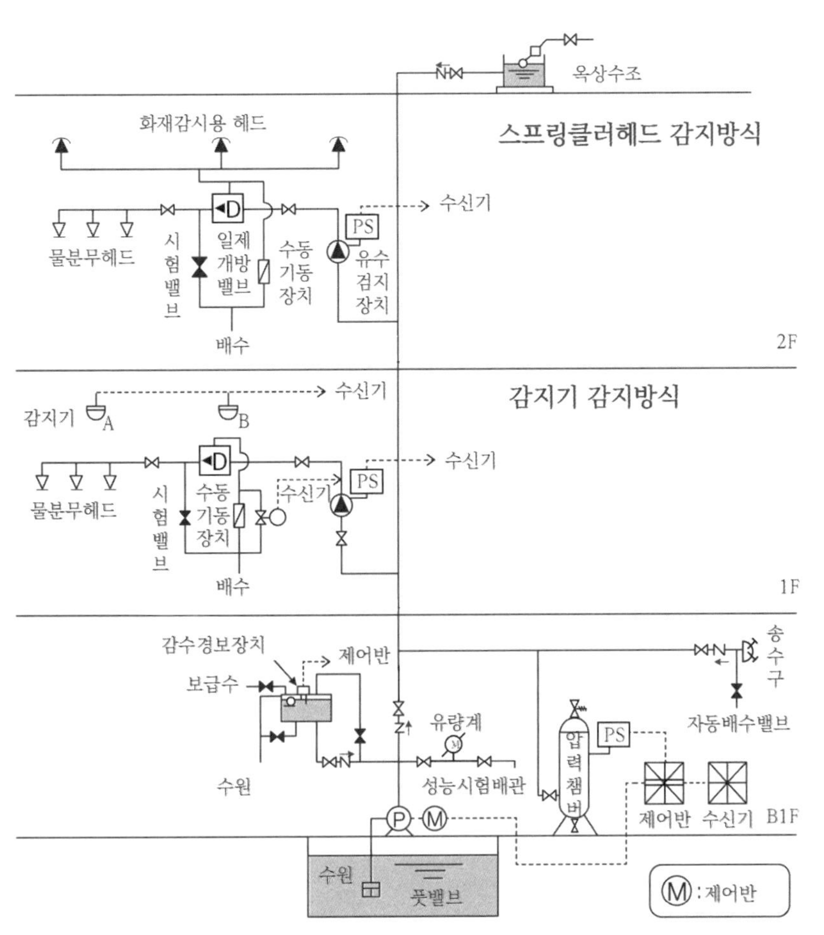

▌물분무소화설비 계통도▐

2 구성요소

(1) 물분무헤드

① **디플렉터형** : 물의 직선적인 흐름을 디플렉터에 충돌시켜 물을 미분화시키는 방식 ★★★★

② **오리피스형** : 물의 직선적인 흐름을 정사각형의 오리피스를 통해 고압으로 분사해 미분화하는 방법

③ **나선형** : 물의 직선적인 흐름을 헤드 내부에 설치된 나선형 날개에 충돌시켜 미분화시키는 방법

④ **충돌형** : 물의 흐름을 헤드 내부에 설치된 날개로 나선형 흐름을 만들어 유수와 충돌시켜 미분화시키는 방법

⑤ **슬릿형** : 수류를 슬릿에 의해 방출하여 수막상의 분무를 만드는 물분무헤드

디플렉터형	오리피스형	나선형	충돌형
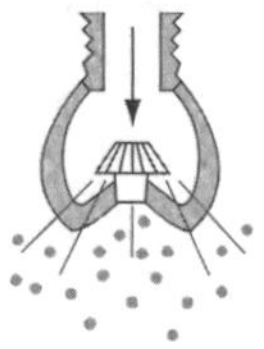	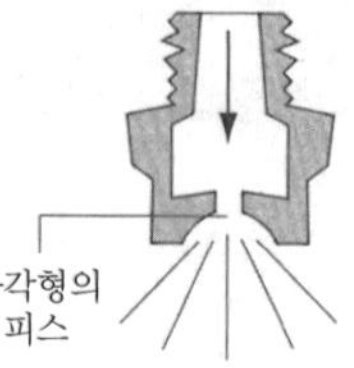 정사각형의 오리피스		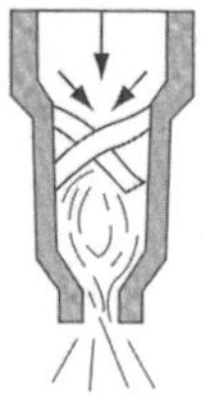

▌물의 세분화 헤드▐

(2) **유수검지장치(알람밸브)**

(3) **일제개방밸브(일제개방밸브 1차측 소화수, 2차측 공기)**

(4) **감지기 또는 폐쇄형 스프링클러**

(5) **그 외는 스프링클러 습식설비와 동일**

3 특징

(1) **구성**

스프링클러설비의 단점을 보완한 설비로서 스프링클러설비와 동일한 구성. 단지 압력이 높으므로 고압의 펌프, 고압용 배관, 물을 잘게 쪼개는 헤드 등이 다름

(2) 화재감지기와 가압개방식 자동개방밸브(일제개방밸브)를 사용

(3) **적용대상**

B, C급 화재

(4) **장단점**

장점 ★	단점
• 기화 시 체적팽창이 크다(1,650배). 따라서, 산소차단, 질식효과, 복사열 차단효과(냉각)가 우수 • 유면에 유화층을 만들어 유류화재에 적용이 가능(유화효과) • 미세한 물방울(무상주수)은 비전도성으로 전기화재에도 적용 가능 ★★★★★ • 가스폭발 방지에 효과적 • 소화수 사용량이 적어서 작은 수 피해	• 가스가 아닌 물을 사용하므로 배수설비가 필요 • 고압설비 필요 • 이물질에 헤드가 쉽게 막힌다.

4 수원(2.1) ★★★★★

대상	수원	면적기준
특수가연물을 저장 또는 취급하는 특정소방대상물	**10**[L/(min · m^2)] × 20[min] × 면적	최소바닥면적 50[m^2] 이상
절연유 봉입변압기		바닥부분을 제외한 표면적
컨베이어 벨트		벨트부분의 바닥면적
케이블트레이, 케이블**덕트**	**12**[L/(min · m^2)] × 20[min] × 면적	수평투영면적
차고 또는 주차장	**20**[L/(min · m^2)] × 20[min] × 면적	최소바닥면적 50[m^2] 이상

암기 Tip 특절컨 기차(10), 케덕트가나(12), 차냉차(20)

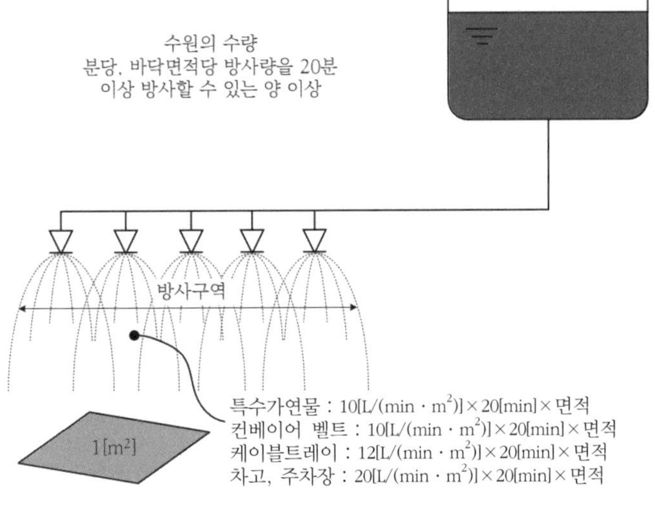

| 수원 |

5 배관 등(2.3) ★★

사용압력	배관의 종류	
1.2[MPa] 이하	배관용 탄소강관(KS D 3507)	배관용 스테인리스 강관(KS D 3576) 또는 일반배관용 스테인리스 강관(KS D 3595)
	이음매 없는 구리 및 구리합금(KS D 5301)	덕타일 주철관(KS D 4311)
1.2[MPa] 이상	압력배관용 탄소강관(KS D 3562)	
	배관용 아크용접 탄소강 강관(KS D 3583)	
동등 이상의 강도 · 내식성 및 내열성을 가진 것		
소방용 합성수지관(지하, 내화구조, 천장에 준불연 이상 습식)		

6 송수구(2.4) ★★

(1) 설치높이

0.5[m] 이상 1[m] 이하

(2) 마개설치

송수구에는 이물질을 막기 위함

(3) 송수구의 가까운 부분

자동배수밸브 및 체크밸브 설치

(4) 설치개수 ★★

하나의 층의 바닥면적이 3,000[m^2]마다 1개(5개를 넘을 경우에는 5개로 한다) 이상을 설치

(5) 가연성 가스의 저장 · 취급시설의 설치

① 방호대상물로부터 20[m] 이상의 거리에 설치

② 방호대상물에 면하는 부분이 높이 1.5[m] 이상, 폭 2.5[m] 이상의 철근콘크리트 벽으로 가려진 장소에 설치

7 기동장치(2.5)

(1) 수동식 기동장치

① 직접 조작 또는 원격조작에 따라 각각의 가압송수장치 및 수동식 개방밸브 또는 가압송수장치 및 자동개방밸브를 개방할 수 있도록 설치

② **표지설치** : 기동장치의 가까운 곳의 보기 쉬운 곳

(2) 자동식 기동장치

감지설비 작동(감지기 또는 폐쇄형 스프링클러헤드) → 경보 → 가압송수장치 및 자동개방밸브를 기동(예외 자동화재탐지설비의 수신기가 설치되어 있는 장소에 상시 사람이 근무하고 있고, 화재 시 물분무소화설비를 즉시 작동시킬 수 있는 경우) ★

8 제어밸브 등(2.6)

(1) 설치높이

바닥으로부터 0.8[m] 이상 1.5[m] 이하

(2) 표지설치

제어밸브의 가까운 곳의 보기 쉬운 곳

(3) 자동개방밸브의 기동조작부 및 수동식 개방밸브의 설치위치

화재 시 용이하게 접근할 수 있는 곳

(4) 시험장치

자동개방밸브 및 수동식 개방밸브의 2차측 배관부분

9 물분무헤드(2.7)

(1) 표준방사량으로 해당 방호대상물의 화재를 유효하게 소화하는데 필요한 수를 적정한 위치에 설치

(2) 고압의 전기기기가 있는 장소의 전기기기와 물분무헤드 사이에 이격거리 ★★★★★

전압[kV]	거리[cm]	전압[kV]	거리[cm]
66 이하	70 이상	154 초과 181 이하	180 이상
66 초과 77 이하	80 이상	181 초과 220 이하	210 이상
77 초과 110 이하	110 이상	220 초과 275 이하	260 이상
110 초과 154 이하	150 이상	–	–

(3) 가연성 가스시설과 이격 이유

가연성 가스의 폭발로 인한 송수구의 손상을 방지하기 위함

10 배수설비(2.8) ★★★★★

(1) 배수구

높이 10[cm] 이상의 경계턱으로 배수구를 설치

(2) 기름분리장치

길이 40[m] 이하마다 집수관, 소화피트 등

(3) 기울기

배수구를 향하여 $\frac{2}{100}$ 이상의 기울기 유지

(4) 배수설비 용량

배수설비는 가압송수장치 최대송수능력의 수량을 유효하게 배수할 수 있는 크기 및 기울기

(5) 물분무설비에 배수설비를 설치하는 이유

차고, 주차장이 물분무설비의 설치대상이므로 소화 시 기름이 비중차에 의해 수면 위로 떠올라 연소면이 확대되는 것을 방지하기 위함이다.

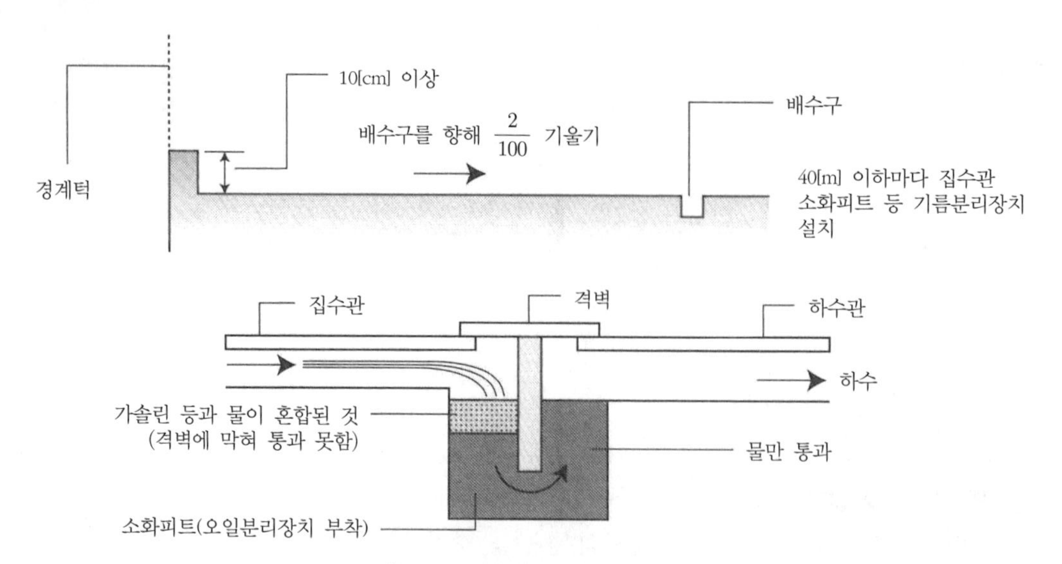

┃물분무소화설비의 배수설비┃

11 물분무소화설비의 설치제외 장소(2.12) ★★★

(1) 물과 심하게 반응 또는 위험물질 생성 우려가 있는 장소 ★★

① 제1류 위험물 : 알칼리금속, 과산화물(산소 다량 발생)

② 제2류 위험물 : 철분, 마그네슘, 금속분(가연성 가스 수소발생)

③ 제3류 위험물 : 가연성 가스 발생(황린 제외)

(2) 고온의 물질, 증류범위가 넓어 끓어 넘치는 물질이 있는 장소

(3) 운전 시 표면온도가 260[℃] 이상으로 손상 우려가 있는 기계장치가 설치된 장소 ★★★

물고운(문)

02 미분무수(NFTC 104A)

1 정의

(1) 미분무소화설비

가압된 물이 헤드 통과 후 미세한 입자로 분무됨으로써 소화성능을 가지는 설비를 말하며, 소화력을 증가시키기 위해 강화액 등을 첨가할 수 있다.

(2) 미분무

물만을 사용하여 소화하는 방식으로 최소설계압력에서 헤드로부터 방출되는 물입자 중 99[%]의 누적체적분포가 400[μm] 이하로 분무되고 A, B, C급 화재에 적응성을 갖는 것 ★★★

(3) 미분무헤드

하나 이상의 오리피스를 가지고 미분무소화설비에 사용되는 헤드

▌사용압력에 의한 종류▐

구분	최고사용압력[MPa]
저압 미분무소화설비	1.2[MPa] 이하
중압 미분무소화설비	1.2[MPa]을 초과하고 3.5[MPa] 이하
고압 미분무소화설비	3.5[MPa]을 초과 ★

2 설계도서 작성(2.1)

(1) 설계도서의 종류

① **일반설계도서** : 유사한 특정소방대상물의 화재사례 등을 이용하여 작성

② **특별설계도서** : 일반설계도서에서 발화장소 등을 변경하여 위험도를 높게 만들어 작성

(2) 설계도서의 고려사항 ★

① 점화원의 형태

② 초기 점화되는 연료 유형

③ 화재위치

④ 문과 창문의 초기상태(열림, 닫힘) 및 시간에 따른 변화상태

⑤ 공기조화설비, 자연형(문, 창문) 및 기계형 여부

⑥ 시공 유형과 내장재 유형

(3) 목적

미분무소화설비의 성능을 확인

3 수원(2.3)

(1) 수질

먹는 물의 수질관리에 적합하고 입자 · 용해고체 또는 염분이 없어야 한다.

(2) 저수조 등에 충수할 경우

필터 또는 스트레이너를 통하여야 한다.

(3) 배관의 연결부(용접부 제외) 또는 주배관의 유입측

필터 또는 스트레이너 설치(스트레이너에는 청소구 설치)

(4) 사용되는 필터 또는 스트레이너 메쉬

헤드 오리피스 지름의 80[%] 이하

(5) 수원의 양

$$Q = N \times D \times T \times S + V$$

여기서, Q : 수원의 양[m^3]

N : 방호구역(방수구역) 내 헤드의 개수

D : 설계유량[m^3/min]

T : 설계방수시간[min]

S : 안전율(1.2 이상)

V : 배관의 총체적[m^3]

암기 Tip 노(N)동(D)택(T)시(S)비(V)

(6) 첨가제의 양

설계방수시간 내에 충분히 사용될 수 있는 양 이상

4 폐쇄형 미분무소화설비의 방호구역(2.6)

(1) 하나의 방호구역의 바닥면적

펌프용량, 배관의 구경 등을 수리학적으로 계산한 결과 헤드의 방수압 및 방수량이 방호구역 범위 내에서 소화목적을 달성할 수 있도록 산정

(2) 하나의 방호구역은 2개층에 미치지 아니하도록 할 것

5 배관 등(2.8)

(1) 설비에 사용되는 구성요소

STS 304 이상의 재료를 사용

STS 304

크롬(Cr)이 18~20[%]이고, 니켈(Ni)이 8~10[%]인 합금강

(2) 배관의 재질

① 배관용 스테인리스강관(KS D 3576)

② 동등 이상의 강도 · 내식성 및 내열성을 가진 것

(3) 미분무설비의 배수를 위한 기울기 ★

① 수평주행배관 : 기울기를 $\frac{1}{500}$ 이상

② 가지배관 : 기울기를 $\frac{1}{250}$ 이상

(4) 호스릴

① 설치장소 : 차고 또는 주차장 외의 장소

② 방호대상물의 각 부분으로부터 하나의 호스접결구까지의 수평거리 : 25[m] 이하

6 헤드(NFPC 제13조)

(1) 설치장소

소방대상물의 천장 · 반자 · 천장과 반자 사이 · 덕트 · 선반 기타 이와 유사한 부분에 설계자의 의도에 적합하도록 설치

(2) 하나의 헤드까지 수평거리 산정

설계자가 제시

(3) 헤드

조기반응형 헤드

(4) 폐쇄형 미분무헤드는 그 설치장소의 평상시 최고주위온도에 따라 다음에 따른 표시온도의 것으로 설치

$$T_a = 0.9\,T_m - 27.3[℃]$$

여기서, T_a : 최고주위온도

T_m : 헤드의 표시온도

(5) 배관, 행가 등으로부터 살수가 방해되지 아니하도록 설치

(6) 설계도면과 동일하게 설치

(7) 성능시험기관으로 지정받은 기관에서 검증받아야 한다.

7 청소 · 시험 · 유지 및 관리 등(2.14)

(1) 성능확인기간

완성한 시점부터 최소 연 1회 이상 실시

(2) 미분무소화설비 배관 등 청소

최대방출량으로 배관 내 이물질이 제거될 수 있는 충분한 시간동안 실시

(3) 미분무소화설비의 성능시험

NFTC 104A 제8조(가압송수장치)에서 정한 기준에 따라 실시

객관식 기출·예상문제

01 이해도 ○ △ × / 중요도 ★★★

물분무소화설비에서 소화효과는 무엇인가?

① 냉각작용, 질식작용, 희석작용, 유화작용
② 냉각작용, 응축작용, 희석작용, 유화작용
③ 냉각작용, 질식작용, 희석작용, 기름작용
④ 냉각작용, 질식작용, 분말작용, 응축작용

해설 물분무소화설비의 소화효과

구분	내용
주된 소화효과	질식소화
부차적 소화효과	냉각소화
	희석소화
	유화소화

02 이해도 ○ △ × / 중요도 ★★

물분무소화설비가 적용되지 않는 위험물은 어느 것인가?

① 제5류 위험물
② 제4류 위험물
③ 제1석유류
④ 알칼리금속과 과산화물

해설 물과 반응하는 물질로 수계 소화설비가 적용되지 않는 위험물
(1) 제1류 위험물(산화성 고체) : 알칼리금속, 과산화물(산소 다량 발생)
(2) 제2류 위험물(가연성 고체) : 철분, 마그네슘, 금속분(가연성 가스 수소 발생)
(3) 제3류 위험물(금수성) : 황린 제외(가연성 가스 발생)

03 이해도 ○ △ × / 중요도 ★★★

수류를 살수판에 충돌하여 미세한 물방울을 만드는 스프링클러헤드를 무슨 형이라 하는가?

① 디플렉터형 ② 충돌형
③ 슬릿형 ④ 분사형

해설 물분무헤드의 종류
(1) 디플렉터형 : 물의 직선적인 흐름을 디플렉터(살수판)에 충돌시켜 물을 미분화시키는 방식
(2) 오리피스형 : 물의 직선적인 흐름을 정사각형의 오리피스를 통해 고압으로 분사해 미분화하는 방법
(3) 나선형 : 물의 직선적인 흐름을 헤드 내부에 설치된 나선형 날개에 충돌시켜 미분화시키는 방법
(4) 충돌형 : 물의 직선적인 흐름을 헤드 내부에 설치된 날개로 나선형 흐름을 만들어 충돌시켜 미분화시키는 방법

04 이해도 ○ △ × / 중요도 ★★★

물분무소화설비의 가압송수장치로 압력수조의 압력을 산출할 때 필요한 압력이 아닌 것은?

① 낙차의 환산수두압
② 물분무헤드의 설계압력
③ 배관의 마찰손실수두압
④ 소방용 호스의 마찰손실수두압

정답 01. ① 02. ④ 03. ① 04. ④

해설

$$P = p_1 + p_2 + p_3$$

여기서, P : 필요한 압력[MPa]
p_1 : 분무헤드의 설계압[MPa]
p_2 : 배관의 마찰손실수두압[MPa]
p_3 : 낙차의 환산수두압[MPa]

④ 물분무소화설비는 스프링클러소방설비와 같은 고정식 자동소화설비로서 호스는 필요 없다. 호스는 소화전설비에 필요한 기구이다.

05

이해도 ○ △ × / 중요도 ★★★

물분무소화설비의 화재안전기술기준상 수원의 저수량 설치기준으로 틀린 것은?

① 특수가연물을 저장 또는 취급하는 특정소방대상물 또는 그 부분에 있어서 그 바닥면적(최대방수구역의 바닥면적을 기준으로 하며, 50[m²] 이하인 경우에는 50[m²]) 1[m²]에 대하여 10[L/min]로 20분간 방수할 수 있는 양 이상으로 할 것

② 차고 또는 주차장은 그 바닥면적(최대방수구역의 바닥면적을 기준으로 하며, 50[m²] 이하인 경우에는 50[m²]) 1[m²]에 대하여 20[L/min]로 20분간 방수할 수 있는 양 이상으로 할 것

③ 케이블트레이, 케이블덕트 등은 투영된 바닥면적 1[m²]에 대하여 12[L/min]로 20분간 방수할 수 있는 양 이상으로 할 것

④ 컨베이어 벨트 등은 벨트부분의 바닥면적 1[m²]에 대하여 20[L/min]로 20분간 방수할 수 있는 양 이상으로 할 것

해설 수원의 저수량 설치기준

대상	수원	면적기준
특수가연물을 저장 또는 취급하는 특정소방대상물	10[L/(min · m²)] ×20[min] ×면적	최소 바닥면적 50[m²] 이상
절연유 봉입 변압기		바닥부분을 제외한 표면적
컨베이어 벨트		벨트부분의 바닥면적
케이블 트레이, 케이블 덕트	12[L/(min · m²)] ×20[min] ×면적	수평 투영면적
차고 또는 주차장	20[L/(min · m²)] ×20[min] ×면적	최소 바닥면적 50[m²] 이상

06

이해도 ○ △ × / 중요도 ★★★★★

물분무소화설비 가압송수장치의 1분당 토출량에 대한 최소기준으로 옳은 것은? (단, 특수가연물을 저장 · 취급하는 특정소방대상물 및 차고, 주차장의 바닥면적은 50[m²] 이하인 경우는 50[m²]를 적용한다.)

① 차고 또는 주차장의 바닥면적 1[m²]당 10[L]를 곱한 양 이상

② 특수가연물을 저장 · 취급하는 특정소방대상물의 바닥면적 1[m²]당 20[L]를 곱한 양 이상

③ 케이블트레이, 케이블 덕트는 투영된 바닥면적 1[m²]당 10[L]를 곱한 양 이상

④ 절연유 봉입변압기는 바닥면적을 제외한 표면적을 합한 면적 1[m²]당 10[L]를 곱한 양 이상

정답 05. ④ 06. ④

해설 물분무설비 수원

대상	수원	면적기준
절연유 봉입 변압기	$10[L/(min \cdot m^2)] \times 20[min] \times$ 면적	바닥부분을 제외한 표면적

07

이해도 ○ △ × / 중요도 ★★★

케이블트레이에 물분무소화설비를 설치할 때 저장하여야 할 수원의 양은 몇 $[m^3]$인가 ? (단, 케이블트레이의 투영된 바닥면적은 $70[m^2]$이다.)

① 12.4 ② 14
③ 16.8 ④ 28

해설 케이블트레이의 토출량
$= 12[L/(min \cdot m^2)] \times 20[min]$
바닥면적 $= 70[m^2]$
$\therefore$ 토출량 $= 12[L/(min \cdot m^2)] \times 20[min] \times 70[m^2] = 16,800[L] = 16.8[m^3]$

08

이해도 ○ △ × / 중요도 ★★★

바닥면적이 $450[m^2]$인 지하주차장에 $50[m^2]$마다 구역을 나누어 물분무소화설비를 설치하려고 한다. 물분무헤드의 표준방사량이 분당 80[L]일 경우 1개 방수구역당 설치해야 할 헤드수는 얼마 이상이어야 하는가?

① 7개 ② 13개
③ 14개 ④ 15개

해설 지하주차장의 토출량은 $20[L/(min \cdot m^2)]$이고, 바닥면적은 $50[m^2]$이다.
토출량 $= 20[L/(min \cdot m^2)] \times 50[m^2] = 1,000[L/min]$
$\therefore$ 1개 방수구역당 헤드수
$= \frac{\text{토출량}}{\text{헤드의 표준분사량}}$
$= \frac{1,000[L/min]}{80[L/min]}$
$= 12.5 \fallingdotseq 13$개

09

이해도 ○ △ × / 중요도 ★★

최대방수구역의 바닥면적이 $400[m^2]$인 차고에 모터펌프를 이용하여 물분무소화설비를 설치하고자 한다. 수원의 최저수량은 몇 $[m^3]$인가?

① 20 ② 30
③ 40 ④ 160

해설 지하주차장의 토출량은 $20[L/(min \cdot m^2)]$이고, 바닥면적은 $50[m^2]$이다(차고, 주차장의 수원 산정 바닥면적은 최대 $50[m^2]$).
토출량 $= 20[L/(min \cdot m^2)] \times 50[m^2] \times 20[min] = 20,000[L] = 20[m^3]$

10

이해도 ○ △ × / 중요도 ★★

물분무소화설비 송수구의 설치기준 중 틀린 것은?

① 구경 65[mm]의 쌍구형으로 할 것
② 지면으로부터 높이가 0.5[m] 이상 1[m] 이하의 위치에 설치할 것
③ 가연성 가스의 저장 · 취급시설에 설치하는 송수구는 그 방호대상물로부터 20[m] 이상의 거리를 두거나 방호대상물에 면하는 부분이 높이 1.5[m] 이상, 폭 2.5[m] 이상의 철근콘크리트 벽으로 가려진 장소에 설치할 것
④ 송수구는 하나의 층의 바닥면적이 $1,500[m^2]$를 넘을 때마다 1개(5개를 넘을 경우에는 5개로 한다) 이상을 설치할 것

정답 07. ③ 08. ② 09. ① 10. ④

해설 송수구는 하나의 층의 바닥면적이 3,000[m^2]를 넘을 때마다 1개(5개를 넘을 경우에는 5개로 한다) 이상을 설치할 것

11

이해도 ○ △ × / 중요도 ★★★★★

특고압의 전기시설을 보호하기 위한 수계 소화설비로 물분무소화설비의 사용이 가능한 주된 이유는?

① 물분무소화설비는 다른 물소화설비에 비해서 신속한 소화를 보여주기 때문이다.
② 물분무소화설비는 다른 물소화설비에 비해서 물의 소모량이 적기 때문이다.
③ 분무상태의 물은 전기적으로 비전도성이기 때문이다.
④ 물분무 입자 역시 물이므로 전기전도성이 있으나 전기시설물을 젖게 하지 않기 때문이다.

해설 미세한 물방울(무상주수)은 비전도성이므로 전기화재에도 적용할 수 있다.

12

이해도 ○ △ × / 중요도 ★★★★★

900[V]의 유입식 변압기에 물분무설비를 설치할 때 이격거리는 얼마로 해야 하는가?

① 70[cm] 이상
② 80[cm] 이상
③ 110[cm] 이상
④ 150[cm] 이상

해설 고압 전기기기와 물분무헤드 사이 이격거리

전압[kV]	거리[cm]
66 이하	70 이상

13

이해도 ○ △ × / 중요도 ★★★★★

물분무소화설비를 설치하는 주차장의 배수설비 설치기준으로 틀린 것은?

① 차량이 주차하는 장소의 적당한 곳에 높이 10[cm] 이상의 경계턱으로 배수구를 설치한다.
② 40[m] 이하마다 기름분리장치를 설치한다.
③ 차량이 주차하는 바닥은 배수구를 향하여 $\frac{1}{100}$ 이상의 기울기를 유지한다.
④ 가압송수장치의 최대송수능력의 수량을 유효하게 배수할 수 있는 크기 및 기울기로 설치한다.

해설 물분무소화설비 배수설비 기울기
차량을 주차하는 바닥은 배수구를 향하여 $\frac{2}{100}$ 이상의 기울기 유지

14

이해도 ○ △ × / 중요도 ★★★★★

물분무헤드를 설치하지 아니할 수 있는 장소의 기준 중 다음 (　) 안에 알맞은 것은?

> 운전 시에 표면의 온도가 (　)[℃] 이상으로 되는 등 직접 분무를 하는 경우 그 부분에 손상을 입힐 우려가 있는 기계장치 등이 있는 장소

① 160　② 200
③ 260　④ 300

해설 물분무소화설비의 설치제외 장소
(1) 물과 심하게 반응 또는 위험물질 생성 우려가 있는 장소
(2) 고온의 물질, 증류범위가 넓어 끓어 넘치는 물질이 있는 장소

CHAPTER 04

정답 11. ③ 12. ① 13. ③ 14. ③

(3) 운전 시 표면온도가 260[℃] 이상으로 손상 우려가 있는 기계장치가 설치된 장소

암기 Tip 물고운(문)

15

이해도 ○ △ × / 중요도 ★

다음 중 스프링클러설비와 비교하여 물분무소화설비의 장점으로 옳지 않은 것은?

① 소량의 물을 사용함으로써 물의 사용량 및 방사량을 줄일 수 있다.
② 운동에너지가 크므로 파괴주수효과가 크다.
③ 전기절연성이 높아서 고압통전기기의 화재에도 안전하게 사용할 수 있다.
④ 물의 방수과정에서 화재열에 따른 부피증가량이 커서 질식효과를 높일 수 있다.

해설 물분무소화설비의 장단점

장점	단점
• 기화 시 체적팽창이 크다.(1,650배) 따라서 산소차단, 질식효과, 복사열 차단효과(냉각)가 우수 • 유면에 유화층을 만들어 유류화재에 적용이 가능(유화효과) • 미세한 물방울(무상주수)은 비전도성으로 전기화재에도 적용 가능 • 가스폭발 방지에 효과적 • 소화수 사용량이 적어서 작은 수피해	• 가스가 아닌 물을 사용하므로 배수설비가 필요 • 고압설비 필요 • 이물질에 헤드가 쉽게 막힌다.

16

이해도 ○ △ × / 중요도 ★★★

미분무소화설비 용어의 정의 중 다음 ( ) 안에 알맞은 것은?

> "미분무"란 물만을 사용하여 소화하는 방식으로 최소설계압력에서 헤드로부터 방출되는 물입자 중 99[%]의 누적체적분포가 (㉠)[μm] 이하로 분무되고, (㉡)급 화재에 적응성을 갖는 것을 말한다.

① ㉠ 400, ㉡ A, B, C
② ㉠ 400, ㉡ B, C
③ ㉠ 200, ㉡ A, B, C
④ ㉠ 200, ㉡ B, C

해설 미분무
(1) 최소설계압력에서 헤드로부터 방출되는 물입자 중 99[%]의 누적체적분포가 400[μm] 이하로 분무
(2) A, B, C급 화재 적응성

17

이해도 ○ △ × / 중요도 ★

미분무소화설비의 배관의 배수를 위한 기울기 기준 중 다음 ( ) 안에 알맞은 것은?

> 개방형 미분무소화설비에는 헤드를 향하여 상향으로 수평주행배관의 기울기를 (㉠) 이상, 가지배관의 기울기를 (㉡) 이상으로 할 것

① ㉠ $\frac{1}{100}$, ㉡ $\frac{1}{500}$
② ㉠ $\frac{1}{500}$, ㉡ $\frac{1}{100}$
③ ㉠ $\frac{1}{250}$, ㉡ $\frac{1}{500}$
④ ㉠ $\frac{1}{500}$, ㉡ $\frac{1}{250}$

해설 미분무설비의 배수를 위한 기울기
(1) 수평주행배관 : 기울기를 $\frac{1}{500}$ 이상
(2) 가지배관 : 기울기를 $\frac{1}{250}$ 이상

정답 15. ② 16. ① 17. ④

18

이해도 ○ △ × / 중요도 ★

다음 설명은 미분무소화설비의 화재안전기술기준에 따른 미분무소화설비 기동장치의 화재감지기 회로에서 발신기 설치기준이다. ( ) 안에 알맞은 내용은? (단, 자동화재탐지설비의 발신기가 설치된 경우는 제외한다.)

> • 조작이 쉬운 장소에 설치하고, 스위치는 바닥으로부터 0.8[m] 이상 (㉠)[m] 이하의 높이에 설치할 것
> • 소방대상물의 층마다 설치하되, 당해 소방대상물의 각 부분으로부터 하나의 발신기까지의 수평거리가 (㉡)[m] 이하가 되도록 할 것
> • 발신기의 위치를 표시하는 표시등은 함의 상부에 설치하되, 그 불빛은 부착면으로부터 15° 이상의 범위 안에서 부착지점으로부터 (㉢)[m] 이내의 어느 곳에서도 쉽게 식별할 수 있는 적색등으로 할 것

① ㉠ 1.5, ㉡ 20, ㉢ 10
② ㉠ 1.5, ㉡ 25, ㉢ 10
③ ㉠ 2.0, ㉡ 20, ㉢ 15
④ ㉠ 2.0, ㉡ 25, ㉢ 15

해설 발신기 설치기준
(1) 설치장소 : 조작이 쉬운 장소
(2) 설치높이 : 스위치는 바닥으로부터 0.8[m] 이상 1.5[m] 이하
(3) 설치간격 기준 : 해당 특정소방대상물의 각 부분으로부터 하나의 발신기까지의 수평거리가 25[m] 이하
(4) 발신기 위치표시등 : 함의 상부에 설치하되, 그 불빛은 부착면으로부터 15° 이상의 범위 안에서 부착지점으로부터 10[m] 이내의 어느 곳에서도 쉽게 식별할 수 있는 적색등

19

이해도 ○ △ × / 중요도 ★

미분무소화설비의 화재안전기술기준상 미분무소화설비의 성능을 확인하기 위하여 하나의 발화원을 가정한 설계도서 작성 시 고려하여야 할 인자를 모두 고른 것은?

> ㉠ 화재위치
> ㉡ 점화원의 형태
> ㉢ 시공 유형과 내장재 유형
> ㉣ 초기 점화되는 연료 유형
> ㉤ 공기조화설비, 자연형(문, 창문) 및 기계형 여부
> ㉥ 문과 창문의 초기상태(열림, 닫힘) 및 시간에 따른 변화상태

① ㉠, ㉢, ㉥
② ㉠, ㉡, ㉢, ㉤
③ ㉠, ㉡, ㉣, ㉤, ㉥
④ ㉠, ㉡, ㉢, ㉣, ㉤, ㉥

해설 미분무소화설비의 설계도서 고려사항
(1) 점화원의 형태
(2) 초기 점화되는 연료 유형
(3) 화재위치
(4) 문과 창문의 초기상태(열림, 닫힘) 및 시간에 따른 변화상태
(5) 공기조화설비, 자연형(문, 창문) 및 기계형 여부
(6) 시공 유형과 내장재 유형

CHAPTER 04

정답 18. ② 19. ④

핵심문제

01 물의 직선적인 흐름을 디플렉터에 충돌시켜 물을 미분화시키는 방식의 물분무헤드를 (　　　　)이라고 한다.

02 물분무헤드의 미세한 물방울(무상주수)은 (　　　　)으로 전기화재에도 적용 가능하다.

03 물분무설비의 수원

<table>
<tr><th>대상</th><th>수원</th><th>면적기준</th></tr>
<tr><td>특수가연물을 저장 또는 취급하는 특정소방대상물</td><td rowspan="3">(①)×20[min]×면적</td><td>최소바닥면적 50[m²] 이상</td></tr>
<tr><td>절연유 봉입변압기</td><td>바닥부분을 제외한 표면적</td></tr>
<tr><td>컨베이어 벨트</td><td>벨트부분의 바닥면적</td></tr>
<tr><td>케이블트레이, 케이블덕트</td><td>(②)×20[min]×면적</td><td>수평투영면적</td></tr>
<tr><td>차고 또는 주차장</td><td>(③)×20[min]×면적</td><td>최소바닥면적 50[m²] 이상</td></tr>
</table>

04 배관

<table>
<tr><th>사용압력</th><th>배관의 종류</th></tr>
<tr><td rowspan="2">1.2[MPa] 이하</td><td>(①)</td></tr>
<tr><td>이음매 없는 동 및 동합금</td></tr>
<tr><td>1.2[MPa] 이상</td><td>(②)</td></tr>
<tr><td colspan="2">동등 이상의 강도·내식성 및 내열성을 가진 것</td></tr>
<tr><td colspan="2">소방용 합성수지관(지하, 내화구조, 천장에 준불연 이상 습식)</td></tr>
</table>

정답

01. 디플렉터형

02. 비전도성

03. ① 10[L/(min · m²)], ② 12[L/(min · m²)], ③ 20[L/(min · m²)]

04. ① 배관용 탄소강관, ② 압력배관용 탄소강관

05 물분무설비 송수구 설치높이 : (   )

06 고압 전기기기와 물분무헤드 사이 이격거리

전압[kV]	거리[cm]	전압[kV]	거리[cm]
66 이하	(①)	154 초과 181 이하	(③)
66 초과 77 이하	80 이상	181 초과 220 이하	210 이상
77 초과 110 이하	110 이상	220 초과 275 이하	260 이상
110 초과 154 이하	(②)		

07 차량을 주차하는 바닥은 배수구를 향하여 (   ) 이상의 기울기 유지

08 물분무소화설비의 설치제외 장소

(1) (①   )
(2) (②   )
(3) (③   )

09 "미분무"란 물만을 사용하여 소화하는 방식으로 최소설계압력에서 헤드로부터 방출되는 물입자 중 99[%]의 누적체적분포가 (   )[μm] 이하

정답

05. 0.5[m] 이상 1[m] 이하

06. ① 70 이상, ② 150 이상, ③ 180 이상

07. $\frac{2}{100}$

08. ① 물과 심하게 반응 또는 위험물질 생성 우려가 있는 장소
② 고온의 물질, 증류범위가 넓어 끓어 넘치는 물질이 있는 장소
③ 운전 시 표면온도가 260[℃] 이상으로 손상 우려가 있는 기계장치가 설치된 장소

09. 400

CHAPTER 5

포소화설비

01 개 요

1 개념

(1) 정의

포소화설비는 물에 의한 소화방법으로는 효과가 적거나 화재가 확대될 위험성이 있는 가연성 액체(유류) 등의 화재에 사용하는 설비

▌화재발생▐

▌포로 화염을 덮어서 화재확대 방지▐

▌질식소화▐

(2) 소화효과

구분	소화효과	소화내용
주된 소화효과	질식효과	물과 포소화약제를 일정한 비율로 혼합한 수용액을 공기로 발포시켜 형성된 미세한 기포의 집합체가 연소물의 표면을 차단시킴
부수적 소화효과	냉각효과	포에 함유된 수분의 증발에 의한 냉각소화 효과가 있어 재발화 위험성이 적음

(3) 옥외소화

대규모 화재의 소화에도 적합하고 옥외소화에도 효과적

(4) 유류화재

가장 우수한 성능을 발휘하는 유류화재용 소화설비

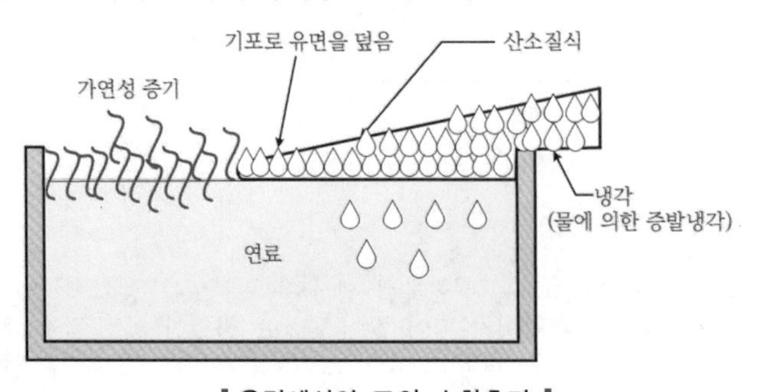

▌유면에서의 포의 소화효과▐

2 포소화설비의 구성

수원, 가압송액장치, 포방출구, 포원액 저장탱크, 혼합장치, 배관 및 화재감지장치

3 방출방식에 의한 종류

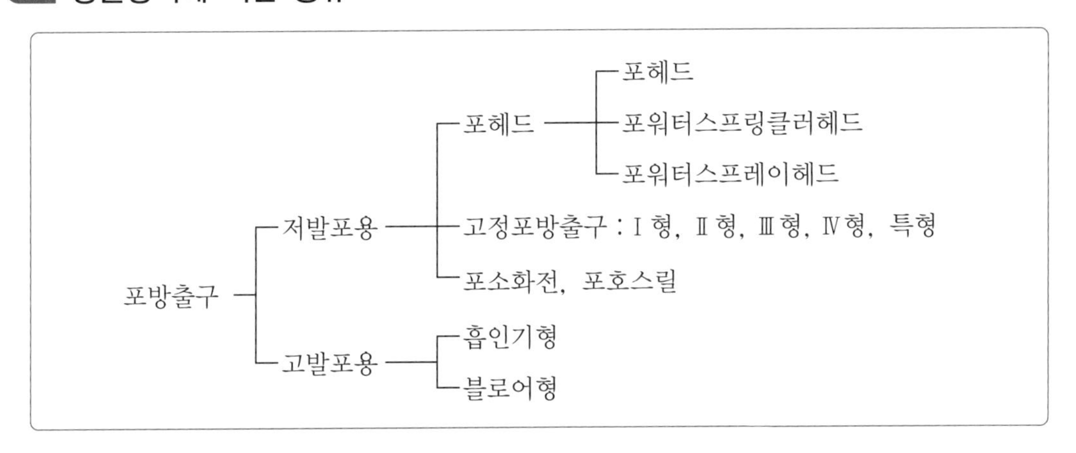

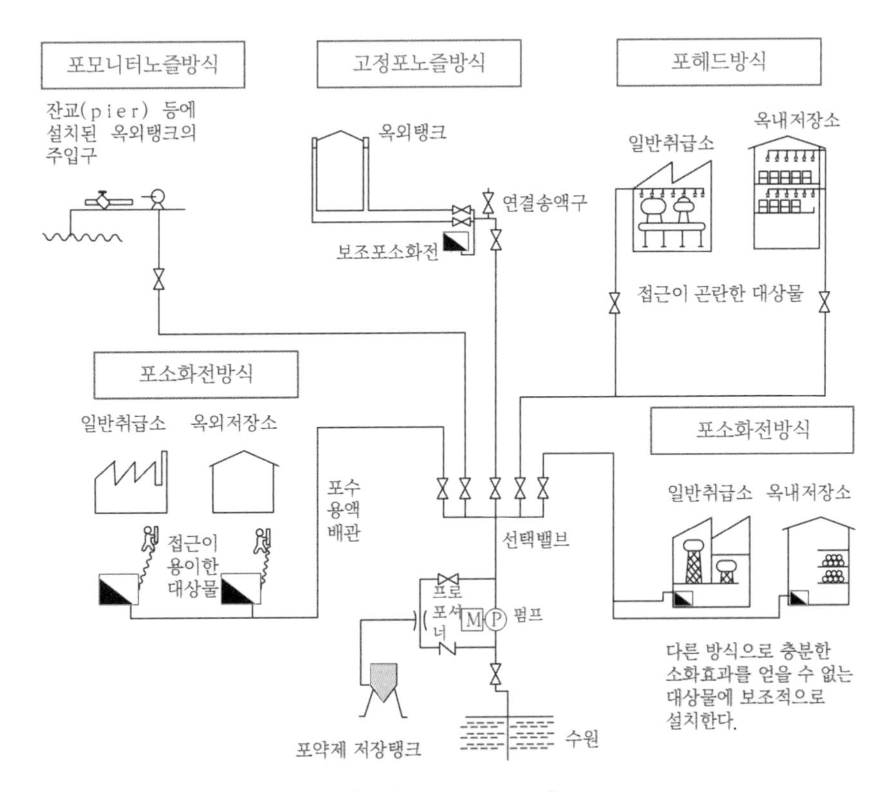

▌방출방식의 개념도▐

(1) 고정식 포방출구방식

위험물저장탱크 등에 설치하는 것으로서 탱크의 구조 및 크기에 따라 일정한 수의 포방출구를 탱크 측면 또는 내부에 설치 ★★

① Ⅰ형 고정포방출구 : 통이나 튜브 등을 이용해 콘루프탱크(cone roof tank)에 사용하는 방출구

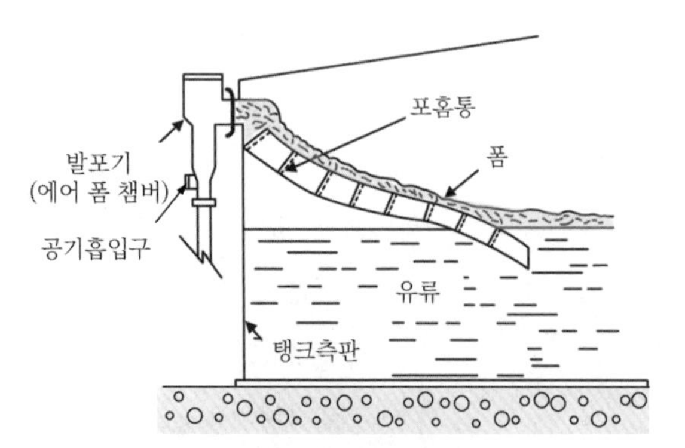

▌Ⅰ형 고정포방출구▐

② Ⅱ형 고정포방출구

㉠ 정의 : 반사판(디플렉터)을 이용해 콘루프탱크(cone roof tank)에 사용하는 방출구

㉡ 구성요소 : 챔버, 포메이커, 디플렉터 ★

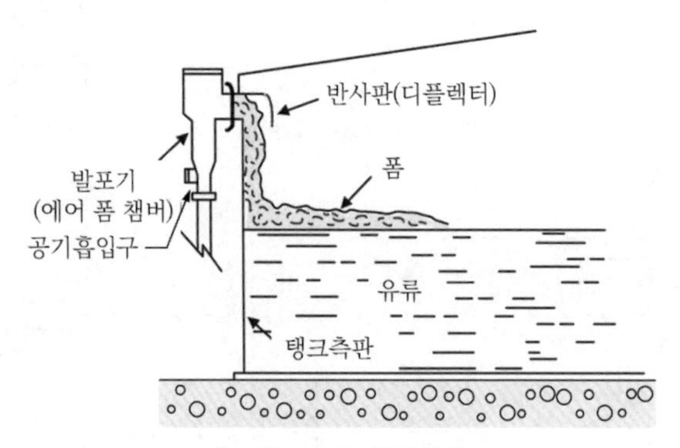

▌Ⅱ형 고정포방출구▐

③ Ⅲ형 고정포방출구

㉠ 표면하 주입식 방출구 ★

㉡ 특징

- 상부주입식의 경우에 탱크 화재 시 고정포방출구가 파손되는 단점을 보완하기 위한 방식
- 탱크의 직경이 크고 점도가 낮은 위험물저장탱크의 방호에 적합하다.
- 발포기의 허용배압이 위험물에 가해지는 압력보다 클수록 발포기의 크기를 적게 할 수 있다.

㉢ 소화약제의 제한 : 수성막포, 불화단백포

㉣ 사용의 제한
- 부상지붕구조(플루팅루프탱크)
- 압력이 걸리는 탱크

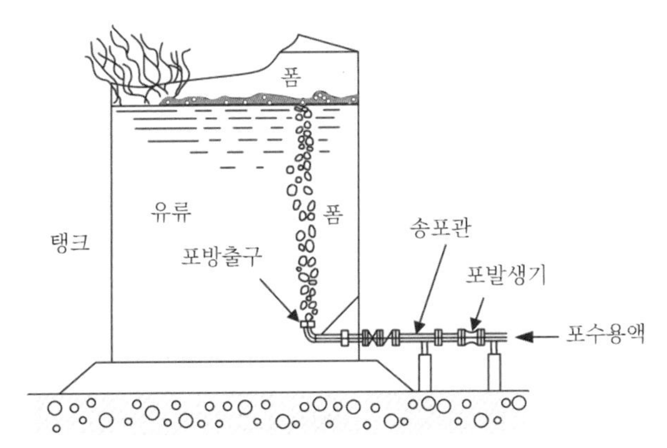

▌Ⅲ형 고정포방출구▐

④ Ⅳ형 고정포방출구
㉠ 반표면하 주입식 방출구
㉡ 반표면하 주입식의 경우는 표면하 주입식과는 달리 약제가 탱크 상부에서 발포되므로 일반 포소화약제의 사용이 가능

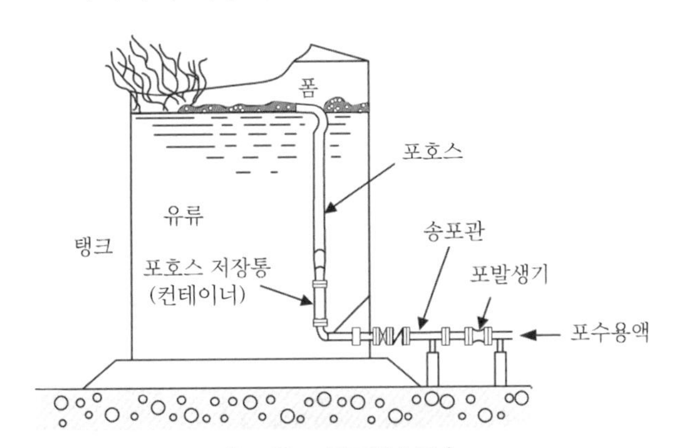

▌Ⅳ형 고정포방출구▐

⑤ **특형(Ⅴ형) 고정포방출구** : 플루팅루프탱크(floating roof tank)에 사용하는 방출구 ★

플루팅루프탱크(FRT)
탱크의 증기부분을 최소화하기 위해서 탱크가 인화성 액체 위에 떠 있는 부상식 탱크로, 탱크가 떠 있는 부분과 탱크 벽면과의 환상부분(도넛모양)을 가지고 있어서 이 부분에서 링파이어가 발생할 수 있다.

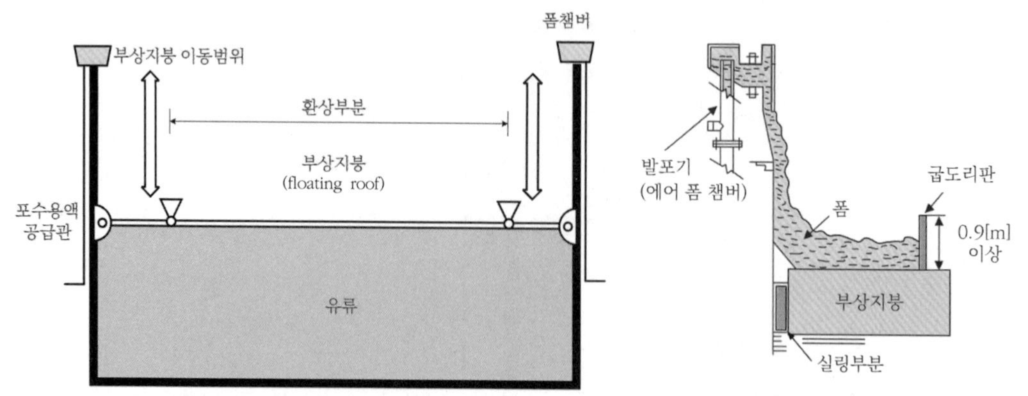

❙ 플루팅루프탱크에 설치된 특형 ❙　　❙ 특형 고정포방출구 ❙

(2) 포헤드방식

화재 시 접근이 곤란한 위험물제조소, 취급소, 옥내저장소, 차고 등에 설치

① **포워터스프링클러설비** : 공기유입구를 통해 공기와 배관을 통해 공급되는 포소화약제, 물을 섞어서 디플렉터에 부딪혀 포를 발생시키는 헤드로 구조가 개방형 스프링클러헤드와 유사한 헤드를 사용하는 설비

② **포헤드설비** : 공기유입구를 통해 공기와 배관을 통해 공급되는 포소화약제, 물을 섞어서 메쉬를 통해 포를 발생시키는 헤드로 포를 눈과 같이 분산시켜 방출시키는 구조의 헤드를 사용하는 설비

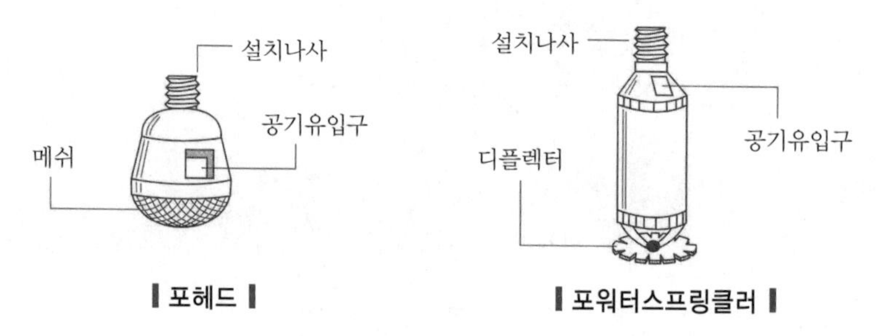

❙ 포헤드 ❙　　❙ 포워터스프링클러 ❙

❙ 포헤드방식의 포소화설비 ❙

(3) 이동식

화재 시 쉽게 접근하여 소화작업을 할 수 있는 장소 또는 방호대상이 "고정식 포방출구방식"이나 "포헤드방식"으로는 충분한 소화효과를 얻을 수 없는 부분에 설치

① **포소화전설비** : 소화전과 같이 호스를 들고 화점 근처까지 이동하고 노즐을 통하여 사람이 직접 화점에 포를 수동조작으로 방출하는 방식의 방출구로 주로 개방된 주차장이나 옥외탱크저장소의 보조포설비용으로 사용하는 설비

② **호스릴포설비** : 가볍고 혼자 작동이 가능한 호스릴을 이용하여 호스를 화점 근처까지 이동하고 노즐을 통하여 사람이 직접 화점에 포를 방출하는 방식으로 방출량이 포소화전보다 작은 이동식 간이설비

(4) 포모니터노즐방식(위험물안전관리에 관한 세부기준)

위치가 고정된 노즐의 방사각도를 수동 또는 자동으로 조준하여 포를 대량으로 방사하는 설비로 석유화학플랜트 등을 방호하기 위한 설비

4 포혼합방식(proportioner)

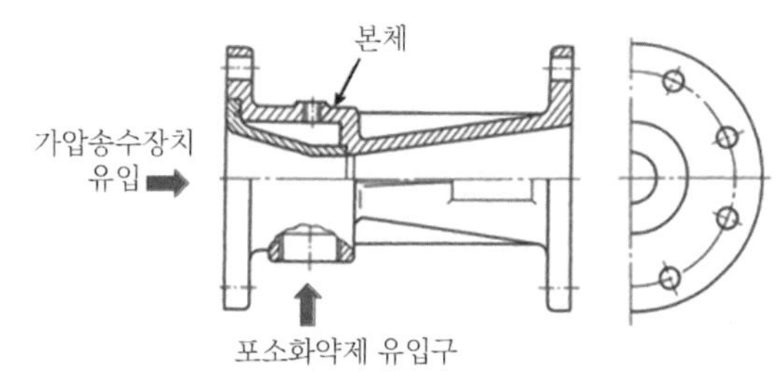

▌포혼합장치▐

(1) 라인 프로포셔너(line proportioner)

① **혼합방식** : 펌프와 발포기의 중간에 설치된 벤투리관의 벤투리 작용에 따라 포소화약제를 흡입·혼합하는 방식 ★★★

② **사용처** : 소규모 또는 이동식 간이설비에 사용

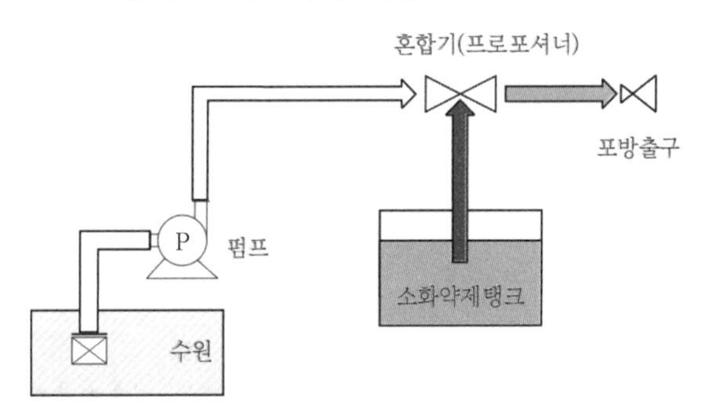

▌라인 프로포셔너 방식▐

(2) 펌프 프로포셔너(pump proportioner) ★★

① **혼합방식** : 펌프의 토출관과 흡입관 사이의 배관 도중에 설치한 흡입기에 펌프에서 토출된 물의 일부를 보내고, 농도조절밸브에서 조정된 포소화약제의 필요량을 포소화약제 탱크에서 펌프 흡입측으로 보내어 이를 혼합하는 방식

② **사용처** : 화학소방차

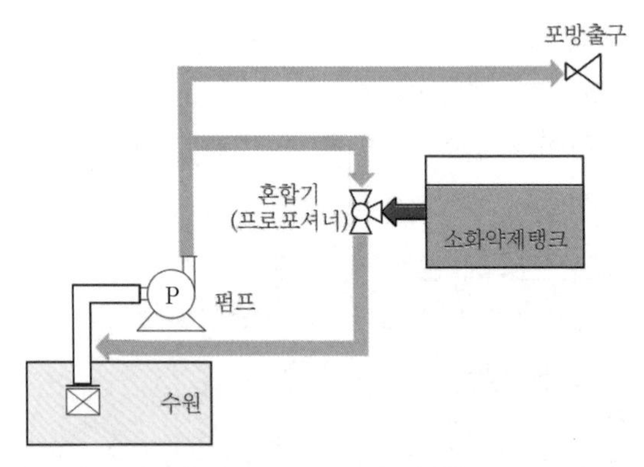

▍펌프 프로포셔너 방식▍

(3) 프레져 프로포셔너(pressure proportioner)

① **혼합방식** : 펌프와 발포기의 중간에 설치된 벤투리관의 벤투리 작용과 펌프 가압수의 약제저장탱크에 대한 압력에 의해 포소화약제를 흡입하여 혼합하는 방식

② **종류**

㉠ 압송식 : 소화약제 저장조에 설치된 다이어프램을 펌프의 가압수로 밀어내어 혼합하는 방식

㉡ 압입식 : 혼합기의 가압수가 소화약제 저장조를 가압하여 약제를 밀어올려 혼합하는 방식

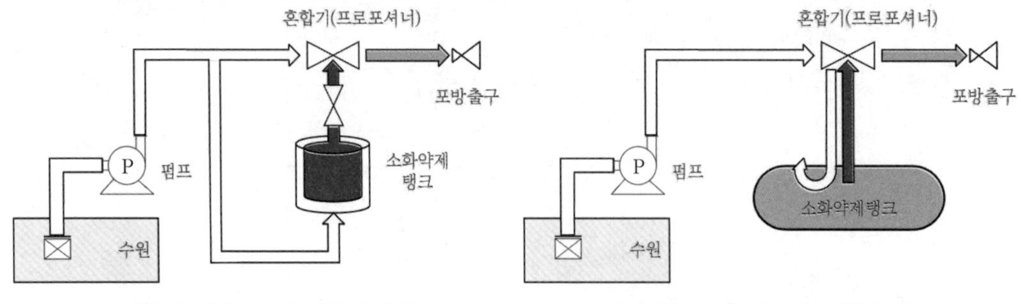

▍압력 프로포셔너 방식(압송식)▍ **▍압력 프로포셔너 방식(압입식)▍**

③ **사용처** : 유류저장탱크

(4) 프레져 사이드 프로포셔너(pressure－side proportioner) ★★★★★

① **혼합방식** : 펌프의 토출관에 압입기를 설치하여 압입용 펌프로 포소화약제를 압입시켜 혼합하는 방식

② 사용처 : 대단위 고정식 설비

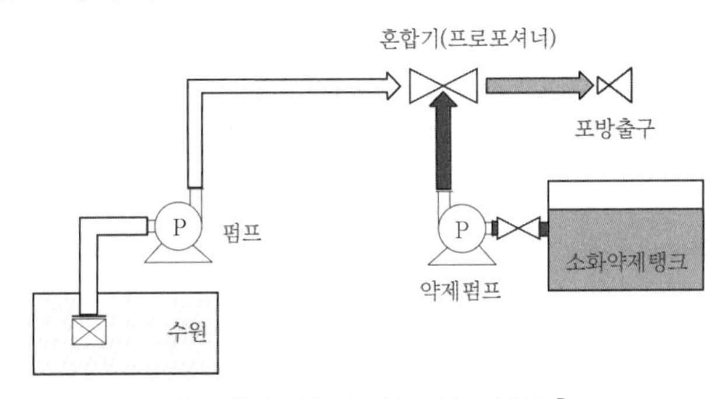

❙ 프레져 사이드 프로포셔너 방식 ❙

(5) 압축공기포 믹싱챔버방식

포소화설비에서 압축공기와 포수용액을 혼합하는 방식이다.

암기 Tip 라(나)펌프 사

5 고발포용 포방출구

(1) 흡인기형

포수용액이 분사될 때 공기를 자연적으로 흡입하고 포가 스크린을 통과하면서 보통 250배의 중팽창포를 형성

(2) 블로어형(blower type)

포수용액이 분사될 때 송풍기를 이용하여 강제로 공기를 공급하여 포수용액이 막(screen)을 통과하면서 고팽창포를 생성한다. 보통 500배 이상의 고팽창포를 형성

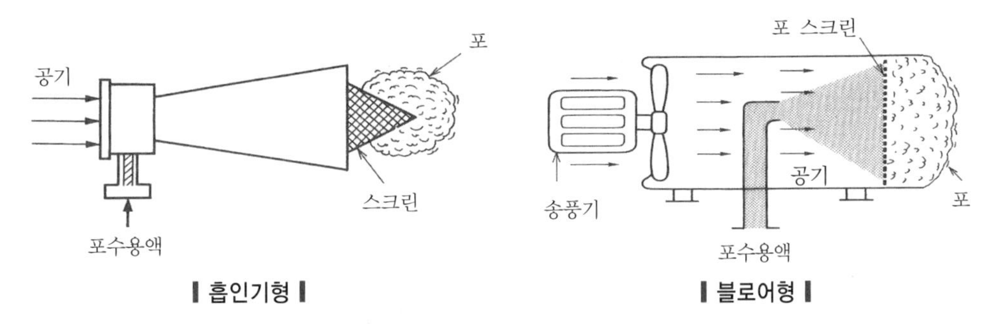

❙ 흡인기형 ❙ ❙ 블로어형 ❙

6 기타

(1) 포소화설비 차단밸브의 설치위치

선택밸브의 1차측인 펌프측에 설치 ★

(2) 포소화약제의 구비조건 ★

내열성, 내유성, 유동성, 안정성, 부착성

(3) 밸브의 크기 표시방법

접속되는 배관의 호칭 크기로 표시

(4) 포소화설비의 수용액이 거품으로 형성되는 장치

① **포챔버(foam chamber)** : 고정포에서 포를 발생시키는 장치

② **포헤드(foam head)** : 헤드에서 발포 전에 공기를 흡입하여 공기포를 생성

③ **포노즐(foam nozzle)** : 노즐에서 발포 전에 공기를 흡입하여 공기포를 생성

(5) 발포기의 구성요소

① **챔버** : 발포를 시키는 공간

② **디플렉터** : 반사판이라고 하고 포메이커에서 포를 발생시킨 것을 부딪혀 탱크 내로 부유하게 하는 장치

③ **포메이커** : 포를 발생시키는 장치

(6) 수성막포의 특성 ★

① 불소계 계면활성포의 일종이다.

② 질식과 냉각작용에 의하여 소화하며 내열성 내포화성이 높다.

③ 원액이든 수용액이든 다른 포액보다 장기 보존성이 높다.

④ 분말과 병행 사용이 가능하며 그 소화력이 우수하다.

(7) 수성막포의 용도 ★

① 물보다 가벼운 가연성 액체의 소화에 적합하다.

② 액화 부탄, 액화 부타디엔, 액화 프로판 등과 같은 가스화재에 적합하지 않다.

③ 금속인 나트륨(Na), 칼륨(K)의 소화에는 적합하지 않다.

④ 수용성 또는 극성용제의 소화에 적합하지 않다. **수용성 또는 극성용제에는 금속비누나 고분자겔 등의 포소화약제가 사용된다.**

02 포소화설비(NFTC 105)

1 종류 및 적응성, 수원(2.1, 2.2)

특정소방대상물	설치대상	수원
특수가연물을 저장 · 취급하는 공장 또는 창고 ★★★★★	• 포워터스프링클러설비 • 포헤드설비	포헤드수(max 바닥면적 200[m^2])×10[min]
	• 고정포방출설비	표준방사량×10[min]
	• 압축공기포소화설비	• 일반가연물, 탄화수소류 : 1.63[L/min · m^2]×10[min] • 특수가연물, 알코올류, 케톤류 : 2.3[L/min · m^2]×10[min]

특정소방대상물		설치대상	수원
차고 또는 주차장 ★★★	일반적인 경우	• 포워터스프링클러설비 • 포헤드설비	포헤드수(max 바닥면적 200[m²])×10[min]
		• 고정포방출설비	표준방사량×10[min]
		• 압축공기포소화설비	• 일반가연물, 탄화수소류 : 1.63[L/min · m²]×10[min] • 특수가연물, 알코올류, 케톤류 : 2.3[L/min · m²]×10[min]
	완전 개방된 옥상주차장	• 호스릴포소화설비 • 포소화전설비	방수구가 가장 많은 층의 설치개수 (max 5개)×6[m³] (300[L/min]×20[min])
	고가 밑의 주차장 등 • 주된 벽이 없고 기둥뿐인 경우 • 주위가 위해 방지용 철주 등으로 둘러싸인 부분		
	지상 1층 지붕이 없는 부분		
항공기 격납고	일반적인 경우	• 포워터스프링클러설비 • 포헤드설비 • 고정포방출설비 • 압축공기포소화설비	표준방사량×10[min]
	바닥면적의 합계가 1,000[m²] 이상이고 항공기의 격납위치가 한정되어 있는 경우	• 호스릴포소화설비	방수구 설치개수 (max 5개)×6[m³](300[L/min]×20[min])
발전기실, 엔진펌프실, 변압기, 전기케이블실, 유압설비 : 바닥면적 합계 300[m²] 미만 ★		• 고정식 압축공기포소화설비	• 일반가연물, 탄화수소류 : 1.63[L/min · m²]×10[min] • 특수가연물, 알코올류, 케톤류 : 2.3[L/min · m²]×10[min]

표준방사량 : 제조사별로 헤드 설계압력에 대해 방출되는 방출량(Lpm)

2 가압송수장치(2.3)

(1) 감압장치 설치

포헤드 · 고정방출구 또는 이동식 포노즐의 방사압력이 설계압력 또는 방사압력의 허용범위를 넘지 아니하도록 설치

(2) 가압송수장치 표준방사량

구분	표준방사량
포워터스프링클러헤드	75[L/min] 이상
포헤드 · 고정포방출구 또는 이동식 포노즐 · 압축공기포헤드	각 포헤드 · 고정포방출구 또는 이동식 포노즐의 설계압력에 따라 방출되는 소화약제의 양

3 배관 등(2.4) ★★★

(1) 송액관 포 방출 종료 후 배관 내 액을 배출

적당한 기울기를 유지 + 가장 낮은 부분에 배액밸브 설치

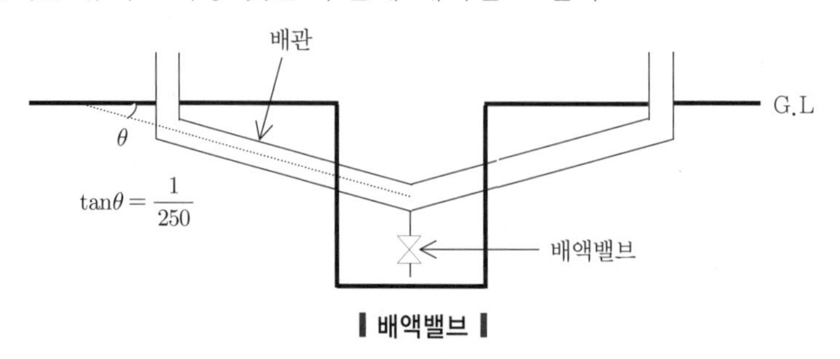

▎배액밸브▎

(2) 포워터스프링클러설비 또는 포헤드설비의 가지배관의 배열

토너먼트방식 금지

(3) 한쪽 가지배관에 설치하는 헤드의 수

8개 이하

(4) 송액관

전용(예외 다른 설비 용도에 사용하는 배관의 송수를 차단 가능, 포소화설비의 성능에 지장이 없는 경우)

(5) 송수구

① 구경 65[mm] 쌍구형

② 송수구는 하나의 층의 바닥면적이 3,000[m^2]를 넘을 때마다 1개 이상(최대 : 5개)을 설치

(6) 송수구 설치제외 대상

① 압축공기포소화설비를 스프링클러 보조설비로 설치

② 압축공기포소화설비에 자동으로 급수되는 장치를 설치

(7) 압축공기포소화설비의 배관

토너먼트방식

4 저장탱크 등(2.5)

(1) 저장탱크

① 화재 등의 재해로 인한 피해를 받을 우려가 없는 장소에 설치

② 기온의 변동으로 포의 발생에 장애를 주지 아니하는 장소에 설치(예외 기온의 변동에 영향을 받지 아니하는 포소화약제)

③ 포소화약제가 변질될 우려가 없고 점검에 편리한 장소에 설치

④ 가압송수장치 또는 포소화약제 혼합장치의 기동에 따라 압력이 가해지는 것 또는 상시 가압된 상태로 사용되는 것은 압력계를 설치

⑤ 포소화약제 저장량의 확인이 쉽도록 액면계 또는 계량봉 등을 설치

⑥ 가압식이 아닌 저장탱크는 그라스게이지를 설치하여 액량을 측정할 수 있는 구조

(2) 포소화약제 저장량

① 고정포방출구 방식

㉠ 고정포 소화약제량

$$Q = A \times Q_1 \times T \times S$$ ★★★★★

여기서, Q : 포소화약제의 양[L]
A : 탱크의 액표면적[m^2]
Q_1 : 단위 포소화수용액의 양[$L/m^2 \cdot min$]
T : 방출시간[min]
S : 포소화약제의 사용농도[%]

㉡ 보조포소화전

$$q = N \times S \times 8{,}000[L]$$

여기서, q : 보조포소화전 소화약제의 양[L]
N : 호스접결구수(max : 3개)
S : 포소화약제의 사용농도[%]
8,000[L] : 400[L/min]×20[min]

㉢ 가장 먼 탱크까지의 송액관(내경 75[mm] 이하의 송액관을 제외)에 충전하기 위하여 필요한 양 ★

② 옥내포소화전방식 또는 호스릴방식 ★★★

㉠ 소화약제량

$$Q = N \times S \times 6{,}000[L]$$

여기서, Q : 포소화약제의 양[L]
N : 호스접결구수(5개 이상인 경우는 5)
S : 포소화약제의 사용농도[%]
6,000[L] : 300[L/min]×20[min]

㉡ 바닥면적이 200[m^2] 미만인 경우 : 상기 양의 75[%]

③ **포헤드방식** : 하나의 방사구역 안에 설치된 포헤드의 표준방사량×10[min]

(3) 포소화전 방사압

0.35[MPa] 이상 ★★★

5 개방밸브(2.7)

(1) 자동식 개방밸브

화재감지장치의 작동에 따라 자동개방

(2) 수동식 개방밸브

화재 시 쉽게 접근할 수 있는 곳에 설치(수동개방)

6 기동장치(2.8)

(1) 수동식 기동장치

① 차고 또는 주차장 : 방사구역마다 1개 이상 설치

② 비행기격납고 : 방사구역마다 2개 이상 설치

㉠ 1개는 각 방사구역으로부터 가장 가까운 곳 또는 조작에 편리한 장소에 설치

㉡ 1개는 화재감지수신기를 설치한 감시실 등에 설치

③ 2 이상의 방사구역을 가진 포소화설비 : 방사구역을 선택할 수 있는 구조

④ 표지설치 : 기동장치의 조작부 및 호스접결구에는 가까운 곳의 보기 쉬운 곳

⑤ 기동장치의 조작부

㉠ 설치장소 : 화재 시 쉽게 접근할 수 있는 곳

㉡ 설치높이 : 바닥으로부터 0.8[m] 이상 1.5[m] 이하

㉢ 보호장치 : 조작부를 보호할 수 있는 보호장치 설치

⑥ 직접조작 또는 원격조작에 의한 다음 장치의 기동 : 가압송수장치, 수동식 개방밸브, 소화약제 혼합장치

차비2표바직

(2) 자동식 기동장치

① 감지기의 작동 또는 폐쇄형 스프링클러헤드의 개방과 연동하여 다음의 장치 기동 : 가압송수장치, 일제개방밸브, 소화약제 혼합장치

② 폐쇄형 스프링클러헤드를 기동장치로 사용하는 경우의 설치기준 ★★★★★

㉠ 표시온도 : 79[℃] 미만

㉡ 경계면적 : 20[m^2] 이하

㉢ 부착면 높이 : 5[m] 이하

㉣ 하나의 감지장치 경계구역 : 하나의 층

암기 Tip 친구(79)라 경이(20) 부르오(5)

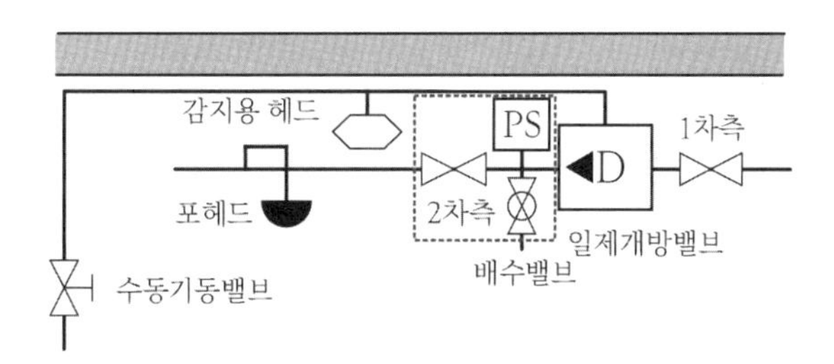

▌폐쇄형 스프링클러헤드를 이용한 기동방식▐

③ 화재감지기를 사용하는 경우의 설치기준

㉠ 화재감지기는 자동화재탐지설비의 화재안전기술기준에 따라 설치

㉡ 화재감지기 회로에는 발신기를 설치 ★

- 수평거리 : 25[m]
- 보행거리 : 40[m]

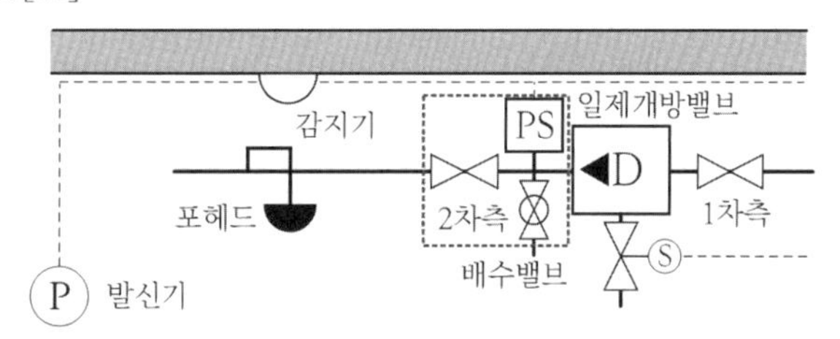

▌화재감지기를 이용한 기동방식▐

④ 동결 우려가 있는 장소 : 자동화재탐지설비와 연동

⑤ 포소화설비의 기동장치에 설치하는 자동경보장치

㉠ 방사구역 : 일제개방밸브와 그 일제개방밸브의 작동 여부를 발신하는 발신부를 설치 (이 경우 각 일제개방밸브에 설치되는 발신부 대신 1개층에 1개의 유수검지장치 설치 가능)

㉡ 수신기 설치장소 : 상시 사람이 근무하고 있는 장소

㉢ 수신기의 표시장치 : 폐쇄형 스프링클러헤드의 개방 또는 감지기의 작동 여부를 알 수 있는 표시장치를 설치

㉣ 하나의 소방대상물에 2 이상의 수신기 : 상호간 동시 통화

7 포헤드 및 고정포방출구(2.9)

(1) 포헤드, 고정포방출구의 팽창비율 ★★

팽창비율에 따른 포의 종류	포방출구의 종류
팽창비가 20 이하인 것(저발포)	포헤드, 압축공기포헤드
팽창비가 80 이상 1,000 미만인 것(고발포)	고발포용 고정포방출구

(2) 헤드 설치기준 ★★★★★

구분	설치장소	설치대상	설치기준
포워터스프링클러헤드	천장 또는 반자	–	$\frac{1개}{8[m^2]}$
포헤드 ★★★	천장 또는 반자	–	$\frac{1개}{9[m^2]}$
압축공기포소화설비 분사헤드 ★★★	천장, 반자 또는 측벽	유류탱크 주위	$\frac{1개}{13.9[m^2]}$
		특수가연물저장소	$\frac{1개}{9.3[m^2]}$
화재감지용 폐쇄형 스프링클러헤드	천장 또는 반자	–	$\frac{1개}{20[m^2]}$

(3) 팽창비

$$팽창비 = \frac{최종\ 발생한\ 포체적\ V_F[m^3]}{원래\ 포수용액\ 체적\ V_l[m^3]}$$ ★★

(4) 포헤드의 유효반경

2.1[m] ★

(5) 포헤드 방사량 ★★★★★

소방대상물	포소화약제의 종류	바닥면적 1[m²]당 방사량
차고 · 주차장 및 항공기격납고	단백포 소화약제	6.5[L/min] 이상
	합성계면활성제포 소화약제	8.0[L/min] 이상
	수성막포 소화약제	3.7[L/min] 이상
특수가연물을 저장 · 취급하는 소방대상물	단백포 소화약제	6.5[L/min] 이상
	합성계면활성제포 소화약제	6.5[L/min] 이상
	수성막포 소화약제	6.5[L/min] 이상

(6) 압축공기포소화설비 분사헤드의 방사량

방호대상물	바닥면적 1[m²]당 방사량
특수가연물	2.3[L/min] 이상
기타의 것	1.63[L/min] 이상

(7) 호스릴포소화설비 또는 포소화전설비(차고 · 주차장)

① **방사량** : 방수구수(방수구 max 5)×300[L/min] 이상(1개층 바닥면적 200[m²] 이하 : 230[L/min] 이상)

② **방사압** : 0.35[MPa] 이상

③ 방사거리 : 수평거리 15[m] 이상

④ 소화약제의 팽창비 : 저발포

⑤ 호스릴함 또는 호스함

㉠ 호스릴 또는 호스를 호스릴포방수구 또는 포소화전방수구로 분리하여 비치 : 3[m] 이내

㉡ 설치위치 : 높이 1.5[m] 이하

㉢ 표면

- "포호스릴함(또는 포소화전함)"이라고 표시한 표지
- 적색의 위치표시등

⑥ 방호대상물의 각 부분으로부터 하나의 호스릴포방수구까지의 수평거리

㉠ 호스릴포방수구 : 15[m] 이하

㉡ 포소화전방수구 : 25[m] 이하

(8) 고발포용 포방출구

① 전역방출방식 고발포용 고정포방출구 설치기준 ★★★

㉠ 개구부에 자동폐쇄장치 설치(예외 외부로 새는 양 이상의 보충할 수 있는 경우)

㉡ 고정포방출구의 관포체적 $1[m^3]$에 대한 1분당 방출량

꼼꼼체크 **관포체적** : 해당 바닥면으로부터 방호대상물의 높이보다 0.5[m] 높은 위치까지의 체적

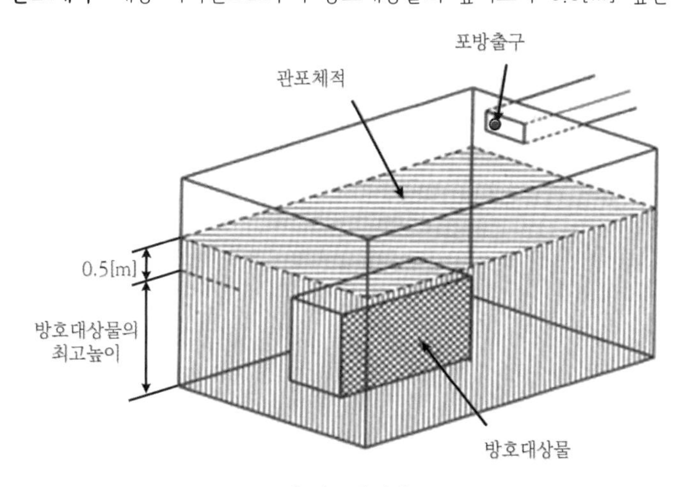

▌관포체적▐

소방대상물	포의 팽창비	$1[m^3/min]$당 포수용액 방출량
항공기격납고	80 이상 250 미만의 것	2.00[L]
	250 이상 500 미만의 것	0.50[L] 암기 Tip 2 ÷ 4
	500 이상 1,000 미만의 것	0.29[L] 암기 Tip 0.5 ÷ 2 × 1.2

소방대상물	포의 팽창비	1[m³/min]당 포수용액 방출량
차고 또는 주차장	80 이상 250 미만의 것	1.11[L]
	250 이상 500 미만의 것	0.28[L] 암기 Tip 1.11 ÷ 4
	500 이상 1,000 미만의 것	0.16[L] 암기 Tip 0.28 ÷ 2 × 1.2
특수가연물을 저장 또는 취급하는 소방대상물	80 이상 250 미만의 것	1.25[L]
	250 이상 500 미만의 것	0.31[L] 암기 Tip 1.25 ÷ 4
	500 이상 1,000 미만의 것	0.18[L] 암기 Tip 0.31 ÷ 2 × 1.2

㉢ 설치기준 : 바닥면적 $\frac{1개}{500[m^2]}$ 마다 1개 이상

㉣ 설치위치 : 방호대상물의 최고부분보다 높은 위치에 설치(예외 밀어올리는 능력을 가진 것은 방호대상물과 같은 높이 위치에 설치)

② 국소방출방식 고발포용 고정포방출구 설치기준

㉠ 방호대상물이 서로 인접하여 불이 쉽게 붙을 우려가 있는 경우 : 불이 옮겨 붙을 우려가 있는 범위 내의 방호대상물을 하나의 방호대상물로 하여 설치

㉡ 방호면적 : 방호대상물의 높이의 3배(1[m] 미만의 경우에는 1[m])의 거리를 수평으로 연장한 선으로 둘러싸인 부분의 면적 ★

㉢ 방출량 : 방호면적 1[m²]에 대하여 1분당 방출량이 다음 [표]에 따른 양 이상

방호대상물	방호면적 1[m³/min]당 방출량
특수가연물	3[L]
기타의 것	2[L]

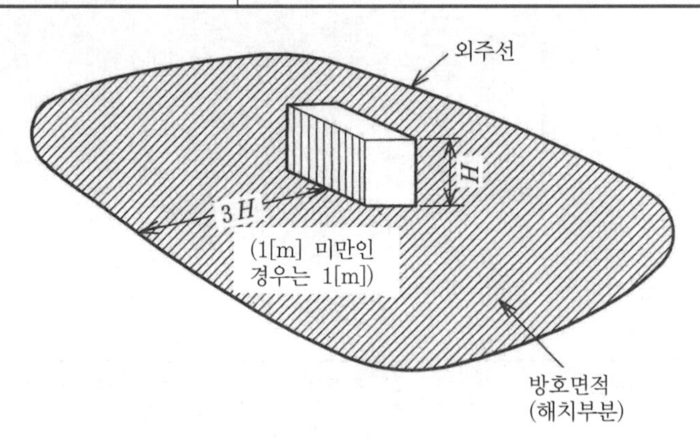

▌국소방출방식 고발포용 고정포방출구의 방호면적▐

8 전원(2.10)

(1) 비상전원의 종류

자가발전설비, 축전지설비, 전기저장장치

(2) 예외적으로 비상전원수전설비 사용대상

① 호스릴포소화설비 또는 포소화전만을 설치한 차고 · 주차장

② 포헤드설비 또는 고정포방출설비가 설치된 부분의 바닥면적의 합계가 1,000[m^2] 미만인 것

기출·예상문제

01

이해도 ○ △ × / 중요도 ★★

가솔린을 저장하는 고정지붕식의 옥외탱크에 설치하는 포소화설비에서 포를 방출하는 기기는 어느 것인가?

① 포워터스프링클러헤드
② 호스릴포소화설비
③ 포헤드
④ 고정포방출구(폼챔버)

해설 고정식 포방출구방식
위험물저장탱크 등에 설치하는 것으로서 탱크의 구조 및 크기에 따라 일정한 수의 포방출구를 탱크 측면 또는 내부에 설치

02

이해도 ○ △ × / 중요도 ★

포소화설비를 표면하주입방식으로 설치하는 경우에 대한 설명으로 적당하지 않은 것은?

① 상부주입식의 경우에 탱크 화재 시 고정포방출구가 파손되는 단점을 보완할 수 있다.
② 탱크의 직경이 크고 점도가 낮은 위험물저장탱크의 방호에 적합하다.
③ 콘루프(원추지붕)탱크의 형태 및 수용성 위험물탱크에는 적용할 수 없다.
④ 발포기의 허용배압이 위험물에 가해지는 압력보다 클수록 발포기의 크기를 적게 할 수 있다.

해설 표면하주입방식의 사용 제한
(1) 부상지붕구조(플루팅루프탱크)
(2) 압력이 걸리는 탱크

03

이해도 ○ △ × / 중요도 ★

제1석유류의 옥외탱크저장소의 저장탱크 및 포방출구로 가장 적합한 것은?

① 부상식 루프탱크(floating roof tank), 특형 방출구
② 부상식 루프탱크, Ⅱ형 방출구
③ 원추형 루프탱크(cone roof tank), 특형 방출구
④ 원추형 루프탱크, Ⅰ형 방출구

해설 제1석유류는 인화점이 20[℃] 이하인 휘발유와 아세톤 등으로 상온에서 가연성 증기 발생이 용이해서 증기발생 우려가 적은 부상식 루프탱크가 적합하고, 고정포방출구는 특형 방출구가 적합하다.

04

이해도 ○ △ × / 중요도 ★★

포소화설비에서 부상지붕구조의 탱크에 상부포주입법을 이용한 포방출구 형태는?

① Ⅰ형 방출구
② Ⅱ형 방출구
③ 특형 방출구
④ 표면하주입식 방출구

해설 부상지붕구조의 탱크에는 특형 방출구의 포방출구를 사용한다.

정답 01. ④ 02. ③ 03. ① 04. ③

05

이해도 ○ △ × / 중요도 ★★★

공기포소화약제 혼합방식으로 펌프와 발포기의 중간에 설치된 벤투리관의 벤투리 작용에 따라 포소화약제를 흡입·혼합하는 방식은?

① 펌프 프로포셔너
② 라인 프로포셔너
③ 프레져 프로포셔너
④ 프레져 사이드 프로포셔너

해설 라인 프로포셔너
펌프와 발포기의 중간에 설치된 벤투리관의 벤투리 작용에 따라 포소화약제를 흔입·혼합하는 방식

06

이해도 ○ △ × / 중요도 ★★

펌프의 토출관과 흡입관 사이의 배관 도중에 설치한 흡입기에 펌프토출량의 일부를 보내어 농도조절밸브에서 조정된 포소화약제의 필요량을 포소화약제 탱크에서 펌프 흡입측으로 보내어 조합하는 방식은?

① 프레져 사이드 프로포셔너방식
② 라인 프로포셔너방식
③ 프레져 프로포셔너방식
④ 펌프 프로포셔너방식

해설 펌프 프로포셔너
펌프의 토출관과 흡입관 사이의 배관 도중에 설치한 흡입기에 펌프에서 토출된 물의 일부를 보내고, 농도조절밸브에서 조정된 포소화약제의 필요량을 포소화약제 탱크에서 펌프 흡입측으로 보내어 이를 혼합하는 방식

07

이해도 ○ △ × / 중요도 ★

생성된 포(泡)의 요구조건 중 옳지 않은 것은?

① 내열성(耐熱性)
② 내유성(耐油性)
③ 유동성(流動性)
④ 흡유성(吸油性)

해설 포소화약제의 구비조건
내열성, 내유성, 유동성, 안정성, 부착성

08

이해도 ○ △ × / 중요도 ★★★★★

포소화약제의 혼합장치에 대한 설명 중 옳은 것은?

① 라인 프로포셔너방식이란 펌프의 토출관과 흡입관 사이의 배관 도중에 설치한 흡입기에 펌프에서 토출된 물의 일부를 보내고, 농도조절밸브에서 조정된 포소화약제의 필요량을 포소화약제 탱크에서 펌프 흡입측으로 보내어 이를 혼합하는 방식을 말한다.
② 프레져 사이드 프로포셔너방식이란 펌프의 토출관에 압입기를 설치하여 포소화약제 압입용 펌프로 포소화약제를 압입시켜 혼합하는 방식을 말한다.
③ 프레져 프로포셔너방식이란 펌프와 발포기 중간에 설치된 벤투리관의 벤투리 작용에 따라 포소화약제를 흡입·혼합하는 방식을 말한다.
④ 펌프 프로포셔너방식이란 펌프와 발포기의 중간에 설치된 벤투리관의 벤투리 작용과 펌프 가압수의 포소화약제 저장탱크에 대한 압력에 따라 포소화약제를 흡입·혼합하는 방식을 말한다.

정답 05. ② 06. ④ 07. ④ 08. ②

해설 포소화약제 혼합방식

(1) 라인 프로포셔너 : 펌프와 발포기의 중간에 설치된 벤투리관의 벤투리 작용에 따라 포소화약제를 흔입·혼합하는 방식
(2) 펌프 프로포셔너 : 펌프의 토출관과 흡입관 사이의 배관 도중에 설치한 흡입기에 펌프에서 토출된 물의 일부를 보내고, 농도조절밸브에서 조정된 포소화약제의 필요량을 포소화약제 탱크에서 펌프 흡입측으로 보내어 이를 혼합하는 방식
(3) 프레져 프로포셔너 : 펌프와 발포기의 중간에 설치된 벤투리관의 벤투리 작용과 펌프 가압수의 약제 저장탱크에 대한 압력에 의해 포소화약제를 흡입하여 혼합하는 방식
(4) 프레져 사이드 프로포셔너 : 펌프의 토출관에 압입기를 설치하여 압입용 펌프로 포소화약제를 압입시켜 혼합하는 방식

09

이해도 ○ △ × / 중요도 ★

포소화설비에서 수성막포(AFFF) 소화약제를 사용할 경우 사용 약제에 대한 설명 중 잘못된 것은?

① 불소계 계면활성포의 일종이다.
② 질식과 냉각작용에 의하여 소화하며 내열성, 내포화성이 높다.
③ 단백포와 섞어서 저장할 수 있으며 병용할 경우 그 소화력이 매우 우수하다.
④ 원액이든 수용액이든 다른 포액보다 장기 보존성이 높다.

해설 수성막포

(1) 불소계 계면활성포의 일종이다.
(2) 질식과 냉각작용에 의하여 소화하며 내열성, 내포화성이 높다.
(3) 원액이든 수용액이든 다른 포액보다 장기 보존성이 높다.
(4) 분말과 병행 사용이 가능하며 그 소화력이 우수하다.

③ 수성막포는 단백포와 섞어서 저장할 수 없고, 병용 사용도 곤란하다.

10

이해도 ○ △ × / 중요도 ★

특정소방대상물에 따라 적응하는 포소화설비의 설치기준 중 발전기실, 엔진펌프실, 변압기, 전기케이블실, 유압설비 바닥면적의 합계가 300[m²] 미만의 장소에 설치할 수 있는 것은?

① 포헤드설비
② 호스릴포소화설비
③ 포워터스프링클러설비
④ 고정식 압축공기포소화설비

해설 포소화설비의 설치기준

특정소방대상물	설치대상
발전기실, 엔진펌프실, 변압기, 전기케이블실, 유압설비 : 바닥면적 합계 300[m²] 미만	고정식 압축공기 포소화설비

11

이해도 ○ △ × / 중요도 ★★

항공기격납고에 적응하는 고정식 포소화설비로서 가장 적당한 것은?

① 포워터스프링클러설비
② 스프링클러설비
③ 포워터스프레이설비
④ 드렌처설비

해설 항공기격납고에 사용하는 포소화설비로는 포워터스프링클러설비, 포헤드설비, 고정포방출설비, 압축공기포소화설비가 있다.

정답 09. ③ 10. ④ 11. ①

12

이해도 ○ △ × / 중요도 ★

특수가연물인 톱밥 및 대팻밥을 800,000[kgf](2,000배)를 저장 또는 취급하고 있다. 다음의 포소화설비 중 적용할 수 없는 설비는?

① 포워터스프링클러설비
② 포헤드설비
③ 고정포방출설비
④ 호스릴포소화설비

해설 포소화설비

특정소방대상물	설치대상
특수가연물을 저장·취급하는 공장 또는 창고	• 포워터스프링클러설비 • 포헤드설비
	고정포방출설비
	압축공기포소화설비

13

이해도 ○ △ × / 중요도 ★★★

포소화설비의 배관 등의 설치기준으로 옳은 것은?

① 교차배관에서 분기하는 지점을 기점으로 한쪽 가지배관에 설치하는 헤드의 수는 6개 이하로 한다.
② 포워터스프링클러설비 또는 포헤드설비의 가지배관의 배열은 토너먼트방식으로 한다.
③ 송액관은 포의 방출 종료 후 배관 안의 액을 배출하기 위하여 적당한 기울기를 유지하도록 하고 그 낮은 부분에 배액밸브를 설치하여야 한다.
④ 포소화전의 기동장치의 조작과 동시에 다른 설비의 용도에 사용하는 배관의 송수를 차단할 수 있거나 포소화설비의 성능에 지장이 있는 경우에는 다른 설비와 겸용할 수 있다.

해설 ① 교차배관에서 분기하는 지점을 기점으로 한쪽 가지배관에 설치하는 헤드의 수는 8개 이하로 한다.
② 포워터스프링클러설비 또는 포헤드설비의 가지배관의 배열은 토너먼트방식이 아니어야 한다.
④ 포소화전의 기동장치의 조작과 동시에 다른 설비의 용도에 사용하는 배관의 송수를 차단할 수 있거나 포소화설비의 성능에 지장이 없는 경우에는 다른 설비와 겸용할 수 있다.

14

이해도 ○ △ × / 중요도 ★★

옥외탱크저장소에 설치하는 포소화설비의 포 원액 탱크용량을 결정하는데 필요 없는 것은?

① 탱크의 액표면적
② 탱크의 높이
③ 사용원액의 농도 (3[%]형 또는 6[%]형)
④ 위험물의 종류

해설 고정포 소화약제량

$$Q = A \times Q_1 \times T \times S$$

여기서, Q : 포소화약제의 양[L]
A : 탱크의 액표면적[m^2]
Q_1 : 단위 포소화수용액의 양 [$L/m^2 \cdot min$]
T : 방출시간[min]
S : 포소화약제의 사용농도[%]

Q_1은 위험물의 종류에 따라서 달라지므로 위험물의 종류도 포소화약제의 양을 결정하는 요인이다.

정답 12. ④ 13. ③ 14. ②

15

이해도 ○ △ × / 중요도 ★

굽도리판이 탱크 벽면으로부터 내부로 0.5[m] 떨어져서 설치된 직경 20[m]의 플루팅루프탱크에 고정포방출구가 설치되어 있다. 고정포방출구로부터의 포방출량은 약 몇 [L/min] 이상이어야 하는가? (단, 포방출량은 탱크 벽면과 굽도리판 사이의 환상면적 [m^2]당 4[L/min] 이상을 기준으로 한다.)

① 1134.5　② 1256.5
③ 91.5　④ 122.5

해설 (1) 고정포 소화약제량

$$Q = A \times Q_1 \times T \times S$$

여기서, Q : 포소화약제의 양[L]
A : 탱크의 액표면적[m^2]
Q_1 : 단위 포소화수용액의 양 [L/m^2 · min]
T : 방출시간[min]
S : 포소화약제의 사용농도[%]

(2) 분당 포방출량 식

$$Q = A \times Q_1 \times S$$

A : $\frac{\pi}{4}(20^2 - 19^2)$

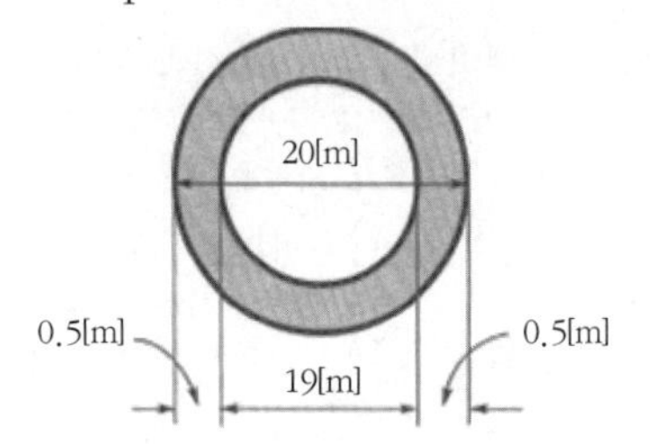

(3) 탱크 벽면과 굽도리판 사이의 환상면적
포소화약제량이 아니라 포수용액(물+포소화약제)이므로 S값은 1로 가정하여 푼다.

$\therefore Q = \frac{\pi}{4}(20^2 - 19^2) \times 4 \times 1$
$= 122.52$[L/min]

16

이해도 ○ △ × / 중요도 ★★

차고 · 주차장에 설치하는 포소화전설비의 설치기준 중 다음 (　) 안에 알맞은 것은? (단, 1개층의 바닥면적이 200[m^2] 이하인 경우는 제외한다.)

> 특정소방대상물의 어느 층에 있어서도 그 층에 설치된 포소화전방수구(포소화전방수구가 5개 이상 설치된 경우에는 5개)를 동시에 사용할 경우 각 이동식 포노즐선단의 포수용액 방사압력이 (㉠)[MPa] 이상이고 (㉡)[L/min] 이상의 포수용액을 수평거리 15[m] 이상으로 방사할 수 있도록 할 것

① ㉠ 0.25, ㉡ 230
② ㉠ 0.25, ㉡ 300
③ ㉠ 0.35, ㉡ 230
④ ㉠ 0.35, ㉡ 300

해설 (1) 포소화전 방사압
0.35[MPa] 이상
(2) 소화약제량

$$Q = N \times S \times \underline{6{,}000[\text{L}]} \quad (300[\text{L/min}] \times 20[\text{min}])$$

(단, 바닥면적이 200[m^2] 미만인 경우 상기 양의 75[%]로 할 수 있다.)
여기서, Q : 포소화약제의 양[L]
N : 호스접결구수 (5개 이상인 경우는 5)
S : 포소화약제의 사용농도[%]

17

이해도 ○ △ × / 중요도 ★★

바닥면적이 180[m^2]인 호스릴방식의 포소화설비를 설치한 건축물 내부에 호스접결구가 2개이고, 약제농도 3[%]형을 사용할 때 포약제의 최소필요량은 몇 [L]인가?

① 720　② 360
③ 270　④ 180

정답 15. ④ 16. ④ 17. ③

해설 옥내포소화전방식 또는 호스릴방식

(1) 소화약제량

$$Q = N \times S \times \underline{6,000[L]}$$
(300[L/min]×20[min])

(2) 단, 바닥면적이 200[m^2] 미만인 경우 상기 양의 75[%]로 할 수 있다.

$\therefore Q = N \times S \times 6,000[L]$
$= 2 \times 0.03 \times 6,000[L] \times 0.75$
$= 270[L]$

문제에서 주어진 바닥면적이 180[m^2]로 200[m^2] 미만인 경우 약제량의 75[%]를 적용한다.

18

이해도 ○ △ × / 중요도 ★

물소화설비 헤드 또는 노즐 등 선단에서의 방수압이 가장 높아야 하는 것은?

① 옥내소화전의 노즐
② 스프링클러의 헤드
③ 옥외소화전의 노즐
④ 위험물옥외저장탱크 보조포 소화전의 노즐

해설 소화설비의 방수압

설비명	방수압
옥내소화전	0.17[MPa] 이상 0.7[MPa] 이하
옥외소화전	0.25[MPa] 이상 0.7[MPa] 이하
스프링클러	0.1[MPa] 이상 1.2[MPa] 이하
간이 스프링클러	0.1[MPa] 이상
드렌처	0.1[MPa] 이상
포소화전	0.35[MPa] 이상
포호스릴	0.35[MPa] 이상
연결송수관	0.35[MPa] 이상
소화용수	0.15[MPa] 이상

19

이해도 ○ △ × / 중요도 ★

포소화설비의 유지관리에 관한 기준으로 틀린 것은?

① 수동식 기동장치의 조작부는 바닥으로부터 높이 0.8[m] 이상 1.5[m] 이하의 위치에 설치할 것
② 기동장치의 조작부에는 가까운 곳의 보기 쉬운 곳에 "기동장치의 조작부"라고 표시한 표지를 설치할 것
③ 항공기격납고의 경우 수동식 기동장치는 각 방사구역마다 1개 이상 설치할 것
④ 호스접결구에는 가까운 곳의 보기 쉬운 곳에 "접결구"라고 표시한 표지를 설치할 것

해설 항공기격납고에 설치하는 수동식 기동장치 방사구역마다 2개 이상 설치

20

이해도 ○ △ × / 중요도 ★★★★★

포소화설비의 자동식 기동장치로 폐쇄형 스프링클러헤드를 사용하는 경우의 설치기준 중 다음 ( ) 안에 알맞은 것은?

- 표시온도가 (㉠)[℃] 미만인 것을 사용하고 1개의 스프링클러헤드의 경계면적은 (㉡)[m^2] 이하로 할 것
- 부착면의 높이는 바닥으로부터 (㉢)[m] 이하로 하고, 화재를 유효하게 감지할 수 있도록 할 것

① ㉠ 60, ㉡ 10, ㉢ 7
② ㉠ 60, ㉡ 20, ㉢ 7
③ ㉠ 79, ㉡ 10, ㉢ 5
④ ㉠ 79, ㉡ 20, ㉢ 5

CHAPTER 05

정답 18. ④ 19. ③ 20. ④

해설 폐쇄형 스프링클러헤드를 기동장치로 사용하는 경우의 설치기준
(1) 표시온도 : 79[℃] 미만
(2) 스프링클러헤드 경계면적 : 20[m^2] 이하
(3) 부착면의 높이 : 5[m] 이하
(4) 하나의 감지장치 경계구역 : 하나의 층

21

이해도 ○ △ × / 중요도 ★

포소화설비의 자동식 기동장치의 설치기준 중 다음 ( ) 안에 알맞은 것은? (단, 화재감지기를 사용하는 경우이며, 자동화재탐지설비의 수신기가 설치된 장소에 상시 사람이 근무하고 있고, 화재 시 즉시 해당 조작부를 작동시킬 수 있는 경우는 제외한다.)

> 화재감지기 회로에는 다음의 기준에 따른 발신기를 설치할 것
> 특정소방대상물의 층마다 설치하되, 해당 특정소방대상물의 각 부분으로부터 수평거리가 (㉠)[m] 이하가 되도록 할 것. 다만, 복도 또는 별도로 구획된 실로서 보행거리가 (㉡)[m] 이상일 경우에는 추가로 설치하여야 한다.

① ㉠ 25, ㉡ 30 ② ㉠ 25, ㉡ 40
③ ㉠ 15, ㉡ 30 ④ ㉠ 15, ㉡ 40

해설 화재감지기 회로에는 발신기를 설치
(1) 수평거리 : 25[m]
(2) 보행거리 : 40[m]

22

이해도 ○ △ × / 중요도 ★

고발포의 포 팽창비율은 얼마인가?

① 20 이하
② 20 이상 80 미만
③ 80 이하
④ 80 이상 1,000 미만

해설 팽창비율

팽창비율에 따른 포의 종류	포방출구의 종류
팽창비가 20 이하인 것(저발포)	포헤드, 압축공기포헤드
팽창비가 80 이상 1,000 미만인 것(고발포)	고발포용 고정포방출구

23

이해도 ○ △ × / 중요도 ★★★★★

차고 및 주차장에 포소화설비를 설치하고자 할 때 포헤드는 바닥면적 몇 [m^2]마다 1개 이상 설치하여야 하는가?

① 6 ② 8
③ 9 ④ 10

해설 포소화설비 설치기준

구분		설치기준(1개)
포워터스프링클러헤드		8[m^2]
포헤드		9[m^2]
압축공기포 소화설비 분사헤드	유류탱크	13.9[m^2]
	특수가연물 저장소	9.3[m^2]

24

이해도 ○ △ × / 중요도 ★★

다음은 포의 팽창비를 설명한 것이다. (㉠) 및 (㉡)에 들어갈 용어로 옳은 것은?

> 팽창비라 함은 최종 발생한 포 (㉠)을 원래 포수용액 (㉡)으로 나눈 값을 말한다.

① ㉠ 체적, ㉡ 중량
② ㉠ 체적, ㉡ 질량
③ ㉠ 체적, ㉡ 체적
④ ㉠ 중량, ㉡ 중량

정답 21. ② 22. ④ 23. ③ 24. ③

해설 팽창비 = $\frac{\text{최종 발생한 포 체적 } V_F[\text{m}^3]}{\text{원래 포수용액 체적 } V_l[\text{m}^3]}$

25

이해도 ○ △ × / 중요도 ★

포소화설비에 대한 다음 설명 중 맞는 것은?

① 포워터스프링클러헤드는 바닥면적 8[m²]당 1개 이상을 설치해야 한다.
② 장방형으로 포헤드를 설치하는 경우 유효반경은 2.3[m]로 한다.
③ 주차장에 포소화전을 설치할 때 호스함은 방수구로부터 5[m] 이내에 설치한다.
④ 고발포용 고정포방출구는 바닥면적 600[m²]마다 1개 이상을 설치한다.

해설 ② 장방형으로 포헤드를 설치하는 경우 유효반경은 2.1[m]로 한다.
③ 주차장에 포소화전을 설치할 때 호스함은 방수구로부터 3[m] 이내에 설치한다.
④ 고발포용 고정포방출구는 바닥면적 500[m²]마다 1개 이상을 설치한다.

26

이해도 ○ △ × / 중요도 ★★★

항공기격납고 포헤드의 1분당 방사량은 바닥면적 1[m²]당 최소 몇 [L] 이상이어야 하는가? (단, 수성막포 소화약제를 사용한다.)

① 3.7
② 6.5
③ 8.0
④ 10

해설 포헤드 방사량

소방대상물	포 소화약제의 종류	바닥면적 1[m²]당 방사량
차고 · 주차장 및 항공기격납고	단백포 소화약제	6.5[L/min] 이상
	합성계면 활성제포 소화약제	8.0[L/min] 이상
	수성막포 소화약제	3.7[L/min] 이상
특수가연물을 저장 · 취급하는 소방대상물	단백포 소화약제	6.5[L/min] 이상
	합성계면 활성제포 소화약제	6.5[L/min] 이상
	수성막포 소화약제	6.5[L/min] 이상

27

이해도 ○ △ × / 중요도 ★★★★

전역방출방식 고발포용 고정포방출구의 설치기준으로 옳은 것은? (단, 해당 방호구역에서 외부로 새는 양 이상의 포수용액을 유효하게 추가하여 방출하는 설비가 있는 경우는 제외한다.)

① 고정포방출구는 바닥면적 600[m²]마다 1개 이상으로 할 것
② 고정포방출구는 방호대상물의 최고 부분보다 낮은 위치에 설치할 것
③ 개구부에 자동폐쇄장치를 설치할 것
④ 특정소방대상물 및 포의 팽창비에 따른 종별에 관계없이 해당 방호구역의 관포체적 1[m³]에 대한 1분당 포수용액 방출량은 1[L] 이상으로 할 것

CHAPTER 05

정답 25. ① 26. ① 27. ③

해설 전역방출방식은 공간 전체에 소화약제를 방사하는 방식으로 약제 방사 전에 개구부를 자동으로 폐쇄하지 않으면 소화효과가 떨어지므로 자동폐쇄장치를 설치하여야 한다.

① 고정포방출구는 바닥면적 500[m^2]마다 1개 이상으로 할 것
② 고정포방출구는 방호대상물의 최고부분보다 높은 위치에 설치할 것
④ 특정소방대상물 및 포의 팽창비에 따른 종별에 따라서 해당 방호구역의 관포체적 1[m^3]에 대한 1분당 포수용액 방출량이 다르다.

28

이해도 ○ △ × / 중요도 ★

국소방출방식의 포소화설비에서 방호면적을 가장 잘 설명한 것은?

① 방호대상물의 각 부분에서 각각 해당 방호대상물 높이의 3배(1[m] 미만인 경우는 1[m])의 거리를 수평으로 연장한 선으로 둘러싸인 부분의 면적
② 방호대상물의 각 부분에서 각각 해당 방호대상물 높이에 0.5[m]를 더한 거리를 수평으로 연장한 선으로 둘러싸인 부분의 면적
③ 방호대상물의 각 부분에서 각각 해당 방호대상물 높이의 2배의 거리를 수평으로 연장한 선으로 둘러싸인 부분의 면적
④ 방호대상물의 각 부분에서 각각 해당 방호대상물 높이의 0.6[m]를 더한 거리를 수평으로 연장한 선으로 둘러싸인 부분의 면적

해설 국소방출방식 방호면적

방호대상물의 높이의 3배(1[m] 미만의 경우에는 1[m])의 거리를 수평으로 연장한 선으로 둘러싸인 부분의 면적

29

이해도 ○ △ × / 중요도 ★★★

포헤드의 설치기준 중 다음 ( ) 안에 알맞은 것은?

압축공기포소화설비의 분사헤드는 천장 또는 반자에 설치하되 방호대상물에 따라 측벽에 설치할 수 있으며 유류탱크 주위에는 바닥면적 (㉠)[m^2]마다 1개 이상, 특수가연물 저장소에는 바닥면적 (㉡)[m^2]마다 1개 이상으로 당해 방호대상물의 화재를 유효하게 소화할 수 있도록 할 것

① ㉠ 8, ㉡ 9
② ㉠ 9, ㉡ 8
③ ㉠ 9.3, ㉡ 13.9
④ ㉠ 13.9, ㉡ 9.3

해설 포헤드의 설치기준

구분		설치기준(1개)
포워터스프링클러헤드		8[m^2]
포헤드		9[m^2]
압축공기포 소화설비 분사헤드	유류탱크	13.9[m^2]
	특수가연물 저장소	9.3[m^2]

정답 28. ① 29. ④

핵심문제

01 펌프와 발포기의 중간에 설치된 벤투리관의 벤투리 작용에 따라 포소화약제를 혼입 · 혼합하는 방식을 (   )이라고 한다.

02 펌프의 토출관에 압입기를 설치하여 압입용 펌프로 포소화약제를 압입시켜 혼합하는 방식을 (   )이라고 한다.

03 종류 및 적응성

<table>
<tr><th colspan="2">특정소방대상물</th><th>설치대상</th></tr>
<tr><td colspan="2" rowspan="3">특수가연물을 저장 · 취급하는 공장 또는 창고</td><td>• (　　①　　)
• (　　②　　)</td></tr>
<tr><td>• (　　③　　)</td></tr>
<tr><td>• (　　④　　)</td></tr>
<tr><td rowspan="7">차고 또는 주차장</td><td rowspan="3">일반적인 경우</td><td>• 포워터스프링클러설비
• 포헤드설비</td></tr>
<tr><td>• 고정포방출설비</td></tr>
<tr><td>• 압축공기포소화설비</td></tr>
<tr><td>완전 개방된 옥상주차장</td><td rowspan="3">• 호스릴포소화설비
• 포소화전설비</td></tr>
<tr><td>고가 밑의 주차장 등
(1) 주된 벽이 없고 기둥뿐인 경우
(2) 주위가 위해 방지용 철주 등으로 둘러싸인 부분</td></tr>
<tr><td>지상 1층 지붕이 없는 부분</td></tr>
<tr style="display:none"><td></td><td></td></tr>
<tr><td rowspan="2">항공기 격납고</td><td>일반적인 경우</td><td>• (　　⑤　　)
• 포헤드설비
• 고정포방출설비
• 압축공기포소화설비</td></tr>
<tr><td>바닥면적의 합계가 1,000[m²] 이상이고 항공기의 격납 위치가 한정되어 있는 경우</td><td>• 호스릴포소화설비</td></tr>
<tr><td colspan="2">발전기실, 엔진펌프실, 변압기, 전기케이블실, 유압설비
: 바닥면적 합계 300[m²] 미만</td><td>• 고정식
압축공기포소화설비</td></tr>
</table>

✔ 정답

01. 라인 프로포셔너

02. 프레져 사이드 프로포셔너

03. ① 포워터스프링클러설비, ② 포헤드설비, ③ 고정포방출설비, ④ 압축공기포소화설비
⑤ 포워터스프링클러설비

04 고정포 소화약제량 : Q = (   )

05 고정포방출구의 보조포소화전 약제량 : q = (   )

06 옥내포소화전방식 또는 호스릴방식의 소화약제량 : (   )

07 포소화전 방사압 : (   )

08 폐쇄형 스프링클러헤드를 감지설비로 사용하는 경우의 설치기준

(1) 표시온도 : (①   )
(2) 스프링클러헤드 경계면적 : (②   )
(3) 부착면의 높이 : (③   )
(4) 하나의 감지장치 경계구역 : (④   )

09 고발포의 팽창비는 (   )이다.

10 포워터스프링클러헤드는 바닥면적 (   )마다 1개 이상을 설치한다.

정답

04. $A \times Q_1 \times T \times S$

여기서, Q : 포소화약제의 양[L], A : 탱크의 액표면적[m^2], Q_1 : 단위 포소화수용액의 양 [L/m^2 · min], T : 방출시간[min], S : 포소화약제의 사용농도[%]

05. $N \times S \times 8,000$[L]

여기서, q : 보조포소화전 소화약제의 양[L], N : 호스접결구수(max : 3개), S : 포소화약제의 사용농도[%], 8,000[L] : 400[L/min] × 20[min]

06. $Q = N \times S \times 6,000$[L]

여기서, Q : 포소화약제의 양[L], N : 호스접결구수(5개 이상인 경우는 5), S : 포소화약제의 사용농도[%], 6,000[L] : 300[L/min] × 20[min]

07. 0.35[MPa] 이상

08. ① 79[℃] 미만, ② 20[m^2] 이하, ③ 5[m] 이하, ④ 하나의 층

09. 팽창비가 80 이상 1,000 미만

10. 8[m^2]

11 포헤드는 소방대상물의 천장 또는 반자에 설치하되, 바닥면적 (　　　　)마다 1개 이상으로 한다.

12 포헤드 방사량

소방대상물	포소화약제의 종류	바닥면적 1[m²]당 방사량
차고 · 주차장 및 항공기격납고	단백포 소화약제	(　　①　　)
	합성계면활성제포 소화약제	8.0[L/min] 이상
	수성막포 소화약제	(　　②　　)
특수가연물을 저장 · 취급하는 소방대상물	단백포 소화약제	6.5[L/min] 이상
	합성계면활성제포 소화약제	6.5[L/min] 이상
	수성막포 소화약제	6.5[L/min] 이상

13 전역방출방식 고발포용 고정포방출구 설치기준에서 개구부에 (　　　　　　　　)를 설치하여야 한다.

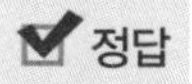

11. $9[m^2]$
12. ① 6.5[L/min] 이상, ② 3.7[L/min] 이상
13. 자동폐쇄장치

CHAPTER 6 가스계 소화설비

01 이산화탄소소화설비

1 개요

(1) 이산화탄소소화설비는 수계 소화설비의 문제점인 전도성에 의해서 감전의 우려가 있는 장소에 사용하여 소화하기 위한 가스계 소화약제이다.

(2) 소화 후에도 잔존물이 남지 않아 2차 피해가 발생하지 않으나 질식성이 있어서 사람이 거주하는 장소에는 사용하지 못한다.

2 소화효과(소화기는 B, C급)

구분	내용
주된 소화효과	질식소화 : 산소농도를 15[%] 이하로 낮추어서 화학반응을 억제하는 소화방법
부차적 소화효과	냉각소화 : 증발하면서 열을 빼앗는다.
	피복작용 : 1.5의 공기비중으로 가연물의 표면을 덮어서 심부화재에 적응성

3 장단점 ★★

장점	단점
• 무색, 무취, 무변질, 무독성 가스 • 자체 방사압이 높아 자체 증기압으로만 방출이 가능 • 전기 부도체로 C급 화재(전기화재)에 적응성 • 소화 후 잔존물질이 없어 깨끗하고 2차 피해가 적다. • 압축 및 냉각에 의하여 쉽게 액화하여 저장이 용이 • 약제 수명이 반영구적이며, 가격이 경제적 • 침투성이 좋아 심부화재에 적합한 소화약제	• 정밀기기의 냉각손상 우려(−80[℃]까지 온도가 급강하한다) • 질식위험(34[%] 이상의 고농도) • 지구온난화 물질 • 배관설비가 고압 • 방사 시 소음이 크다. • 운무현상에 의한 피난장애

4 방출방식의 구분

(1) **전역방출방식**

내화구조 등의 벽 등으로 구획된 밀폐된 방호대상물로서 고정된 분사헤드에서 공간 전체로 소화약제를 분사

(2) **국소방출방식**

고정된 분사헤드에서 특정방호대상물에 직접 소화약제를 분사하는 방식 ★★

(3) **호스릴방식**

분사헤드가 배관에 고정되어 있지 않고 소화약제 저장용기에 호스를 연결하여 사람이 직접 화점에 소화약제를 방출하는 이동식 소화설비방식

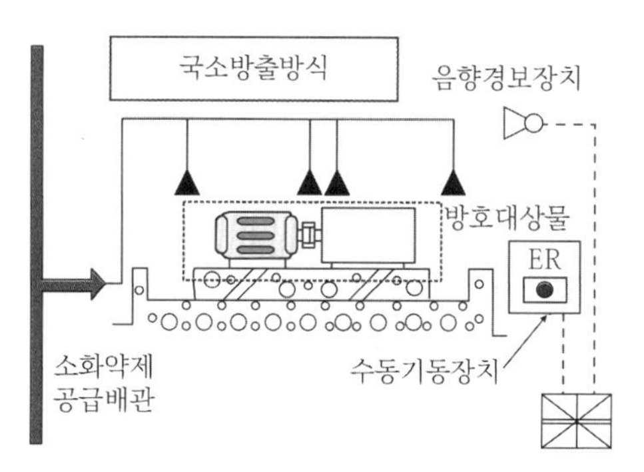

▌방호대상물을 방호하기 위한 국소방출방식▐

5 압력에 따른 소화설비의 종류

(1) 고압식 이산화탄소설비

① 개요 : 상온 20[℃]에서 6[MPa]의 압력으로 이산화탄소(CO_2)를 액상으로 저장하는 방식

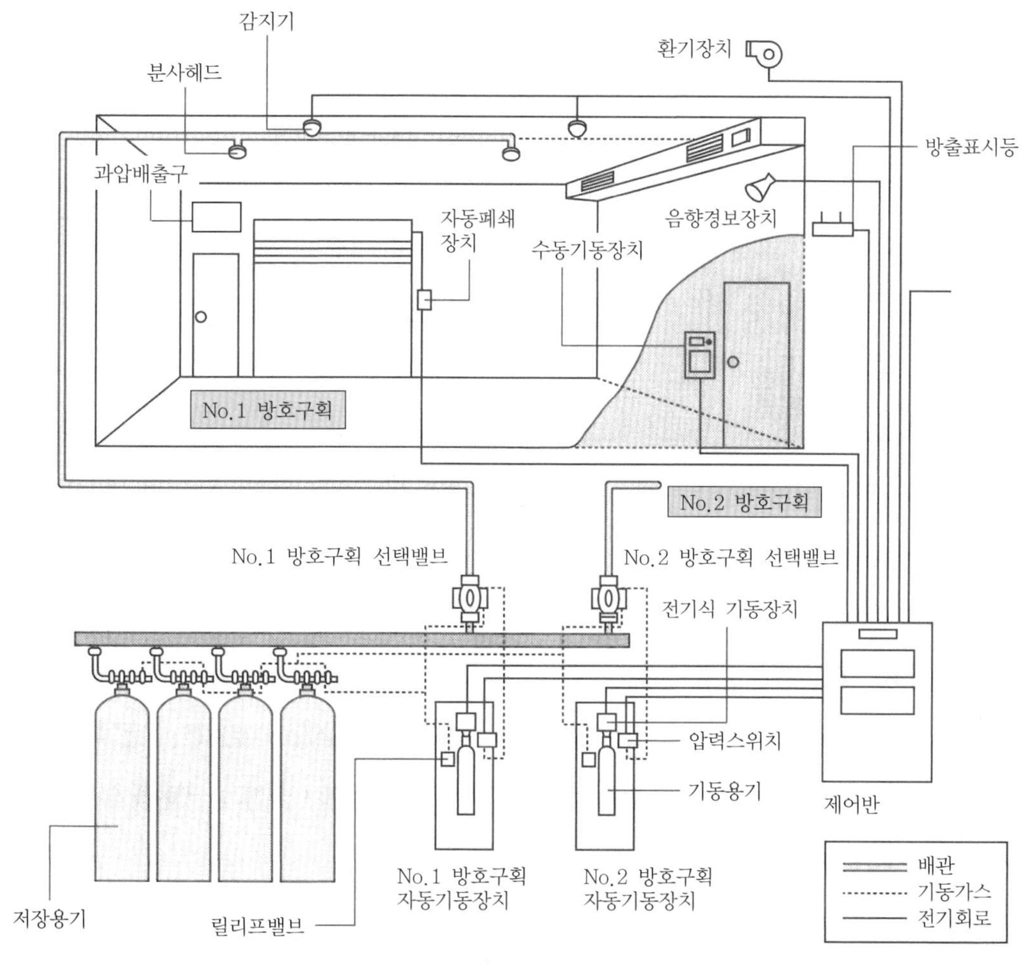

▌전역방출방식▐

② 고압식 흐름도

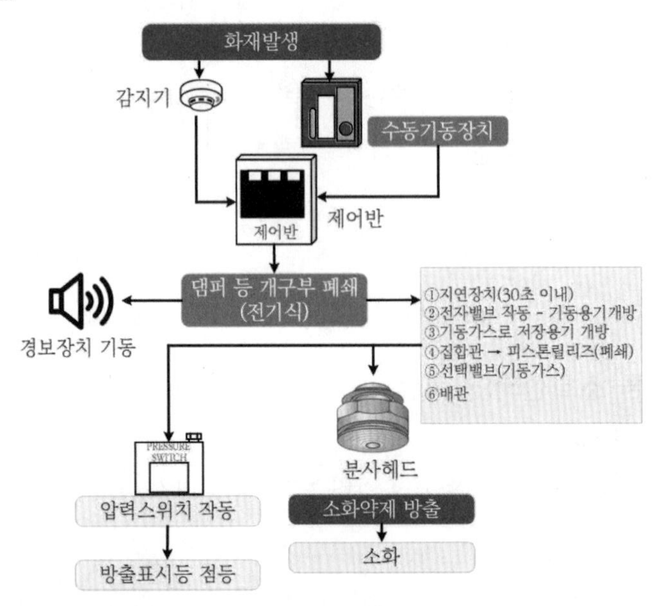

▌고압식 흐름도▐

(2) 저압식 이산화탄소설비

① **개요** : 저압식은 -18[℃]에서 2.1[MPa]의 상대적으로 낮은 압력으로 이산화탄소를 액상으로 저장하는 방식으로 저온을 유지해야 하므로 단열조치 및 냉동기가 필요하며, 약제용기는 대형 저장탱크 1개 또는 모듈형 저장용기 1개 이상을 사용

② **특징** : 저온 액화 저장으로 대규모 시설에 적합하고 약제 보충이 유리

6 약제량

(1) 소화농도

규정된 실험조건의 화재를 소화하는데 필요한 소화약제의 농도(형식승인 대상의 소화약제는 형식승인된 소화농도)

(2) 설계농도

방호대상물 또는 방호구역의 소화약제 저장량을 산출하기 위한 농도로서 소화농도에 안전율을 고려하여 설정한 농도

$$\text{설계농도}(C) = \text{최소이론소화농도}(C_{th}) \times 1.2$$

(3) 최소이론소화농도(C_{th})

$$C_{th} = \frac{21 - \mathrm{O_2}}{21} \times 100$$

여기서, C_{th} : 최소이론소화농도[%]

21 : 공기 중 산소농도[%]

O_2 : 약제 방출로 인한 산소농도

(4) ISOMATRIC(3차원 배관 흐름도)

배관압력 및 배관구경 등의 프로그램 계산을 위한 기초자료

02 이산화탄소소화설비(NFTC 106)

1 소화약제의 저장용기 등(2.1)

(1) 저장용기 설치기준 ★★★★★

① 장소 : 방호구역 외의 장소(예외 방호구역 내에 설치 시 피난 및 조작이 용이한 피난구 부근에 설치)

② 온도제한 : 40[℃] 이하이고, 온도변화가 적은 곳에 설치

③ 직사광선 및 빗물이 침투할 우려가 없는 곳

④ 방화문으로 구획된 실

⑤ 표지설치 : 용기가 설치된 곳임을 표시

⑥ 용기 간의 간격 : 3[cm] 이상

⑦ 저장용기와 집합관(manifold pipe)을 연결하는 연결배관 : 체크밸브 설치(예외 방호구역이 1개인 경우)

(2) 이산화탄소소화약제의 저장용기

① 고압식과 저압식의 비교

구분	고압식	저압식
저장용기	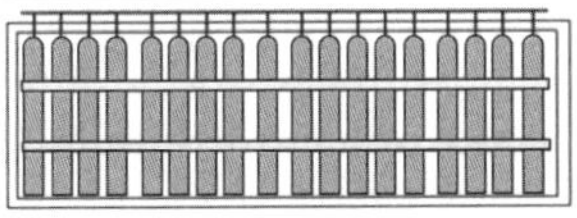 ▌실린더형▐	 냉동기 가스탱크 ▌탱크형(냉동기 포함)▐
충전비 ★★★★★	1.5 ~ 1.9	1.1 ~ 1.4
안전장치 ★★★★★	• 저장용기와 선택밸브 또는 개폐밸브의 안전장치 : 최소사용설계압력과 최대허용압력 사이 • 안전장치를 통하여 나온 소화가스는 전용의 배관 등을 통하여 건축물 외부로 배출될 수 있도록 해야 한다. • 용전식은 금지	용기의 안전장치 : 내압시험압력의 0.64~0.8배

CHAPTER 06

구분	고압식	저압식
봉판작동압	–	내압시험압력의 0.8 ~ 1.0배
압력경보장치	–	2.1±0.2[MPa] 작동
자동냉동장치 ★★	–	−18[℃], 2.1[MPa]를 유지
용기시험압력 ★★	25[MPa]	3.5[MPa]
방출압력	2.1[MPa]	1.05[MPa]
배관 스케줄	80(20[mm] 이하는 40)	40

② 충전비와 충전밀도

구분	충전비(CO_2, 할론)	충전밀도(할로겐, 불활성기체)
정의	약제의 중량당 용기의 부피	용기의 부피당 약제의 중량
공식	$\frac{\text{용기 내용적[L]}}{\text{충전량[kg]}}$	$\frac{\text{충전량[kg]}}{\text{용기 내용적}[\text{m}^3]}$
적용설비	이산화탄소, 할론	할로겐화합물 및 불활성기체소화설비

③ 이산화탄소소화약제 저장용기 개방밸브 ★

㉠ 방식 : 전기식, 가스압력식, 기계식에 따라 자동으로 개방되고 수동으로도 개방

㉡ 개방용기 : 안전장치 부착

㉢ 구조

- 개방 후에는 즉시 닫을 수가 없고 자동으로 닫을 수 없는 구조
- 기온의 변화와 진동에 안전하며 새지 않는 구조

④ 안전장치 : 이산화탄소소화약제 저장용기와 선택밸브 또는 개폐밸브 사이에는 배관의 최소사용설계압력과 최대허용압력 사이의 압력에서 작동하는 안전장치를 설치해야 하며, 안전장치를 통하여 나온 소화가스는 전용의 배관 등을 통하여 건축물 외부로 배출될 수 있도록 해야 한다. 이 경우 안전장치로 용전식을 사용해서는 안 된다.

(3) 저장용기에 표시

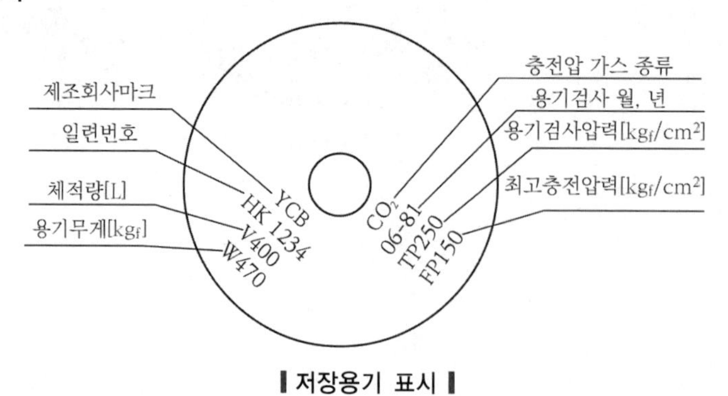

▌저장용기 표시▐

2 소화약제(2.2)

(1) 이산화탄소소화약제 저장량은 다음의 기준에 따른 양으로 한다(예외 동일한 특정소방대상물 또는 그 부분에 2 이상의 방호구역이나 방호대상물이 있는 경우에는 각 방호구역 또는 방호대상물에 대하여 산출한 저장량 중 최대의 것).

(2) 표면화재와 심부화재

① 표면화재(surface fire) : 재발화 위험이 없는 화재

② 심부화재(deep-seated fire) : 재발화(훈소화재로 전환) 위험이 있다고 가정하는 화재

(3) 전역방출방식

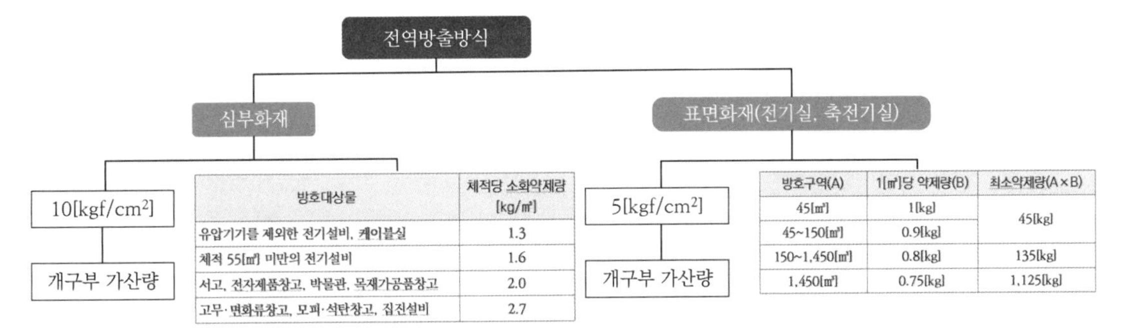

방호대상물	체적당 소화약제량 [kg/㎥]
유압기기를 제외한 전기설비, 케이블실	1.3
체적 55[㎥] 미만의 전기설비	1.6
서고, 전자제품창고, 박물관, 목재가공품창고	2.0
고무·면화류창고, 모피·석탄창고, 집진설비	2.7

방호구역(A)	1[㎥]당 약제량(B)	최소약제량(A×B)
45[㎥]	1[kg]	45[kg]
45~150[㎥]	0.9[kg]	
150~1,450[㎥]	0.8[kg]	135[kg]
1,450[㎥]	0.75[kg]	1,125[kg]

① 표면화재(가연성 액체 또는 가연성 가스 등 → 발전기실, 축전지실)

㉠ 소화약제량

$$소화약제량[kg] = 방호구역의\ 체적[m^3] \times 1[m^3]당\ 약제량[kg/m^3] \times 보정계수 + 방호구역의\ 개구부\ 면적[m^2] \times 개구부\ 가산량[kg/m^2]$$

- 방호구역의 체적$[m^3]$ × 1$[m^3]$당 약제량[kg]이 저장량의 최저한도 미만이 될 경우에는 그 최저한도의 양
- 방호구역의 개구부 면적$[m^2]$ × 개구부 가산량은 개구부에 자동폐쇄장치 미설치 시에만 적용

보정계수

소화약제량을 34[%]를 기준으로 계산했기 때문에 설계농도가 증가함에 따라 보정계수를 곱해야 증가한 만큼 약제량이 증가한다.

CHAPTER 06

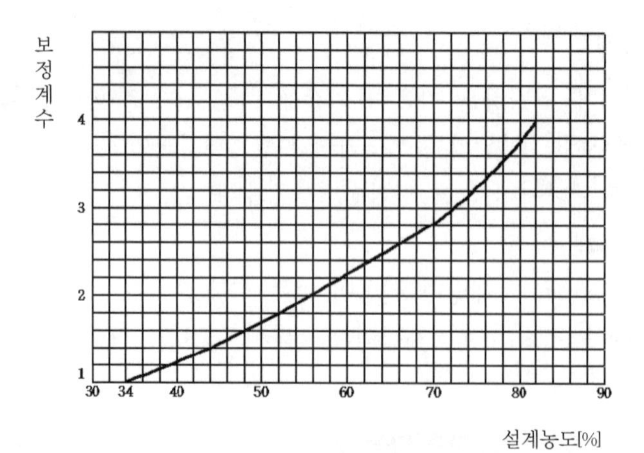

▌보정계수▐

㉡ 체적 1[m³]당 소화약제량 및 가산량

방호구역(A)	1[m³]당 약제량(B)	최소약제량(A×B)	개구부 가산량(자동폐쇄장치 ×)
45[m³]	1[kg]	45[kg]	5[kg/m²]
45 ~ 150[m³]	0.9[kg]		
150 ~ 1,450[m³]	0.8[kg]	135[kg]	
1,450[m³]	0.75[kg]	1,125[kg]	

암기 Tip 사업(45) 일오(15) 빵구(0.9) 일오(15) 점파(0.8) 일사오공(1450) 점치오(0.75)

꼼꼼체크 개구부의 면적 : 방호구역 전체 표면적의 3[%] 이하

② 심부화재(종이 · 목재 · 석탄 · 섬유류 · 합성수지류 등) ★★★★★

㉠ 소화약제량

$$\text{소화약제량[kg]} = \text{방호구역의 체적}[m^3] \times 1[m^3]\text{당 약제량}[kg/m^3] + \text{방호구역의 개구부 면적}[m^2] \times \text{개구부 가산량}[kg/m^2]$$

㉡ 체적 1[m³]당 소화약제량 및 가산량

방호대상물	체적당 소화약제량 [kg/m³]	설계농도	개구부 가산량 (자동폐쇄장치 ×)
유압기기를 제외한 전기설비, 케이블실	1.3	50	10[kg/m²]
체적 55[m³] 미만의 전기설비	1.6	50	
서고, 전자제품 창고, 박물관, 목재가공품 창고	2.0	65	
고무 · 면화류 창고, 모피 · 석탄 창고, 집진설비	2.7	75	

암기 Tip 전케가다(1.3) 오오 가방(1.6) 서전박목 냉차(2.0) 고모집석면 냉수(2.7)

(4) 국소방출방식

① 윗면이 개방된 용기에 저장하는 경우와 화재 시 연소면이 한정되고 가연물이 비산할 우려가 없는 경우(평면화재)

소화약제량=방호대상물의 표면적[m^2]×13[kg/m^2]×(고압식 1.4, 저압식 1.1)

② 기타의 경우(입체화재) : 소화약제량=방호공간[m^3]×Q[kg/m^3]×(고압식 1.4, 저압식 1.1)

$$Q = 8 - 6\frac{a}{A}$$

여기서, Q : 방호공간 1[m^3]에 대한 이산화탄소소화약제의 양[kg/m^3]

a : 방호대상물 주위에 설치된 벽의 면적 합계[m^2]

A : 방호공간의 벽면적(벽이 없는 경우에는 벽이 있는 것으로 가정한 당해 부분의 면적)의 합계[m^2]

방호공간 : 방호대상물의 각 부분으로부터 0.6[m]의 거리에 따라 둘러싸인 공간

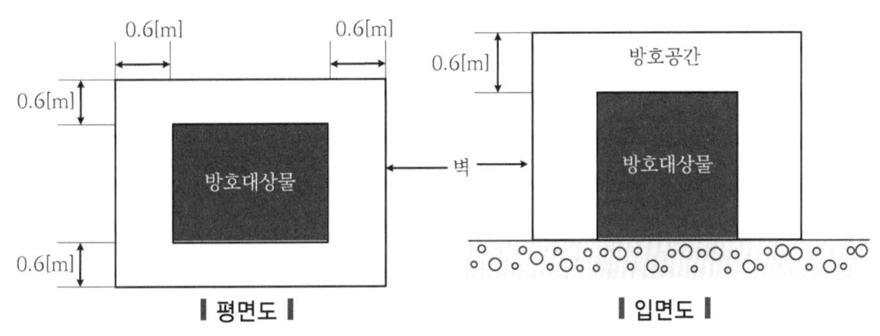

▎평면도 ▎ ▎입면도 ▎

(5) 호스릴이산화탄소소화설비

저장량 90[kg] 이상, 방사량(노즐) 60[kg/min] ★

3 기동장치(2.3) ★★★ (이산화탄소, 할론, 할로겐화합물 및 불활성기체, 분말 공통)

(1) 수동식 기동장치 ★

① 설치개수

㉠ 전역방출방식 : 방호구역당 1개 이상 ★

㉡ 국소방출방식 : 방호대상물당 1개 이상

② 설치장소 : 해당 방호구역의 출입구 부분 등 조작을 하는 자가 쉽게 피난할 수 있는 장소

③ 기동장치 조작부

㉠ 설치위치 : 높이 0.8 ~ 1.5[m] 이하

㉡ 보호장치 : 보호판 등

④ **표지설치** : 가까운 곳의 보기 쉬운 곳에 "이산화탄소소화설비 기동장치"라고 표시한 표지

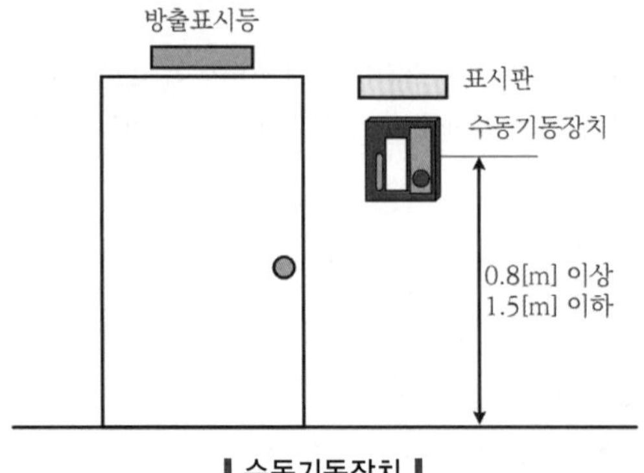

▌수동기동장치▐

⑤ **전기를 사용하는 기동장치** : 전원표시등

⑥ **기동장치의 방출용 스위치** : 음향경보장치와 연동 ★★

⑦ **비상스위치(할론에는 설치규정이 없음)**

㉠ 수동식 기동장치의 부근에 소화약제의 방출을 지연 ★★

㉡ 자동복귀형 스위치로서 수동식 기동장치의 타이머를 순간 정지시키는 기능의 스위치

⑧ 기동장치에는 보호장치를 설치해야 하며, 보호장치를 개방하는 경우 기동장치에 설치된 부저 또는 벨 등에 의하여 경고음을 발할 것

⑨ 기동장치를 옥외에 설치하는 경우 빗물 또는 외부 충격의 영향을 받지 아니하도록 설치할 것

(2) 자동식 기동장치

① 자동화재탐지설비의 감지기의 작동과 연동

② 수동으로도 기동할 수 있는 구조

③ **전기식** : 7병 이상의 저장용기를 동시에 개방하는 설비는 2병 이상의 저장용기에 전자개방밸브를 부착(전자식 기동장치는 주로 팩케이지에 사용) ★★★★

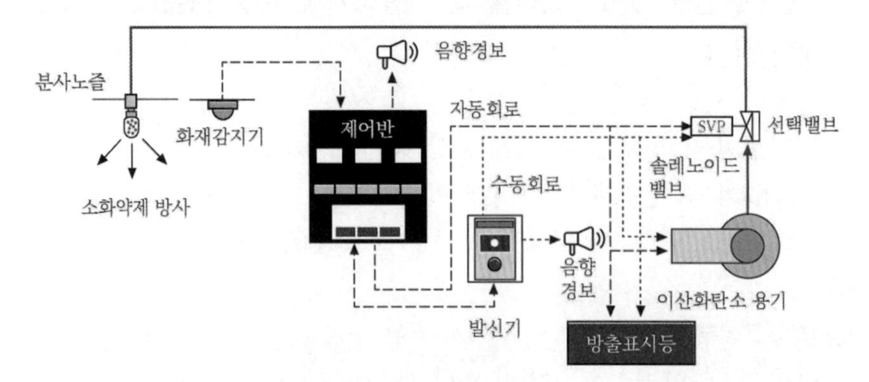

▌전기식 기동장치 계통도▐

④ 가스압력식

㉠ 기동용 가스용기 및 해당 용기에 사용하는 밸브 : 25[MPa] 이상의 압력에 견딜 수 있는 구조 ★★

㉡ 기동용 가스용기 : 내압시험압력의 0.8배부터 내압시험압력 이하에서 작동하는 안전장치를 설치

- 용적 : 5[L] 이상
- 충전압 : 6.0[MPa] 이상(21[℃] 기준)
- 충전가스 : 질소 등의 비활성기체
- 충전 여부를 확인할 수 있는 압력게이지 설치
- 충전비 : 1.5 이상

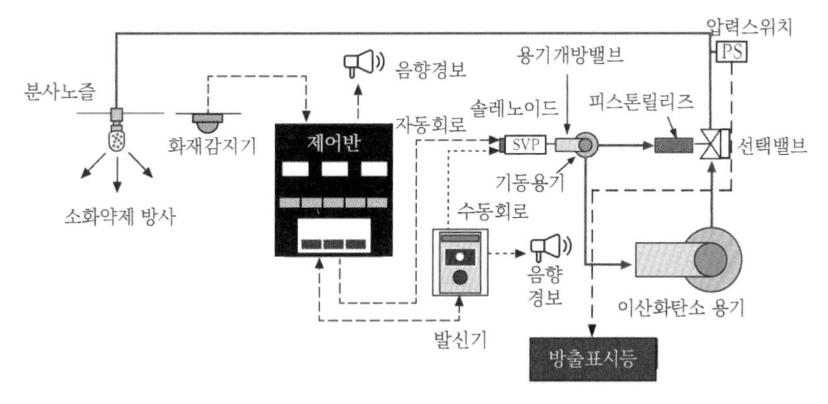

▌가스압력식 기동장치 계통도▐

⑤ 기계식 기동장치 : 저장용기를 쉽게 개방할 수 있는 구조

⑥ 피드백 시스템(feed back system) : 2차측으로 공급된 방출가스의 압력을 다시 저장용기로 보내서 용기밸브를 완전하게 개방시키도록 동관의 회로를 구성하는 시스템을 피드백 시스템 또는 리턴기동방식이라 한다.

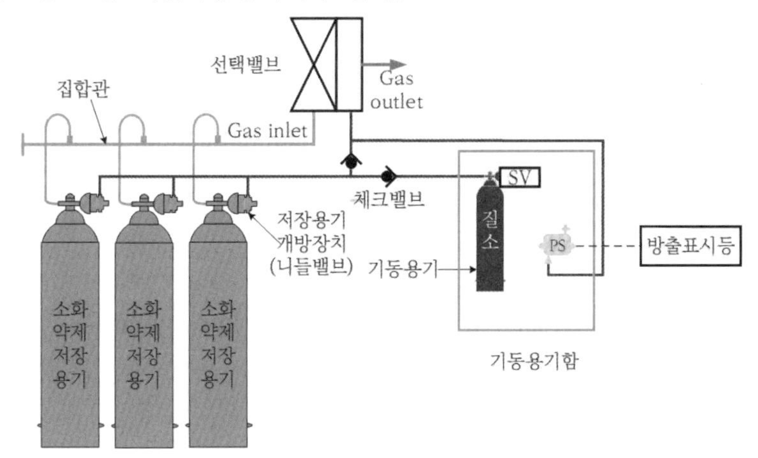

▌가스압식 기동장치의 피드백 시스템▐

(3) 방출표시등

① **설치위치** : 이산화탄소소화설비가 설치된 부분의 출입구 등의 보기 쉬운 곳에 설치

② **기능** : 약제가 방출 시 점등("소화약제 방출중"이라는 문자 등으로 표기됨)되면 방호구역 내로 사람이 들어오지 못하게 하는 기능

③ 선택밸브 2차측에 동관을 연결하여 가스압으로 기동용기함의 압력스위치를 작동시킨다.

4 배관(2.5)

(1) 배관의 설치기준

① **배관** : 전용

② 사용되는 배관과 배관부속의 설치기준

<table>
<tr><th>구분</th><th>종류</th><th>압력</th><th>설치기준</th></tr>
<tr><td rowspan="3">강관</td><td rowspan="2">압력배관용 탄소강관</td><td>고압식</td><td>스케줄 80
(구경 20[mm] 이하 : 스케줄 40)</td></tr>
<tr><td>저압식</td><td>스케줄 40</td></tr>
<tr><td>압력배관용 탄소강관과 동등 이상의 강도를 가진 것으로 아연도금 등으로 방식처리된 것</td><td>–</td><td>–</td></tr>
<tr><td rowspan="2">동관</td><td rowspan="2">이음이 없는 구리 및 구리합금관</td><td>고압식</td><td>16.5[MPa] 이상</td></tr>
<tr><td>저압식</td><td>3.75[MPa] 이상</td></tr>
<tr><td colspan="2">개폐밸브 또는 선택밸브의 2차측 배관부속</td><td rowspan="2">고압식</td><td>4.5[MPa] 이상</td></tr>
<tr><td colspan="2">1차측 배관부속</td><td>9.5[MPa] 이상</td></tr>
<tr><td colspan="2">밸브 및 배관부속</td><td>저압식</td><td>4.5[MPa] 이상</td></tr>
</table>

(2) 배관구경

이산화탄소의 소요량이 다음의 기준에 따른 시간 내에 방사될 수 있는 것

① **전역방출방식**

㉠ 표면화재 방호대상물 : 1분

㉡ 심부화재 방호대상물 : 7분(단, 설계농도가 2분 이내 30[%])

② **국소방출방식** : 30초

(3) 수동잠금밸브

① **설치위치**

㉠ 소화약제의 저장용기와 선택밸브 사이의 집합배관에 선택밸브 직전에 설치

㉡ 선택밸브가 없는 경우 : 저장용기실 내에 설치하되 조작 및 점검이 쉬운 위치에 설치

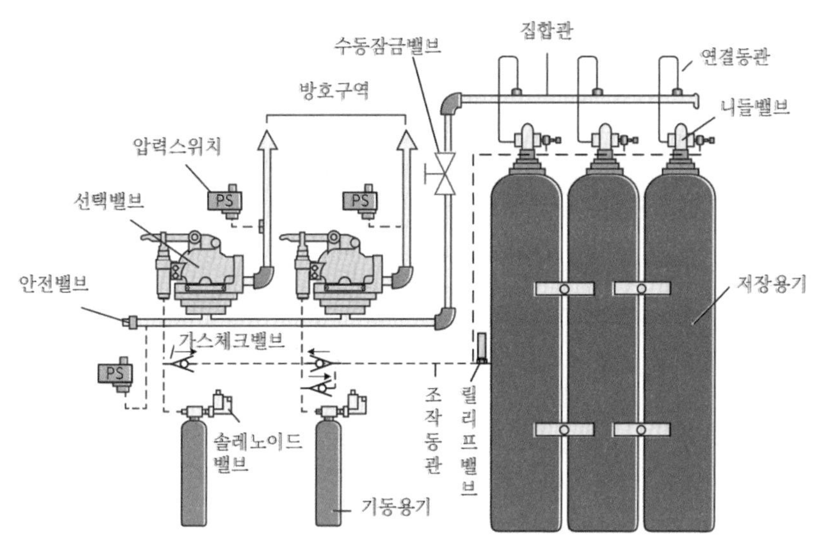

▍수동잠금밸브 설치위치▍

② **사용목적** : 방호구역에 사람이 출입 시 수동으로 해당 밸브를 폐쇄하여 소화약제가 방출되지 못하도록 하여 질식사고 예방

5 선택밸브(2.6)

(1) 정의

동일한 배관계통에 분기되어 있는 경우, 필요한 배관을 선택하여 유체의 경로를 결정하기 위해 사용하는 밸브

(2) 설치대상

하나의 특정소방대상물 또는 그 부분에 2 이상의 방호구역 또는 방호대상물이 있어 이산화탄소 저장용기를 공용하는 경우

(3) 설치개수

① **전역방출방식** : 방호구역당 1개

② **국소방출방식** : 방호대상물당 1개

(4) 표시

담당방호구역 또는 방호대상물을 표시할 것

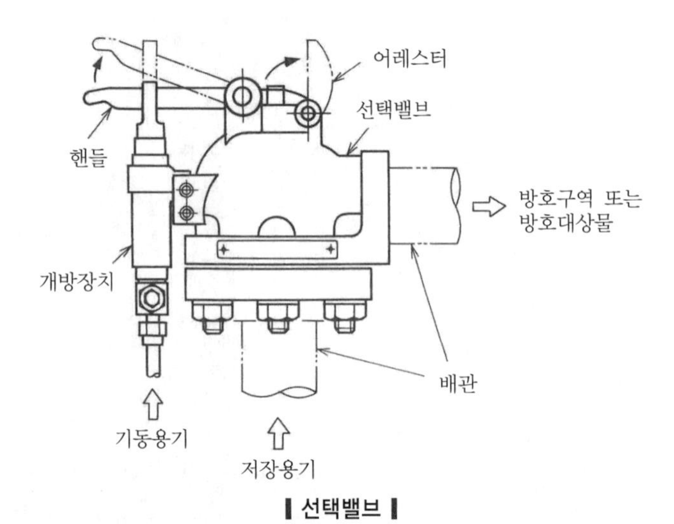

Ⅰ 선택밸브 Ⅰ

6 분사헤드(2.7)

(1) 전역방출방식

① 방사된 소화약제가 방호구역의 전역에 균일하게 신속히 확산할 수 있도록 설치

② 방사압과 방사시간 ★★

분사헤드의 방사압		분사헤드의 방사시간	
저압식	고압식	표면화재	심부화재
1.05[MPa]	2.1[MPa]	1분 이내	7분 이내 (2분 이내에 설계농도가 30[%]일 것)

(2) 국소방출방식

① **설치장소** : 소화약제의 방사에 따라 가연물이 비산하지 아니하는 장소

② 방사압과 방사시간

분사헤드의 방사압		분사헤드의 방사시간
저압식	고압식	30초 이내 ★★
1.05[MPa]	2.1[MPa]	

(3) 호스릴이산화탄소소화설비

① **설치대상** : 화재 시 현저하게 연기가 찰 우려가 없는 장소로서 다음의 어느 하나에 해당하는 장소(예외 차고 또는 주차의 용도로 사용되는 부분) ★★

㉠ 지상 1층 및 피난층에 있는 부분으로서 지상에서 수동 또는 원격조작에 따라 개방할 수 있는 개구부의 유효면적의 합계가 바닥면적의 15[%] 이상이 되는 부분

㉡ 전기설비가 설치되어 있는 부분 또는 다량의 화기를 사용하는 부분(해당 설비의 주위 5[m] 이내의 부분을 포함)의 바닥면적이 해당 설비가 설치되어 있는 구획의 바닥면적의 $\frac{1}{5}$ 미만이 되는 부분

② 설치기준 ★★★★★

㉠ 방호대상물의 각 부분으로부터 하나의 호스접결구까지 수평거리 : 15[m] 이하

㉡ 노즐의 방사량 : 60[kg/min] 이상 ★★

㉢ 소화약제 저장용기 설치장소 : 호스릴을 설치하는 장소마다 설치

㉣ 소화약제 저장용기 개방밸브 : 호스의 설치장소에서 수동으로 개폐할 수 있는 것

㉤ 표시등 : 소화약제 저장용기의 가장 가까운 곳의 보기 쉬운 곳

㉥ 표지설치 : 호스릴이산화탄소소화설비가 있다는 뜻을 표시한 표지

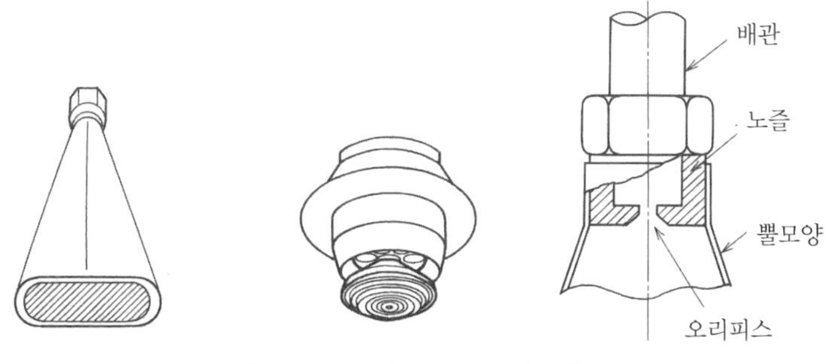

❙ 가스계 소화약제 분사헤드 ❙

(4) 오리피스 등

① 부식방지조치 : 분사헤드

② 표시 : 오리피스의 크기, 제조일자, 제조업체가 표시되도록 할 것

③ 분사헤드 개수 : 방호구역에 방사시간이 충족되도록 설치

④ 분사헤드 방출률 및 방출압력 : 제조업체에서 정한 값

⑤ 분사헤드 오리피스 면적 : 분사헤드가 연결되는 배관구경 면적의 70[%]를 초과하지 아니할 것

⑥ 방사유량

구분	방사유량
전역방출방식(표면화재)	$\dfrac{\text{약제저장량}}{1[\text{min}]}$
전역방출방식(심부화재)	$\dfrac{\text{약제저장량}}{7[\text{min}]}\left(\dfrac{\text{소화약제방출량}}{2[\text{min}]} \geq 30[\%]\right)$
국소방출방식	$\dfrac{\text{약제저장량}}{30[\text{sec}]}$

7 분사헤드 설치제외(2.8)

(1) **전**시장 등의 관람을 위하여 다수인이 출입 · 통행하는 통로 및 전시실 등

(2) **방**재실 · 제어실 등 사람이 상시 근무하는 장소

(3) **나**트륨 · 칼륨 · 칼슘 등 활성금속물질을 저장 · 취급하는 장소

(4) 니트로셀룰로오스 · 셀룰로이드 제품 등 자기연소성 물질을 저장 · 취급하는 장소

암기 Tip 이분(이산화탄소 분사헤드)이 전방 나타나니

8 음향경보장치(2.10)

(1) 수동식 기동장치를 설치한 것은 그 기동장치의 조작과정에서, 자동식 기동장치를 설치한 것은 화재감지기와 연동하여 자동으로 경보를 발하는 것으로 할 것

(2) 소화약제의 방출개시 후 1분 이상 경보를 계속할 수 있는 것으로 할 것

(3) 방호구역 또는 방호대상물이 있는 구획 안에 있는 자에게 유효하게 경보할 수 있는 것으로 할 것

(4) 방송에 따른 경보장치를 설치할 경우 설치기준

① 증폭기 재생장치는 화재 시 연소의 우려가 없고, 유지관리가 쉬운 장소에 설치할 것

② 방호구역 또는 방호대상물이 있는 구획의 각 부분으로부터 하나의 확성기까지의 수평거리는 25[m] 이하가 되도록 할 것

③ 제어반의 복구스위치를 조작하여도 경보를 계속 발할 수 있는 것으로 할 것

9 자동폐쇄장치(2.11)

(1) 설치대상

전역방출방식의 이산화탄소소화설비

(2) 설치기준

① **환기장치** : 이산화탄소가 방사되기 전 해당 환기장치 정지

② 설치위치 ★

㉠ 개구부 또는 천장으로부터 1[m] 이상의 아랫부분

㉡ 바닥으로부터 해당 층의 높이의 $\frac{2}{3}$ 이내의 부분에 통기구 설치

③ 이산화탄소가 방사되기 전에 해당 개구부 및 통기구 폐쇄가 가능

④ 방호구역 또는 방호대상물이 있는 구획의 밖에서 복구할 수 있는 구조

⑤ **표지설치** : 위치표시

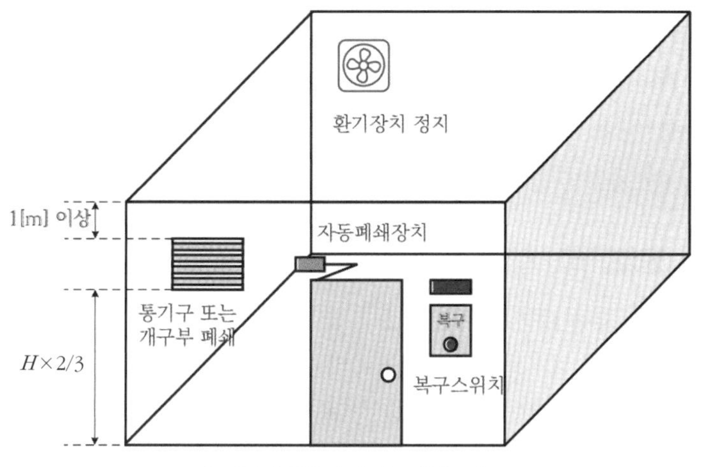

▮ 자동폐쇄장치 설치 개념도 ▮

⑥ 종류 ★

㉠ 피스톤릴리저 : 가스약제의 방출압을 이용 자동폐쇄

㉡ 전기모터식 : 전기모터를 이용 자동폐쇄

▮ 피스톤릴리저댐퍼 구동장치 및 복구스위치 설치 모형 ▮

10 배출설비(2.13)

(1) 설치대상

지하층, 무창층, 밀폐된 거실 등에 이산화탄소소화설비를 설치한 장소 ★★

(2) 목적

복구 시 소화약제의 농도를 희석(인명 안전)

11 과압배출구(2.14)

(1) 이산화탄소소화설비의 방호구역에는 소화약제 방출 시 발생하는 과(부)압으로 인한 구조물 등의 손상을 방지하기 위해 과압배출구를 설치해야 한다. 다만, 과(부)압이 발생해도 구조물 등에 손상이 생길 우려가 없음을 시험 또는 공학적인 자료로 입증하는 경우 설치하지 않을 수 있다.

(2) 방호구역 누설면적

(3) 방호구역의 최대허용압력

(4) 소화약제 방출 시의 최고압력

(5) 소화농도 유지시간

12 안전시설 등(2.16)

(1) 안전시설

① 소화약제 방출 시 방호구역 내와 부근에 가스 방출 시 영향을 미칠 수 있는 장소에 시각경보장치를 설치하여 소화약제가 방출되었음을 알게 할 것

② 방호구역의 출입구 부근 잘 보이는 장소에 약제 방출에 따른 위험경고표지를 부착할 것

(2) 부취발생기

① 소화약제 저장용기실 내의 소화배관에 설치하여 소화약제의 방출에 따라 부취제가 혼합되도록 하는 방식

② 소화약제 저장용기실 내의 소화배관에 설치할 것

③ 점검 및 관리가 쉬운 위치에 설치할 것

④ 방호구역별로 선택밸브 직후 2차측 배관에 설치할 것. 다만, 선택밸브가 없는 경우에는 집합배관에 설치할 수 있다.

⑤ 방호구역 내에 부취발생기를 설치하여 이산화탄소소화설비의 기동에 따라 소화약제 방출 전에 부취제가 방출되도록 하는 방식

기출·예상문제

01

이해도 ○ △ × / 중요도 ★

이산화탄소소화설비의 특징이 아닌 것은?

① 화재 진화 후 깨끗하다.
② 부속이 고압배관, 고압밸브를 사용하여야 한다.
③ 소음이 적다.
④ 전기, 기계, 유류화재에 효과가 있다.

해설 이산화탄소소화설비의 특징
(1) 전기 부도체로 C급 화재(전기화재)에 적응성
(2) 소화 후 잔존 물질이 없어 깨끗하고 2차 피해가 적다.
(3) 배관설비가 고압
(4) 방사 시 고압설비로 소음이 크다.
(5) 침투성이 좋아 심부화재에 적합한 소화약제

02

이해도 ○ △ × / 중요도 ★

이산화탄소소화설비 및 할론소화설비의 국소방출방식에 대한 설명으로 옳은 것은?

① 고정식 소화약제 공급장치에 배관 및 분사헤드를 설치하여 직접 화점에 소화약제를 방출하는 방식이다.
② 고정된 분사헤드에서 밀폐 방호구역 공간 전체로 소화약제를 방출하는 방식이다.
③ 호스 선단에 부착된 노즐을 이동하여 방호대상물에 직접 소화약제를 방출하는 방식이다.
④ 소화약제 용기 노즐 등을 운반기구에 적재하고 방호대상물에 직접 소화약제를 방출하는 방식이다.

해설 방출방식
(1) 국소방출방식 : 고정된 분사헤드에서 특정 방호대상물에 직접 소화약제를 분사하는 방식
(2) 전역방출방식 : 내화구조 등의 벽 등으로 구획된 방호대상물로서 고정된 분사헤드에서 공간 전체로 소화약제를 분사하는 방식
(3) 호스릴방식 : 분사헤드가 배관에 고정되어 있지 않고 소화약제 저장용기에 호스를 연결하여 사람이 직접 화점에 소화약제를 방출하는 이동식 소화설비 방식
(4) 대형 소화기 : 소화약제 용기 노즐 등을 운반기구에 적재하고 방호대상물에 직접 소화약제를 방출하는 방식

03

이해도 ○ △ × / 중요도 ★★★

이산화탄소소화약제의 저장용기 설치기준에 적합하지 않은 것은?

① 방화문으로 구획된 실에 설치할 것
② 방호구역 외의 장소에 설치할 것
③ 용기 간의 간격은 점검에 지장이 없도록 2[cm]의 간격을 유지할 것
④ 온도가 40[℃] 이하이고, 온도변화가 적은 곳에 설치할 것

해설 저장용기 설치기준
(1) 방호구역 외의 장소
(2) 온도제한 : 40[℃] 이하이고, 온도변화가 적은 곳에 설치
(3) 직사광선 및 빗물이 침투할 우려가 없는 곳

정답 01. ③ 02. ① 03. ③

(4) 방화문으로 구획된 실
(5) 용기가 설치된 곳임을 표시하는 표지 설치
(6) 용기 간의 간격 : 3[cm] 이상
(7) 저장용기와 집합관을 연결하는 연결배관 : 체크밸브 설치

04

이해도 ○ △ × / 중요도 ★

방호구역이 3구역인 어느 소방대상물에 할론소화설비를 설치한 경우 저장용기와 집합관 연결배관에 설치하여야 할 것은?

① 릴리프밸브 ② 자동냉동장치
③ 압력계 ④ 체크밸브

해설 저장용기와 집합관을 연결하는 연결배관
체크밸브 설치. 다만, 저장용기가 하나의 방호구역만을 담당하는 경우에는 그러하지 아니하다.

05

이해도 ○ △ × / 중요도 ★★★

저압식 이산화탄소소화설비의 소화약제 저장용기에 설치하는 안전밸브의 작동압력은 내압시험 압력의 몇 배에서 작동하는가?

① 0.24 ~ 0.4 ② 0.44 ~ 0.6
③ 0.64 ~ 0.8 ④ 0.84 ~ 1

해설 저압식 용기의 안전장치
내압시험 압력의 0.64 ~ 0.8배

06

이해도 ○ △ × / 중요도 ★★

(　　) 안에 들어갈 내용으로 알맞은 것은?

> 이산화탄소소화설비 이산화탄소소화약제의 저압식 저장용기에는 용기 내부의 온도가 (㉠)에서 (㉡)의 압력을 유지할 수 있는 자동냉동장치를 설치할 것

① ㉠ 0[℃] 이상, ㉡ 4[MPa]
② ㉠ −18[℃] 이하, ㉡ 2.1[MPa]
③ ㉠ 20[℃] 이하, ㉡ 2[MPa]
④ ㉠ 40[℃] 이하, ㉡ 2.1[MPa]

해설 저압식 이산화탄소설비 자동냉동장치
−18[℃], 2.1[MPa]를 유지

07

이해도 ○ △ × / 중요도 ★★

이산화탄소소화약제용 저압식 저장용기에 충전하고자 할 때 적합한 충전비는?

① 0.9 ~ 1.1 ② 1.1 ~ 1.4
③ 1.4 ~ 1.7 ④ 1.5 ~ 1.9

해설 이산화탄소소화약제의 충전비

구분	고압식	저압식	기동용기
충전비	1.5~1.9	1.1~1.4	1.5 이상

08

이해도 ○ △ × / 중요도 ★

이산화탄소소화설비에 사용하는 용기를 상온에 설치할 때 내용적 50[L]의 용기에 충전할 수 있는 이산화탄소의 양으로 적당한 것은? (단, 충전비는 1.5임)

① 약 60[kg]
② 약 37.3[kg]
③ 약 33.3[kg]
④ 약 30[kg]

해설

$$충전비 = \frac{L}{kg}$$

여기서, L : 내용적, kg : 저장량

$$1.5 = \frac{50}{x}$$

$$x = \frac{50}{1.5} = 33.33[kg]$$

정답 04. ④ 05. ③ 06. ② 07. ② 08. ③

09

이해도 ○ △ × / 중요도 ★★★

모피창고에 이산화탄소소화설비를 전역방출방식으로 설치한 경우 방호구역의 체적이 600[m³]라면 이산화탄소소화약제의 최소저장량은 몇 [kg]인가? (단, 설계농도는 75[%]이고, 개구부 면적은 무시)

① 780 ② 960
③ 1,200 ④ 1,620

해설 심부화재 이산화탄소소화약제량[kg]
=방호구역의 체적[m³]×1[m³]당 약제량[kg/m³]+방호구역의 개구부 면적[m²]×개구부 가산량[kg/m²]

방호대상물	체적당 소화약제량 [kg/m³]
고무 · 면화류창고, 모피 · 석탄창고, 집진설비	2.7

∴ 심부화재 이산화탄소소화약제량[kg]
=600[m³]×2.7[kg/m³]=1,620[kg]

10

이해도 ○ △ × / 중요도 ★★

이산화탄소소화설비 기동장치의 설치기준으로 옳은 것은?

① 가스압력식 기동장치 기동용 가스용기의 용적은 3[L] 이상으로 한다.
② 전기식 기동장치로서 5병의 저장용기를 동시에 개방하는 설비는 2병 이상의 저장용기에 전자개방밸브를 부착해야 한다.
③ 수동식 기동장치는 전역방출방식에 있어서 방호대상물마다 설치한다.
④ 수동식 기동장치의 부근에는 방출 지연을 위한 비상스위치를 설치해야 한다.

해설 ① 가스압력식 기동장치 기동용 가스용기의 용적은 5[L] 이상으로 한다.
② 전기식 기동장치로서 7병의 저장용기를 동시에 개방하는 설비는 2병 이상의 저장용기에 전자개방밸브를 부착해야 한다.
③ 수동식 기동장치는 국소방출방식에 있어서 방호대상물마다 설치한다.
④ 수동식 기동장치의 부근에 소화약제의 방출을 지연시킬 수 있는 비상스위치를 설치하여야 한다.

11

이해도 ○ △ × / 중요도 ★

이산화탄소소화설비의 화재안전기술기준상 수동식 기동장치의 설치기준에 적합하지 않은 것은?

① 전역방출방식에 있어서는 방호대상물마다 설치
② 전기를 사용하는 기동장치에는 전원표시등을 설치할 것
③ 기동장치의 조작부는 바닥으로부터 높이 0.8[m] 이상 1.5[m] 이하의 위치에 설치하고, 보호판 등에 따른 보호장치를 설치할 것
④ 기동장치의 방출용 스위치는 음향경보장치와 연동하여 조작될 수 있는 것으로 할 것

해설 수동식 기동장치의 설치기준
(1) 전역방출방식은 방호구역당 1개 이상
(2) 국소방출방식은 방호대상물당 1개 이상
(3) 조작을 하는 자가 쉽게 피난할 수 있는 장소에 설치
(4) 조작부는 바닥으로부터 높이 0.8[m] 이상 1.5[m] 이하의 위치에 설치하고, 보호판 등에 따른 보호장치를 설치
(5) 가깝고 보기 쉬운 곳에 "이산화탄소소화설비 기동장치"라는 표지 설치
(6) 전기를 사용하는 기동장치에는 전원표시등을 설치
(7) 방출용 스위치는 음향경보장치와 연동하여 조작될 수 있는 것

CHAPTER 06

정답 09. ④ 10. ④ 11. ①

12

이해도 ○ △ × / 중요도 ★

이산화탄소소화설비 중 호스릴방식으로 설치되는 호스접결구는 방호대상물의 각 부분으로부터 수평거리 몇 [m] 이하이어야 하는가?

① 15[m] 이하 ② 20[m] 이하
③ 25[m] 이하 ④ 40[m] 이하

해설 호스릴 수평거리

구분	수평거리
분말	15[m]
포	15[m]
이산화탄소	15[m]
할론	20[m]
옥내소화전	25[m]

13

이해도 ○ △ × / 중요도 ★★★★★

이산화탄소소화설비의 기동장치에 대한 기준 중 틀린 것은?

① 수동식 기동장치의 조작부는 바닥으로부터 높이 0.8[m] 이상 1.5[m] 이하에 설치한다.
② 자동식 기동장치에는 수동으로도 기동할 수 있는 구조로 할 필요는 없다.
③ 가스압력식 기동장치에서 기동용 가스용기 및 해당 용기에 사용하는 밸브는 25[MPa] 이상의 압력에 견디어야 한다.
④ 전기식 기동장치로서 7병 이상의 저장용기를 동시에 개방하는 설비에는 2병 이상의 저장용기에 전자개방밸브를 설치한다.

해설 자동식 기동장치의 설치기준
(1) 자동화재탐지설비의 감지기의 작동과 연동
(2) 수동으로도 기동할 수 있는 구조
(3) 전기식 : 7병 이상의 저장용기를 동시에 개방하는 설비는 2병 이상의 저장용기에 전자개방밸브를 부착

14

이해도 ○ △ × / 중요도 ★★

이산화탄소소화설비의 화재안전기술기준상 이산화탄소소화설비의 배관 설치기준으로 적합하지 않은 것은?

① 이음이 없는 동 및 동합금관으로서 고압식은 16.5[MPa] 이상의 압력에 견딜 수 있는 것
② 배관의 호칭구경이 20[mm] 이하인 경우에는 스케줄 20 이상인 것을 사용할 것
③ 고압식의 경우 개폐밸브 또는 선택밸브의 1차측 배관부속은 호칭압력 4.0[MPa] 이상의 것을 사용할 것
④ 배관은 전용으로 할 것

해설 이산화탄소소화설비 배관의 설치기준

구분	종류	압력	설치기준
강관	압력배관용 탄소강관	고압식	스케줄 80 (구경 20[mm] 이하 : 스케줄 40)
		저압식	스케줄 40
	압력배관용 탄소강관과 동등 이상의 강도를 가진 것으로 아연도금 등으로 방식 처리된 것	–	–

정답 12. ① 13. ② 14. ②

구분	종류	압력	설치기준
동관	이음이 없는 동 및 동합금관	고압식	16.5[MPa] 이상
		저압식	3.75[MPa] 이상
개폐밸브 또는 선택밸브의 2차측 배관부속		고압식	2.0[MPa] 이상
1차측 배관부속			4.0[MPa] 이상
밸브 및 배관부속		저압식	2.0[MPa] 이상

15

이해도 ○ △ × / 중요도 ★★★

이산화탄소소화설비의 배관에 관한 사항으로 옳지 않은 것은?

① 강관을 사용하는 경우 고압저장방식에서는 압력배관용 탄소강관 스케줄 중 80 이상의 것을 사용한다.
② 강관을 사용하는 경우 저압저장방식에서는 압력배관용 탄소강관 스케줄 중 40 이상의 것을 사용한다.
③ 동관을 사용하는 경우 이음이 없는 것으로서 고압저장방식에서는 내압 15[MPa] 이상의 압력에 견딜 수 있는 것을 사용한다.
④ 동관을 사용하는 경우 이음매 없는 것으로서 저압저장방식에서는 내압 3.75[MPa] 이상의 압력에 견딜 수 있는 것을 사용한다.

해설 동관을 사용하는 경우 고압식은 16.5[MPa] 이상, 저압식은 3.75[MPa] 이상의 압력에 견딜 수 있는 것을 사용할 것

16

이해도 ○ △ × / 중요도 ★★★★★

호스릴이산화탄소소화설비의 설치기준으로 옳지 않은 것은?

① 20[℃]에서 하나의 노즐마다 소화약제의 방출량은 60초당 60[kg] 이상이어야 한다.
② 소화약제 저장용기는 호스릴 2개마다 1개 이상 설치해야 한다.
③ 소화약제 저장용기의 가장 가까운 곳의 보기 쉬운 곳에 표시등을 설치해야 한다.
④ 소화약제 저장용기의 개방밸브는 호스의 설치장소에서 수동으로 개폐할 수 있어야 한다.

해설 설치기준
(1) 방호대상물의 각 부분으로부터 하나의 호스접결구까지 수평거리 : 15[m] 이하
(2) 노즐의 방사량 : 60[kg/min] 이상
(3) 소화약제 저장용기 설치장소 : 호스릴을 설치하는 장소마다 설치
(4) 소화약제 저장용기 개방밸브 : 호스의 설치장소에서 수동으로 개폐할 수 있는 것
(5) 표시등 : 소화약제 저장용기의 가장 가까운 곳의 보기 쉬운 곳
(6) 표지설치 : 호스릴이산화탄소소화설비가 있다는 뜻을 표시한 표지

② 소화약제 저장용기는 호스릴 1개마다 1개 이상 설치해야 한다.

17

이해도 ○ △ × / 중요도 ★★

호스릴이산화탄소소화설비에 있어서는 하나의 노즐에 대하여 몇 [kg] 이상 저장하여야 하는가?

① 45[kg] 이상　② 80[kg] 이상
③ 90[kg] 이상　④ 120[kg] 이상

CHAPTER 06

정답 15. ③ 16. ② 17. ③

해설 호스릴이산화탄소소화설비
(1) 노즐의 방사량 : 60[kg/min] 이상
(2) 노즐의 저장량 : 90[kg] 이상

18

이해도 ○ △ × / 중요도 ★★

이산화탄소소화설비를 설치하는 장소에 소화약제의 소요량은 정해진 약제방사시간 이내에 방사되어야 한다. 다음 기준 중 소요량에 대한 약제방사시간이 틀린 것은?

① 전역방출방식에 있어서 표면화재 방호대상물은 1분
② 전역방출방식에 있어서 심부화재 방호대상물은 7분
③ 국소방출방식에 있어서 방호대상물은 10초
④ 국소방출방식에 있어서 방호대상물은 30초

해설 방출시간

구분	전역방출방식		국소방출방식
	표면화재	심부화재	
약제방사시간	1분 이내	7분 이내 (2분 이내에 설계농도가 30[%]일 것)	30초 이내

19

이해도 ○ △ × / 중요도 ★★

이산화탄소소화설비의 적용범위 중 옳지 않은 사항은?

① 종이, 목재, 섬유류 등의 보통 화재
② 유압기를 제외한 전기설비, 케이블실
③ 체적 55[m^3] 미만의 전기설비
④ 물로 소화 불가능한 나트륨, 칼륨, 칼슘 등 활성금속의 화재

해설 분사헤드 설치제외 장소
(1) 전시장 등의 관람을 위하여 다수인이 출입·통행하는 통로 및 전시실 등
(2) 방재실·제어실 등 사람이 상시 근무하는 장소
(3) 나트륨·칼륨·칼슘 등 활성금속물질을 저장·취급하는 장소
(4) 니트로셀룰로오스·셀룰로이드 제품 등 자기연소성 물질을 저장·취급하는 장소

20

이해도 ○ △ × / 중요도 ★

이산화탄소소화설비에서 방출되는 가스압력을 이용하여 배기덕트를 차단하는 장치는?

① 방화셔터
② 피스톤릴리저댐퍼
③ 가스체크밸브
④ 방화댐퍼

해설 자동폐쇄장치의 종류
(1) 피스톤릴리저 : 가스약제의 방출압을 이용 자동폐쇄
(2) 전기모터식 : 전기모터를 이용 자동폐쇄

21

이해도 ○ △ × / 중요도 ★★

이산화탄소소화설비의 시설 중 소화 후 연소 및 소화 잔류 가스를 인명 안전상 배출 및 희석시키는 배출설비의 설치대상이 아닌 것은?

① 지하층
② 피난층
③ 무창층
④ 밀폐된 거실

해설 배출설비 설치대상
지하층, 무창층, 밀폐된 거실 등에 이산화탄소소화설비가 설치된 장소

정답 18. ③ 19. ④ 20. ② 21. ②

22

이해도 ○ △ × / 중요도 ★★

이산화탄소소화설비의 배관의 설치기준 중 다음 ( ) 안에 알맞은 것은?

> 고압식의 경우 개폐밸브 또는 선택밸브의 2차측 배관부속은 호칭 압력 2.0[MPa] 이상의 것을 사용하여야 하며, 1차측 배관부속은 호칭 압력 (㉠)[MPa] 이상의 것을 사용하여야 하고, 저압식의 경우에는 (㉡)[MPa]의 압력에 견딜 수 있는 배관부속을 사용할 것

① ㉠ 3.0, ㉡ 2.0
② ㉠ 4.0, ㉡ 2.0
③ ㉠ 3.0, ㉡ 2.5
④ ㉠ 4.0, ㉡ 2.5

해설 이산화탄소소화설비 배관의 설치기준

구분	종류	압력	설치기준
강관	압력배관용 탄소강관	고압식	스케줄 80 (구경 20[mm] 이하 : 스케줄 40)
강관	압력배관용 탄소강관	저압식	스케줄 40
강관	압력배관용 탄소강관과 동등 이상의 강도를 가진 것으로 아연도금 등으로 방식 처리된 것	–	–
동관	이음이 없는 동 및 동합금관	고압식	16.5[MPa] 이상
동관	이음이 없는 동 및 동합금관	저압식	3.75[MPa] 이상

구분	종류	압력	설치기준
개폐밸브 또는 선택밸브의 2차측 배관부속		고압식	2.0[MPa] 이상
1차측 배관부속		고압식	4.0[MPa] 이상
밸브 및 배관부속		저압식	2.0[MPa] 이상

23

이해도 ○ △ × / 중요도 ★★

이산화탄소소화약제의 저장용기 설치기준 중 옳은 것은?

① 저장용기의 충전비는 고압식은 1.9 이상 2.3 이하, 저압식은 1.5 이상 1.9 이하로 할 것
② 저압식 저장용기에는 액면계 및 압력계와 2.1[MPa] 이상 1.9[MPa] 이하의 압력에서 작동하는 압력경보장치를 설치할 것
③ 저장용기 고압식은 25[MPa] 이상, 저압식은 3.5[MPa] 이상의 내압시험압력에 합격한 것으로 할 것
④ 저압식 저장용기에는 내압시험압력의 1.8배의 압력에서 작동하는 안전밸브와 내압시험압력의 0.8배로부터 내압시험압력에서 작동하는 봉판을 설치할 것

해설 고압식과 저압식의 비교

구분	고압식	저압식
저장용기	실린더형	탱크형 (냉동기 포함)
충전비	1.5 ~ 1.9	1.1 ~ 1.4
안전장치 압력	배관의 최소사용 설계압력과 최대허용압력 사이의 압력	내압시험압력의 0.64 ~ 0.8배

정답 22. ② 23. ③

구분	고압식	저압식
봉판 작동압	–	내압시험압력의 0.8~1.0배
압력 경보 장치	–	2.1±0.2[MPa] 작동
자동 냉동 장치	–	−18[℃], 2.1[MPa]를 유지
용기 시험 압력	25[MPa]	3.5[MPa]
방출 압력	2.1[MPa]	1.05[MPa]
배관의 부속 압력	1차 : 4[MPa], 2차 : 2[MPa]	2[MPa]

24

이해도 ○ △ × / 중요도 ★★

이산화탄소소화약제 저장용기의 설치장소에 대한 설명 중 옳지 않은 것은?

① 반드시 방호구역 내의 장소에 설치한다.
② 온도의 변화가 적은 곳에 설치한다.
③ 방화문으로 구획된 실에 설치한다.
④ 해당 용기가 설치된 곳임을 표시하는 표지를 한다.

해설 저장용기 설치기준

(1) 방호구역 외의 장소
(2) 온도제한 : 40[℃] 이하이고, 온도변화가 적은 곳에 설치
(3) 직사광선 및 빗물이 침투할 우려가 없는 곳
(4) 방화문으로 구획된 실
(5) 용기가 설치된 곳임을 표시하는 표지설치
(6) 용기 간의 간격 : 3[cm] 이상
(7) 저장용기와 집합관을 연결하는 연결배관 : 체크밸브 설치

25

이해도 ○ △ × / 중요도 ★

이산화탄소소화설비의 화재안전기술기준상 전역방출방식의 이산화탄소소화설비의 분사헤드 방사압력은 저압식인 경우 최소 몇 [MPa] 이상이어야 하는가?

① 0.5　② 1.05
③ 1.4　④ 2.0

해설 이산화탄소설비 전역방출방식의 방사압과 방사시간

분사헤드의 방사압		분사헤드의 방사시간	
저압식	고압식	표면화재	심부화재
1.05[MPa]	2.1[MPa]	1분 이내	7분 이내 (2분 이내에 설계 농도가 30[%]일 것)

정답 24. ① 25. ②

단답식 핵심문제

01 표면화재는 (①) 이상의 설계농도를 가지지만, 심부화재의 경우는 (②) 이상의 설계농도를 가진다.

02 이산화탄소소화설비는 저장방식에 따라 (①)과 (②)으로 구분한다.

03 저장용기 설치기준 중 온도제한 : ( )이고, 온도변화가 적은 곳에 설치한다.

04 저장용기 설치기준 중 용기 간의 간격 : ( )

05 이산화탄소 고압식의 충전비는 ( )이다.

06 고압식의 안전장치는 내압시험압력의 ( )에서 동작하여야 한다.

07 저압식 용기의 안전장치 : 내압시험압력의 ( )

08 저압식 이산화탄소설비 자동냉동장치 : ( )를 유지

정답

01. ① 34[%], ② 50[%]
02. ① 고압식, ② 저압식
03. 40[℃] 이하
04. 3[cm] 이상
05. 1.5 ~ 1.9
06. 0.8배
07. 0.64 ~ 0.8배
08. −18[℃], 2.1[MPa]

09 심부화재에서 이산화탄소소화설비의 약제량 : (   )

10 고무 · 면화류창고, 모피 · 석탄창고, 집진설비의 체적당 소화약제량[kg/m^3]
: (   )

11 심부화재의 경우 개구부 면적당 가산량 : (   )

12 자동식 기동장치 중 전기식은 (①) 이상의 저장용기를 동시에 개방하는 설비는 (②) 이상의 저장용기에 전자개방밸브를 부착

13 자동식 기동장치 중 가스압력식의 충전비는 (   )

14 고압식 이산화탄소소화설비의 배관은 구경 20[mm] 이하의 경우는 스케줄 (①) 이상이고 그 외는 스케줄 (②) 이상이다.

15 이산화탄소소화설비에서 동관을 사용하는 경우 고압식은 (①) 이상, 저압식은 (②) 이상의 압력에 견딜 수 있는 것을 사용할 것

정답

09. 소화약제량[kg] = 방호구역의 체적[m^3] × 1[m^3]당 약제량[kg/m^3] + 방호구역의 개구부 면적[m^2] × 개구부 가산량[kg/m^2]
10. 2.7
11. 10[kg/m^2]
12. ① 7병, ② 2병
13. 1.5 이상
14. ① 40, ② 80
15. ① 16.5[MPa], ② 3.75[MPa]

16 전역방출방식의 방사시간

분사헤드의 방사시간	
표면화재	심부화재
(①)	(②) (2분 이내에 설계농도가 30[%]일 것)

17 국소방출방식의 방사시간은 ( )이다.

18 이산화탄소 호스릴설비 설치기준

(1) 노즐의 방사량 : (①)
(2) 소화약제 저장용기 설치장소 : (②)마다 설치
(3) 소화약제 저장용기 개방밸브 : 호스의 설치장소에서 (③)할 수 있는 것
(4) 표시등 : 소화약제 저장용기의 가장 (④)에 설치할 것

19 이산화탄소 배출설비를 설치해야 하는 대상은 이산화탄소소화설비가 설치된 ( ) 이다.

정답

16. ① 1분 이내, ② 7분 이내
17. 30초 이내
18. ① 60[kg/min] 이상, ② 호스릴을 설치하는 장소, ③ 수동으로 개폐, ④ 가까운 곳의 보기 쉬운 곳
19. 지하층, 무창층, 밀폐된 거실 등

03 할론소화설비(NFTC 107)

1 개요

(1) 정의

탄화수소화합물에서 수소를 할로겐족 원소로 치환하여 할로겐족의 부촉매 효과를 이용한 가스계 소화약제

(2) 오존층 파괴로 현재는 사용이 제한

2 소화약제의 저장용기 등(2.1)

(1) 저장장소

온도가 40[℃] 이하이고, 온도변화가 적은 곳에 설치

(2) 저장용기 저장압력 등 ★★★★★

대분류	소분류	1211	1301	2402
축압식	저장압력	1.1[MPa] 또는 2.5[MPa]	2.5[MPa] 또는 4.2[MPa]	–
	충전비	0.7 이상 1.4 이하	0.9 이상 1.6 이하	0.67 이상 2.75 이하
	축압용 가스	질소가스		
가압식	가압용 가스	질소가스		
	가압용 가스압력	2.5[MPa] 또는 4.2[MPa]		
	압력조정장치	2.0[MPa] 이하		
	충전비	0.7 이상 1.4 이하	0.9 이상 1.6 이하	0.51 이상 0.67 미만

(3) 동일 집합관에 접속되는 용기의 소화약제 충전량

동일 충전비

(4) 하나의 구역을 담당하는 소화약제 저장용기의 소화약제량의 체적 합계보다 그 소화약제 방출 시 방출경로가 되는 배관(집합관 포함)의 내용적이 1.5배 이상일 경우

별도 독립방식으로 설치

꼼꼼체크 내용적이 크면 기상부분이 증가하므로 소화효과의 감소를 방지하기 위해 독립방식을 사용한다.

(5) 저장용기의 개방밸브

안전장치가 부착된 것으로 하며 수동으로 개방되도록 할 것 ★★

3 소화약제(2.2)

(1) 전역방출방식 ★★★★★

① 소화약제량

소화약제량[kg]=방호구역의 체적[m^3]×1[m^3]당 약제량[kg/m^3]+(방호구역의 개구부 면적[m^2]×개구부 가산량[kg/m^2])

② 소방대상물별 소화약제량

소방대상물 또는 그 부분		소화약제의 종별	K_1 방호구역의 체적 1[m^3]당 소화약제량[kg] A(최저수치)	K_2 가산량 면적 1[m^2]당 소화약제 가산량[kg] (자동폐쇄장치 ×) 암기 Tip A×7.5
전기실, 통신기기실, 차고, 주차장 이와 유사한 전기설비가 설치되어 있는 부분 암기 Tip 전통차주 삼이사		할론 1301	0.32 이상 0.64 이하	2.4[kg/m^2]
특수가연물을 저장·취급하는 소방대상물 또는 그 부분	• 가연성 고체류 • 가연성 액체류	할론 2402	0.4 이상 1.1 이하	3.0[kg/m^2]
		할론 1211	0.36 이상 0.71 이하	2.7[kg/m^2]
		할론 1301	0.32 이상 0.64 이하	2.4[kg/m^2]
	나무껍질, 면화류, 종이부스러기, 목재가공품 등 ⇒ 심부성 화재 암기 Tip 나면종목 오이삼구	할론 1211	0.6 이상 0.71 이하	4.5[kg/m^2]
		할론 1301	0.52 이상 0.64 이하	3.9[kg/m^2]
	합성수지류를 저장·취급하는 장소	할론 1211	0.36 이상 0.71 이하	2.7[kg/m^2]
		할론 1301	0.32 이상 0.64 이하	2.4[kg/m^2]

K_2는 개구부 자동폐쇄장치가 설치된 경우는 계산하지 않는다. 왜냐하면 약제 방사 전 자동으로 폐쇄되기 때문에 개구부로 보지 않아 가산하지 않는다.

(2) 국소방출방식

① 윗면이 개방된 용기에 저장하는 경우와 화재 시 연소면이 한정되고 가연물이 비산할 우려가 없는 경우(평면화재) : 소화약제량=방호대상물의 표면적[m^2]×표면적당 약제량[kg/m^2]×약제에 따른 가산량(1301 : 1.25, 1211, 2402 : 1.1)

소화약제의 종별	소화약제량[kg/m²]	약제에 따른 가산량
할론 2402	8.8	1.1
할론 1211	7.6	1.1
할론 1301	6.8	1.25

② 기타의 경우(입체화재) : 소화약제량＝방호공간[m³]× Q[kg/m³]×약제에 따른 가산량 (1301 : 1.25, 1211, 2402 : 1.1)

$$Q = X - Y\frac{a}{A}$$ ★★★★

여기서, Q : 방호공간 1[m³]에 대한 할론소화약제의 양[kg/m³]

a : 방호대상물 주위에 설치된 벽의 면적 합계[m²]

A : 방호공간의 벽면적(벽이 없는 경우에는 벽이 있는 것으로 가정한 당해 부분의 면적)의 합계[m²]

X, Y : 상수

▌X, Y 수치▐

소화약제의 종별	X의 수치	Y의 수치 암기 Tip X×0.75
할론 2402	5.2	3.9(5.2×0.75)
할론 1211	4.4	3.3(4.4×0.75)
할론 1301	4.0	3.0(4.0×0.75)

(3) 호스릴 할론소화설비 ★★★

소화약제의 종별	소화약제량[kg]	소화약제 방사량[kg/min]
할론 2402	50	45
할론 1211	50	40
할론 1301	45	35

4 배관(2.5)

(1) 배관

전용

(2) 사용되는 배관과 배관부속

구분	종류	압력	설치기준
강관	압력배관용 탄소강관	–	스케줄 40
동관	이음이 없는 구리 및 구리합금관	고압식	16.5[MPa] 이상
		저압식	3.75[MPa] 이상
밸브 및 배관부속		–	강관 또는 동관과 동등 이상의 강도 및 내식성

(3) 배관방식을 토너먼트방식으로 하는 이유

약제를 균일하게 방사하기 위함

(4) 기동용기 배관에 동관을 사용할 경우 확관식 이음부에서 누설이나 찌그러짐 등이 발생하며 잦은 탈부착으로 인해 기동의 장애가 발생할 수 있으므로 플렉시블 호스방식으로 설치하는 것이 좋다.

5 분사헤드(2.7)

(1) 전역방출방식

① 방사된 소화약제가 방호구역의 전역에 균일하게 신속히 확산할 수 있도록 할 것

② 방사압과 방사시간(전역 = 국소) ★★★★★

소화약제의 종별	분사헤드 방사압[MPa]	방사시간[초]	비고
할론 2402	0.1	10	무상으로 방사
할론 1211	0.2	10	–
할론 1301	0.9	10	–

(2) 국소방출방식의 설치장소

소화약제의 방사에 따라 가연물이 비산하지 아니하는 장소

6 할론소화약제

(1) 소화약제 명명법

① Halon ABCD(1301) → 세자리 경우(104 – 원래 1040 중 마지막 Br이 생략됨)

② C F Cl Br

암기 Tip 탄불염브(CFClBr 번호순으로)

(2) 할론소화약제의 장단점 ★★★

장점	단점
화학적 부촉매작용의 소화능력이 크다. 따라서 적은 소화약제의 사용이 가능	이산화탄소에 비해 값이 비싸다.
화학적으로 안정성이 뛰어나 금속에 대한 부식성이 작고 변질되거나 자연분해가 잘 되질 않는다.	오존파괴지수(ODP)가 높아서 지구오존층 파괴의 원인으로 사용이 제한된다.
전기적으로 부도체이기 때문에 전기화재에도 적응성	지구온난화지수(GWP)가 높다.
냉각효과가 적어 첨단장비나 통신장비 등의 냉해를 줄 우려가 적음	
휘발성으로 소방대상물에 대한 2차 피해가 적다.	–

기출·예상문제

01

이해도 ○ △ × / 중요도 ★★★★★

할론소화약제 저장용기의 설치기준 중 다음 ( ) 안에 알맞은 것은?

> 축압식 저장용기의 압력은 온도 20[℃]에서 할론 1301을 저장하는 것은 (㉠)[MPa] 또는 (㉡)[MPa]이 되도록 질소가스로 축압할 것

① ㉠ 2.5, ㉡ 4.2
② ㉠ 2.0, ㉡ 3.5
③ ㉠ 1.5, ㉡ 3.0
④ ㉠ 1.1, ㉡ 2.5

해설 할론소화약제

대분류	소분류	1301
축압식	저장압력	2.5[MPa] 또는 4.2[MPa]
	충전비	0.9 이상 1.6 이하

02

이해도 ○ △ × / 중요도 ★★

다음은 할론소화설비의 수동기동장치 점검내용이다. 이 중 가장 잘못된 것은?

① 방호구역마다 설치되어 있는가?
② 방출 지연용 비상스위치가 설치되어 있는가?
③ 화재감지기와 연동되어 있는가?
④ 조작부는 바닥으로부터 0.8[m] 이상 1.5[m] 이하의 위치에 설치되어 있는가?

해설 가스계 수동기동장치

(1) 설치개수
 ① 전역방출방식 : 방호구역당 1개 이상
 ② 국소방출방식 : 방호대상물당 1개 이상
(2) 설치장소 : 해당 방호구역의 출입구 부분 등 조작을 하는 자가 쉽게 피난할 수 있는 장소
(3) 기동장치 조작부
 ① 설치위치 : 높이 0.8 ~ 1.5[m] 이하
 ② 보호장치 : 보호판 등
(4) 표지설치 : 가까운 곳의 보기 쉬운 곳에 "이산화탄소소화설비 기동장치"라고 표시한 표지
(5) 전기를 사용하는 기동장치 : 전원표시등
(6) 기동장치의 방출용 스위치 : 음향경보장치와 연동
(7) 비상스위치 설치 : 수동식 기동장치의 부근에 소화약제의 방출을 지연

> ③ 수동기동장치는 화재감지기가 아니라 음향경보장치와 연동되어야 한다. 자동기동장치가 화재감지기와 연동되어야 한다.

03

이해도 ○ △ × / 중요도 ★★

할론 1301 소화약제의 저장용기에 관한 사항으로 적당하지 않은 것은?

① 축압식 용기의 경우에는 20[℃]에서 2.5[MPa] 또는 4.2[MPa]의 압력이 되도록 질소가스로 축압할 것
② 저장용기의 개방밸브는 안전장치가 부착된 것으로 하며 수동으로 개방되지 않도록 할 것
③ 저장용기의 충전비는 0.9 이상 1.6 이하로 할 것
④ 동일 접합관에 접속되는 용기의 충전비는 같도록 할 것

정답 01. ① 02. ③ 03. ②

해설 저장용기의 개방밸브는 안전장치가 부착된 것으로 하며 수동으로 개방되도록 할 것

04

이해도 ○ △ × / 중요도 ★★★★★

체적 55[m³]의 통신기기실에 전역방출방식의 할론소화설비를 설치하고자 하는 경우에 할론 1301의 저장량은 최소 몇 [kg]이어야 하는가? (단, 통신기기실의 총 개구부 크기는 4[m²]이며 자동폐쇄장치는 설치되어 있지 아니하다.)

① 26.2[kg] ② 27.2[kg]
③ 28.2[kg] ④ 29.2[kg]

해설 할론 전역방출방식

소화약제량[kg]=방호구역의 체적[m³]×1[m³]당 약제량[kg/m³]+방호구역의 개구부 면적[m²]×개구부 가산량[kg/m²]

소방대상물 또는 그 부분	소화약제의 종별	K_1	K_2
전기실, 통신기기실, 차고, 주차장 이와 유사한 전기설비가 설치되어 있는 부분	할론 1301	0.32 이상 0.64 이하	2.4 [kg/m²]

여기서, K_1 : 방호구역의 체적 1[m³]당 소화약제량[kg]
K_2 : 가산량 면적 1[m²]당 소화약제 가산량[kg]

∴ 소화약제량[kg]=55[m³]×0.32[kg/m³]+4[m²]×2.4[kg/m²]=27.2[kg]

05

이해도 ○ △ × / 중요도 ★

소방대상물 중 전역방출방식의 할론소화설비를 설치할 경우 소방대상물 단위체적당 가장 많은 양의 소화약제를 필요로 하는 곳은?

① 차고 또는 주차장
② 사류, 목재가공품 또는 나무부스러기를 저장 · 취급하는 장소
③ 합성수지류를 저장 · 취급하는 장소
④ 가연성 고체류를 저장 · 취급하는 장소

해설 심부성 화재인 사류, 목재가공품 또는 나무부스러기가 가장 많은 소화약제를 필요로 한다.

소방대상물 또는 그 부분		소화약제의 종별	K_1	K_2
전기실, 통신기기실, 차고, 주차장 이와 유사한 전기설비가 설치되어 있는 부분		할론 1301	0.32 이상 0.64 이하	2.4 [kg/m²]
특수가연물을 저장, 취급하는 소방대상물 또는 그 부분	가연성 고체류, 가연성 액체류	할론 2402	0.4 이상 1.1 이하	3.0 [kg/m²]
		할론 1211	0.36 이상 0.71 이하	2.7 [kg/m²]
		할론 1301	0.32 이상 0.64 이하	2.4 [kg/m²]
	나무껍질, 면화류, 종이부스러기, 목재가공품	할론 1211	0.6 이상 0.71 이하	4.5 [kg/m²]
		할론 1301	0.52 이상 0.64 이하	3.9 [kg/m²]
	합성수지류를 저장, 취급하는 장소	할론 1211	0.36 이상 0.71 이하	2.7 [kg/m²]
		할론 1301	0.32 이상 0.64 이하	2.4 [kg/m²]

여기서, K_1 : 방호구역의 체적 1[m³]당 소화약제량[kg]
K_2 : 가산량 면적 1[m²]당 소화약제 가산량[kg]

정답 04. ② 05. ②

06

이해도 ○ △ × / 중요도 ★★★★

할론소화설비의 국소방출방식 소화약제의 양 산출방식에 관련된 공식 $Q=X-Y\left(\frac{a}{A}\right)$의 설명으로 옳지 않은 것은?

① Q는 방호공간 1[m^3]에 대한 할로겐화합물 소화약제량이다.

② a는 방호대상물 주위에 설치된 벽면적 합계이다.

③ A는 방호공간의 벽면적의 합계이다.

④ X는 개구부 면적이다.

해설 국소방출방식 약제량

$$Q=X-Y\left(\frac{a}{A}\right)$$

여기서, Q : 방호공간 1[m^3]에 대한 이산화탄소소화약제의 양[kg/m^3]
a : 방호대상물 주위에 설치된 벽면적 합계[m^2]
A : 방호공간의 벽면적(벽이 없는 경우에는 벽이 있는 것으로 가정한 당해 부분의 면적)의 합계[m^2]
X, Y : 상수

07

이해도 ○ △ × / 중요도 ★

할론소화설비의 배관시공방법으로 틀린 것은?

① 배관은 전용으로 한다.

② 동관을 사용하는 경우 이음이 없는 것을 사용한다.

③ 배관부속 및 밸브류는 강관 또는 동관과 동등 이상의 강도 및 내식성이 있는 것을 사용한다.

④ 배관은 반드시 스케줄 20 이상의 압력배관용 탄소강관을 사용한다.

해설 할론소화설비의 배관시공방법

구분	종류	압력	설치기준
강관	압력배관용 탄소강관	–	스케줄 40
동관	이음이 없는 동 및 동합금관	고압식	16.5[MPa] 이상
		저압식	3.75[MPa] 이상
밸브 및 배관부속		–	강관 또는 동관과 동등 이상의 강도 및 내식성

08

이해도 ○ △ × / 중요도 ★★★★

전역전출방식의 할론소화설비의 분사헤드에 대한 내용 중 잘못된 것은?

① 할론 1211을 방사하는 분사헤드 방사압력은 0.2[MPa] 이상이어야 한다.

② 할론 1301을 방사하는 분사헤드 방사압력은 1.3[MPa] 이상이어야 한다.

③ 할론 2402를 방출하는 분사헤드는 약제가 무상으로 분무되어야 한다.

④ 할론 2402를 방사하는 분사헤드 방사압력은 0.1[MPa] 이상이어야 한다.

해설 할론소화설비

소화약제의 종별	분사헤드 방사압[MPa]
할론 2402	0.1
할론 1211	0.2
할론 1301	0.9

정답 06. ④ 07. ④ 08. ②

09

이해도 ○ △ × / 중요도 ★★

전역방출방식의 할론소화설비의 분사헤드를 설치할 때 기준 저장량의 소화약제를 방사하기 위한 시간은 몇 초 이내인가?

① 20초 이내 ② 15초 이내
③ 10초 이내 ④ 5초 이내

해설 할론소화설비

소화약제의 종별	분사헤드 방사압[MPa]	방사 시간[초]
할론 2402	0.1	10
할론 1211	0.2	10
할론 1301	0.9	10

10

이해도 ○ △ × / 중요도 ★

국소방출방식의 할론소화설비의 분사헤드 설치기준으로 옳은 것은?

① 소화약제의 방사에 의하여 가연물이 비산하는 장소에 설치할 것
② 할론 1301을 방사하는 분사헤드는 해당 소화약제가 무상으로 분무되는 것으로 할 것
③ 분사헤드의 방사압력은 할론 2402를 방사하는 것에 있어서는 0.05[MPa] 이상이 되도록 할 것
④ 기준 저장량의 소화약제를 10초 이내에 방사할 수 있는 것으로 할 것

해설 ① 소화약제의 방사에 의하여 가연물이 비산하지 아니하는 장소에 설치할 것
② 할론 2402를 방사하는 분사헤드는 해당 소화약제가 무상으로 분무되는 것으로 할 것
③ 분사헤드의 방사압력은 할론 2402를 방사하는 것에 있어서는 0.1[MPa] 이상이 되도록 할 것
④ 할론은 기준 저장량의 소화약제를 10초 이내에 방사할 수 있는 것으로 할 것

11

이해도 ○ △ × / 중요도 ★★★

부촉매 효과로 연쇄반응 억제가 뛰어나서 소화력이 우수하지만 CFC 계열의 오존층 파괴 물질로 현재 사용에 제한을 하는 소화약제를 이용한 소화설비는?

① 이산화탄소소화설비
② 할론소화설비
③ 분말소화설비
④ 포소화설비

해설 할론소화설비는 오존파괴지수(ODP)가 높아서 지구 오존층 파괴의 원인으로 사용이 제한된다.

12

이해도 ○ △ × / 중요도 ★

국소방출방식의 할론소화설비의 분사헤드 설치기준 중 다음 ( ) 안에 알맞은 것은?

> 분사헤드의 방사압력은 할론 2402를 방사하는 것은 (㉠)[MPa] 이상, 할론 2402를 방출하는 분사헤드는 해당 소화약제가 (㉡)으로 분무되는 것으로 하여야 하며, 기준 저장량의 소화약제를 (㉢)초 이내에 방사할 수 있는 것으로 할 것

① ㉠ 0.1, ㉡ 무상, ㉢ 10
② ㉠ 0.2, ㉡ 적상, ㉢ 10
③ ㉠ 0.1, ㉡ 무상, ㉢ 30
④ ㉠ 0.2, ㉡ 적상, ㉢ 30

정답 09. ③ 10. ④ 11. ② 12. ①

해설 할론소화설비

소화약제의 종별	분사헤드 방사압 [MPa]	방사 시간 [초]	비고
할론 2402	0.1	10	무상으로 방사
할론 1211	0.2	10	–
할론 1301	0.9	10	–

13

이해도 ○ △ × / 중요도 ★

할론소화설비의 화재안전기술기준상 축압식 할론소화약제 저장용기에 사용되는 축압용 가스로서 적합한 것은?

① 질소
② 산소
③ 이산화탄소
④ 불활성 가스

해설 할론의 축압용 가스로는 질소가 사용된다.

14

이해도 ○ △ × / 중요도 ★

할론 1301을 사용하는 호스릴방식에서 하나의 노즐에서 1분당 방사하여야 하는 소화약제 방사량은? (단, 온도는 20[°C]이다.)

① 35[kg] ② 30[kg]
③ 25[kg] ④ 20[kg]

해설 호스릴 할론소화설비

소화약제의 종별	소화약제량 [kg]	소화약제 방사량 [kg/min]
할론 2402	50	45
할론 1211	50	40
할론 1301	45	35

정답 13. ① 14. ①

핵심문제

01 축압식 저장용기의 압력은 온도 20[℃]에서 할론 1301을 저장하는 것은 (①)[MPa] 또는 (②)[MPa]이 되도록 질소가스로 축압할 것

02 할론의 전역방출방식 소화약제량을 구하는 공식 : ( )

03 소방대상물별 소화약제량

소방대상물 또는 그 부분		소화약제의 종별	K_1 방호구역의 체적 1[m^3]당 소화약제량[kg]	K_2 가산량 면적 1[m^2]당 소화약제 가산량[kg]
전기실, 통신기기실, 차고, 주차장 이와 유사한 전기설비가 설치되어 있는 부분		할론 1301	(①)	(②)
특수가연물을 저장 · 취급하는 소방대상물 또는 그 부분	나무껍질, 면화류, 종이부스러기, 목재가공품 등	할론 1301	(③)	(④)

04 할론 1301의 분사헤드 방사압[MPa]은 ( )이다.

정답

01. ① 2.5, ② 4.2

02. 소화약제량[kg]=방호구역의 체적[m^3]×1[m^3]당 약제량[kg/m^3]+방호구역의 개구부 면적[m^2]×개구부 가산량[kg/m^2]

03. ① 0.32 이상 0.64 이하, ② 2.4[kg/m^2], ③ 0.52 이상 0.64 이하, ④ 3.9[kg/m^2]

04. 0.9

04 할로겐화합물 및 불활성기체 소화설비(NFTC 107A)

1 개요

(1) 정의

할로겐화합물(할론 제외) 및 불활성기체로서 전기적으로 비전도성이며 휘발성이 있거나 증발 후 잔여물을 남기지 않는 소화약제

① **할로겐화합물 소화약제** : 불소, 염소, 브롬 또는 요오드 중 하나 이상의 원소를 포함하고 있는 유기화합물을 기본 성분으로 하는 소화약제

② **불활성기체 소화약제** : 헬륨, 네온, 아르곤 또는 질소가스 중 하나 이상의 원소가 기본 성분인 소화약제

(2) 전통적으로 사람이 거주하는 장소에는 할론 1301 소화설비를 사용하여 왔으나 할론소화약제의 환경파괴 문제로 인하여 국내의 경우 2010년부터 생산이 중단되고 선진국에서는 1994년부터 이미 사용을 금지해온 바 향후 지속 사용 가능성, 경제성, 환경친화적 기업이미지 재고 등을 위하여 할로겐화합물 및 불활성기체 소화약제가 사용되고 있다.

(3) 할로겐화합물 소화 메커니즘

해당 화합물에 따라 화학적 메커니즘과 물리적 메커니즘의 조합을 통해 화재를 진압한다. 일부 약제를 제외하고 주된 작용은 냉각에 의한 물리적 소화 메커니즘을 가진다.

① **화학적 소화** : HBFC 및 HFIC 화합물의 경우는 할론 1301과 같이 Br 및 I 화학종이 화염 라디칼을 제거하고 이에 따라 화학적인 연쇄반응을 방해하는 화학적 소화 메커니즘을 가지고 있다.

② **물리적 소화** : 사용 중인 할론 1301 대체용 할로겐화합물들의 화재를 진압하는 주된 원리는 연소반응 영역으로부터 열을 빼내어 냉각한다.

(4) 불활성기체 소화 메커니즘

산소 농도를 희석시키고 화염 주위의 열용량을 상승시킴으로써 연소반응을 유지하기에 필요한 한계값 이하로 화염온도를 떨어뜨리는 역할을 한다.

2 소화약제

(1) 소화약제의 종류

대분류	중분류	소화약제
할로겐화합물	PFC	FC3-1-10
	HFC	HFC-23, HFC227ea, HFC-125
	HCFC	HCFC BLEND A
	FIC	FIC-13I1
	FK	FK-5-1-12

대분류	중분류	소화약제
불활성기체 ★★		IG-541 : (N_2 : 52[%], Ar : 40[%], CO_2 : 8[%])
		IG-01 : (Ar : 100[%])
		IG-100 : (N_2 : 100[%])
		IG-55 : (N_2 : 50[%], Ar : 50[%])

암기 Tip 탄수불(탄소, 수소, 불소) 질아이(질소, 아르곤, 이산화탄소)

(2) 명명법

구분	할로겐화합물	불활성기체
구성원리	CHF - ABC 세자리로 구성되며, 생략되는 경우 할로겐화합물과 달리 C(A자리)가 생략됨	IG - ABC 세자리로 구성
A	A + 1 = C(탄소)의 수	N_2(질소)의 농도
B	B - 1 = H(수소)의 수	Ar(아르곤)의 농도
C	F(불소)의 수	CO_2(이산화탄소)의 농도

(3) 특징 ★★

할로겐화합물	불활성기체
대부분은 소화약제의 자체 증기압이 낮아 방출압을 확보하기 위해 질소나 이산화탄소로 축압을 해 사용(HFC-23 제외)	물리적 소화능력(질식, 냉각)만 보유하고 있다. 따라서 유독성 소화분해물이 발생하지 않는다.
약제의 소화성능이 할론소화약제보다 떨어지므로 더 많은 약제가 필요하다. 따라서 상대적으로 더 큰 저장공간이 필요	소화약제가 공기 중에 있는 물질이므로 환경적인 측면은 할로겐화합물보다 월등하게 뛰어나다.
할론 1301에 비해서 열분해 생성물(대표적 HF)이 더 많이 발생한다. 따라서 인체나 장비에 악영향을 줄 우려가 더 크다.	방출 시 운무를 형성하지 않아 시야를 가리지 않아 방출 시 대피가 용이하다.
	액화가 되지 않는 압축가스로 약제의 부피가 크다.
할론에 비해서 비경제적이고, 부촉매 효과가 낮다.	소화효율이 할로겐화합물보다 낮아 많은 소화약제를 필요로 한다.

(4) 종류별 특성

구분	청정소화약제				
	할로겐화합물계			불활성가스계	
	HFC - 125	HFC - 227ea	HFC - 23	IG - 541	IG - 100
장점	• 단위체적당 약제량이 적다.	• 소화성능이 우수한 소화약제 • 미국, 유럽 등 전 세계적으로 가장 많이 사용	• 제조과정 부산물로 소화약제 가격 저렴 • 허용설계농도가 30[%]로 가장 안전한 소화약제 • FILK 인증으로 신뢰도가 가장 좋다.	• 가장 청정한 소화약제	• 가장 청정한 소화약제

CHAPTER 06

구분	청정소화약제				
	할로겐화합물계			불활성가스계	
	HFC－125	HFC－227ea	HFC－23	IG－541	IG－100
단점	• 원거리 방호를 위해 별도의 질소 실린더 사용 • 소화약제 독성이 가장 강함	• 소화약제 및 설비비 고가 • 장거리 방호를 위해 별도의 질소 실린더 사용	• 임계온도가 낮아 설계농도보다 소화약제량 1.11배 추가	• 설비비 가장 고가 • 용기 저장공간 많이 소요 • 고압배관 사용 • 약제방출시간이 길어 신속화에 불리 • 인체안전보장 범위가 좁아 산소농도 유지를 위한 정확한 약제량 산정 필요	• 설비비 가장 고가 • 용기 저장공간 많이 소요 • 고압배관 사용 • 약제방출시간이 길어 신속화에 불리 • 인체안전보장 범위가 좁아 산소농도 유지를 위한 정확한 약제량 산정 필요

3 설치제외 장소(2.2) ★★★

(1) 사람이 상주하는 곳으로써 최대허용설계농도를 초과하는 장소

(2) 제3류 위험물 및 제5류 위험물을 사용하는 장소(소화성능이 인정되는 위험물 제외)

4 저장용기(2.3)

(1) 저장용기 설치장소 ★★★★★

① 방호구역 외의 장소(예외 방호구역 내에 설치 시 피난 및 조작이 용이한 피난구 부근에 설치)

② **온도제한** : 55[℃] 이하이고, 온도의 변화가 작은 곳

③ 직사광선 및 빗물이 침투할 우려가 없는 곳

④ 방화문으로 구획된 실

⑤ **표지설치** : 용기가 설치된 곳임을 표시

⑥ **용기 간의 간격** : 3[cm] 이상

⑦ **저장용기와 집합관을 연결하는 연결배관** : 체크밸브 설치(예외 방호구역이 1개인 경우)

(2) 저장용기 설치기준

① 저장용기의 충전밀도 및 충전압력은 【별표 1】에 따를 것

② **저장용기 표시** : 약제명, 저장용기의 자체중량, 총중량, 충전일시, 충전압력, 약제의 체적

③ **집합관에 접속되는 저장용기** : 동일한 내용적, 충전량, 충전압력

④ **저장용기에 충전량 및 충전압력을 확인할 수 있는 장치** : 해당 소화약제에 적합한 구조

⑤ 재충전 또는 저장용기 교체

구분		재충전 또는 저장용기 교체 기준
저장용기 약제량 손실		5[%] 초과
압력손실	할로겐화합물	10[%] 초과
	불활성기체	5[%] 초과

⑥ **별도 독립배관을 설치해야 하는 경우** : 하나의 방호구역을 담당하는 저장용기의 소화약제의 체적 합계보다 소화약제의 방출 시 방출경로가 되는 배관(집합관을 포함)의 내용적의 비율이 할로겐화합물 및 불활성기체 소화약제 제조업체의 설계기준에서 정한 값 이상일 경우

5 소화약제량의 산정(2.4)

(1) 소화약제량

구분	할로겐화합물 소화약제	불활성기체 소화약제
약제량 공식	$W = \frac{V}{S} \times \left(\frac{C}{100 - C} \right)$ ★★ 여기서, W : 소화약제의 무게[kg] V : 방호구역의 체적[m^3] S : 소화약제별 형상수($K_1 + K_2 \times t$)[m^3/kg] C : 체적에 따른 소화약제의 설계농도[%] t : 방호구역의 최소예상온도[℃]	$X = 2.303 \times \frac{V_s}{S} \times \log\left(\frac{100}{100 - C} \right)$ 여기서, X : 공간체적당 더해진 소화약제의 부피[m^3/m^3] S : 소화약제별 형상수($K_1 + K_2 \times t$)[m^3/kg] C : 체적에 따른 소화약제의 설계농도[%] V_s : 20[℃]에서 소화약제의 비체적[m^3/kg] t : 방호구역의 최소예상온도[℃]

소화약제별 선형상수

소화약제	K_1	K_2
FC-3-1-10	0.094104	0.00034455
HCFC BLEND A	0.2413	0.00088
HCFC-124	0.1575	0.0006
HFC-125	0.1825	0.0007
HFC-227ea	0.1269	0.0005
HFC-23	0.3164	0.0012
HFC-236fa	0.1413	0.0006
FIC-1311	0.1138	0.0005
FK-5-1-12	0.0664	0.0002741

소화약제	K_1	K_2
IG-01	0.5685	0.00208
IG-100	0.7997	0.00293
IG-541	0.65799	0.00239
IG-55	0.6598	0.00242

(2) 체적에 따른 소화약제의 설계농도[%]

설계농도 = 소화농도[%]×안전계수

설계농도	소화농도	안전계수
A급	A급	1.2
B급	B급	1.3
C급	A급	1.35

(3) 상기의 기준에 의해 산출한 소화약제량은 사람이 상주하는 곳

[표]에 따른 최대허용설계농도를 초과할 수 없다.

소화약제	최대허용설계농도[%]
FC-3-1-10	40
HCFC BLEND A	10
HCFC-124	1.0
HFC-125	11.5
HFC-227ea	10.5
HFC-23	30
HFC-236fa	12.5
FIC-13I1	0.3
FK-5-1-12	10
IG-01	43
IG-100	43
IG-541	43
IG-55	43

(4) 방호구역이 둘 이상인 장소의 소화설비가 독립배관으로 설치하지 않아도 되는 경우의 약제량

가장 큰 방호구역의 약제량 이상

6 기동장치(2.5)

(1) 수동식 기동장치 ★★

① 작동압력 : 50[N] 이하

② 보호장치를 설치해야 하며, 보호장치를 개방하는 경우 기동장치에 설치된 부저 또는 벨 등에 의하여 경고음을 발할 것

③ 기동장치를 옥외에 설치하는 경우 : 빗물 또는 외부 충격의 영향을 받지 아니하도록 설치할 것

④ 비상스위치(abort switch)

㉠ 설치위치 : 수동식 기동장치의 부근

㉡ 목적 : 소화약제의 방출을 타이머로 순간 정지 · 지연시킬 수 있는 방출지연 스위치

㉢ 연동정지는 감지회로(방호구역의 교차감지기 동작과 동작시험)와 관련된 기동만 정지시키지만, 비상스위치는 솔레노이드를 격발시키는 모든 기동을 지연타이머를 복구시킴으로써 정지시킨다.

(2) 자동식 기동장치

① 감지기와 연동

② **수동식 기동장치를 함께 설치 :** 기계식, 전기식 또는 가스압력식에 따른 방법으로 기동하는 구조

7 배관(2.7)

(1) 배관의 구경

당해 방호구역에 할로겐화합물 소화약제가 10초(불활성기체 소화약제는 A · C급 화재 2분, B급 화재 1분 이내) 이내에 방호구역 각 부분에 최소설계농도의 95[%] 이상 해당하는 약제량이 방출되는 크기 이상

(2) 배관 : 전용

① **강관 :** 압력배관용 탄소강관(KS D 3562) 또는 이와 동등 이상의 강도를 가진 것으로서 아연도금 등에 따라 처리된 것

② **동관 :** 이음이 없는 구리 및 구리합금관(KS D 5301)

③ **배관의 두께**

$$관의\ 두께(t) = \frac{PD}{2SE} + A$$

여기서, P : 최대허용압력[kPa]

D : 배관의 바깥지름[mm]

SE : 최대허용응력[kPa]

(배관 재질 인장강도의 $\frac{1}{4}$값과 항복점의 $\frac{2}{3}$값 중 적은 값×배관이음 효율×1.2)

A : 나사이음, 홈이음 등의 허용값[mm](헤드 설치부분은 제외한다.)

꼼꼼체크 **배관이음 효율**

- 이음매 없는 배관 : 1.0
- 전기저항 용접 배관 : 0.85
- 가열 맞대기 용접 배관 : 0.60
- 나사이음 : 나사의 높이
- 절단홈이음 : 홈의 깊이
- 용접이음 : 0

8 분사헤드(2.9)

(1) 분사헤드의 설치높이

① 최소 0.2[m] 이상 최대 3.7[m] 이하 ★

② 천장높이 3.7[m] 초과 시 : 추가로 다른 열의 분사헤드 설치

(2) 분사헤드의 개수

① 할로겐화합물 : 10초 이내에 최소설계농도의 95[%] 이상 방출

② 불활성기체 : A · C급 화재 2분, B급 화재 1분 이내에 최소설계농도의 95[%] 이상 방출

(3) 부식방지조치 및 오리피스의 크기, 제조일자, 제조업체 표시

(4) 분사헤드의 방출률 및 방출압력

제조업체에서 정한 값

(5) 분사헤드의 오리피스의 면적 제한

분사헤드가 연결되는 배관구경 면적의 70[%] 이하

9 환경적 특성 및 인명 안전

(1) 환경적 특성

구분	FK-5-1-12	HCFC Blend A	HFC-23	HFC-125	HFC-227ea	IG541	IG100
상표명	NOVEC1230	NAFS-Ⅲ	FE13	FE25	FM200	INERGEN	NN-100
ODP	0	0.048	0	0	0	0	0
GWP100YR	≤1	1,500	12,400	3,170	3,350	0	0
대기잔존년수 (ALT)	5일	11.8	264	32.6	36.5	0	0

① ODP : Ozone Depletion Potential(오존층파괴지수)

$$\text{ODP} = \frac{\text{물질 1[kg]에 의해 파괴되는 오존의 양}}{\text{CFC-11(CFC-13) 1[kg]에 의해 파괴되는 오존의 양}}$$

② GWP : Global Warming Potential(지구온난화지수)

$$\text{GWP} = \frac{\text{물질 1[kg]이 영향을 주는 지구온난화 정도}}{\text{CO}_2\text{ 1[kg]이 영향을 주는 지구온난화 정도}}$$

③ ALT(Atmosphere Life Time) : 대기권 잔존 수명을 뜻하며, 어떤 물질이 방사된 후 대기권 내에서 분해되지 않고 체류하는 잔류시간(년)으로 분해의 난이도를 나타낸다.

(2) 할로겐화합물 및 불활성기체 소화약제의 인명 안전

사람이 상주하는 구역에 대한 할로겐화합물 및 불활성기체 소화약제의 사용과 관련된 중요한 인자는 독성이다. 특히 할로겐화합물 소화약제는 오랜 시간 동안 건강위험 여부 시험을 하지만 결국은 중요한 인체에 미치는 영향은 급성 혹은 단기로 약제에 노출되었을 때이다. 할로겐화 탄화수소의 인체에 미치는 급성적인 독성 효과는 무감각증과 심장과민반응이다. 불활성가스의 경우에는 일차적인 생리적 문제가 산소농도의 감소이다.

① 할로겐화합물 소화약제

㉠ 심장과민반응 : 소화와 관련된 일차적인 독성 문제이다. 심장과민반응이란 특정 농도의 소화약제가 존재하는 상태에서 발생하는 것으로 심장이 에피네프린(epinephrine : 부신에서 분비되는 호르몬)에 대해 민감하게 반응하면서 일어난다고 한다. 갑자기 일어나는 심장 부정맥 증상을 말한다. 심장 독성과 허용 가능한 노출수준을 기술하기 위해 사용되는 두 가지 독성 종단점(끝지점)이 NOAEL(No Observed Adverse Effect Level : 부작용이 전혀 관찰되지 않는 농도)과 LOAEL(Lowest Observed Adverse Effect Level : 부작용이 관찰되는 최저농도)이다.

㉡ NOAEL(No Observed Adverse Effect Level) : '현저한' 영향이나 부작용이 전혀 발생하지 않는 최대의 소화약제 농도를 의미한다. 화재안전기술기준에서는 사람이 상주하는 장소의 최대허용농도로 정하고 있다.

㉢ LOAEL(Lowest Observed Adverse Effect Level) : 부작용이 측정되는 최저농도를 의미한다.

㉣ PBPK(Physiologically Based Pharmacokinetic) : 인체를 대상으로 직접 투여 연구가 불가능한 유해물질에 대하여 동물실험을 통해 얻은 생리적 자료를 근거로 모델식을 이용하여 표적장기에서의 생물학적 유효용량을 산출하기 위한 과학적인 접근방법으로 약물의 물리화학 성질과 인체의 해부학 및 생리학 특성을 반영하여 생체내 각 조직 및 장기를 혈액흐름과 연결한 모델(국내는 2008년부터 도입)

㉤ 할로겐화합물 소화약제의 독성

구분	FK-5-1-12	HCFC Blend A	HFC-23	HFC-125	HFC-227ea	IG541	IG100
상표명	NOVEC1230	NAF S-3	FE13	FE25	FM200	INERGEN	NN-100
근사치사농도 (ALC, LC50)[%]	10	64	65	70	80	-	-
최대허용농도 (NOAEL, [%])	10	10	30	7.5	9	43	43
최저독성농도 (LOAEL, [%])	10	10	30	10	10.5	52	52
최대허용농도 (화재안전기술기준, [%])	10	10	30	11.5 (PBPK)	10.5 (PBPK)	43	43

② 불활성기체 소화약제

㉠ 생리적 문제 : 불활성기체 설계농도가 높아질 경우에 일어나는 산소농도의 감소로 인한 생리적 현상이다.

㉡ 노출한계 : 불활성기체에 대한 노출한계로서 수치로 적용하고 있다. 가스농도 43[%](잔류 산소농도 12[%]) 이하일 경우에는 노출시간은 5분으로 제한한다. 농도가 43 ~ 52[%](잔류 산소농도 기준 12 ~ 10[%])일 경우에는 노출시간을 3분으로 제한하고 있으며, 농도가 52[%]를 초과할 경우에는 노출시간을 30초로 제한하고 있다. 그러나 화재안전성능기준은 노출허용시간을 정해주지 않고 43[%] 이하에서 최대허용설계농도를 규정하고 있다.

기출·예상문제

01 이해도 ○ △ × / 중요도 ★

할로겐화합물 및 불활성기체 소화약제 소화설비 중 약제의 저장용기 내에서 저장상태가 기체상태의 압축가스인 소화약제는?

① IG-541
② HCFC Blend A
③ HFC-227ea
④ HFC-23

해설 할로겐화합물 및 불활성기체 소화약제 중 불활성기체는 액화가 되지 않는 압축가스로 약제의 부피가 큰 문제점을 가지고 있다. 따라서 불활성기체인 IG-541이 압축가스이다.

02 이해도 ○ △ × / 중요도 ★★

불활성기체 소화약제 중에서 IG-541의 혼합가스 성분비는?

① Ar 52[%], N_2 40[%], CO_2 8[%]
② N_2 52[%], Ar 40[%], CO_2 8[%]
③ CO_2 52[%], Ar 40[%], N_2 8[%]
④ N_2 10[%], Ar 40[%], CO_2 50[%]

해설 IG-541
(1) N_2 : 52[%]
(2) Ar : 40[%]
(3) CO_2 : 8[%]

암기 Tip 탄수불(탄소, 수소, 불소) 질아이(질소, 아르곤, 이산화탄소)

03 이해도 ○ △ × / 중요도 ★

사람이 상주하는 곳에 할로겐화합물 및 불활성기체 소화약제를 설치하려 할 때 최대허용농도가 틀리게 적용된 것은?

① HCFC BLEND A : 10[%]
② HFC-227ea : 7.5[%]
③ IG-541 : 43[%]
④ HFC-23 : 30[%]

해설 HFC-227ea : 10.5[%]

04 이해도 ○ △ × / 중요도 ★

할로겐화합물 및 불활성기체 소화약제 소화설비를 설치한 특정소방대상물 또는 그 부분에 대한 자동폐쇄장치의 설치기준 중 다음 ( ) 안에 알맞은 것은?

> 개구부가 있거나 천장으로부터 (㉠)[m] 이상의 아랫부분 또는 바닥으로부터 해당 층의 높이의 (㉡) 이내의 부분에 통기구가 있어 할로겐화합물 및 불활성기체 소화약제의 유출에 따라 소화효과를 감소시킬 우려가 있는 것은 할로겐화합물 및 불활성기체 소화약제가 방사되기 전에 당해 개구부 및 통기구를 폐쇄할 수 있도록 할 것

① ㉠ 1, ㉡ $\frac{2}{3}$　② ㉠ 2, ㉡ $\frac{2}{3}$
③ ㉠ 1, ㉡ $\frac{1}{2}$　④ ㉠ 2, ㉡ $\frac{1}{2}$

정답 01. ① 02. ② 03. ② 04. ①

해설 개구부가 있거나 천장으로부터 1[m] 이상의 아랫부분 또는 바닥으로부터 해당 층의 높이의 $\frac{2}{3}$ 이내의 부분에 통기구가 있어 할로겐화합물 및 불활성기체 소화약제의 유출에 따라 소화효과를 감소시킬 우려가 있는 것은 할로겐화합물 및 불활성기체 소화약제가 방사되기 전에 당해 개구부 및 통기구를 폐쇄할 수 있도록 할 것

05 이해도 ○ △ × / 중요도 ★★★

다음 중 할로겐화합물 및 불활성기체 소화약제 소화설비를 설치할 수 없는 위험물 사용장소는? (단, 소화성능이 인정되는 위험물은 제외한다.)

① 제1류 위험물 및 제2류 위험물 사용
② 제2류 위험물 및 제4류 위험물 사용
③ 제3류 위험물 및 제5류 위험물 사용
④ 제4류 위험물 및 제6류 위험물 사용

해설 설치제외 장소
(1) 사람이 상주하는 곳으로써 최대허용설계농도를 초과하는 장소
(2) 제3류 위험물 및 제5류 위험물을 사용하는 장소(소화성능이 인정되는 위험물 제외)

06 이해도 ○ △ × / 중요도 ★

할로겐화합물 및 불활성기체 소화약제 저장용기의 설치장소 기준 중 다음 ( ) 안에 알맞은 것은?

할로겐화합물 및 불활성기체 소화약제의 저장용기는 온도가 ( )[℃] 이하이고, 온도의 변화가 작은 곳에 설치할 것

① 40　② 55
③ 60　④ 75

해설 저장용기 설치장소의 온도제한
55[℃] 이하이고, 온도의 변화가 작은 곳
(이산화탄소는 40[℃] 이하)

07 이해도 ○ △ × / 중요도 ★★★★

할로겐화합물 및 불활성기체 소화약제 소화설비의 화재안전기술기준에서 할로겐화합물 및 불활성기체 소화약제 저장용기 설치기준으로 틀린 것은?

① 용기 간의 간격은 점검에 지장이 없도록 3[cm] 이상의 간격을 유지할 것
② 온도가 40[℃] 이하이고, 온도의 변화가 작은 곳에 설치할 것
③ 직사광선 및 빗물이 침투할 우려가 없는 곳에 설치할 것
④ 방화문으로 구획된 실에 설치할 것

해설 저장용기 설치장소
(1) 방호구역 외의 장소(예외 방호구역 내에 설치 시 피난 및 조작이 용이한 피난구 부근에 설치)
(2) 온도제한 : 55[℃] 이하이고, 온도의 변화가 작은 곳
(3) 직사광선 및 빗물이 침투할 우려가 없는 곳
(4) 방화문으로 구획된 실
(5) 용기가 설치된 곳임을 표시하는 표지 설치
(6) 용기 간의 간격 : 3[cm] 이상
(7) 저장용기와 집합관을 연결하는 연결배관 : 체크밸브 설치

정답 05. ③ 06. ② 07. ②

08

이해도 ○ △ × / 중요도 ★★

할로겐화합물 및 불활성기체 소화약제 소화설비의 화재안전기술기준상 할로겐화합물 소화약제 산출공식은? (단, W : 소화약제의 무게[kg], V : 방호구역의 체적[m^3], S : 소화약제별 선형상수($K_1 + K_2 \times t$)[m^3/kg], C : 체적에 따른 소화약제의 설계농도[%], t : 방호구역의 최소예상온도[℃]이다.)

① $W = \dfrac{V}{S} \times \left[\dfrac{C}{100-C}\right]$

② $W = \dfrac{V}{S} \times \left[\dfrac{100-C}{C}\right]$

③ $W = \dfrac{S}{V} \times \left[\dfrac{C}{100-C}\right]$

④ $W = \dfrac{S}{V} \times \left[\dfrac{100-C}{C}\right]$

해설 할로겐화합물 소화약제 소화약제량

$$W = \frac{V}{S} \times \left(\frac{C}{100-C}\right)$$

여기서, W : 소화약제의 무게[kg]
V : 방호구역의 체적[m^3]
S : 소화약제별 선형상수 ($K_1 + K_2 \times t$)[m^3/kg]
C : 체적에 따른 소화약제의 설계농도[%]
t : 방호구역의 최소예상온도[℃]

09

이해도 ○ △ × / 중요도 ★

할로겐화합물 및 불활성기체 소화약제 소화설비의 수동식 기동장치의 설치기준 중 틀린 것은?

① 5[kg] 이상의 힘을 가하여 기동할 수 있는 구조로 할 것

② 전기를 사용하는 기동장치에는 전원표시등을 설치할 것

③ 기동장치의 방출용 스위치는 음향경보장치와 연동하여 조작될 수 있는 것으로 할 것

④ 해당 방호구역의 출입구 부근 등 조작을 하는 자가 쉽게 피난할 수 있는 장소에 설치할 것

해설 할로겐화합물 및 불활성기체 소화약제 소화설비의 수동식 기동장치는 5[kg] 이하의 힘을 가하여 기동할 수 있는 구조로 할 것

10

이해도 ○ △ × / 중요도 ★

할로겐화합물 및 불활성기체 소화약제 소화설비의 분사헤드에 대한 설치기준 중 다음 (   ) 안에 알맞은 것은? (단, 분사헤드의 성능인증 범위 내에서 설치하는 경우는 제외한다.)

> 분사헤드의 설치높이는 방호구역의 바닥으로부터 최소 (㉠)[m] 이상 최대 (㉡)[m] 이하로 하여야 한다.

① ㉠ 0.2, ㉡ 3.7

② ㉠ 0.8, ㉡ 1.5

③ ㉠ 1.5, ㉡ 2.0

④ ㉠ 2.0, ㉡ 2.5

해설 분사헤드의 설치높이

(1) 방호구역의 바닥으로부터 최소 0.2[m] 이상 최대 3.7[m] 이하

(2) 천장높이가 3.7[m]를 초과할 경우 : 추가로 다른 열의 분사헤드를 설치할 것

정답 08. ① 09. ① 10. ①

11

이해도 ○ △ × / 중요도 ★

할로겐화합물 및 불활성기체 소화약제 소화설비의 분사헤드 설치기준 중 잘못된 것은?

① 천장높이가 3.7[m]를 초과할 경우 추가로 다른 열의 분사헤드를 설치한다.

② 분사헤드의 설치높이는 방호구역의 바닥으로부터 최소 0.2[m] 이상 최대 3.7[m] 이하로 하여야 한다.

③ 분사헤드의 오리피스 면적은 분사헤드가 연결되는 배관구경 면적의 80[%]를 초과하여서는 아니 된다.

④ 분사헤드에 부식방지조치를 하여야 하며 오리피스의 크기, 제조일자, 제조업체가 표시되도록 한다.

해설 **분사헤드의 오리피스의 면적 제한**
분사헤드가 연결되는 배관구경 면적의 70[%]를 초과하여서는 아니 된다.

✔ 정답 11. ③

핵심문제

01 소화약제 설치제외 장소

(1) 사람이 상주하는 곳으로써 (①)를 초과하는 장소

(2) (②) 위험물 및 (③) 위험물을 사용하는 장소(소화성능이 인정되는 위험물 제외)

02 IG－541

(1) N_2 : (①)[%]

(2) Ar : (②)[%]

(3) CO_2 : (③)[%]

03 저장용기 설치장소 온도제한 : ( ) 이하이고, 온도의 변화가 작은 곳

04 할로겐화합물 소화약제의 소화약제량 공식 : ( )

05 분사헤드의 설치높이 방호구역의 바닥으로부터 최소 (①) 이상 최대 (②) 이하

정답

01. ① 최대허용설계농도, ② 제3류, ③ 제5류

02. ① 52, ② 40, ③ 8

03. 55[℃]

04. $W=\frac{V}{S}\times\left(\frac{C}{100-C}\right)$

여기서, W : 소화약제의 무게[kg], V : 방호구역의 체적[m^3], S : 소화약제별 선형상수 $(K_1+K_2\times t)$[m^3/kg], C : 체적에 따른 소화약제의 설계농도[%], t : 방호구역의 최소예상온도[℃]

05. ① 0.2[m], ② 3.7[m]

05 분말소화설비(NFTC 108)

1 개요

(1) 정의

분말소화약제를 소화약제 탱크에 저장하고 가압용 가스의 압으로 분말을 밀어내어 방호구역에 약제를 방사하는 설비

(2) 구성 ★★★★★

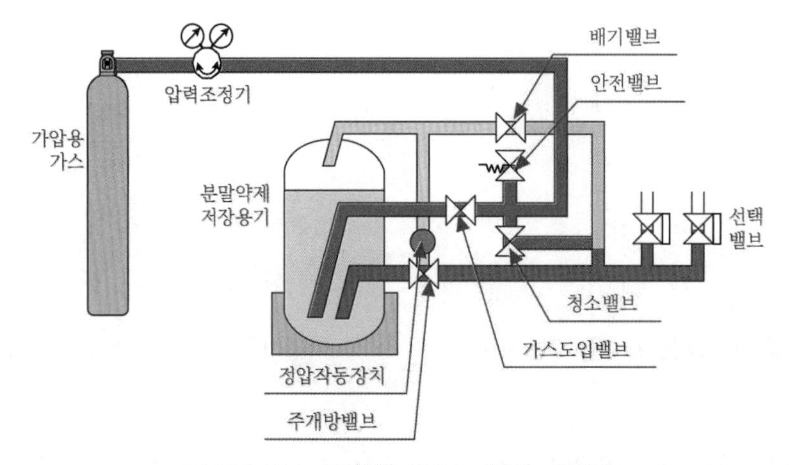

▌분말소화설비 구성(감지기와 제어반 제외)▐

① 압력조정장치 : 가압용 가스는 용기에 15[MPa]의 압력으로 충전되어 있으므로 이것을 1.5 ~ 2[MPa] 감압하여 약제저장용기로 보내기 위하여 사용하는 장치이다.

② 정압작동장치 : 가압용 가스용기로부터 가스가 분말소화약제 저장용기에 유입되어 분말약제를 혼합 · 유동시킨 후 설정된 방출압력이 된 후 메인밸브를 개방하는 장치이다.

③ 청소장치(클리닝장치) : 배관 내 고화를 방지하기 위하여 작동완료 후 즉시 약제저장탱크의 잔압을 배출함과 동시에 배관 내의 약제를 배출하기 위한 장치이다.

④ 배출장치 : 저장용기 등에 잔류가스를 배출하기 위한 장치이다.

(3) 가압식 – 가스 압력식 전역방출방식 동작 순서도

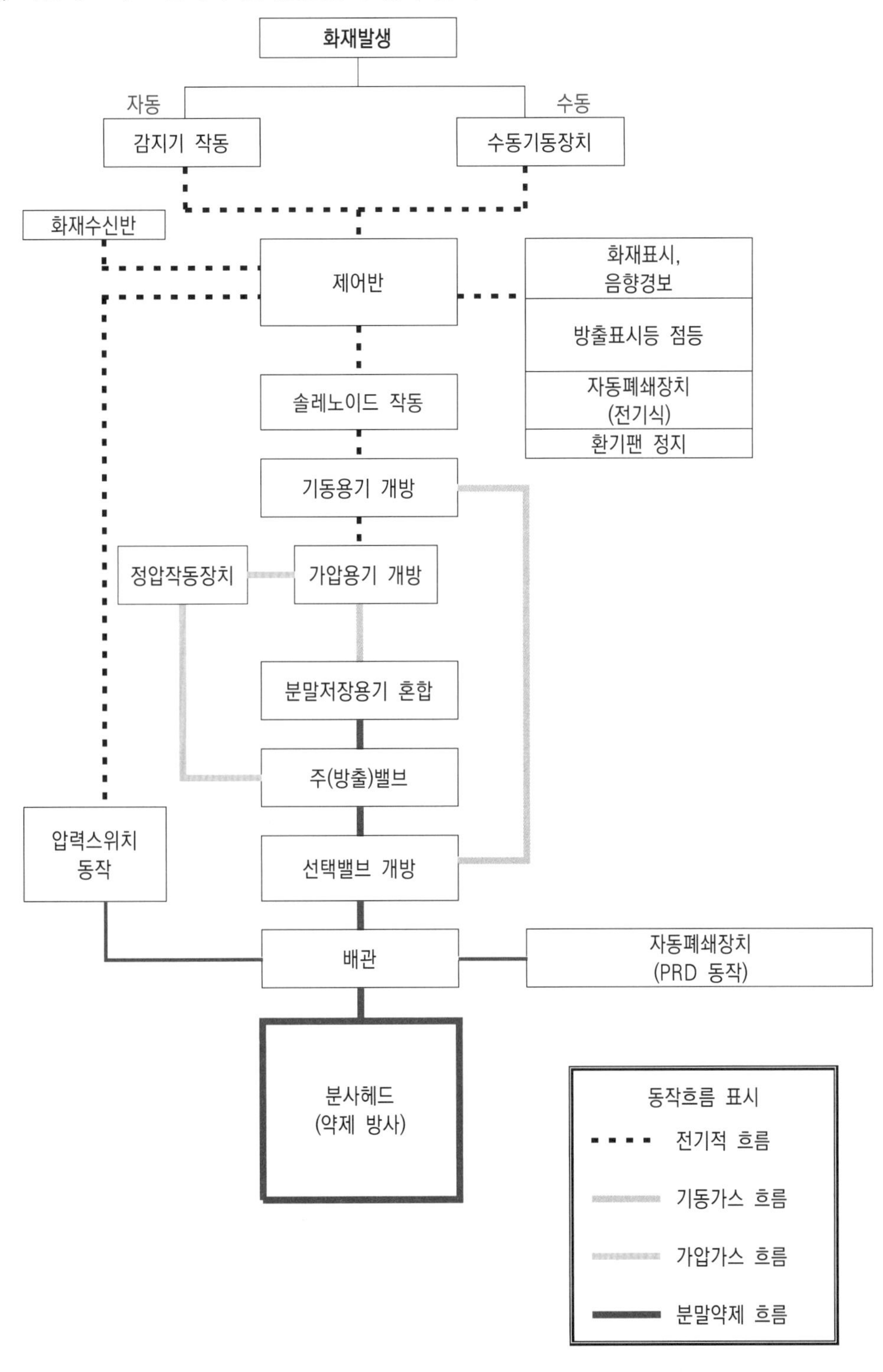

2 설비의 종류

(1) 방출방식에 따른 종류

① 전역방출방식

② 국소방출방식

③ 호스릴(이동식)방식

(2) 가압방식에 따른 종류

① 가압식 : 별도의 가압용기를 두고 방출압이 필요할 때 용기 내로 가압가스를 보내어 가압을 형성하여, 그 압으로 방출하는 방식

② 축압식 : 용기 내에 약제와 가스를 함께 넣어 축압되어 있는 상태에서 그 압으로 방출하는 방식

3 저장용기(2.1)

(1) 저장용기의 내용적(충전비)은 다음 [표]에 의할 것 ★★★★★

종별	주성분 ★	B, C급 외 사용처	충전비 [L/kg]	주된 소화효과	특수 작용	색상
제1종	탄산수소나트륨($NaHCO_3$)	주방(K급)	0.8	부촉매	비누화	백색
제2종	탄산수소칼륨($KHCO_3$)	–	1	부촉매	–	자색
제3종	제일인산암모늄 ($NH_4H_2PO_4$)	차고, 주차장(A급)	1	부촉매	방진, 탈수 탈탄	담홍색
제4종	탄산수소칼륨과 요소 ($KHCO_3 + (NH_2)_2CO$)	–	1.25	부촉매	산탄	회색

(2) 안전밸브 ★★★★

구분	가압식	축압식
작동압	최고사용압력의 1.8배 이하	용기의 내압시험압력의 0.8배 이하

(3) 정압작동장치

가압용 가스용기로부터 가스가 분말소화약제 저장용기에 유입되어 분말약제를 혼합 유동시킨 후 설정된 일정한 방출압력이 된 후(15~30초) 주개방밸브를 개방 ★★★

꼼꼼체크 **정압작동장치 설치 이유**

분말의 비유동성 때문에 자력에 의해서는 분말의 방사가 곤란하기 때문에 가압용 가스가 필요하고 일정압에 동작하게 하는 이유는 가압용 가스와 분말약제의 분리방지를 위해서이다.

① 압력스위치 방식 : 분말약제 저장용기에 유입된 가스압력에 의하여 설정된 압력이 되면 압력에 의해서 압력스위치의 벨로우즈가 상승하여 접점이 붙어서 전기적 신호가 발생하고 이를 통해 전자밸브(솔밸브)를 구동시켜 메인밸브를 개방하는 방식

② 기계적 방식 : 저장용기에 유입된 가스압력에 의하여 기계적으로 밸브의 레버를 당겨서 가스의 통로를 개방하고 가압용 가스를 메인밸브로 보내서 가스압으로 밸브를 개방하는 방식

③ 타이머 방식 : 저장용기에 유입된 가스가 설정된 압력에 도달하는 시간을 미리 타이머에 입력시켰다가 시간이 경과하면 타이머의 동작에 의하여 작동전자밸브를 개방하여 메인밸브를 개방하는 방식

(4) 충전비

0.8 이상

(5) 지시압력계

축압식의 분말소화설비는 사용압력의 범위를 표시한 지시압력계 설치

4 가압용 가스용기(2.2)

(1) 설치방법

소화약제의 저장용기에 접속

(2) 가압용 가스용기 3본 이상

2개 이상의 용기에 전자개방밸브 부착 ★

(3) 압력조정기 설치

2.5[MPa] 이하의 압력에서 조정(감압) ★★★★★

(4) 가압용 또는 축압용 가스 ★★★★★

① 가압용 또는 축압용 가스의 종류 : 질소 또는 이산화탄소

② 가압용, 축압용 가스의 양

구분	축압용	가압용
질소	10[L/kg] 이상	40[L/kg] 이상
이산화탄소	20[g/kg]+배관의 청소에 필요한 양	

③ 배관의 청소에 필요한 양 : 별도의 용기에 저장 ★★★

5 소화약제(2.3)

(1) 사용가능 소화약제의 종류

1종 분말약제, 2종 분말약제, 3종 분말, 4종 분말

(예외 차고 또는 주차장에는 제3종 분말) ★★★★

(2) 전역방출방식

① 소화약제량 ★★★★★

$$\text{소화약제량[kg]} = \text{방호구역의 체적}[m^3] \times \text{체적당 약제량}[kg/m^3] + \text{방호구역의 개구부 면적}[m^2] \times \text{개구부 가산량}[kg/m^2]$$

② 방호구역의 체적당 약제량[kg/m³]과 개구부 가산량[kg/m²] ★★★★★

소화약제의 종별	체적 1[m³]당 약제량[kg/m³] (A)	개구부 가산량[kg/m²] (자동폐쇄장치 ×) 암기 Tip (A)×7.5
제1종 분말	0.6 암기 Tip 0.36+0.24=0.6	4.5
제2종 분말 또는 제3종 분말	0.36 암기 Tip $0.6\times\frac{1}{2}\times1.2=0.36$	2.7
제4종 분말	0.24	1.8

(3) 국소방출방식

① 소화약제량[kg]＝방호공간의 체적[m³]×1[m³]당 약제량[kg/m³]×1.1

$$Q = X - Y\left(\frac{a}{A}\right)$$

여기서, Q : 방호공간(방호대상물의 각 부분으로부터 0.6[m]의 거리에 따라 둘러싸인 공간) 1[m³]에 대한 분말소화약제의 양[kg/m³]

a : 방호대상물의 주변에 설치된 벽면적의 합계[m²]

A : 방호공간의 벽면적(벽이 없는 경우에는 벽이 있는 것으로 가정한 해당 부분의 면적)의 합계[m²]

② X 및 Y : 다음 [표]의 수치

소화약제의 종류	X의 수치(A) 암기 Tip 5.2 → 3.2 → 2.0	Y의 수치 암기 Tip (A)×0.75
제1종 분말	5.2	3.9
제2종 분말 또는 제3종 분말	3.2	2.4
제4종 분말	2.0	1.5

③ 종류

㉠ 탱크사이드 방식 : 개방형 탱크의 측면에 분말헤드를 설치하고 그 방호대상물의 액면에 평행으로 소화분말을 방출하는 방식

㉡ 오버헤드 방식 : 방호대상물의 상부에 소화 분말을 직접 방출하는 방식

(4) 호스릴 분말소화설비 ★★★

소화약제의 종류	소화약제의 양[kg] (A)	소화약제 방사량[kg/min] 암기 Tip (A)×0.9, 합해서 9, 개구부 가산량×10
제1종 분말	50	45
제2종 분말 또는 제3종 분말	30	27
제4종 분말	20	18

6 배관(2.6)

(1) 배관

전용 ★★★

(2) 사용되는 배관과 배관부속 ★

구분	종류	압력	설치기준
강관	배관용 탄소강관	–	–
	압력배관용 탄소강관	축압식 분말(2.5[MPa] 이상 4.2[MPa] 이하)	스케줄 40 ★★★
동관	이음이 없는 구리 및 구리합금관	고정압력 또는 최고사용압력의 1.5배 이상 ★★	–
밸브류		–	개폐위치 또는 개폐방향 표시
밸브 및 배관부속		–	배관과 동등 이상의 강도 및 내식성

(3) 배관방식

토너먼트방식

(4) 배관을 분기할 경우 분말소화약제 저장용기 측에 있는 굴곡부까지의 거리

배관 내경의 20배 ★

(5) 청소장치(클리닝장치)

① 설치목적 : 잔류 약제 방출

② 저장용기 및 배관에는 잔류 소화약제를 처리할 수 있는 청소장치 설치

③ 배관의 청소에 필요한 양의 가스는 별도 용기에 저장

(6) 비상스위치

자동복귀형 스위치로서 수동식 기동장치의 타이머를 일시정지시키는 기능을 가지고 있고, 누름을 중지하면 자동복귀하면서 타이머가 진행 ★★★

(7) 잔압방출 시 밸브의 상태 ★★

① 가스도입밸브 – 폐쇄

② 주밸브(방출밸브) – 폐쇄

③ 배기밸브 – 개방

④ 클리닝밸브(청소밸브) – 폐쇄

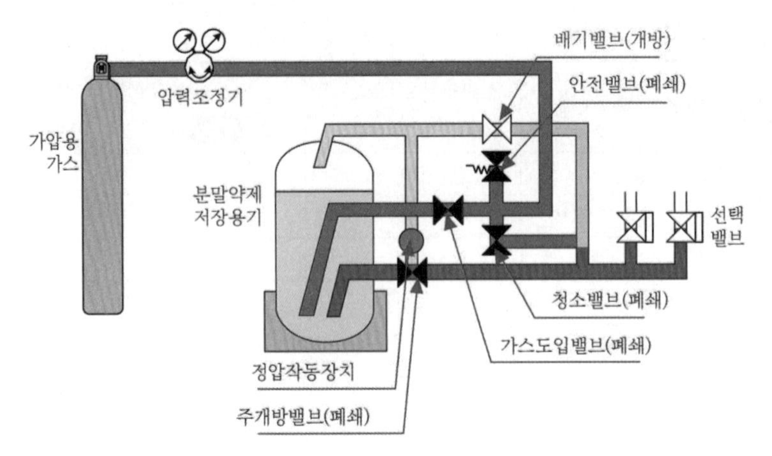

▌잔압배출 시 밸브의 상태▐

(8) 배관이 분기되는 경우 배관 내에 가압가스와 분말약제가 분리되거나 분말약제가 정체되지 않도록 하기 위한 조치

① 측면 분기티의 인입측과 2개의 출구측은 수평배관이어야 한다.

② 티분기 전이나 후에 엘보 또는 티가 있는 경우에는 티분기로부터 간격을 공칭경의 20배 이상으로 한다.

7 분사헤드(2.8)

(1) 분사헤드

① 전역방출방식

㉠ 방사된 소화약제가 방호구역의 전역에 균일하고 신속하게 확산할 수 있도록 할 것

㉡ 분사헤드의 방출유량 $= \frac{\text{약제저장량}}{30\text{초}}$

② 국소방출방식

㉠ 설치장소 : 소화약제의 방사에 따라 가연물이 비산하지 아니하는 장소

㉡ 분사헤드의 방출유량 $= \frac{\text{약제저장량}}{30\text{초}}$ ★

(2) 호스릴 분말소화설비

방호대상물의 각 부분으로부터 하나의 호스접결구까지 수평거리 : 15[m] 이하

기출·예상문제

01 이해도 ○ △ × / 중요도 ★

분말소화설비에 적합하지 않은 설비 방식은?

① 전역방출방식
② 국소방출방식
③ 호스릴방출방식
④ 확산방출방식

해설 분말소화설비의 방출방식에 따른 종류
(1) 전역방출방식
(2) 국소방출방식
(3) 호스릴(이동식)방식

02 이해도 ○ △ × / 중요도 ★★

분말소화설비의 정압작동장치에서 가압용 가스가 저장용기 내에 가압되어 압력스위치가 동작되면 솔레노이드밸브가 동작되어 주개방밸브를 개방시키는 방식은?

① 압력스위치식
② 봉판식
③ 기계식
④ 스프링식

해설 정압작동장치
(1) 압력스위치 방식 : 분말약제 저장용기에 유입된 가스압력에 의하여 설정된 압력이 되면 압력에 의해서 압력스위치의 벨로우즈가 상승하여 접점이 붙어서 전기적 신호가 발생하고 이를 통해 전자밸브를 구동시켜 메인밸브를 개방하는 방식
(2) 기계적 방식 : 저장용기에 유입된 가스 압력에 의하여 기계적으로 밸브의 레버를 당겨서 가스의 통로를 개방하고 가압용 가스를 메인밸브로 보내서 가스압으로 밸브를 개방하는 방식
(3) 타이머 방식 : 저장용기에 유입된 가스가 설정된 압력에 도달하는 시간을 미리 타이머에 입력시켰다가 시간이 경과하면 타이머의 동작에 의하여 작동 전자밸브를 개방하여 메인밸브를 개방하는 방식

03 이해도 ○ △ × / 중요도 ★★★★

분말소화설비의 저장용기 내부압력이 설정압력이 될 때 주밸브를 개방하는 것은?

① 한시계전기 ② 지시압력계
③ 압력조정기 ④ 정압작동장치

해설 정압작동장치
가압용 가스용기로부터 가스가 분말소화약제 저장용기에 유입되어 분말약제를 혼합 유동시킨 후 설정된 일정한 방출압력이 된 후(15 ~ 30초) 주개방밸브를 개방시킨다.

04 이해도 ○ △ × / 중요도 ★★

분말소화설비의 저장용기에 설치된 밸브 중 잔압방출 시 열림, 닫힘 상태가 맞게 된 것은?

① 가스도입밸브 – 폐쇄
② 주밸브(방출밸브) – 개방
③ 배기밸브 – 폐쇄
④ 클리닝밸브 – 개방

✔ 정답 01. ④ 02. ① 03. ④ 04. ①

해설 잔압방출 시 밸브의 상태
(1) 가스도입밸브 – 폐쇄
(2) 주밸브(방출밸브) – 폐쇄
(3) 배기밸브 – 개방
(4) 클리닝밸브 – 폐쇄

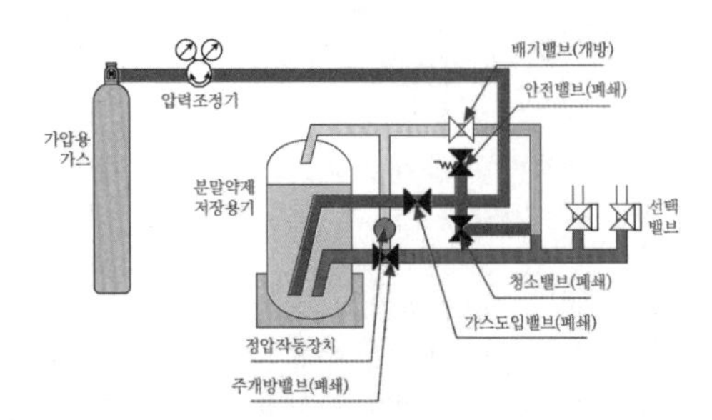

▍잔압배출 시 밸브의 상태 ▍

05

이해도 ○ △ × / 중요도 ★★★

다음은 분말소화설비의 수동식 기동장치의 부근에 설치하는 비상스위치에 관한 설명이다. 맞는 것은?

① 자동복귀형 스위치로서 수동식 기동장치의 타이머를 순간 정지시키는 기능의 스위치를 말한다.
② 자동복귀형 스위치로서 수동식 기동장치가 수신기를 순간 정지시키는 기능의 스위치를 말한다.
③ 수동복귀형 스위치로서 수동식 기동장치의 타이머를 순간 정지시키는 기능의 스위치를 말한다.
④ 수동복귀형 스위치로서 수동식 기동장치가 수신기를 순간 정지시키는 기능의 스위치를 말한다.

해설 비상스위치
자동복귀형 스위치로서 수동식 기동장치의 타이머를 일시정지시키는 기능을 가지고 있고, 누름을 중지하면 자동복귀하면서 타이머가 진행된다.

06

이해도 ○ △ × / 중요도 ★

분말소화설비에서 사용하지 않는 밸브는?

① 드라이밸브 ② 클리닝밸브
③ 안전밸브 ④ 배기밸브

해설 드라이밸브는 스프링클러에서 사용하는 건식밸브로 분말설비에는 사용하지 않는다.

07

이해도 ○ △ × / 중요도 ★★★

분말소화설비에서 분말소화약제 압송 중에 개방되지 않는 밸브는?

① 클리닝밸브 ② 가스도입밸브
③ 주개방밸브 ④ 선택밸브

해설 분말이 가압가스와 섞여서 정압작동장치에 의해 주개방밸브가 개방되어 선택밸브를 통해 노즐로 압송된다.
클리닝밸브나 배기밸브는 약제방사 후 청소에 사용하는 밸브로 잔류 약제를 방출하기 위한 밸브이다.

08

이해도 ○ △ × / 중요도 ★★★★★

차고 또는 주차장에 설치하는 분말소화설비의 소화약제로 옳은 것은?

① 제1종 분말 ② 제2종 분말
③ 제3종 분말 ④ 제4종 분말

해설 분말소화설비

소화약제의 종별	주성분	B · C급 외 사용처
제1종 분말	탄산수소나트륨	주방(K급)
제2종 분말	탄산수소칼륨	–
제3종 분말	인산염	차고, 주차장 (A · B급)
제4종 분말	탄산수소칼륨과 요소	–

정답 05. ① 06. ① 07. ① 08. ③

09

이해도 ○ △ × / 중요도 ★★★★

분말소화설비 분말소화약제 1[kg]당 저장용기의 내용적 기준으로 틀린 것은?

① 제1종 분말 : 0.8[L]
② 제2종 분말 : 1.0[L]
③ 제3종 분말 : 1.0[L]
④ 제4종 분말 : 1.8[L]

해설 분말소화설비

약제의 종별	소화약제 1[kg]당 저장용기의 내용적[L/kg]
제1종 분말	0.8
제2종 분말	1
제3종 분말	1
제4종 분말	1.25

10

이해도 ○ △ × / 중요도 ★★★★

주차장에 필요한 분말소화약제 120[kg]을 저장하려고 한다. 이때 필요한 저장용기의 최소내용적[L]은?

① 96 ② 120
③ 150 ④ 180

해설 저장용기의 내용적(충전비)

소화약제의 종별	주성분	B·C급 외 사용처	소화약제 1[kg]당 저장용기의 내용적[L/kg]
제1종 분말	탄산수소나트륨	주방(K급)	0.8
제2종 분말	탄산수소칼륨	−	1
제3종 분말	인산염	차고, 주차장(A·B급)	1
제4종 분말	탄산수소칼륨과 요소	−	1.25

주차장에 사용 가능한 분말은 제3종 인산염으로 충전비[L/kg]가 1이다.

$$1[\mathrm{L/kg}] = \frac{x[\mathrm{L}]}{120[\mathrm{kg}]}$$

$$x[\mathrm{L}] = 1[\mathrm{L/kg}] \times 120[\mathrm{kg}] = 120[\mathrm{L}]$$

11

이해도 ○ △ × / 중요도 ★

분말소화설비에 대한 기준 중 맞는 것은?

① 축압식의 경우 20[℃]에서 압력이 2.5[MPa] 이상 4.2[MPa] 이하인 것에 있어서는 압력배관용 탄소강관 중 이음이 없는 Sch 80 이상을 사용한다.
② 동관의 경우 최고사용압력의 1.8배 이상의 압력에 견딜 수 있어야 한다.
③ 기동장치의 조작부는 바닥으로부터 높이 0.5[m] 이상 1.5[m] 이하의 위치에 설치하고 보호판 등에 따른 보호장치를 설치한다.
④ 저장용기의 충전비는 0.8 이상으로 한다.

해설 ① 축압식의 경우 20[℃]에서 압력이 2.5[MPa] 이상 4.2[MPa] 이하인 것에 있어서는 압력배관용 탄소강관 중 이음이 없는 Sch 40 이상을 사용한다.
② 동관의 경우 최고사용압력의 1.5배 이상의 압력에 견딜 수 있어야 한다.
③ 기동장치의 조작부는 바닥으로부터 높이 0.8[m] 이상 1.5[m] 이하의 위치에 설치하고 보호판 등에 따른 보호장치를 설치한다.

12

이해도 ○ △ × / 중요도 ★

분말소화설비에 사용되는 소화약제와 주성분이 아닌 것은?

① 중탄산나트륨 ② 제1인산암모늄
③ 중탄산칼륨 ④ 중탄산마그네슘

정답 09. ④ 10. ② 11. ④ 12. ④

해설 분말소화설비

소화약제의 종별	주성분
제1종 분말	탄산수소나트륨
제2종 분말	탄산수소칼륨
제3종 분말	인산염
제4종 분말	탄산수소칼륨과 요소

13

이해도 ○ △ × / 중요도 ★★★★

분말소화설비의 가압식 저장용기에 설치하는 안전밸브의 작동압력은 몇 [MPa] 이하인가? (단, 내압시험압력은 25.0[MPa], 최고사용압력은 5.0[MPa]로 한다.)

① 4.1 ② 9
③ 13.9 ④ 20

해설 분말소화설비

구분	가압식	축압식
작동압	최고사용 압력의 1.8배 이하	용기의 내압 시험압력의 0.8배 이하

가압식 : 5.0[MPa]×1.8=9[MPa]

14

이해도 ○ △ × / 중요도 ★

분말소화설비의 화재안전기술기준상 다음 ( ) 안에 알맞은 것은?

> 분말소화약제의 가압용 가스용기에는 ( )의 압력에서 조정이 가능한 압력조정기를 설치하여야 한다.

① 2.5[MPa] 이하
② 2.5[MPa] 이상
③ 25[MPa] 이하
④ 25[MPa] 이상

해설 분말소화약제의 가압용 가스용기에 압력조정기 설치
2.5[MPa] 이하의 압력에서 조정(감압)

15

이해도 ○ △ × / 중요도 ★★

분말소화설비에 사용하는 압력조정기의 사용목적은?

① 분말용기에 도입되는 가압용 가스의 압력을 감압시키기 위함
② 분말용기에 나오는 압력을 증폭시키기 위함
③ 가압용 가스의 압력을 증대시키기 위함
④ 약제 방출에 필요한 가스의 유량을 증폭시키기 위함

해설 분말소화약제의 가압용 가스용기에 2.5[MPa] 이하의 압력에서 조정(감압)시키기 위해서 압력조정기를 설치한다.

16

이해도 ○ △ × / 중요도 ★★★★

분말소화약제의 가압용 가스 또는 축압용 가스의 설치기준 중 틀린 것은?

① 가압용 가스에 이산화탄소를 사용하는 것의 이산화탄소는 소화약제 1[kg]에 대하여 20[g]에 배관의 청소에 필요한 양을 가산한 양 이상으로 할 것
② 가압용 가스에 질소가스를 사용하는 것의 질소가스는 소화약제 1[kg]마다 40[L](35[℃]에서 1기압의 압력상태로 환산한 것) 이상으로 할 것
③ 축압용 가스에 이산화탄소를 사용하는 것의 이산화탄소는 소화약제 1[kg]에 대하여 20[g]에 배관의 청소에 필요한 양을 가산한 양 이상으로 할 것
④ 축압용 가스에 질소가스를 사용하는 것의 질소가스는 소화약제 1[kg]에 대하여 40[L](35[℃]에서 1기압의 압력상태로 환산한 것) 이상으로 할 것

정답 13. ② 14. ① 15. ① 16. ④

해설 분말소화약제의 가압용 가스 또는 축압용 가스의 설치기준

구분	축압용 가스	가압용 가스
질소	10[L/kg] 이상	40[L/kg] 이상
이산화탄소	20[g/kg]+배관의 청소에 필요한 양	

17 이해도 ○ △ × / 중요도 ★★

분말소화설비가 작동한 후 배관 내 잔여 분말의 청소용(cleaning)으로 사용되는 가스로 옳게 연결된 것은?

① 질소, 건조공기
② 질소, 이산화탄소
③ 이산화탄소, 아르곤
④ 건조공기, 아르곤

해설 배관청소용 가스로는 질소와 이산화탄소가 사용된다.

18 이해도 ○ △ × / 중요도 ★★★

분말소화설비의 배관청소용 가스는 어떻게 저장 · 유지관리하여야 하는가?

① 축압용 가스용기에 가산 저장 · 유지
② 가압용 가스용기에 가산 저장 · 유지
③ 별도 용기에 저장 · 유지
④ 필요시에만 사용하므로 평소에 저장 불필요

해설 배관청소에 필요한 양은 별도의 용기에 저장한다.

19 이해도 ○ △ × / 중요도 ★★

소방대상물 내의 보일러실에 제1종 분말소화약제를 사용하여 전역방출방식으로 분말소화설비를 설치할 때 필요한 약제량[kg]으로서 맞는 것은? (단, 방호구역의 개구부에 자동개폐장치를 설치하지 아니한 경우로 방호구역의 체적은 120[m^3], 개구부의 면적은 20[m^2]이다.)

① 84 ② 120
③ 140 ④ 162

해설 소화약제량[kg] = 방호구역의 체적[m^3] × 체적당 약제량[kg/m^3] + 방호구역의 개구부 면적[m^2] × 개구부 가산량[kg/m^2]

방호구역의 체적 1[m^3]당 약제량[kg/m^3]과 개구부 가산량[kg/m^2]

소화약제의 종별	체적 1[m^3]당 약제량 [kg/m^3]	개구부 가산량 [kg/m^2]
제1종 분말	0.6	4.5
제2종 분말 또는 제3종 분말	0.36	2.7
제4종 분말	0.24	1.8

∴ 소화약제량[kg] = 120[m^3] × 0.6[kg/m^3] + 20[m^2] × 4.5[kg/m^2] = 162[kg]

20 이해도 ○ △ × / 중요도 ★★★

전역방출방식 분말소화설비에서 방호구역의 개구부에 자동폐쇄장치를 설치하지 아니한 경우에 개구부의 면적 1[m^2]에 대한 분말소화약제의 가산량으로 잘못 연결된 것은?

① 제1종 분말 4.5[kg]
② 제2종 분말 2.7[kg]
③ 제3종 분말 2.5[kg]
④ 제4종 분말 1.8[kg]

정답 17. ② 18. ③ 19. ④ 20. ③

해설 전역방출방식

소화약제의 종별	체적 1[m³]당 약제량 [kg/m³]	개구부 가산량 [kg/m²]
제1종 분말	0.6	4.5
제2종 분말 또는 제3종 분말	0.36	2.7
제4종 분말	0.24	1.8

21

이해도 ○ △ × / 중요도 ★★★

전역방출방식의 분말소화설비에 있어서 방호구역의 용적이 500[m²]일 때 적합한 분사헤드의 수는? (단, 제1종 분말이며, 체적 1[m³]당 소화약제량은 0.60[kg]이며 분사헤드 1개의 분당 표준방사량은 18[kg]이다.)

① 34개
② 134개
③ 17개
④ 30개

해설 소화약제량[kg] = 방호구역의 체적[m³] × 체적당 약제량[kg/m³] + 방호구역의 개구부 면적[m²] × 개구부 가산량[kg/m²]

문제에서 개구부에 대한 설명이 없으므로 개구부 가산량은 무시한다.

소화약제량[kg] = 500[m³] × 0.6[kg/m³] = 300[kg]

$$\text{분사헤드 수} = \frac{\text{소화약제량[kg]}}{\text{분사헤드의 방출유량[kg/0.5min]}}$$

$$\therefore \frac{300}{18\times0.5} = \frac{300}{9} = 33.33 ≒ 34\text{개}$$

분사헤드의 분당 표준방사량이 18[kg/min]이므로 분사헤드의 방출유량인 30초 기준으로 하면 9[kg/개]가 된다.

22

이해도 ○ △ × / 중요도 ★★★★★

분말소화설비의 화재안전기술기준상 제1종 분말을 사용한 전역방출방식의 분말소화설비에 있어서 방호구역 체적 1[m³]에 대한 소화약제는 몇 [kg]인가?

① 0.6
② 0.36
③ 0.24
④ 0.72

해설 전역방출방식

소화약제의 종별	체적 1[m³]당 약제량 [kg/m³]	개구부 가산량 [kg/m²]
제1종 분말	0.6	4.5

23

이해도 ○ △ × / 중요도 ★★

호스릴 분말소화설비에서 하나의 노즐마다 1분당 방사하여야 할 소화약제의 양으로 옳은 것은?

① 제1종 분말 – 50[kg]
② 제2종 분말 – 30[kg]
③ 제3종 분말 – 27[kg]
④ 제4종 분말 – 20[kg]

해설 호스릴 분말소화설비

소화약제의 종류	소화약제의 양[kg]	소화약제 방사량 [kg/min]
제1종 분말	50	45
제2종 분말 또는 제3종 분말	30	27
제4종 분말	20	18

정답 21. ① 22. ① 23. ③

24

이해도 ○ △ × / 중요도 ★★★

분말소화설비 배관의 설치기준으로 옳지 않은 것은?

① 배관은 전용으로 할 것
② 배관은 모두 스케줄 40 이상으로 할 것
③ 동관을 사용할 경우는 고정압력 또는 최고사용압력의 1.5배 이상의 압력에 견딜 수 있는 것으로 할 것
④ 밸브류는 개폐위치 또는 개폐방향을 표시한 것으로 할 것

해설 사용되는 배관과 배관부속

구분	종류	압력	설치기준
강관	배관용 탄소 강관	–	–
강관	압력 배관용 탄소 강관	2.5[MPa] 이상 4.2[MPa] 이하	스케줄 40 또는 이와 동등 이상의 강도를 가진 것으로서 아연도금으로 방식처리된 것
동관	이음이 없는 동 및 동합금관	고정압력 또는 최고사용압력의 1.5배 이상	–
밸브류		–	개폐위치 또는 개폐방향 표시
밸브 및 배관부속		–	배관과 동등 이상의 강도 및 내식성

25

이해도 ○ △ × / 중요도 ★★★

분말소화설비의 배관과 선택밸브의 설치기준에 대한 내용으로 옳지 않은 것은?

① 배관은 겸용으로 설치할 것
② 강관은 아연도금에 따른 배관용 탄소강관을 사용할 것
③ 동관은 고정압력 또는 최고사용압력의 1.5배 이상의 압력에 견딜 수 있는 것을 사용할 것
④ 선택밸브는 방호구역 또는 방호대상물마다 설치할 것

해설 소방설비의 모든 배관은 전용이 원칙이다. 단, 사용에 지장이 없는 경우는 겸용이 가능하다.

26

이해도 ○ △ × / 중요도 ★★

분말소화설비의 화재안전기술기준에서 분말소화설비의 배관으로 동관을 사용하는 경우 최고사용압력의 몇 배 이상 압력에 견딜 수 있는 것을 사용하여야 하는가?

① 1 ② 1.5
③ 2 ④ 2.5

해설 분말소화설비의 배관

구분	종류	압력
동관	이음이 없는 동 및 동합금관	고정압력 또는 최고사용압력의 1.5배 이상

27

이해도 ○ △ × / 중요도 ★

국소방출방식의 분말소화설비 분사헤드는 기준저장량의 소화약제를 몇 초 이내에 방사할 수 있는 것이어야 하는가?

① 60 ② 30
③ 20 ④ 10

해설 분말소화설비 국소방출방식 분사헤드의 방출유량

$$\frac{\text{약제저장량}}{30\text{초}}$$

정답 24. ② 25. ① 26. ② 27. ②

28

이해도 ○ △ × / 중요도 ★★★

자동화재탐지설비의 감지기의 작동과 연동하는 분말소화설비 자동식 기동장치의 설치기준 중 다음 ( ) 안에 알맞은 것은?

> • 전기식 기동장치로서 (㉠)병 이상의 저장용기를 동시에 개방하는 설비는 2병 이상의 저장용기에 전자개방밸브를 부착할 것
> • 가스압력식 기동장치의 기동용 가스용기 및 해당 용기에 사용하는 밸브는 (㉡)[MPa] 이상의 압력에 견딜 수 있는 것으로 할 것

① ㉠ 3, ㉡ 2.5
② ㉠ 7, ㉡ 2.5
③ ㉠ 3, ㉡ 25
④ ㉠ 7, ㉡ 25

해설 분말소화설비 자동식 기동장치의 설치기준
(1) 전기식 기동장치로서 7병 이상의 저장용기를 동시에 개방하는 설비는 2병 이상의 저장용기에 전자개방밸브를 부착할 것
(2) 가스압력식 기동장치의 기동용 가스용기 및 해당 용기에 사용하는 밸브는 2.5[MPa] 이상의 압력에 견딜 수 있는 것

29

이해도 ○ △ × / 중요도 ★★

분말소화설비의 자동식 기동장치의 설치기준 중 틀린 것은? (단, 자동식 기동장치는 자동화재탐지설비의 감지기와 연동하는 것이다.)

① 기동용 가스용기의 충전비는 1.5 이상으로 할 것
② 자동식 기동장치에는 수동으로도 기동할 수 있는 구조로 할 것
③ 전기식 기동장치로서 3병 이상의 저장용기를 동시에 개방하는 설비는 2병 이상의 저장용기에 전자개방밸브를 부착할 것
④ 기동용 가스용기에는 내압시험압력의 0.8배 내지 내압시험압력 이하에서 작동하는 안전장치를 설치할 것

해설 전기식 기동장치
7병 이상의 저장용기를 동시에 개방하는 설비는 2병 이상의 저장용기에 전자개방밸브를 부착

30

이해도 ○ △ × / 중요도 ★

방호대상물 주변에 설치된 벽면적의 합계가 20[m²], 방호공간의 벽면적 합계가 50[m²], 방호공간 체적이 30[m³]인 장소에 국소방출방식의 분말소화설비를 설치할 때 저장할 소화약제량은 약 몇 [kg]인가? (단, 소화약제의 종별에 따른 X, Y의 수치에서 X의 수치는 5.2, Y의 수치는 3.9로 하며, 여유율(K)은 1.1로 한다.)

① 120　　② 199
③ 314　　④ 349

해설 국소방출방식
(1) 소화약제량[kg] = 방호공간의 체적[m³] × 1[m³]당 약제량[kg/m³] × 1.1

$$Q = X - Y\left(\frac{a}{A}\right)$$

여기서,
Q : 방호공간(방호대상물의 각 부분으로부터 0.6[m]의 거리에 따라 둘러싸인 공간) 1[m³]에 대한 분말소화약제의 양[kg/m³]
a : 방호대상물의 주변에 설치된 벽면적의 합계[m²]

✔ 정답 28. ② 29. ③ 30. ①

A : 방호공간의 벽면적(벽이 없는 경우에는 벽이 있는 것으로 가정한 해당 부분의 면적)의 합계[m^2]

(2) X 및 Y : 다음 [표]의 수치

소화약제의 종류	X의 수치 (A)	Y의 수치 암기 Tip (A)×0.75
제1종 분말	5.2	3.9
제2종 분말 또는 제3종 분말	3.2	2.4
제4종 분말	2.0	1.5

(3) 문제에서 주어진 값은 X : 5.2, Y : 3.9, a : 20[m^2], A : 50[m^2]

$$Q = 5.2 - 3.9 \times \frac{20}{50} = 3.64$$

∴ 소화약제량[kg]
$= 30[m^3] \times 3.64[kg/m^3] \times 1.1$
$= 120.12 ≒ 120$

핵심문제

01 분말소화약제

소화약제의 종별	주성분	소화약제 1[kg]당 저장용기의 내용적(충전비)[L/kg]
제1종 분말	(①)	(②)
제2종 분말	(③)	(④)
제3종 분말	(⑤)	(⑥)
제4종 분말	(⑦)	(⑧)

02 안전밸브

구분	가압식	축압식
작동압	최고사용압력의 (①) 이하	용기의 내압시험압력의 (②) 이하

03 분말소화약제의 가압용 가스용기에 압력조정기 설치 : ( )의 압력에서 조정(감압)

04 가압용 · 축압용 가스

구분	축압용	가압용
질소	(①)	(②)
이산화탄소	(③)	(④)

정답

01. ① 탄산수소나트륨($NaHCO_3$), ② 0.8, ③ 탄산수소칼륨($KHCO_3$), ④ 1
⑤ 인산염($NH_4H_2PO_4$), ⑥ 1, ⑦ 탄산수소칼륨과 요소, ⑧ 1.25

02. ① 1.8배, ② 0.8배

03. 2.5[MPa] 이하

04. ① 10[L/kg] 이상, ② 40[L/kg] 이상, ③ 20[g/kg]+배관의 청소에 필요한 양
④ 20[g/kg]+배관의 청소에 필요한 양

05 배관의 청소에 필요한 양 : (   )

06 분말 전역방출방식 소화약제량[kg] = (   )

07 방호구역의 체적당 약제량[kg/m^3]과 개구부 가산량[kg/m^2]

소화약제의 종별	체적 1[m^3]당 약제량[kg/m^3]	개구부 가산량[kg/m^2]
제1종 분말	(①)	(②)
제2종 분말 또는 제3종 분말	(③)	(④)
제4종 분말	0.24	(⑤)

08 호스릴 분말소화설비

소화약제의 종류	소화약제의 양[kg]	소화약제 방사량[kg/min]
제1종 분말	50	(①)
제2종 분말 또는 제3종 분말	30	(②)
제4종 분말	20	(③)

09 분말소화설비에 사용되는 배관은 (   )으로 설치하여야 한다.

10 잔압방출 시 밸브의 상태

(1) 가스도입밸브 – (①)
(2) 주밸브(방출밸브) – (②)
(3) 배기밸브 – (③)
(4) 클리닝밸브 – (④)

정답

05. 별도의 용기에 저장

06. 방호구역의 체적[m^3]×체적당 약제량[kg/m^3] + 방호구역의 개구부 면적[m^2]×개구부 가산량[kg/m^2]

07. ① 0.6, ② 4.5, ③ 0.36, ④ 2.7, ⑤ 1.8

08. ① 45, ② 27, ③ 18

09. 전용

10. ① 폐쇄, ② 폐쇄, ③ 개방, ④ 폐쇄

06 고체에어로졸설비(NFTC 110)

1 용어의 정의

(1) 고체에어로졸소화설비

설계밀도 이상의 고체에어로졸을 방호구역 전체에 균일하게 방출하는 설비로서 분산(dispersed)방식이 아닌 압축(condensed)방식

(2) 고체에어로졸화합물

과산화물질, 가연성 물질 등의 혼합물로서 화재를 소화하는 비전도성의 미세입자인 에어로졸을 만드는 고체화합물

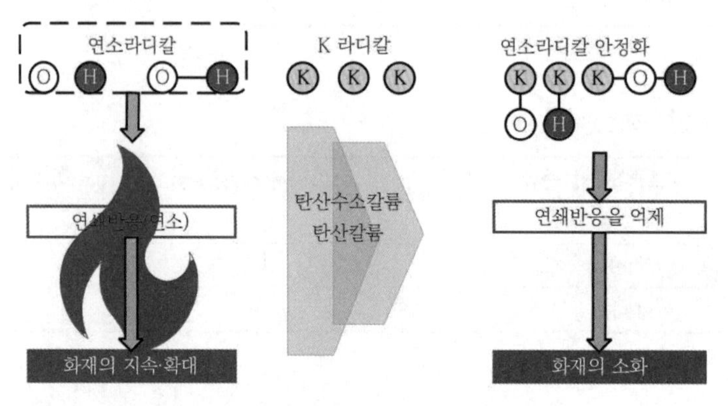

▌고체에어로졸 소화개념▐

(3) 고체에어로졸

고체에어로졸화합물의 연소과정에 의해 생성된 직경 10[μm] 이하의 고체 입자와 기체상태의 물질로 구성된 혼합물

(4) 열 안전이격거리

고체에어로졸 방출 시 발생하는 온도에 영향을 받을 수 있는 모든 구조 · 구성요소와 고체에어로졸 발생기 사이에 안전 확보를 위해 필요한 이격거리

2 일반조건(2.1)

(1) 고체에어로졸 비전도성

(2) 소화밀도 유지시간

10분 이상(재발화 방지)

(3) 설치장소

비상주장소(예외 고인체에 무해함을 인증받고, 최대허용설계밀도 이하인 경우 상주장소에 설치 가능)

(4) 방호구역 내부

밀폐성

(5) 방호구역 출입구 인근

주의사항에 관한 내용의 표지 설치

(6) 이 기준에서 규정하지 않은 사항

형식승인 받은 제조업체의 설계 매뉴얼

3 설치제외(2.2)

(1) 니트로셀룰로오스, 화약 등의 산화성 물질

(2) 리튬, 나트륨, 칼륨, 마그네슘, 티타늄, 지르코늄, 우라늄 및 플루토늄과 같은 자기반응성 금속

(3) 금속 수소화물

(4) 유기과산화수소, 히드라진 등 자동 열분해를 하는 화학물질

(5) 가연성 증기 또는 분진 등 폭발성 물질이 대기에 존재할 가능성이 있는 장소

4 고체에어로졸발생기(2.3)

(1) 구성

고체에어로졸화합물, 냉각장치, 작동장치, 방출구, 저장용기

(2) 설치기준

① 방호구역 자동폐쇄

② **설치위치** : 천장이나 벽면 상부

③ **설치장소** : 직사광선 및 빗물이 침투할 우려가 없는 곳

④ **고체에어로졸 방출 시 열 안전이격거리**

㉠ 인체와의 최소이격거리 : 75[℃]를 초과하는 온도의 거리

㉡ 가연물과의 최소이격거리 : 200[℃]를 초과하는 온도의 거리

⑤ **하나의 방호구역** : 동일 제품군 및 동일한 크기의 고체에어로졸발생기

⑥ **방호구역의 높이** : 형식승인 받은 최대설치높이 이하

5 고체에어로졸화합물의 양(2.4)

(1) 소화약제량

$$m = d \times V$$

여기서, m : 필수소화약제량[kg]

d : 설계밀도[g/m^3]

V : 방호체적[m^3]

(2) 소화밀도

$$소화밀도 = \frac{고체에어로졸화합물의\ 질량[g]}{단위체적[m^3]}$$

(3) 설계밀도

$$설계밀도(d) = 소화밀도 \times 안전계수(1.3)$$

6 음향장치(2.7)

(1) 지구음향장치

수평거리 25[m] 이하

(2) 음량

1[m] 거리에서 90[dB] 이상

(3) 방출 후 1분 이상 경보

7 화재감지기(2.8)

(1) 광전식 공기흡입형 감지기

(2) 아날로그방식의 광전식 스포트형 감지기

(3) 중앙소방기술심의위원회의 심의를 통해 고체에어로졸소화설비에 적응성이 있다고 인정된 감지기

8 비상전원(2.10)

(1) 자가발전설비

(2) 축전지설비

(3) 전기저장장치

9 과압배출구(2.12)

고체에어로졸소화설비가 설치된 방호구역에는 소화약제 방출 시 과압으로 인한 구조물 등의 손상을 방지하기 위하여 과압배출구를 설치해야 한다.

기출·예상문제

01

이해도 ○ △ × / 중요도 ★

고체에어로졸은 연소과정에 의해 생성된 직경 몇 [μm] 이하의 고체 입자와 기체상태의 물질로 구성된 혼합물인가?

① 2 ② 4
③ 8 ④ 10

해설 고체에어로졸
고체에어로졸화합물의 연소과정에 의해 생성된 직경 10[μm] 이하의 고체 입자와 기체상태의 물질로 구성된 혼합물

02

이해도 ○ △ × / 중요도 ★

고체에어로졸은 재발화 방지를 위해 소화밀도 유지시간은 얼마인가?

① 10 ② 20
③ 30 ④ 40

해설 소화밀도 유지시간
10분 이상(재발화 방지)

03

이해도 ○ △ × / 중요도 ★

다음 중 고체에어로졸 설치 제외 대상에 속하지 않는 것은?

① 니트로셀룰로오스, 화약 등의 산화성 물질
② 리튬, 나트륨, 칼륨, 마그네슘, 티타늄, 지르코늄, 우라늄 및 플루토늄과 같은 자기반응성 금속
③ 유기과산화수소, 히드라진 등 자동 열분해를 하는 화학물질
④ 가연성 증기 또는 분진 등 폭발성 물질이 대기에 존재할 가능성이 없는 장소

해설 고체에어로졸 설치 제외 대상
(1) 니트로셀룰로오스, 화약 등의 산화성 물질
(2) 리튬, 나트륨, 칼륨, 마그네슘, 티타늄, 지르코늄, 우라늄 및 플루토늄과 같은 자기반응성 금속
(3) 금속 수소화물
(4) 유기과산화수소, 히드라진 등 자동 열분해를 하는 화학물질
(5) 가연성 증기 또는 분진 등 폭발성 물질이 대기에 존재할 가능성이 있는 장소

04

이해도 ○ △ × / 중요도 ★

다음 중 고체에어로졸 방출 시 몇 [℃]에서 인체와의 최소이격거리를 확보하여야 하는가?

① 75[℃]
② 100[℃]
③ 200[℃]
④ 300[℃]

해설 고체에어로졸 방출 시 열 안전이격거리
(1) 인체와의 최소이격거리 : 75[℃]를 초과하는 온도의 거리
(2) 가연물과의 최소이격거리 : 200[℃]를 초과하는 온도의 거리

정답 01. ④ 02. ① 03. ④ 04. ①

05

이해도 ○ △ × / 중요도 ★

다음 중 고체에어로졸소화설비에 사용할 수 있는 화재감지기가 아닌 것은?

① 광전식 공기흡입형 감지기
② 아날로그방식의 광전식 스포트형 감지기
③ 광전식 분리형 감지기
④ 중앙소방기술심의위원회의 심의를 통해 고체에어로졸소화설비에 적응성이 있다고 인정된 감지기

해설 고체에어로졸 화재감지기
(1) 광전식 공기흡입형 감지기
(2) 아날로그방식의 광전식 스포트형 감지기
(3) 중앙소방기술심의위원회의 심의를 통해 고체에어로졸소화설비에 적응성이 있다고 인정된 감지기

정답 05. ③

CHAPTER 07

피난 · 구조 · 소화용수설비

01 피난기구

1 개요

(1) 정의

화재발생 시 거주자가 피난계단을 통해서 안전한 장소로 대피할 수 없는 경우 기구를 이용하여 피난을 해야 하는데 이때 사용하는 기구이다.

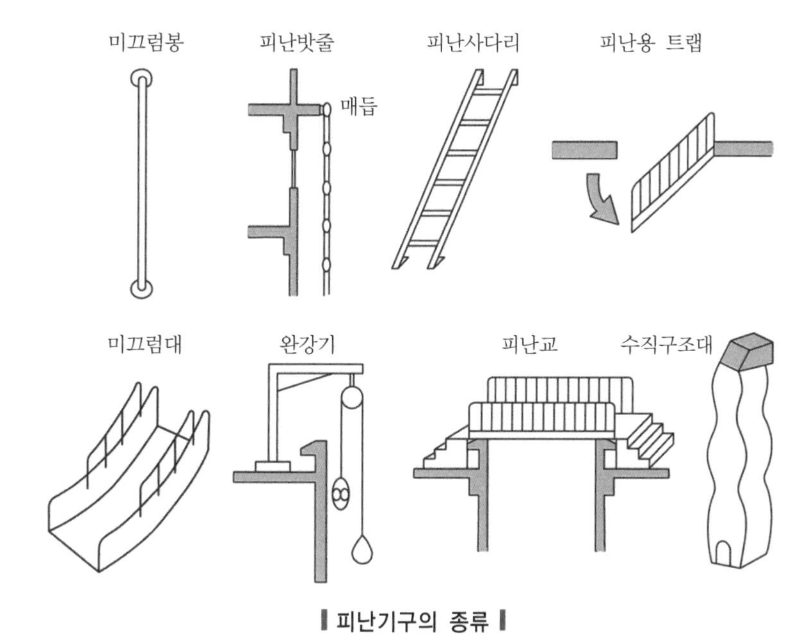

▌피난기구의 종류▐

(2) 소방대상물의 설치장소별 피난기구의 적응성([표] 2.1.1)

구분 \ 설치장소 \ 층별	1층	2층	3층	4층 이상 10층 이하
노유자시설	미끄럼대	미끄럼대	미끄럼대	–
	구조대	구조대	구조대	구조대
	피난교	피난교	피난교	피난교
	다수인피난장비	다수인피난장비	다수인피난장비	다수인피난장비
	승강식 피난기	승강식 피난기	승강식 피난기	승강식 피난기
의료시설 · 근린생활시설 중 입원실이 있는 의원 · 접골원 · 조산원	–	–	미끄럼대	–
			구조대 ★★★★	구조대
			피난교	피난교
			피난용 트랩	피난용 트랩
			다수인피난장비	다수인피난장비
			승강식 피난기	승강식 피난기
다중이용업소로서 영업장의 위치가 4층 이하인 다중이용업소	–	미끄럼대	미끄럼대	미끄럼대
		피난사다리	피난사다리	피난사다리
		구조대	구조대	구조대
		완강기	완강기	완강기
		다수인피난장비	다수인피난장비	다수인피난장비
		승강식 피난기	승강식 피난기	승강식 피난기
그 밖의 것	–	–	미끄럼대	–
			피난사다리	피난사다리
			구조대	구조대
			완강기	완강기
			피난교	피난교
			피난용 트랩	–
			간이완강기	간이완강기
			공기안전매트	공기안전매트
			다수인피난장비	다수인피난장비
			승강식 피난기	승강식 피난기 ★★

1. 도움을 받아 피난이 가능한 사람의 경우(노유자, 의료) 사다리, 밧줄, 완강기가 제외된다.
2. 공동주택 등에는 공기안전매트가 추가된다.

간이완강기의 적응성은 숙박시설의 3층 이상에 있는 객실에, 공기안전매트의 적응성은 공동주택(공동주택관리법 시행령 제2조의 규정에 해당하는 공동주택)에 한한다.

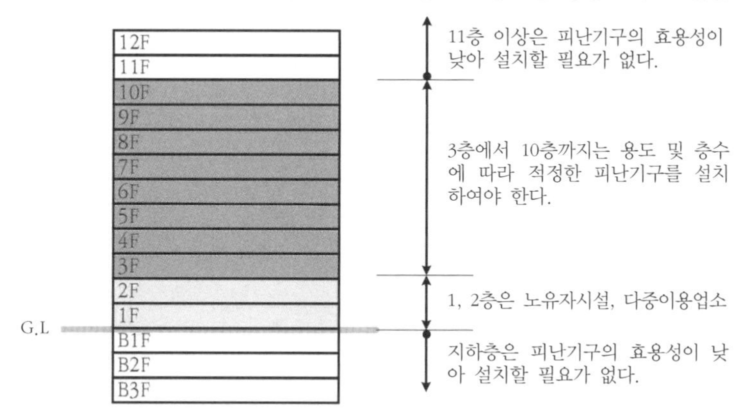

▌피난기구의 설치▐

(3) 피난기구 종류의 선정기준

① 설치장소별 구분

② 지하층 유무

③ 층수

2 피난기구 설치대상

(1) 설치대상

특정소방대상물의 모든 층(3~10층)에 화재안전기술기준에 적합한 것으로 설치

(2) 설치예외

피난층, 지상 1층, 지상 2층(노유자시설 중 피난층이 아닌 지상 1층과 피난층이 아닌 지상 2층은 제외) 및 층수가 11층 이상인 층과 위험물 저장 및 처리시설 중 가스시설, 지하가 중 터널 또는 지하구의 경우

3 피난기구의 종류 ★★★

(1) 피난사다리

화재 시 긴급대피를 위해 사용하는 사다리

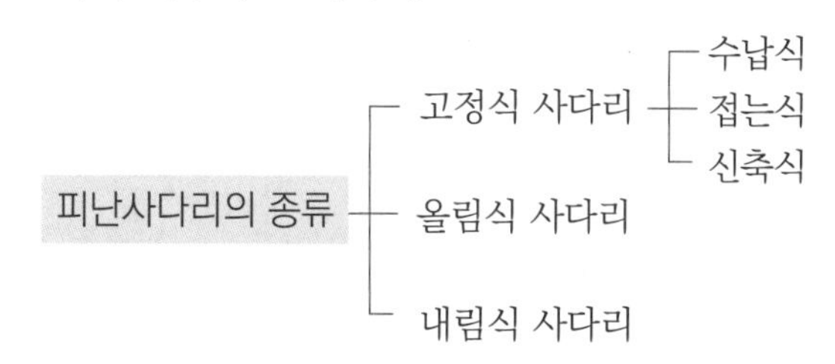

(2) 완강기

① **정의** : 사람의 몸무게를 이용하여 상층부에서 하층부로 일정하강속도로 이동하도록 도와주는 장비로 반복 사용이 가능. 즉 다수인이 사용 가능한 피난기구

② **구성**

㉠ 속도조절기 : 로프에 걸리는 하중의 크기(체중)에 따라서 자동적으로 원심력 브레이크가 작동하여 강하속도를 일정한 범위 내로 조절하는 기기 ★★

㉡ 로프

㉢ 벨트 : 가슴둘레에 맞추어서 길이를 조절할 수 있는 조정고리

㉣ 안전고리(hook)

㉤ 속도조절기 연결부

㉥ 연결금속구

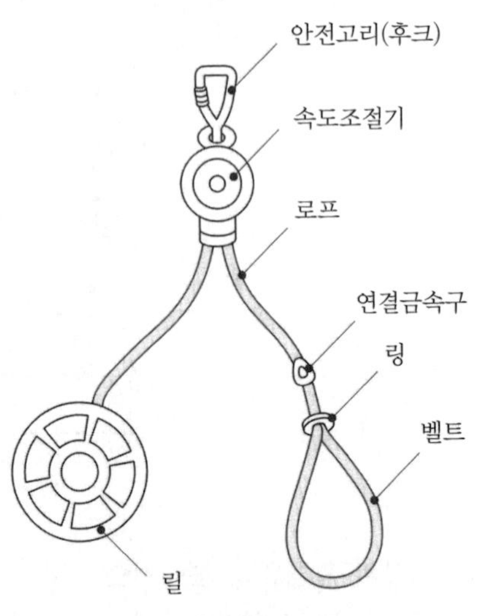

▌완강기의 구성▐

③ **완강기 및 완강기 속도조절기의 일반구조 (완강기 형식 3조)**

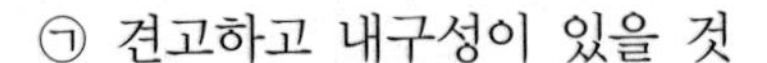

㉠ 견고하고 내구성이 있을 것

㉡ 평상시에 분해, 청소 등을 하지 아니하여도 작동할 수 있을 것

㉢ 강하 시 발생하는 열에 의하여 기능에 이상이 생기지 아니할 것

㉣ 기능에 이상이 생길 수 있는 모래나 기타의 이물질이 쉽게 들어가지 아니하도록 견고한 덮개(커버)로 덮어져 있을 것

㉤ 강하 시 로프가 손상되지 아니할 것

㉥ 속도조절기, 폴리 등으로부터 로프가 노출되지 아니하는 구조

(3) 간이완강기

1회용 완강기로 1인만 사용 가능한 피난기구

(4) 구조대

포지 등을 사용하여 자루형태로 만든 것으로서 화재 시 사용자가 그 내부에 들어가서 내려옴으로써 대피할 수 있는 피난기구

① 경사구조대의 구조 ★★★★

㉠ 연속하여 활강할 수 있는 구조로 안전하고 쉽게 사용할 수 있어야 한다.

㉡ 입구틀 및 취부틀 입구 : 지름 50[cm] 이상의 구체가 통과할 수 있어야 한다.

㉢ 구조대 본체

- 강하방향으로 봉합부가 설치되지 아니하여야 한다.

- 활강부는 낙하방지를 위해 포를 2중구조로 하거나 또는 망목의 변의 길이가 8[cm] 이하인 망을 설치(구조상 낙하방지의 성능을 갖고 있는 구조대의 경우는 제외)

㉣ 손잡이 : 출구 부근에 좌우 각 3개 이상 균일한 간격으로 견고하게 부착

㉤ 구조대 돛천을 가로방향으로 봉합하는 경우에 돛천을 겹치게 하는 이유 : 사용자가 구조대를 이용 시 내려가면서 걸리지 않도록 하기 위함

② 수직강하식 구조대의 구조

㉠ 구조대

- 안전하고 쉽게 사용할 수 있는 구조
- 연속하여 강하할 수 있는 구조

㉡ 구조대의 포지

- 구성 : 외부포지와 내부포지(예외 건물 내부의 별실에 설치 시 외부포지 제외)
- 외부포지와 내부포지의 사이 : 공기층

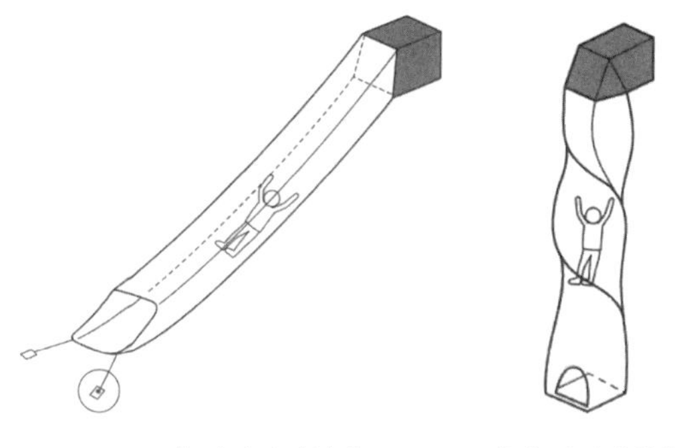

▌경사강하식▐ ▌수직강하식▐

㉢ 입구틀 및 취부틀의 입구 : 지름 50[cm] 이상의 구체가 통과할 수 있는 것 ★★

㉣ 포지 : 사용 시 수직방향으로 현저하게 늘어나지 아니하여야 한다. ★

㉤ 포지, 지지틀, 취부틀 그 밖의 부속장치 등 : 견고하게 부착

㉥ 구조 : 본체에 적당한 간격으로 협축부를 마련한 것 ★

(5) 공기안전매트

화재발생 시 사람이 건축물 내에서 외부로 긴급히 뛰어내릴 때 충격을 흡수하여 안전하게 지상에 도달할 수 있도록 포지에 공기 등을 주입하는 구조로 되어 있는 피난기구

(6) 다수인피난장비

화재 시 2인 이상의 피난자가 동시에 해당 층에서 지상 또는 피난층으로 하강하는 피난기구

(a) 원동기

(b) 탑승기

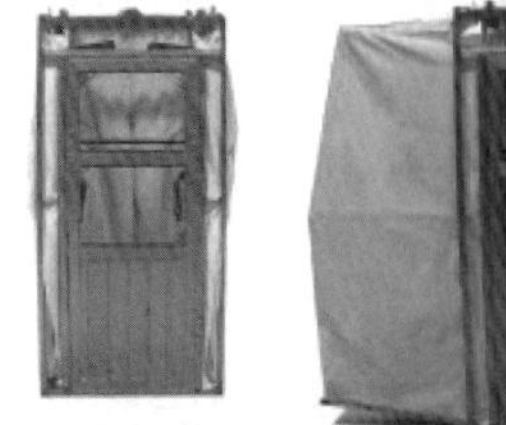

▌다수인의 피난장비▐ ▌운용모습▐

(7) 승강식 피난기 및 하향식 피난구용 내림식

① **승강식 피난기** : 사용자의 몸무게에 의하여 자동으로 하강하고 내려서면 스스로 상승하여 연속적으로 사용할 수 있는 무동력 승강식 피난기

② **하향식 피난구용 내림식 사다리** : 하향식 피난구 해치에 격납하여 보관하고 사용 시에는 사다리 등이 소방대상물과 접촉되지 아니하는 내림식 사다리

▌승강식 피난기▐

▌하향식 피난구용 내림식 사다리▐

(8) 미끄럼대

2층 또는 3층의 건축물에 설치하여 화재발생 시 미끄러져 내려오므로 신속하게 지상으로 피난할 수 있도록 제조된 피난기구

(9) 피난교

건축물의 옥상층 또는 그 이하의 층에서 화재발생 시 인접한 건축물로 피난하기 위해 설치하는 피난기구

(10) 피난용 트랩(trap)

건축물의 지하층 2층 및 3층에서 피난하기 위해서 건축물의 개구부에 설치하는 피난기구

(11) 피난로프

피난을 위한 로프로 중간중간 매듭이 있어 이를 이용하여 피난을 용이하게 하는 피난기구

(12) 미끄럼봉

화재 시 상부에서 하부로 봉을 타고 미끄러져서 내려오게 하는 피난기구

4 인명구조기구

(1) 종류

① **방열복** : 고온의 복사열에 가까이 접근하여 소방활동을 수행할 수 있는 내열 피복된 옷

② **방화복** : 화재진압 등의 소방활동을 수행할 수 있는 피복(안전헬멧, 보호장갑, 안전화 포함)

▌방열복▌

▌방화복▌

③ **공기호흡기** : 소화활동 시에 화재로 인하여 발생하는 각종 유독가스에서 일정시간 사용할 수 있도록 제조된 압축공기식 개인 호흡장비

④ **인공소생기** : 순간적으로 호흡이 정지된 환자나 호흡부전 및 호흡곤란 환자에게 자동 및 수동으로 적정량의 산소를 안전하고 효과적으로 공급하여 환자의 생명을 소생시켜 주는 구급기구

암기 Tip 열공화는 인간

(2) 설치기준

① 특정소방대상물의 용도 및 장소별로 설치하여야 할 인명구조기구는 아래 [표]에 따라 설치

▌인명구조기구 설치대상▌

특정소방대상물	인명구조기구의 종류	설치수량
지하층을 포함하는 층수가 7층 이상인 관광호텔 및 5층 이상인 병원	• 방열복 또는 방화복(헬멧, 보호장갑 및 안전화를 포함) • 공기호흡기 • 인공소생기	각 2개 이상 비치 (예외 병원의 경우 인공소생기)

특정소방대상물	인명구조기구의 종류	설치수량
• 문화 및 집회시설 중 수용인원 100명 이상의 영화상영관 • 판매시설 중 대규모 점포 • 운수시설 중 지하역사 • 지하가 중 지하상가	공기호흡기	층마다 2개 이상 비치 ★★
물분무등소화설비 중 이산화탄소 소화설비를 설치하여야 하는 특정소방대상물	공기호흡기	이산화탄소소화설비가 설치된 장소의 출입구 외부 인근에 1대 이상 비치 ★

② **비치장소** : 화재 시 쉽게 반출 · 사용할 수 있는 장소

③ **표지** : 인명구조기구가 설치된 가까운 장소의 보기 쉬운 곳에 "인명구조기구"라는 축광식 표지와 그 사용방법을 표시한 표시를 부착하되, 축광식 표지는 소방청장이 고시한 「축광표지의 성능인증 및 제품검사의 기술기준」에 적합한 것으로 할 것

④ **방열복** : 소방청장이 고시한 「소방용 방열복의 성능인증 및 제품검사의 기술기준」에 적합한 것으로 설치

⑤ **방화복(헬멧, 보호장갑 및 안전화를 포함)** : 「소방장비 표준규격 및 내용연수에 관한 규정」 제3조에 적합한 것으로 설치

02 피난기구(NFTC 301)

1 적응 및 설치개수 등(2.1)

(1) 피난기구의 설치

소방대상물의 설치장소별로 그에 적응하는 종류의 것을 설치

(2) 설치개수

① 층마다 설치

② 다음에 해당되는 시설은 [표]에 따른다.

특정소방대상물	설치수량
숙박시설 · 노유자시설 · 의료시설의 층 ★★★	1개 이상 / 바닥면적 500[m^2]
위락시설 · 문화집회 및 운동시설 · 판매시설 · 복합용도의 층	1개 이상 / 바닥면적 800[m^2]
아파트	1개 이상 / 각 세대마다
그 밖의 용도의 층	1개 이상 / 바닥면적 1,000[m^2]

③ 상기의 피난기구 외에 숙박시설(휴양콘도미니엄을 제외)의 경우

특정소방대상물	피난기구	설치기준
숙박시설(휴양콘도미니엄 제외)	완강기 1개 또는 간이완강기 2개	객실마다 설치

④ 아파트의 경우

특정소방대상물	피난기구	설치기준
아파트	공기안전매트 1개	하나의 관리 주체가 관리하는 아파트 구역마다 설치 다만, 옥상으로 피난이 가능하거나 인접세대로 피난할 수 있는 구조인 경우에는 추가로 설치하지 아니할 수 있다.

2 축광식 표지

(1) 축광식 표지 부착

피난기구를 설치한 장소에는 가까운 곳의 보기 쉬운 곳에 피난기구의 위치를 표시하는 발광식 또는 축광식 표지와 그 사용방법을 표시한 표지를 부착해야 함

(2) 축광식 표지는 소방청장이 정하여 고시한 「축광표지의 성능인증 및 제품검사의 기술기준」에 적합하여야 한다. 다만, 방사성 물질을 사용하는 위치표지는 쉽게 파괴되지 아니하는 재질로 처리할 것

① 방사성 물질을 사용하는 위치표지 : 쉽게 파괴되지 아니하는 재질

② **위치표지 성능** : 주위조도 0[lx]에서 60분간 발광 후 직선거리 10[m] 떨어진 위치에서 보통 시력으로 표시면의 문자 또는 화살표 등을 쉽게 식별할 수 있는 것

③ 위치표지 표시면 : 쉽게 변형 · 변질 또는 변색되지 아니할 것

④ 위치표지 표지면 휘도 : 주위조도 0[lx]에서 60분간 발광 후 7[mcd/m^2] 이상 ★

3 피난기구 설치기준(2.1.3) ★★

(1) 설치위치

① 계단 · 피난구 기타 피난시설로부터 적당한 거리에 있는 안전한 구조로 된 피난 또는 소화활동상 유효한 개구부에 고정하여 설치 ★★★

② 필요한 때에 신속하고 유효하게 설치할 수 있는 상태에 둘 것

③ **유효한 개구부** : 가로 0.5[m] 이상 세로 1[m] 이상인 것을 말한다. 이 경우 개구부 하단이 바닥에서 1.2[m] 이상이면 발판 등을 설치하여야 하고, 밀폐된 창문은 쉽게 파괴할 수 있는 파괴장치를 비치할 것

(2) 피난기구를 설치하는 개구부는 서로 동일 직선상이 아닌 위치에 있을 것(**예외** 미끄럼봉 · 피난교 · 피난용 트랩 · 피난밧줄 또는 간이완강기 · 아파트에 설치되는 피난기구(다수인피난장비는 제외), 기타 피난상 지장이 없는 것) ★★★

(3) 피난기구는 소방대상물의 기둥 · 바닥 · 보, 기타 구조상 견고한 부분에 볼트조임 · 매입 · 용접, 기타의 방법으로 견고하게 부착할 것

(4) 4층 이상의 층에 피난사다리(하향식 피난구용 내림식 사다리는 제외)를 설치하는 경우에는 금속성 고정사다리를 설치하고, 당해 고정사다리에는 쉽게 피난할 수 있는 구조의 노대를 설치할 것 ★

(5) 완강기는 강하 시 로프가 소방대상물과 접촉하여 손상되지 아니하도록 할 것

(6) 완강기, 미끄럼봉 및 피난로프의 길이는 부착위치에서 지면, 기타 피난상 유효한 착지면까지의 길이로 할 것

(7) 미끄럼대는 건축물의 3층에 설치하며 안전한 강하속도를 유지하도록 하고, 전락방지를 위한 안전조치를 할 것

(8) 구조대의 길이는 피난상 지장이 없고 안전한 강하속도를 유지할 수 있는 길이로 할 것, 구조대는 건축물의 3층에서부터 10층까지의 층에 설치할 것

(9) 다수인피난장비 설치기준(2.1.3.8) ★

① 피난에 용이하고 안전하게 하강할 수 있는 장소에 적재하중을 충분히 견딜 수 있도록 「건축물의 구조기준 등에 관한 규칙」에서 정하는 구조안전의 확인을 받아 견고하게 설치할 것

② 보관실

㉠ 건물 외측보다 돌출되지 아니하고, 빗물 · 먼지 등으로부터 장비를 보호할 수 있는 구조

㉡ 문에는 오작동 방지조치를 하고, 문 개방 시에는 당해 소방대상물에 설치된 경보설비와 연동하여 유효한 경보음을 발하도록 할 것

③ 사용 시 : 보관실 외측 문이 먼저 열리고 탑승기가 외측으로 자동으로 전개될 것

④ 하강 시

㉠ 탑승기가 건물 외벽이나 돌출물에 충돌하지 않도록 설치

㉡ 안전하고 일정한 속도를 유지하도록 하고 전복, 흔들림, 경로이탈 방지를 위한 안전조치를 할 것

⑤ 상 · 하층 설치 시 : 탑승기의 하강경로가 중첩되지 않도록 할 것

⑥ 피난층에는 피난기구가 착지에 지장이 없도록 충분한 공간을 확보할 것

⑦ 한국소방산업기술원 또는 성능시험기관으로 지정받은 기관에서 성능을 검증받은 것으로 설치할 것

(10) 축광식 또는 발광식 표지 설치

피난기구를 설치한 장소에는 가까운 곳의 보기 쉬운 곳에 설치할 것

4 설치제외(2.2) ★

(1) 다음의 기준에 적합한 층

① 건축물 주요 구조부 : 내화구조

② 실내의 면하는 부분의 마감 : 불연재료 · 준불연재료 또는 난연재료

③ 방화구획이 규정에 적합하게 구획

④ 거실의 각 부분으로부터 직접 복도로 쉽게 통할 수 있어야 할 것

⑤ 복도에 2 이상의 특별피난계단 또는 피난계단이 설치

⑥ 복도의 어느 부분에서도 2 이상의 방향으로 각각 다른 계단에 도달할 수 있어야 할 것

(2) 소방대상물 중 그 옥상의 직하층 또는 최상층(관람 · 집회 및 운동시설 또는 판매시설을 제외)

① 건축물 주요 구조부 : 내화구조

② 옥상 면적 : 1,500[m^2] 이상

③ 옥상으로 쉽게 통할 수 있는 창 또는 출입구가 설치

④ 옥상이 소방사다리차가 쉽게 통행할 수 있는 도로(폭 6[m] 이상) 또는 공지에 면하여 설치되어 있거나 옥상으로부터 피난층 또는 지상으로 통하는 2 이상의 피난계단 또는 특별피난계단이 설치

(3) 주요 구조부가 내화구조 + 지하층을 제외한 층수가 4층 이하 + 소방사다리차가 쉽게 통행할 수 있는 도로 또는 공지에 면하는 부분에 개구부가 2 이상 설치되어 있는 층(**예외** 문화 · 집회 및 운동시설 · 판매시설 및 영업시설 또는 노유자시설의 용도로 사용되는 층으로서 그 층의 바닥면적이 1,000[m^2] 이상인 것) ★

(4) 편복도형 아파트 또는 발코니 등을 통하여 인접세대로 피난할 수 있는 구조의 계단실형 아파트

(5) 주요 구조부가 내화구조 + 거실의 각 부분으로 직접 복도로 피난할 수 있는 학교(강의실 용도로 사용되는 층)

(6) 무인공장 또는 자동창고로서 사람의 출입이 금지된 장소

(7) 건축물의 옥상부분으로서 거실에 해당하지 아니하고 층수로 산정된 층으로 사람이 근무하거나 거주하지 아니하는 장소

(8) 예외

숙박시설(휴양콘도미니엄을 제외)에 설치되는 완강기 및 간이완강기

5 피난기구 설치의 감소(2.3)

(1) 피난기구의 $\frac{1}{2}$을 감소(단, 소수점 이상은 절상) ★★★

① 주요 구조부 : 내화구조

② 피난계단 또는 특별피난계단이 2 이상 설치

(2) 건널복도의 수의 2배의 수를 뺀 수로 감소 ★★★★

① 주요 구조부 : 내화구조

② 건널복도 설치

㉠ 구조 : 내화구조 또는 철골조

㉡ 건널복도 양단의 출입구에 자동폐쇄장치를 한 60분 + 방화문 또는 60분 방화문(방화셔터를 제외)이 설치

㉢ 피난 · 통행 또는 운반의 전용 용도

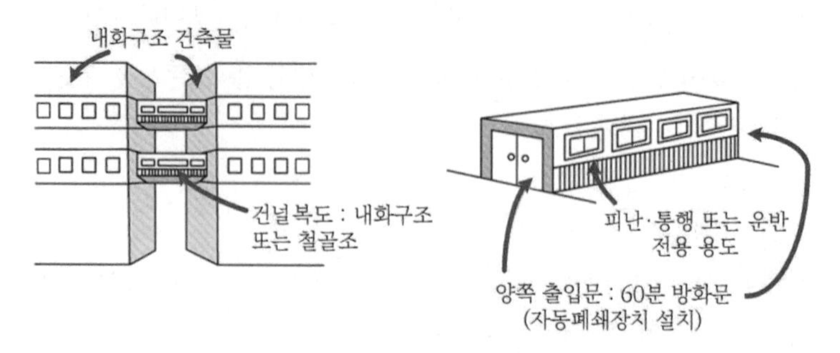

▎피난기구 설치의 감소 ▎

(3) 노대가 설치된 거실의 바닥면적을 피난기구 설치개수 산정을 위한 바닥면적에서 제외

① 노대를 포함한 소방대상물의 주요 구조부 : 내화구조

② 노대가 거실의 외기에 면하는 부분 : 피난상 유효하게 설치

③ 노대가 소방사다리차가 쉽게 통행할 수 있는 도로 또는 공지에 면하여 설치되어 있거나 또는 거실부분과 방화구획되어 있거나 또는 노대에 지상으로 통하는 계단 그 밖의 피난기구가 설치

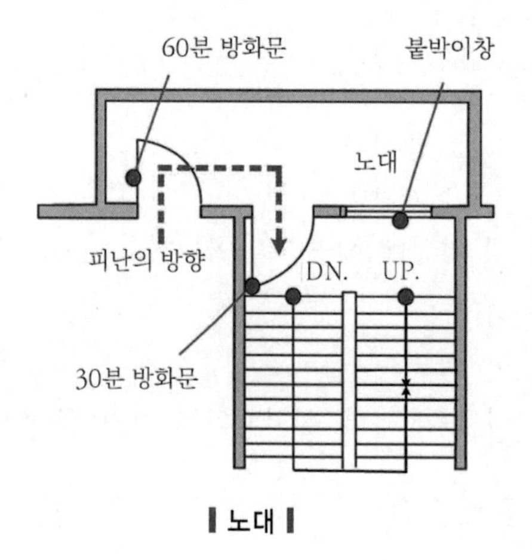

▎노대 ▎

기출·예상문제

01 이해도 ○ △ × / 중요도 ★

노유자시설의 3층에 적응성을 가진 피난기구가 아닌 것은?

① 미끄럼대 ② 피난교
③ 구조대 ④ 간이완강기

해설 간이완강기의 적응성은 숙박시설의 3층 이상에 있는 객실에 한하여 사용하는 설비이지 노유자가 사용하기에는 곤란한 피난구조설비이다.

02 이해도 ○ △ × / 중요도 ★★

백화점의 7층에 적응성이 없는 피난기구는?

① 구조대
② 피난교
③ 피난용 트랩
④ 완강기

해설 피난기구의 적응성

층별 / 설치장소별	4층 이상 10층 이하
그 밖의 것	• 피난사다리 • 구조대 • 완강기 • 피난교 • 간이완강기 • 공기안전매트 • 다수인피난장비 • 승강식 피난기

③ 피난용 트랩은 장소에 따라서 3층에 적응성이 있는 피난기구이다.

03 이해도 ○ △ × / 중요도 ★★★

의료시설에 구조대를 설치하여야 할 층으로 틀린 것은? (단, 장례식장을 제외한다.)

① 2 ② 3
③ 4 ④ 5

해설 피난기구의 적응성

층별 / 설치장소별	3층	4층 이상 10층 이하
의료시설 · 근린생활시설 중 입원실이 있는 의원 · 접골원 · 조산원	• 미끄럼대 • 구조대 • 피난교 • 피난용 트랩 • 다수인피난장비 • 승강식 피난기	• 구조대 • 피난교 • 피난용 트랩 • 다수인피난장비 • 승강식 피난기

① 의료시설의 구조대는 3층 이상 10층 이하에 설치하는 피난기구이다.

04 이해도 ○ △ × / 중요도 ★

소방대상물의 설치장소별 피난기구 중 의료시설, 노유자시설, 근린생활시설 중 입원실이 있는 의원 등의 시설에 적응성이 가장 떨어지는 피난기구는?

① 피난교
② 구조대(수직강하식)
③ 피난사다리(금속제)
④ 미끄럼대

✔ 정답 01. ④ 02. ③ 03. ① 04. ③

해설 피난기구의 적응성

설치 장소별 \ 층별	3층	4층 이상 10층 이하
의료시설 · 근린생활시설 중 입원실이 있는 의원 · 접골원 · 조산원	• 미끄럼대 • 구조대 • 피난교 • 피난용 트랩 • 다수인피난장비 • 승강식 피난기	• 구조대 • 피난교 • 피난용 트랩 • 다수인피난장비 • 승강식 피난기

③ 의료나 노유자시설의 거주자는 신체가 불편한 경우가 많으므로 피난사다리를 통한 피난이 곤란하다. 따라서 적응성이 가장 떨어지는 피난기구이다.

05

이해도 ○ △ × / 중요도 ★★★

다음 중 피난사다리에 해당되지 않는 것은?

① 미끄럼식 사다리
② 고정식 사다리
③ 올림식 사다리
④ 내림식 사다리

해설

피난사다리의 종류
- 고정식 사다리
- 올림식 사다리
- 내림식 사다리

06

이해도 ○ △ × / 중요도 ★

완강기 및 완강기의 속도조절기에 관한 설명으로 틀린 것은?

① 견고하고 내구성이 있어야 한다.
② 강하 시 발생하는 열에 의해 기능에 이상이 생기지 아니하여야 한다.
③ 모래 등 이물질이 들어가지 않도록 견고한 커버로 덮어져야 한다.
④ 평상시에는 분해, 청소 등을 하기 쉽게 만들어져 있어야 한다.

해설 속도조절기

로프에 걸리는 하중의 크기(체중)에 따라서 자동적으로 원심력 브레이크가 작동하여 강하속도를 일정한 범위 내로 조절하는 기기

(1) 평상시에 분해, 청소 등을 하지 아니하여도 작동할 수 있을 것
(2) 강하 시 발생하는 열에 의하여 기능에 이상이 생기지 아니할 것
(3) 기능에 이상이 생길 수 있는 모래나 기타의 이물질이 쉽게 들어가지 아니하도록 견고한 덮개(커버)로 덮어져 있을 것
(4) 강하 시 로프가 손상되지 아니할 것
(5) 속도조절기, 폴리 등으로부터 로프가 노출되지 아니하는 구조

07

이해도 ○ △ × / 중요도 ★

다음 중 완강기의 속도조절기에 관한 것으로 가장 적당한 것은?

① 속도조절기는 로프에 걸리는 하중의 크기에 따라서 자동적으로 원심력 브레이크가 작동하여 강하속도를 조절한다.
② 속도조절기는 사용할 때 체중에 맞추어 인위적 조작으로 강하속도를 조정할 수 있다.
③ 속도조절기는 3개월마다 분해 · 점검할 필요가 있다.
④ 속도조절기는 강하자가 손에 잡고 강하하는 것이다.

해설 속도조절기

로프에 걸리는 하중의 크기(체중)에 따라서 자동적으로 원심력 브레이크가 작동하여 강하속도를 일정한 범위 내로 조절하는 기기

정답 05. ① 06. ④ 07. ①

08

이해도 ○ △ × / 중요도 ★★★★

완강기 및 간이완강기의 최대사용하중은 몇 [N] 이상이어야 하는가?

① 800[N] 이상
② 1,000[N] 이상
③ 1,200[N] 이상
④ 1,500[N] 이상

해설 완강기 최대사용하중(완강기의 형식승인 및 제품검사의 기술기준 제17조)
1,500[N] 이상

09

이해도 ○ △ × / 중요도 ★★★

다음 그림과 같은 소방대상물의 부분에 완강기를 설치할 경우 부착 금속구의 부착위치로서 가장 적합한 곳은 다음 중 어느 위치인가?

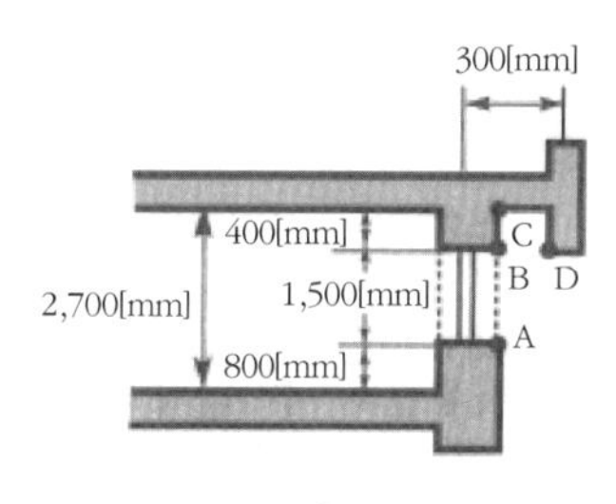

① A　② B
③ C　④ D

해설 완강기는 부착 금속구에 걸어서 수직으로 하강하는 피난기구로 A, B, C는 하강 시 걸릴 우려가 있기 때문에 장애가 없는 D에 설치한다.

10

이해도 ○ △ × / 중요도 ★★★★

경사강하식 구조대의 구조에 대한 설명으로 틀린 것은?

① 구조대 본체는 강하방향으로 봉합부가 설치되어야 한다.
② 입구틀 및 취부틀의 입구는 지름 50[cm] 이상의 구체가 통과할 수 있어야 한다.
③ 손잡이는 출구 부근에 좌우 각 3개 이상 균일한 간격으로 견고하게 부착하여야 한다.
④ 구조대 본체의 활강부는 낙하방지를 위해 포를 2중 구조로 하거나 또는 망목의 변의 길이가 8[cm] 이하인 망을 설치하여야 한다.

해설 구조대 본체는 강하방향으로 봉합부가 설치되지 아니하여야 한다. 강하방향으로 봉합부가 설치되면 봉합부에 걸려서 피난에 장애를 줄 수 있으므로 설치되어서는 안 된다.

11

이해도 ○ △ × / 중요도 ★★

경사강하식 구조대의 구조기준 중 입구틀 및 취부틀의 입구는 지름 몇 [cm] 이상의 구체가 통과할 수 있어야 하는가?

① 50　② 60
③ 70　④ 80

해설 경사구조대의 입구틀 및 취부틀 입구
지름 50[cm] 이상의 구체가 통과할 수 있어야 한다.

12

이해도 ○ △ × / 중요도 ★

인명구조기구의 종류가 아닌 것은?

① 방열복　② 구조대
③ 공기호흡기　④ 인공소생기

해설 인명구조기구
방열복, 방화복, 공기호흡기, 인공소생기

② 구조대는 피난기구이다.

CHAPTER 07

정답 08. ④ 09. ④ 10. ① 11. ① 12. ②

13

이해도 ○ △ × / 중요도 ★★

특정소방대상물의 용도 및 장소별로 설치해야 할 인명구조기구의 기준으로 틀린 것은?

① 지하가 중 지하상가는 인공소생기를 층마다 2개 이상 비치할 것
② 판매시설 중 대규모 점포는 공기호흡기를 층마다 2개 이상 비치할 것
③ 지하층을 포함하는 층수가 7층 이상인 관광호텔은 방열복, 공기호흡기, 인공소생기를 각 2개 이상 비치할 것
④ 물분무등소화설비 중 이산화탄소소화설비를 설치해야 하는 특정소방대상물은 공기호흡기를 이산화탄소소화설비가 설치된 장소의 출입구 외부 인근에 1대 이상 비치할 것

해설 특정소방대상물의 용도 및 장소별로 설치하여야 할 인명구조기구

특정 소방대상물	인명구조기구의 종류	설치수량
지하층을 포함하는 층수가 7층 이상인 관광호텔 및 5층 이상인 병원	• 방열복 또는 방화복(헬멧, 보호장갑 및 안전화를 포함) • 공기호흡기 • 인공소생기	각 2개 이상 비치(예외 병원의 경우 인공소생기)
• 문화 및 집회시설 중 수용인원 100명 이상의 영화상영관 • 판매시설 중 대규모 점포 • 운수시설 중 지하역사 • 지하가 중 지하상가	공기호흡기	층마다 2개 이상 비치
물분무등소화설비 중 이산화탄소소화설비를 설치하여야 하는 특정소방대상물	공기호흡기	이산화탄소소화설비가 설치된 장소의 출입구 외부 인근에 1대 이상 비치

14

이해도 ○ △ × / 중요도 ★

고정식 사다리의 구조에 따른 분류로 틀린 것은?

① 굽히는식　② 수납식
③ 접는식　④ 신축식

해설 피난사다리의 종류

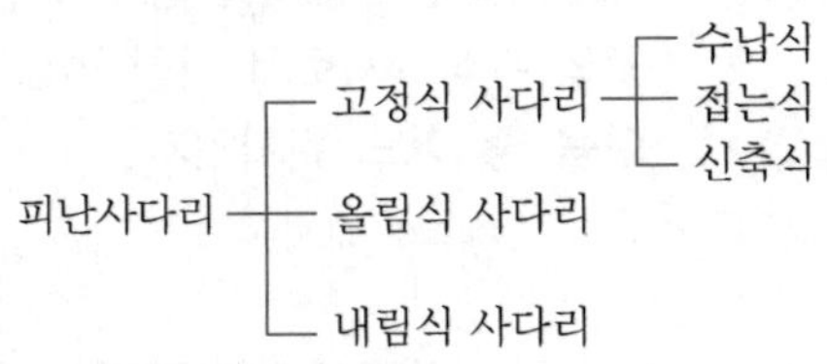

15

이해도 ○ △ × / 중요도 ★

완강기의 최대사용자수 기준 중 다음 (　) 안에 알맞은 것은?

> 최대사용자수(1회에 강하할 수 있는 사용자의 최대수)는 최대사용하중을 (　)[N]으로 나누어서 얻은 값으로 한다.

① 250　② 500
③ 750　④ 1,500

해설 최대사용하중 및 최대사용자수 등(완강기의 형식승인 및 제품검사의 기술기준 제17조)
(1) 최대사용하중 : 1,500[N] 이상
(2) 최대사용자수(1회에 강하할 수 있는 사용자의 최대수) : 최대사용하중을 1,500[N]으로 나누어서 얻은 값

정답 13. ① 14. ① 15. ④

16 이해도 ○ △ × / 중요도 ★★

특정소방대상물의 용도 및 장소별로 설치하여야 할 인명구조기구 종류의 기준 중 다음 (   ) 안에 알맞은 것은?

특정소방대상물	인명구조기구의
그 밖의 용도의 층	1개 이상 / 바닥면적 1,000[m^2]

18 이해도 ○ △ × / 중요도 ★

피난기구의 위치를 표시하는 축광식 표지의 적용기준으로 적합하지 않은 내용은?

① 방사성 물질을 사용하는 위치표지
게 파괴되지 않는 재질로 처
것
0[lx]에서 60분간 발광 후
떨어진 위치에서 쉽게 식별
할 것
표지의 표지면의 휘도는 주위
0.1[lx]에서 20분간 발광 후
cd/m^2]로 할 것
지의 표지면은 쉽게 변형,
변색되지 않을 것

표지면 휘도
x]에서 60분간 발광 후 7[mcd/m^2]

× / 중요도 ★★★

에서 피난기구의 설치위치 적합한 곳은? (단, 그림의 치위치이다.)

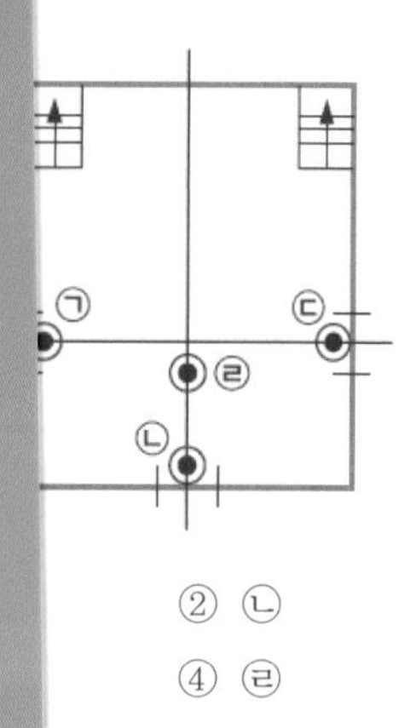

② ㉡

④ ㉣

에서 계단에서 적당한 거리에 이격되어 있고, 소화활동상 유효한 개구부는 ㉡이 가장 적합하다.

정답 16. ① 17. ② 18. ③ 19. ②

피난기구의 설치위치
계단 · 피난구 기타 피난시설로부터 적당한 거리에 있는 안전한 구조로 된 피난 또는 소화활동상 유효한 개구부에 고정하여 설치하거나 필요한 때에 신속하고 유효하게 설치할 수 있는 상태에 둘 것

20

이해도 ○ △ × / 중요도 ★★

피난기구의 설치 및 유지에 관한 사항 중 옳지 않은 것은?

① 피난기구를 설치하는 개구부는 서로 동일 직선상의 위치에 있을 것
② 설치장소에는 피난기구의 위치를 표시하는 발광식 또는 축광식 표지와 그 사용방법을 표시한 표지를 부착할 것
③ 피난기구는 소방대상물의 기둥 · 바닥 · 보, 기타 구조상 견고한 부분에 볼트조임 · 매입 · 용접, 기타의 방법으로 견고하게 부착할 것
④ 피난기구는 계단 · 피난구, 기타 피난시설로부터 적당한 거리에 있는 안전한 구조로 된 피난 또는 소화활동상 유효한 개구부에 고정하여 설치할 것

해설 피난기구를 설치하는 개구부는 서로 동일 직선상이 아닌 위치에 있을 것. 동일 직선상에 위치 시 피난과정에서 서로 겹쳐 혼란 및 장애가 되기 때문이다.

21

이해도 ○ △ × / 중요도 ★★

다음 중 피난기구를 설치하지 아니하여도 되는 소방대상물(피난기구 설치 제외 대상)이 아닌 것은?

① 발코니 등을 통하여 인접세대로 피난할 수 있는 구조로 되어 있는 계단실형 아파트
② 주요 구조부가 내화구조로서 거실의 각 부분으로 직접 복도로 피난할 수 있는 학교의 강의실 용도로 사용되는 층
③ 무인공장 또는 자동창고로서 사람의 출입이 금지된 장소
④ 문화 · 집회 및 운동시설 · 판매시설 및 영업시설 또는 노유자시설의 용도로 사용되는 층으로서 그 층의 바닥면적이 1,000[m^2] 이상인 곳

해설 주요 구조부가 내화구조 + 지하층을 제외한 층수가 4층 이하 + 소방사다리차가 쉽게 통행할 수 있는 도로 또는 공지에 면하는 부분에 개구부가 2 이상 설치되어 있는 층은 피난기구의 설치제외 대상이다(예외 문화 · 집회 및 운동시설 · 판매시설 및 영업시설 또는 노유자시설의 용도로 사용되는 층으로서 그 층의 바닥면적이 1,000[m^2] 이상인 것).

22

이해도 ○ △ × / 중요도 ★★★

피난기구의 화재안전기술기준상 피난기구를 설치하여야 할 소방대상물 중 피난기구의 $\frac{1}{2}$을 감소할 수 있는 조건이 아닌 것은?

① 주요 구조부가 내화구조로 되어 있을 것
② 비상용 엘리베이터가 설치되어 있을 것
③ 직통계단인 피난계단이 2 이상 설치되어 있을 것
④ 직통계단인 특별피난계단이 2 이상 설치되어 있을 것

해설 피난기구의 $\frac{1}{2}$을 감소(단, 소수점 이상은 절상한다)할 수 있는 조건
(1) 주요 구조부 : 내화구조
(2) 직통계단인 피난계단 또는 특별피난계단이 2 이상 설치

 정답 20. ① 21. ④ 22. ②

23

이해도 ○ △ × / 중요도 ★★★★

주요 구조부가 내화구조이고, 건널복도가 설치된 층의 피난기구수의 설치 감소방법으로 적합한 것은?

① 원래의 수에서 $\frac{1}{2}$로 감소한다.

② 원래의 수에서 건널복도수를 더한 수로 한다.

③ 피난기구의 수에서 해당 건널복도 수의 2배의 수를 뺀 수로 한다.

④ 피난기구를 설치하지 아니할 수 있다.

해설 다음과 같을 경우 건널복도의 수의 2배의 수를 뺀 수로 감소한다.

(1) 주요 구조부 : 내화구조

(2) 건널복도 설치

① 내화구조 또는 철골조

② 건널복도 양단의 출입구에 자동폐쇄장치를 한 60분+방화문 또는 60분 방화문(방화셔터를 제외)이 설치

③ 피난 · 통행 또는 운반의 전용 용도

24

이해도 ○ △ × / 중요도 ★

다수인피난기구 설치기준 중 틀린 것은?

① 사용 시 보관실 외측 문이 먼저 열리고 탑승기가 외측으로 자동으로 전개될 것

② 보관실의 문은 상시 개방상태를 유지하도록 할 것

③ 하강 시에 탑승기가 건물 외벽이나 돌출물에 충돌하지 않도록 설치할 것

④ 피난층에는 해당 층에 설치된 피난기구가 착지에 지장이 없도록 충분한 공간을 확보할 것

해설 다수인피난장비 설치기준

(1) 사용 시 : 보관실 외측 문이 먼저 열리고 탑승기가 외측으로 자동으로 전개될 것

(2) 하강 시 : 탑승기가 건물 외벽이나 돌출물에 충돌하지 않도록 설치

(3) 피난층에는 피난기구가 착지에 지장이 없도록 충분한 공간을 확보

(4) 보관실의 문에는 오작동 방지조치를 하고, 문 개방 시에는 당해 소방대상물에 설치된 경보설비와 연동하여 유효한 경보음을 발하도록 할 것

정답 23. ③ 24. ②

03 상수도소화용수설비(NFTC 401)

1 개요

수도관에 직접 연결된 소화전을 이용하여 소방대에 소화용수를 공급하는 설비

2 종류

(1) 지상식 소화전

(2) 지하식 소화전

3 설치대상

상수도소화용수 설치대상	상수도소화용수 설치제외 대상
연면적 5,000[m²] 이상	• 위험물 저장 및 처리시설 중 가스시설 • 지하가 중 터널 또는 지하구
가스시설로서 지상에 노출된 탱크 저장 용량의 합계가 100[ton] 이상 ★★	–

4 설치기준(2.1) ★★★★★

(1) 75[mm] 이상의 수도관에 100[mm] 이상의 소화전에 접속하여 설치

(2) 소방차 등의 진입이 쉬운 도로변 또는 공지에 설치

(3) 수평거리 140[m] 이하

꼼꼼체크 **소방용수설비**
주거지역, 상업지역, 공업지역은 수평거리 100[m] 이하, 기타는 100[m] 이하

(4) 지상식 소화전의 호스접결구는 지면으로부터 높이가 0.5[m] 이상 1[m] 이하가 되도록 설치

04 소화수조 및 저수조(NFTC 402)

1 개요

상수도소화용수설비를 설치할 수 없는 경우에 소방대에 소화용수를 공급하기 위해 소화수조나 저수조를 설치하는 설비

2 설치대상

소화수조 · 저수조 : 180[m] 이내에 75[mm] 이상의 수도관이 없을 때 설치 ★

3 소화수조 등(2.1)

(1) 저수량

$$Q = N \times 20[\text{m}^3]$$ ★★★★★

여기서, Q : 소화수조의 저수량$[\text{m}^3]$

N : 계수＝연면적÷기준면적

소방대상물의 구분	기준면적
1층 및 2층 바닥면적의 합계가 15,000$[\text{m}^3]$ 이상	7,500$[\text{m}^2]$
그 외	12,500$[\text{m}^2]$

기준면적으로 나누어 얻은 수에서 소수점 이하의 수는 1로 본다.

(2) 소화수조 제외대상

유수의 유량이 0.8$[\text{m}^3/\text{min}]$ 이상 ★★★★

(3) 투입구 및 채수구 설치위치

소방차가 2[m] 이내에 접근할 수 있는 위치 ★★★★★

(4) 흡수관 투입구

소방차의 펌프

① 투입구 직경 : 60[cm]

② 설치개수 ★★

㉠ 80$[\text{m}^3]$ 미만 : 1개

㉡ 80$[\text{m}^3]$ 이상 : 2개

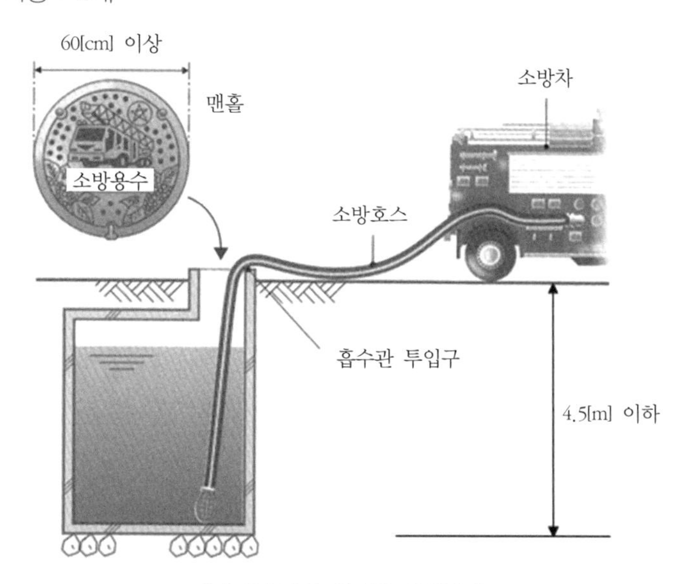

▌소화수조의 흡수관 투입구▐

(5) 채수구

소방대상물 펌프

① 설치높이 : 0.5~1[m] ★★★★★

② 채수구수 ★★★★★

수량	채수구수
20[m^3] 이상 ~ 40[m^3] 미만	1
40[m^3] 이상 ~ 100[m^3] 미만	2
100[m^3] 이상	3

4 가압송수장치(2.2)

(1) 설치대상

소화수조 또는 저수조가 지표면으로부터의 깊이(수조 내부 바닥까지의 길이를 말한다)가 4.5[m] 이상인 지하에 있는 경우 ★

(2) 펌프 토출량 ★★

소요수량	40[m^3] 미만 (20[m^3] 이하)	40[m^3] 이상 ~ 100[m^3] 미만 (40 ~ 80[m^3] 이하)	100[m^3] 이상
[L/min]	1,100	2,200	3,300

(3) 소화수조가 옥상에 있는 경우의 압력

0.15[MPa] 이상 ★★★★★

(4) 그 밖의 사항은 옥내소화전 준용

핵심문제

01 지하층에 적응성이 있는 피난기구 2가지 : (①), (②)

02 피난용 트랩의 적응성은 (①), (②), (③)

03 의료시설의 구조대는 ( )에 설치하는 피난기구이다.

04 피난사다리의 종류 : (①), (②), (③)

05 로프에 걸리는 하중의 크기(체중)에 따라서 자동적으로 원심력 브레이크가 작동하여 강하속도를 일정한 범위 내로 조절하는 기기를 ( )라고 한다.

06 완강기의 최대사용하중 : ( )

07 완강기의 설치위치 : ( )

08 경사강하식 구조대 본체는 강하방향으로 ( )가 설치되지 아니 하여야 한다.

정답

01. ① 피난용 트랩, ② 피난사다리
02. ① 지하층, ② 3층, ③ 4 ~ 10층
03. 3층 이상 10층 이하
04. ① 고정식 사다리, ② 올림식 사다리, ③ 내림식 사다리
05. 속도조절기
06. 1,500[N] 이상
07. 하강 시 장애가 되는 장애물이 없는 장소
08. 봉합부

09 피난기구의 설치위치

계단 · 피난구 기타 피난시설로부터 적당한 거리에 있는 (①)로 된 피난 또는 소화활동상 유효한 개구부에 (②)하여 설치하거나 필요한 때에 신속하고 유효하게 설치할 수 있는 상태에 둘 것

10 피난기구 설치수량

특정소방대상물	설치수량
숙박시설 · 노유자시설 · 의료시설의 층	1개 이상 / (　　　　　　　)
위락시설 · 문화집회 및 운동시설 · 판매시설 · 복합용도의 층	1개 이상 / 바닥면적 800[m^2]
계단실형 아파트	1개 이상 / 각 세대마다
그 밖의 용도의 층	1개 이상 / 바닥면적 1,000[m^2]

11 피난기구의 $\frac{1}{2}$을 감소(단, 소수점 이상은 절상)

(1) 주요 구조부 : (　　　　　　①　　　　　　)

(2) 직통계단인 (　　　　　　②　　　　　　) 이상 설치

12 건널복도의 수의 2배의 수를 뺀 수로 피난기구를 감소

(1) 주요 구조부 : (　　　　　　①　　　　　　)

(2) 건널복도 설치

① 구조 : (　　　　　　②　　　　　　)

② 건널복도 양단의 출입구에 자동폐쇄장치를 한 (　　　　　　③　　　　　　)(방화셔터를 제외)이 설치

③ 피난 · 통행 또는 운반의 전용 용도

09. ① 안전한 구조, ② 고정

10. 바닥면적 500[m^2]

11. ① 내화구조, ② 피난계단 또는 특별피난계단이 2

12. ① 내화구조, ② 내화구조 또는 철골조, ③ 60분 + 방화문 또는 60분 방화문

CHAPTER 8

소화활동설비

01 거실제연설비(NFTC 501)

1 개요

(1) 개념

화재가 발생한 구역 상부로부터 고온의 연기를 제거하고 인접한 공간이나 외부 환경으로부터 오염되지 않은 공기를 거실의 하부로 공급하여 청결층을 확보하여 피난자의 안전을 보호함

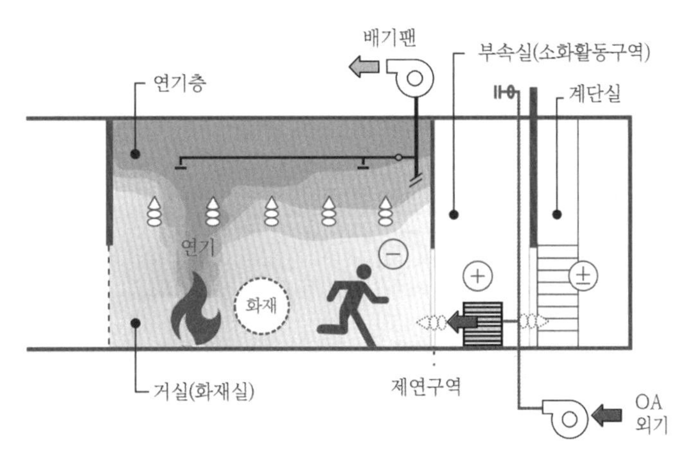

▌제연설비 개념도▐

(2) 연기가 확산되는 요인

① 부력 : 화재실 연기흐름 개념
② 연기층 하강 : 화재실 연기흐름 개념
③ 가스의 팽창 : 화재실 연기흐름 개념
④ 연돌효과 : 계단실 연기흐름 개념
⑤ 외부에서의 풍력의 영향
⑥ 공조시스템 : 건물 내 기류의 강제 이동
⑦ 피스톤효과 : 승강장 연기흐름 개념

(3) 연기 제어의 목적

① 연기를 배출시켜 화재실 연기 농도를 낮추거나 청결층을 유지 : 거실제연설비
② 계단실, 부속실을 가압하여 계단실에 연기 유입을 제한 : 급기가압제연설비
③ 연기에 의한 질식을 방지하여 피난자의 안전을 도모 : 거실 및 급기가압제연설비
④ 소화활동을 위한 안전공간 확보 : 급기가압제연설비

(4) **제연설비의 개념**

구분	거실제연설비	부속실 제연
목적	인명안전, 수평피난, 소화활동	인명안전, 수직피난, 소화활동
적용	화재실	피난로
제연대책	적극적인 대책, smoke venting	소극적인 대책, smoke defence
제연방식	급기 및 배기방식	급기가압방식
적용 장소	거실	부속실, 계단실

2 제연설비(2.1)

(1) 제연설비의 설치장소는 제연구역으로 구획하여야 한다.

(2) **제연구역** ★★★★★

① **구획기준**

㉠ 하나의 제연구역 면적 : 1,000[m^2] 이내 ★★★

㉡ 거실과 통로 : 각각 제연구획 할 것

㉢ 통로상의 제연구역 : 보행 중심의 길이가 60[m] 이내 ★

㉣ 수평거리 기준 : 하나의 제연구역은 직경 60[m] 원 내에 내접

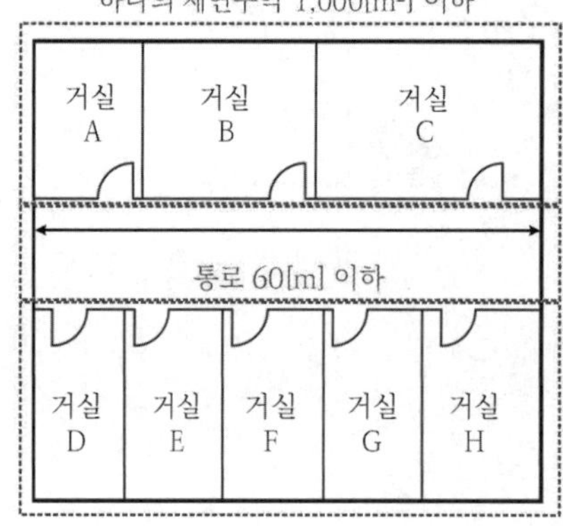

▌거실과 통로 제연구역▐

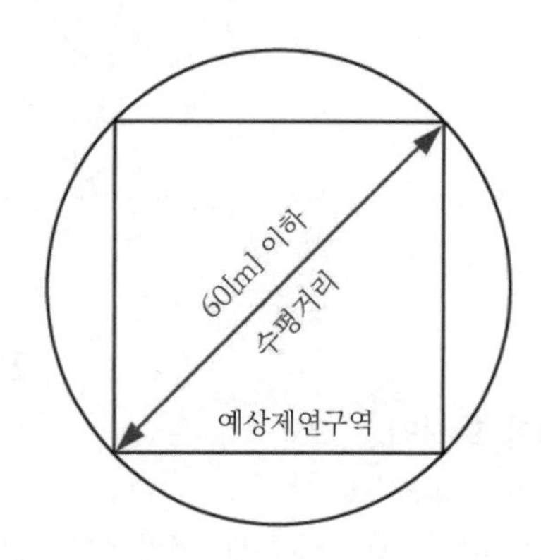

▌제연구역 수평거리 기준▐

㉤ 층 기준 : 하나의 제연구역은 2개 이상의 층에 미치지 않도록 할 것 ★★★

㉥ 예외 : 통로의 주요 구조부가 내화구조이며 마감이 불연재료 또는 난연재료로 처리되고 가연성 내용물이 없는 경우에 그 통로는 예상제연구역으로 간주하지 아니할 수 있다. 다만, 화재발생 시 연기의 유입이 우려되는 통로는 그러하지 아니하다.

㉦ 방화문 : 화재감지기와 연동하여 자동적으로 닫히는 구조

② **구획방법** : 보, 제연경계벽, 벽(셔터, 방화문 포함)

③ **재질** : 내화구조, 불연재료 또는 제연경계벽의 성능을 인정받은 것으로서 화재 시 쉽게 변형, 파괴되지 아니하고 연기가 누설되지 않는 기밀성 있는 재료

(3) 제연경계벽

① 제연경계 등의 폭은 60[cm] 이상, 수직거리 2[m] 이내

암기 Tip 62제

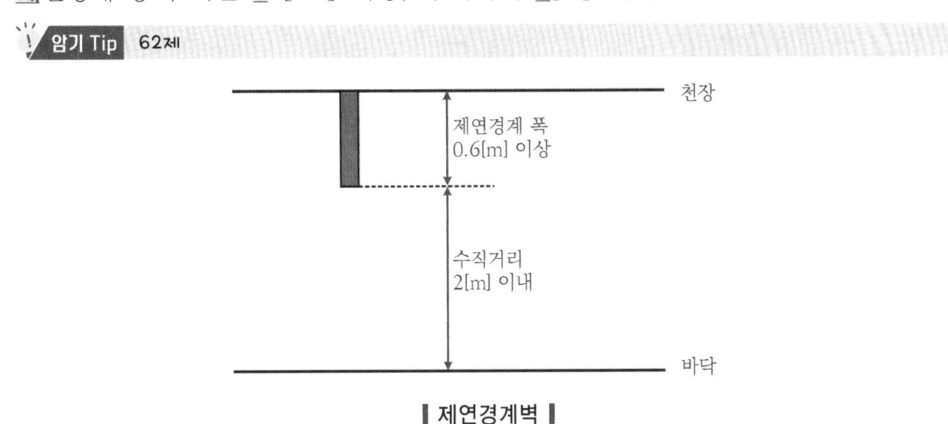

▎제연경계벽▎

꼼꼼체크 수직거리 : 바닥으로부터 제연경계벽 수직 하단까지의 거리

② 구조 : 제연경계 하단은 흔들리지 않고, 가동식인 경우 급속하강으로 인명에 위해를 주지 않을 것

③ 제연경계벽(드래프트 커튼) ★★

㉠ 정의 : 연기를 일정공간에 가두어 배출을 용이하도록 하고 확산을 방지하기 위한 벽

㉡ 기능 : 공장이나 창고와 같이 바닥면적이 큰 공간에는 스모크 해치(연기배출구)와 겸용으로 설치하여 배출효율을 증가

3 제연방식(2.2)

(1) 예상제연구역

① 화재 시 연기배출과 동시에 공기유입이 될 수 있는 구조

② 배출구역이 거실일 경우에는 통로에 동시에 공기가 유입될 수 있도록 해야 한다.

(2) 배출구역이 거실

① 거실배출 통로급기방식(인접구역 각각 제연방식)

② 거실급배기방식(동일 실 제연방식)

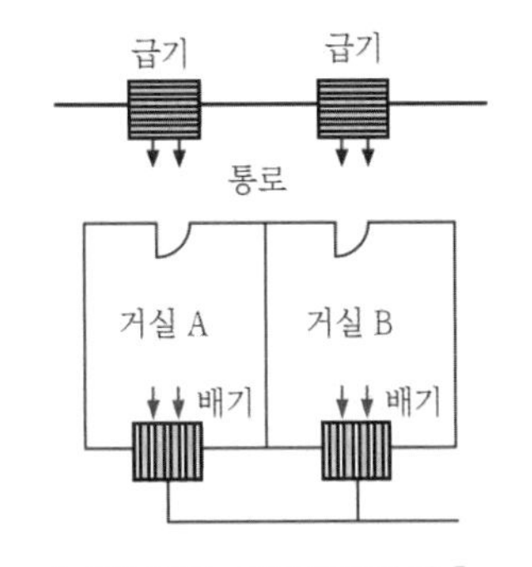

▎거실배출 통로급기방식▎

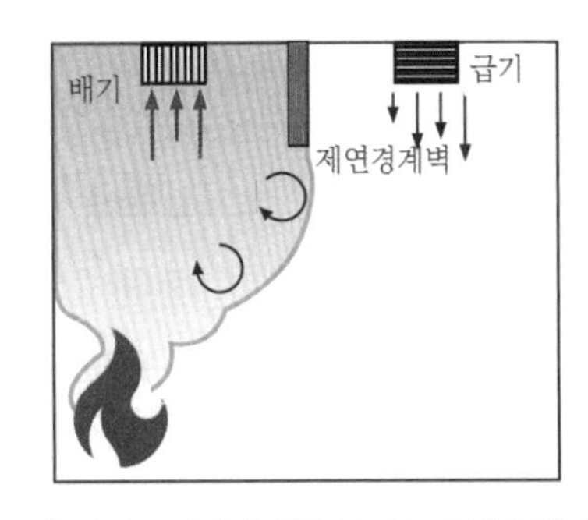

▎거실급배기방식(동일 실 제연방식)▎

(3) 통로와 인접하고 있는 거실의 바닥면적이 50[m²] 미만으로 구획(예외 제연경계에 따른 구획)되고 그 거실에 통로가 인접하여 있는 경우

화재 시 그 거실에서 직접 배출하지 아니하고 인접한 통로의 배출로 갈음 가능(예외 피난을 위한 경유거실인 경우 : 직접 배출)

경유거실 : 해당 구역이 복도가 아니라 거실을 거쳐서 피난을 할 때는 피난용량과 시간이 더 소요되고 경유거실로 화재실에서 연기가 유입될 우려가 크므로 직접 배출하도록 하는 것이다.

50[m²] 미만	50[m²] 미만	50[m²] 미만	50[m²] 미만	50[m²] 미만	50[m²] 미만
통로					
50[m²] 미만	50[m²] 미만	50[m²] 미만	50[m²] 미만	50[m²] 미만	50[m²] 미만

▌통로배출방식▐

4 배출량 및 배출방식(2.3)

(1) 거실제연설비 배출풍량 선정 시 고려사항 ★★

① 예상제연구역의 수직거리

② 예상제연구역의 면적과 형태

③ 공기의 유입방식과 배출방식

구분	소규모 거실 (바닥면적 400[m²] 미만)	대규모 거실 (바닥면적 400[m²] 이상)
피난특성	피난시간이 짧다.	피난시간이 길다.
제연방식	화재실의 연기를 빼내는 배출	연기배출과 동시에 급기를 공급하여 청결층 확보
배출량 산정기준	바닥면적	수직거리
제연구획	칸막이, 벽에 의한 구획	칸막이, 벽, 제연경계 등 모든 방식이 가능함

(2) 단독예상제연구역

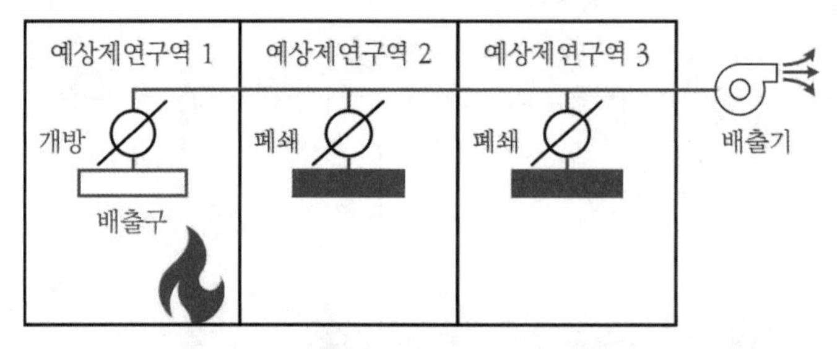

▌하나의 제연구역만 배출하는 단독제연▐

① **소규모 거실(벽으로 구획)** : 바닥면적 400[m^2] 미만

㉠ 거실배출방식 : 바닥면적당 적용

배출량 : 1[CMM/m^2], 최저 5,000[CMH] 이상 ★★★

여기서, CMM : [m^3/min]
CMH : [m^3/hr]

㉡ 통로배출방식 : 제연경계 수직거리와 보행중심선의 길이에 따라서 배출량이 결정 (벽으로 구획된 경우를 포함)

수직거리	배출량[m^3/h]	
	예상제연구역 직경 40[m] 이하	예상제연구역 직경 40 ~ 60[m]
2[m] 이하	25,000	30,000
2[m] 초과 ~ 2.5[m] 이하	30,000	35,000
2.5[m] 초과 ~ 3[m] 이하	35,000	40,000
3[m] 초과	45,000	50,000

② **대규모 거실** : 400[m^2] 이상 ★★★

㉠ 거실배출방식 벽 : 예상제연구역의 직경에 따라서 배출량이 결정

구분	예상제연구역 직경 40[m] 이하	예상제연구역 직경 40 ~ 60[m]
배출량[m^3/h]	40,000	45,000

㉡ 거실배출방식 제연경계 : 제연경계 수직거리와 보행중심선의 길이에 따라서 배출량이 결정

수직거리	배출량[m^3/h]	
	예상제연구역 직경 40[m] 이하	예상제연구역 직경 40 ~ 60[m]
2[m] 이하	40,000	45,000
2[m] 초과 ~ 2.5[m] 이하	45,000	50,000
2.5[m] 초과 ~ 3[m] 이하	50,000	55,000
3[m] 초과	60,000	65,000

제연경계는 천장에서 60[cm] 정도 아래에 설치되어 하부공간으로 연기가 퍼져나갈 수 있기 때문에 수직거리와 보행중심선의 길이에 따라서 배출량이 증가되는 것이다.

③ **통로배출방식**

㉠ 벽 : 45,000[m^3/h] 이상

㉡ 제연경계벽 : 제연경계 수직거리와 보행중심선의 길이에 따라서 배출량이 결정

수직거리	배출량[m^3/h]	
	예상제연구역 직경 40[m] 이하	예상제연구역 직경 40 ~ 60[m]
2[m] 이하	40,000	45,000
2[m] 초과 ~ 2.5[m] 이하	45,000	50,000
2.5[m] 초과 ~ 3[m] 이하	50,000	55,000
3[m] 초과	60,000	65,000

④ **배출** : 각 예상제연구역의 배출량 이상을 배출

(3) 공동예상제연구역

① **공동제연** : 여러 개의 실들을 묶어서 동시에 배출하는 방식을 말한다.

② **공동제연의 특징**

㉠ 급배기별 모터댐퍼(MD) 수량을 줄일 수 있다.

㉡ 화재 시 동작 시퀀스가 단순해지고 감시제어반의 구역을 단순화한다.

㉢ 송풍기의 용량이 증가한다.

③ **벽(제연구역의 구획 중 출입구만을 제연경계로 구획한 경우를 포함)**

㉠ 각 실의 배출량을 모두 합한다(각 거실의 배출량을 합산한 ①+②+③으로 적용한다).

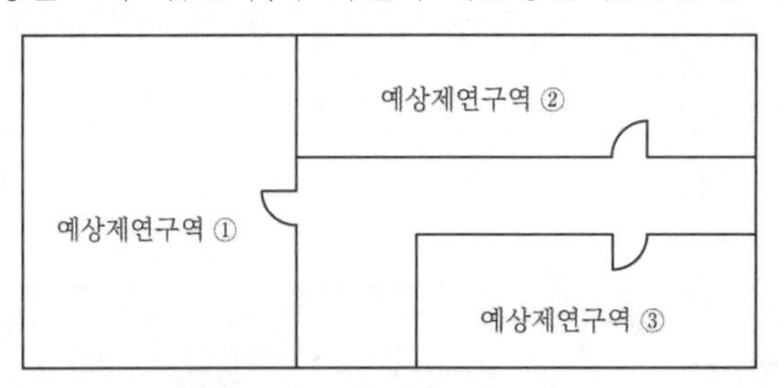

▌벽으로 구획된 예상제연구역▐

㉡ 예외 : 예상제연구역의 바닥면적이 400[m^2] 미만인 경우 배출량은 바닥면적 1[m^2]당 1[m^3/min] 이상으로 하고 공동예상구역 전체 배출량은 5,000[m^3/hr] 이상으로 할 것

④ **제연경계**

㉠ 배출량 : 각 예상제연구역의 배출량 중 최대의 것

㉡ 거실 : 최대예상제연면적은 1,000[m^2] 이하 + 40[m]의 원 안에 들어가야 한다.

㉢ 통로 : 보행중심선의 길이는 40[m] 이내

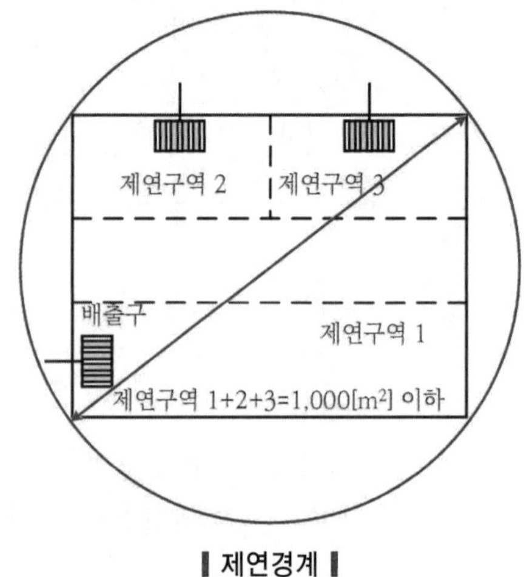

▌제연경계▐

⑤ 수직거리가 구획부분에 따라 다른 경우 : 수직거리가 긴 것을 기준

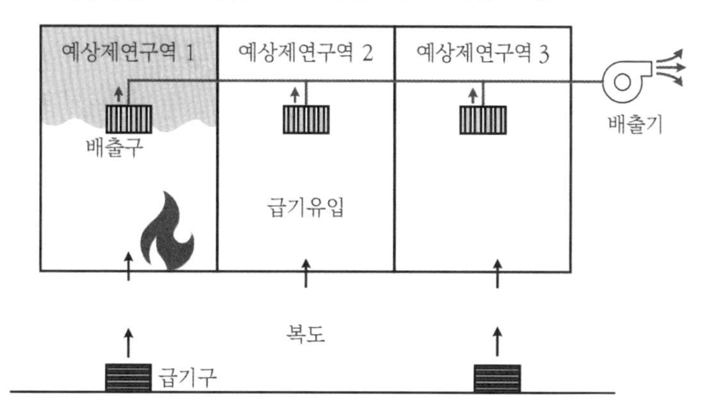

▎공동예상제연구역의 복도 · 거실 상호제연 ▎

5 배출구(2.4)

(1) 배출구 설치기준

구분	구획	배출구 설치위치
바닥면적 400[m²] 미만	벽	천장 또는 반자와 바닥 사이의 중간 윗부분
	제연경계	천장 · 반자 또는 이에 가까운 벽의 부분(배출구의 하단이 해당 제연경계의 하단보다 높게 설치)
바닥면적 400[m²] 이상 또는 통로	벽	천장 · 반자 또는 이에 가까운 벽의 부분에 설치. 단, 배출구의 하단과 바닥 간의 최단거리가 2[m] 이상
	제연경계	천장 · 반자 또는 이에 가까운 벽의 부분(배출구의 하단이 해당 제연경계의 하단보다 높게 설치)

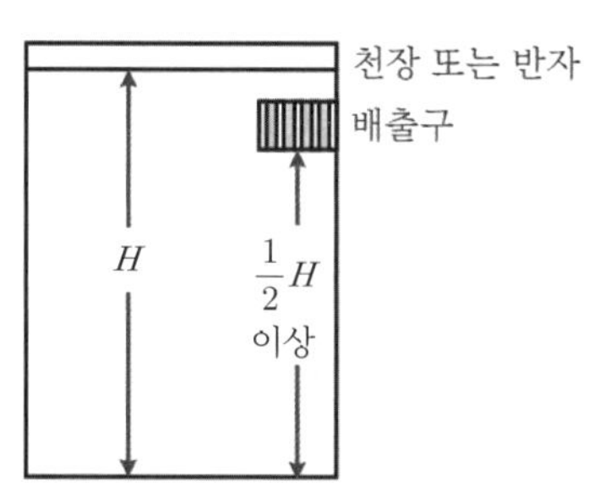

▎바닥면적 400[m²] 미만 ▎

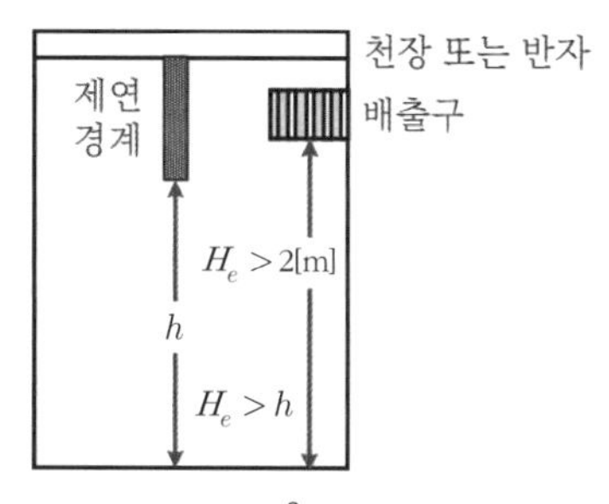

▎바닥면적 400[m²] 이상 ▎

(2) 설치위치

예상제연구획 각 부분으로부터 수평거리 10[m] 이내 ★★★★

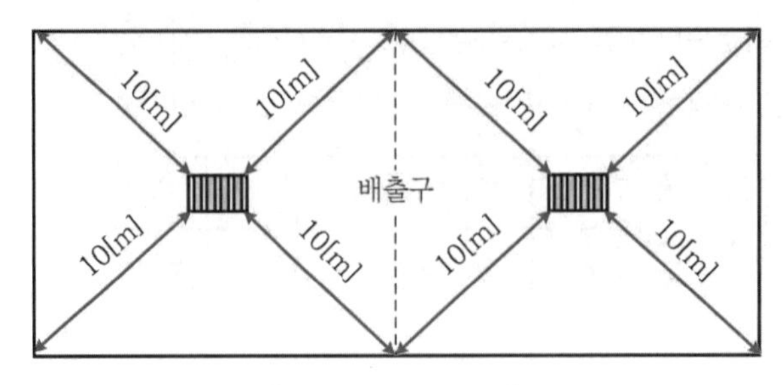

▎배출구 설치위치▎

6 공기유입방식 및 유입구(2.5)

(1) 공기유입방식

① 예상제연구역 내 공기유입

㉠ 강제유입 : 팬을 이용한 공기유입

㉡ 자연유입 : 개구부를 통한 자연바람 유입

② 인접한 제연구역 또는 통로에 유입되는 공기

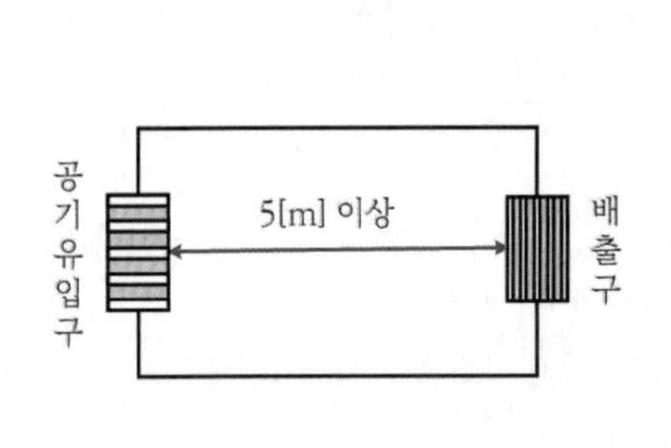

▎공기유입구와 배출구 이격거리▎

통로
거실 A
급기
거실 B
배기

▎인접구역 유입방식▎

(2) 공기유입구 설치기준

① 단독예상제연구역

바닥면적	설치장소 및 구획	구분	내용
$400[m^2]$ 미만	기타(벽)	설치높이	바닥 외의 장소
		공기유입구와 배출구간의 직선거리 ★★	5[m] 이상 또는 실의 장변의 $\frac{1}{2}$ 이상
	공연장 · 집회장 · 위락시설 : $200[m^2]$ 초과(벽)	설치높이	바닥으로부터 1.5[m] 이하의 높이
		주변 2[m] 이내	가연성 내용물이 없도록 할 것
$400[m^2]$ 이상	벽	설치높이	바닥으로부터 1.5[m] 이하의 높이
		주변 2[m] 이내	가연성 내용물이 없도록 할 것
		개정 예정 : 주변은 공기 유입에 장애가 없도록 할 것	

바닥면적	설치장소 및 구획	구분	내용
그 외 (통로 포함)	벽	설치높이	바닥으로부터 1.5[m] 이하의 높이
		주변 2[m] 이내	가연성 내용물이 없도록 할 것
	벽 외의 장소	설치위치	유입구 상단이 천장 또는 반자와 바닥 사이의 중간 아랫부분보다 낮게 설치
			수직거리가 가장 짧은 제연경계 하단보다 낮게 설치

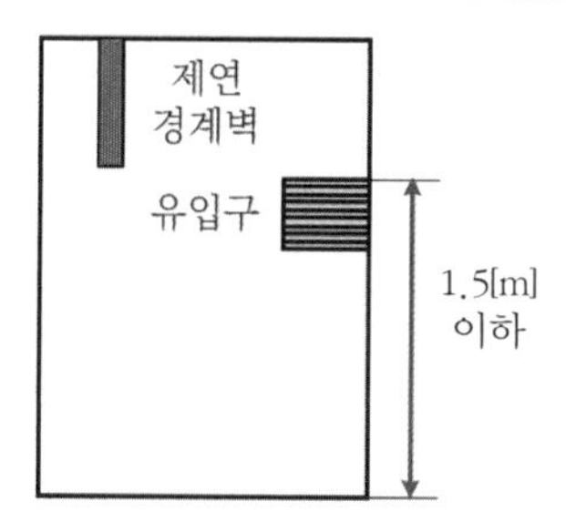

▌유입구가 벽인 경우▐

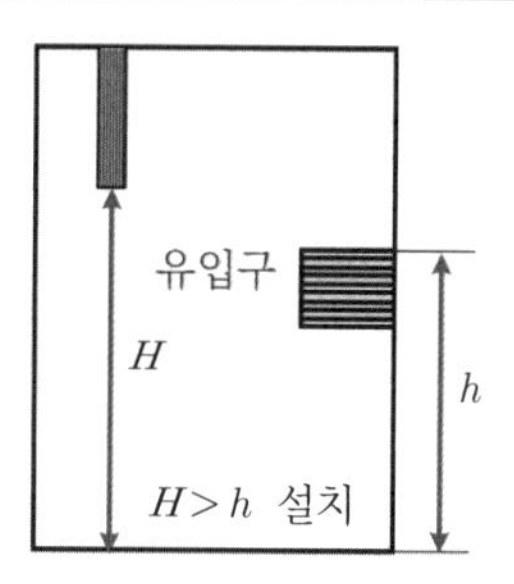

▌유입구가 벽 외의 장소인 경우▐

② 공동예상제연구역

설치장소	구분	내용
벽	설치높이	바닥으로부터 1.5[m] 이하의 높이
	주변 2[m] 이내	가연성 내용물이 없도록 할 것
벽 외의 장소	설치위치	유입구 상단이 천장 또는 반자와 바닥 사이의 중간 아랫부분보다 낮게 설치
		수직거리가 가장 짧은 제연경계 하단보다 낮게 설치

(3) 인접한 제연구역 또는 통로에 유입되는 공기를 해당 예상제연구역에 대한 공기유입으로 하는 경우로 그 인접한 제연구역 또는 통로의 유입구가 제연경계 하단보다 높은 경우의 유입구 기준(다음 둘 중 하나 이상을 만족시킬 것)

① 각 유입구는 자동폐쇄 될 것

② 해당 구역 내에 설치된 유입풍도가 해당 제연구획부분을 지나는 곳에 설치된 댐퍼는 자동폐쇄 될 것

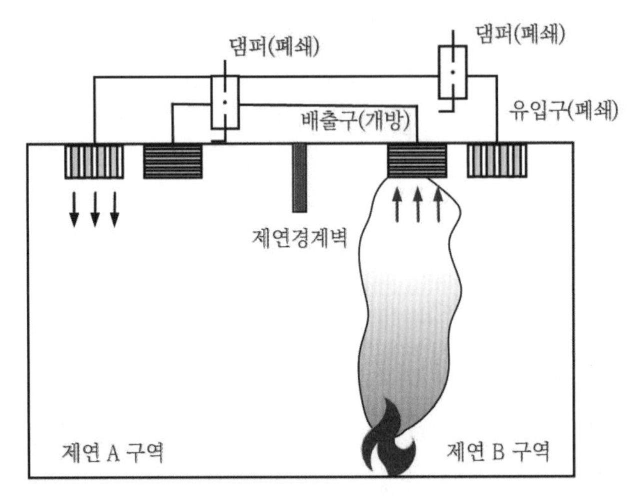

▌인접구역 유입방식▐

(4) 공기유입 풍속

5[m/s] 이하 ★

(5) 유입구의 구조

① 유입공기를 상향으로 분출하지 않도록 설치

② 유입구가 바닥에 설치되는 경우에는 상향으로 분출이 가능하며 이때의 풍속은 1[m/s] 이하

(6) 공기유입구 크기

배출량 1[m^3/min]당 35[cm^2] 이상 ★

배출량이 1[m^3/min]당 35[cm^2] 이상인 이유는 공기유입 풍속을 5[m/s]로 가정하여 연속방정식에 적용하여 나타낸 것이다.

(7) 공기유입량

배출량에 지장이 없는 양

7 배출기 및 배출풍도(2.6)

(1) 배출기 설치기준

① 배출기 배출능력 : 배출량 이상

② 캔버스 : 내열성(석면재료는 제외)이 있는 것

꼼꼼체크 **캔버스** : 배출기와 배출풍도의 접속부분에 사용하는 천

③ 배출기 전동기 부분과 배풍기 부분 분리하여 설치

④ 배풍기 부분은 유효한 내열처리를 할 것

(2) 배출풍도 재질 및 두께

① 재질

㉠ 아연도금강판

㉡ 아연도금강판과 동등 이상의 내식성 · 내열성이 있는 것

② 단열처리 : 불연재료(석면재료를 제외)의 단열재로 풍도 외부

③ 풍도 강판두께(단위 : [mm])

풍도 단면의 긴 변 또는 직경의 크기	450 이하	450 초과 750 이하	750 초과 1,500 이하	1,500 초과 2,250 이하	2,250 초과
강판두께	0.5	0.6	0.8	1.0	1.2

(3) 배출풍도의 풍속 ★★★★★

① 흡입측 풍도 안 풍속 : 15[m/s] 이하

② 배출측 풍속 : 20[m/s] 이하

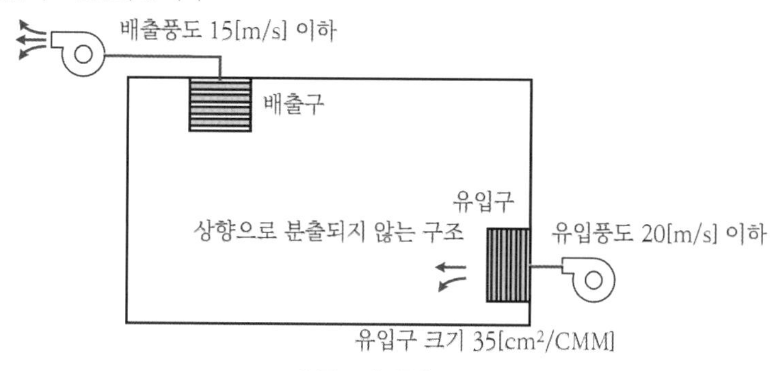

▌풍도의 풍속▐

8 유입풍도 등(2.7)

(1) 유입풍도 안 풍속

20[m/s] 이하

유입풍도 내의 풍속을 20[m/s]의 고속(15[m/s] 이상은 고속)으로 공기를 공급하는 것은 화재 시 발생하는 열기류에 의해 화재실의 압력이 상승하게 되므로 강한 힘(고속)으로 공기를 주입하여 강제급기해서 연기층 하강을 지연하자는 의미이다.

(2) 풍도 강판두께

배출풍도와 동일

(3) 옥외에 면하는 배출구 및 공기유입구

비 또는 눈 등이 들어가지 아니하는 구조

(4) 재순환 금지

배출된 연기가 공기유입구로 순환 · 유입되지 아니하도록 설치

① 제연설비의 풍도에 댐퍼를 설치하는 경우 댐퍼를 확인 · 정비할 수 있는 점검구를 풍도에 설치할 것. 이 경우 댐퍼가 반자 내부에 설치되는 때에는 댐퍼 직근의 반자에도 점검구(지름 60[cm] 이상의 원이 내접할 수 있는 크기)를 설치하고 제연설비용 점검구임을 표시해야 한다.

② 제연설비 댐퍼의 설정된 개방 및 폐쇄상태를 제어반에서 상시 확인할 수 있도록 할 것

③ 제연설비가 공기조화설비와 겸용으로 설치되는 경우 풍량조절댐퍼는 각 설비별 기능에 따른 작동 시 각각의 풍량을 충족하는 개구율로 자동 조절될 수 있는 기능이 있어야 할 것

9 기동(2.9) ★

(1) 가동식의 벽 · 제연경계벽 · 댐퍼 · 배출기 작동

자동화재감지기와 연동

(2) 예상제연구역(또는 인접장소) 및 제어반에서 수동으로 기동이 가능

10 성능확인(2.10)

(1) 제연설비는 설계목적에 적합한지 검토하고 제연설비의 성능과 관련된 건물의 모든 부분(건축설비를 포함한다)이 완성되는 시점에 맞추어 시험 · 측정 및 조정(이하 “시험 등”이라 한다)을 해야 한다.

(2) 시험 · 측정 및 조정 내용

① 송풍기 풍량 및 송풍기 모터의 전류, 전압을 측정할 것

② 제연설비 시험 시에는 제연구역에 설치된 화재감지기(수동기동장치를 포함한다)를 동작시켜 해당 제연설비가 정상적으로 작동되는지 확인할 것

③ 제연구역의 공기유입량 및 유입풍속, 배출량은 모든 유입구 및 배출구에서 측정할 것

④ 제연구역의 출입문, 방화셔터, 공기조화설비 등이 제연설비와 연동된 상태에서 측정할 것

(3) 제연설비 시험 등의 평가기준

① **배출구별 배출량** : 배출구별 설계배출량의 60[%] 이상

② **제연구역별 배출구의 배출량 합계** : 설계배출량 이상

③ **유입구별 공기유입량** : 유입구별 설계유입량의 60[%] 이상

④ **제연구역별 유입구의 공기유입량 합계** : 설계유입량 충족

⑤ 제연구역의 구획이 설계조건과 동일한 조건에서 측정한 배출량이 설계배출량 이상인 경우에는 공기유입량이 설계유입량에 일부 미달되더라도 적합한 성능으로 볼 것

11 배출구 · 공기유입구의 설치 및 배출량 산정의 설치제외(2.11)

(1) 화장실 · 목욕실 · 주차장 · 발코니를 설치한 숙박시설(가족호텔 및 휴양콘도미니엄에 한함)의 객실

(2) 사람이 상주하지 아니하는 기계실 · 전기실 · 공조실 · 50[m^2] 미만의 창고 등

12 제연설비 작동순서

화재감지기 작동 → 수신기 신호수신 → 수신기 신호발신 → 급 · 배기 댐퍼 작동 → 팬 작동 → 제연

13 제연설비의 기능

(1) 연기 배출

화재실이나 피난경로의 피난자를 연기로부터 보호하여 인명피해를 최소화

(2) 화재로 인한 연기와 열, 가스 등 배출

소방관이 화재현장으로 접근하는데 도움을 줌

(3) 연기를 일정한 방향으로 유도

화재의 확산을 방지

(4) 가연성 가스를 배출

플래시오버나 백드래프트를 예방

14 제연방식

암기 Tip 도자기 밀스(수)(자연제연, 기계제연, 밀폐제연, 스모크타워)

(1) 자연제연방식

① 정의 : 건물에 설치된 창문이나 배기구를 통해서 화재에 의한 부력을 가진 연기를 자연적으로 배출하는 방법

② 특징

㉠ 별도의 설비가 필요 없다.

㉡ 연기의 부력을 이용하는 원리이므로 외부의 바람에 영향을 받는다.

㉢ 건물 외벽에 제연구나 창문 등을 설치해야 하므로 건축계획에 제약을 받는다.

㉣ 고층건물은 계절별로 연돌효과에 의한 상하 압력차가 달라 제연효과가 불안정하다.

CHAPTER 08

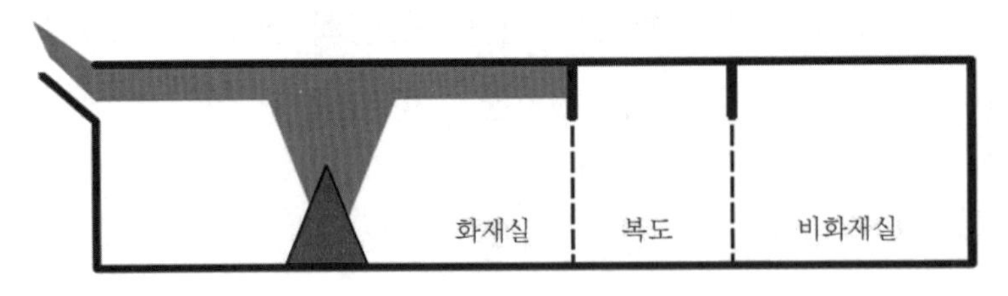

▌자연제연방식▐

(2) 기계(강제)제연방식

풍도에 기계장치로 압력차를 주어 자연 배기력을 보강한 제연방식 ★★★★★

암기 Tip 급해급해(1종 급기, 2종 배(해)기, 3종 급기와 배(해)기)

구분	송풍기(급기, 가압)	배풍기(배기, 감압)	화재실 압력
제1종	○	○	–
제2종	○	×	가압(연기 유출)
제3종	×	○	감압

① **제1종 기계제연방식** : 기계장치로 급기(송풍기)와 배기(제연기)가 동시에 이루어지므로 급·배기 균형에 주의를 하여야 하며 주로 복합건축물에 사용된다.

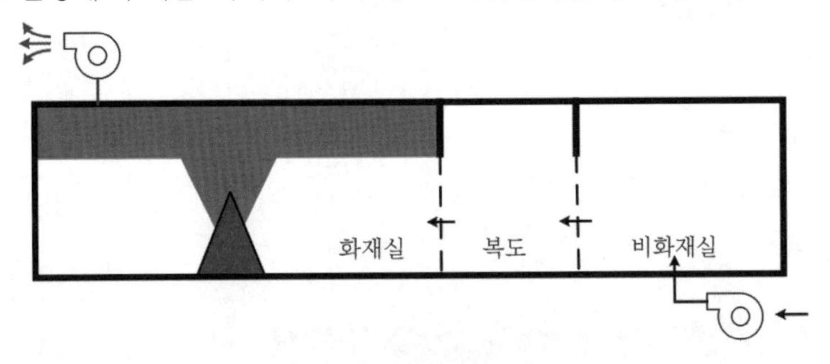

▌제1종 기계제연방식▐

② **제2종 기계제연방식** : 기계장치로 급기만 이루어지고, 자연 배기로 피난로에 연기가 들어오지 못한다. 주로 부속실이나 피난로, 계단실 등에 사용된다.

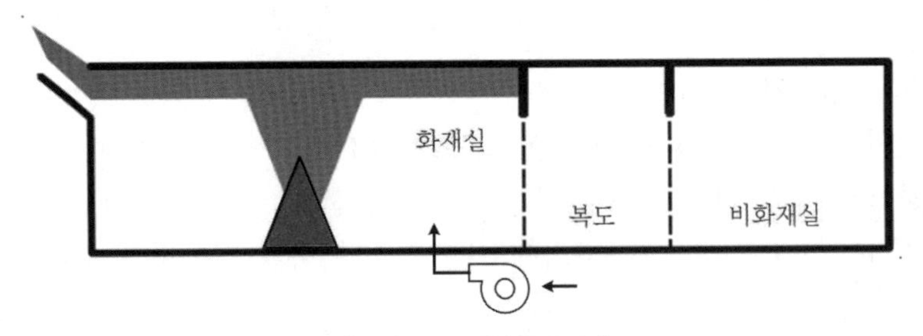

▌제2종 기계제연방식▐

③ **제3종 기계제연방식** : 기계장치로 배기만 이루어지고, 자연 급기로 주로 작은 점포나 공장 등에서 사용되는 가장 흔한 제연방식이다.

▌제3종 기계제연방식▐

(3) 밀폐제연방식

건물에 설치된 창문이나 개구부를 밀폐하여 화재로 인한 연기의 유동을 억제하여 화재실 이외를 보호하는 방법

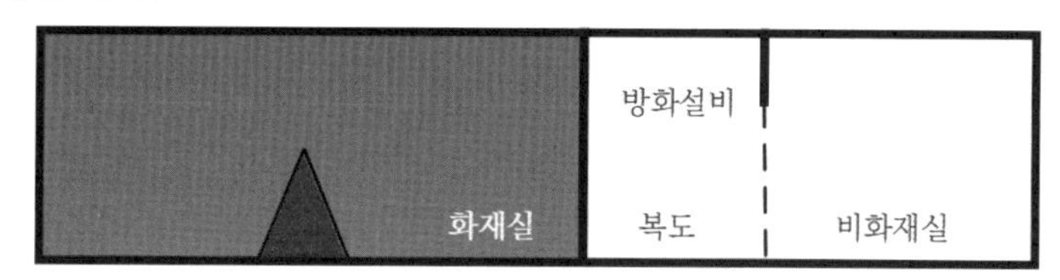

▌밀폐제연방식▐

(4) 스모크타워제연방식

연기의 온도차에 의한 부력과 샤프트 최상부에 작용하는 외부풍의 흡입력을 이용하여 제연하는 방식으로 다음과 같은 특징이 있다. ★★

① 스모크타워(굴뚝)가 높을수록 배출이 잘 되므로 고층빌딩에 적합
② 배연 샤프트의 굴뚝효과를 이용하는 자연 배연의 일종
③ 모든 층의 일반거실화재에 연기배출로 이용할 수 있다.

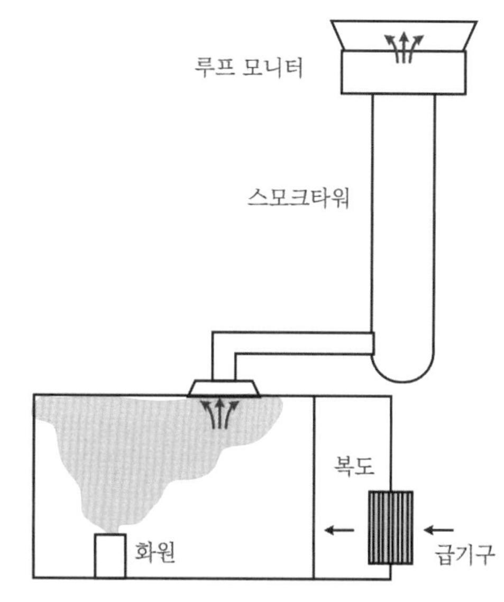

▌스모크타워제연방식▐

15 송풍기

구분	원심력식	축류식
종류	다익형(시로코)	축류형
	익형(에어포일)	
	터보형	프로펠러형
	리밋로드형	
	덕트형	

16 제연설비의 전원 및 기동

(1) 비상전원

자가발전설비, 축전지설비 또는 전기저장장치

(2) 설치기준

① 점검에 편리하고 화재 및 침수 등의 재해로 인한 피해를 받을 우려가 없는 곳에 설치할 것

② 용량 : 20분 이상

③ 비상전원으로 자동절환

④ 비상전원의 설치장소는 다른 장소와 방화구획 할 것

⑤ 비상전원을 실내에 설치하는 경우 : 비상조명등

(3) 제연설비의 작동

① 화재감지기와 연동

② 예상제연구역(또는 인접장소)마다 설치된 수동기동장치 및 제어반에서 수동기동

㉠ 설치높이 : 0.8 ~ 1.5[m]

㉡ 문 개방 등으로 인한 위치 확인에 장애가 없고, 접근이 쉬운 위치

(4) 제연설비의 작동 시 작동내용

① 해당 제연구역의 구획을 위한 제연경계벽 및 벽의 작동

② 해당 제연구역의 공기유입 및 연기배출 관련 댐퍼의 작동

③ 공기유입송풍기 및 배출송풍기의 작동

기출·예상문제

01

이해도 ○ △ × / 중요도 ★★

제연설비의 설치장소에 따른 제연구역의 구획을 설명한 것 중 틀린 것은?

① 하나의 제연구역의 면적은 1,000[m^2] 이내로 한다.
② 하나의 제연구역은 3개 이상 층에 미치지 아니하도록 한다.
③ 통로상의 제연구역은 보행중심선의 길이가 60[m]를 초과하지 아니하도록 한다.
④ 하나의 제연구역은 직경 60[m] 원 내에 들어갈 수 있게 한다.

해설 제연구역 층 기준
하나의 제연구역은 2개 이상의 층에 미치지 아니하도록 할 것

02

이해도 ○ △ × / 중요도 ★★★

제연구획은 소화활동 및 피난상 지장을 가져오지 않도록 단순한 구조로 하여야 하며, 하나의 제연구역의 면적은 몇 [m^2] 이내로 규정하고 있는가?

① 700
② 1,000
③ 1,300
④ 1,500

해설 하나의 제연구역 면적
1,000[m^2] 이내

03

이해도 ○ △ × / 중요도 ★★★★★

제연설비의 설치장소를 제연구역으로 구획할 경우 틀린 것은?

① 거실과 통로는 각각 제연구획할 것
② 하나의 제연구역의 면적은 1,500[m^2] 이내로 할 것
③ 하나의 제연구역은 직경 60[m] 원 내에 들어갈 수 있을 것
④ 통로상의 제연구역은 보행중심선의 길이가 60[m]를 초과하지 아니할 것

해설 제연구역 구획기준
(1) 하나의 제연구역 면적 : 1,000[m^2] 이내
(2) 거실과 통로 : 각각 제연구획
(3) 통로상의 제연구역 : 보행중심의 길이가 60[m] 이내
(4) 수직거리 기준 : 하나의 제연구역은 직경 60[m] 원 내에 내접
(5) 층 기준 : 하나의 제연구역은 2개 이상의 층에 미치지 아니하도록 할 것

04

이해도 ○ △ × / 중요도 ★

제연설비에서 통로상의 제연구역은 최대 얼마까지로 할 수 있는가?

① 수평거리로 70[m]까지
② 직경거리로 50[m]까지
③ 직선거리로 30[m]까지
④ 보행중심선의 길이로 60[m]까지

해설 통로상의 제연구역
보행중심의 길이가 60[m] 이내

정답 01. ② 02. ② 03. ② 04. ④

05

이해도 ○ △ × / 중요도 ★★

공장, 창고 등의 용도로 사용하는 단층 건축물의 바닥면적이 큰 건축물에 스모크 해치를 설치하는 경우 그 효과를 높이기 위한 장치는?

① 제연덕트
② 배출기
③ 보조제연기
④ 드래프트커튼

해설 제연경계벽(드래프트커튼)
연기를 일정공간에 가두어 배출을 용이하도록 하고, 확산을 방지하기 위한 벽으로 공장이나 창고와 같이 바닥면적이 큰 공간에는 스모크 해치(연기배출구)와 겸용으로 설치하여 배출효율을 증가시킨다.

06

이해도 ○ △ × / 중요도 ★★

제연경계벽의 설치에 대한 설명 중 틀린 것은?

① 제연경계의 폭은 0.6[m] 이상으로 하여야 한다.
② 수직거리는 2[m] 이내이어야 한다.
③ 천장 또는 반자로부터 그 수직 하단까지의 거리를 수직거리라 한다.
④ 재질은 불연재료 또는 내화재료로 하여야 하며 가동벽, 셔터, 방화문이 포함된다.

해설 제연경계벽의 설치기준
(1) 제연경계 등의 폭은 60[cm] 이상, 수직거리 2[m] 이내
(2) 구조 : 제연경계 하단은 흔들리지 않고, 가동식인 경우는 급속하강으로 인명에 위해를 주지 않을 것

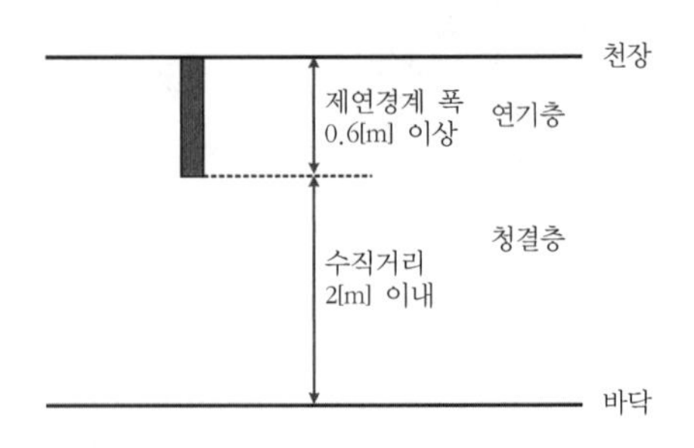

③ 수직거리는 바닥으로부터 제연경계벽 수직 하단까지의 거리를 말한다.

07

이해도 ○ △ × / 중요도 ★★★

거실제연설비의 배출량 기준이다. ( ) 안에 맞는 것은?

> 거실의 바닥면적이 400[m²] 미만으로 구획된 예상제연구역에 대해서는 바닥면적 1[m²]당 (㉠) 이상으로 하되 예상제연구역 전체에 대한 최저배출량은 (㉡) 이상으로 하여야 한다. 다만, 예상제연구역이 다른 거실의 피난을 위한 경유거실인 경우에는 그 예상제연구역의 배출량은 (㉢)하여야 한다.

① ㉠ 0.5[m³/min]
㉡ 10,000[m³/hr]
㉢ 간접배출
② ㉠ 1[m³/min]
㉡ 5,000[m³/hr]
㉢ 직접배출
③ ㉠ 1.5[m³/min]
㉡ 15,000[m³/hr]
㉢ 직접배출
④ ㉠ 2[m³/min]
㉡ 5,000[m³/hr]
㉢ 간접배출

정답 05. ④ 06. ③ 07. ②

해설 소규모 거실(벽으로 구획)
바닥면적 400[m^2] 미만
(1) 거실배출방식 : 바닥면적당 적용
① 배출량 : 1[CMM/m^2]
② 최저 5,000[CMH] 이상
여기서, CMM : [m^3/min]
CMH : [m^3/hr]
(2) 예상제연구역이 경유거실인 경우는 직접배출

08

이해도 ○ △ × / 중요도 ★★★

제연설비가 설치된 부분의 거실 바닥면적이 400[m^2] 이상이고 수직거리가 2[m] 이하일 때, 예상제연구역의 직경이 40[m]인 원의 범위를 초과한다면 예상제연구역의 배출량은 얼마 이상이어야 하는가?

① 25,000[m^3/hr]
② 30,000[m^3/hr]
③ 40,000[m^3/hr]
④ 45,000[m^3/hr]

해설 대규모 거실 : 400[m^2] 이상
거실배출방식
(1) 벽 : 예상제연구역의 직경에 따라서 배출량이 결정

구분	예상제연 구역 직경 40[m] 이하	예상제연 구역 직경 40～60[m]
배출량 [m^3/h]	40,000	45,000

(2) 제연경계 : 제연경계 수직거리와 보행중심선의 길이에 따라서 배출량이 결정

수직거리	배출량[m^3/h]	
	예상제연 구역 직경 40[m] 이하	예상제연 구역 직경 40～60[m]
2[m] 이하	40,000	45,000
2[m] 초과～2.5[m] 이하	45,000	50,000
2.5[m] 초과～3[m] 이하	50,000	55,000
3[m] 초과	60,000	65,000

09

이해도 ○ △ × / 중요도 ★★

거실제연설비 설계 중 배출풍량 선정에 있어서 고려하지 않아도 되는 사항 중 맞는 것은?

① 예상제연구역의 수직거리
② 예상제연구역의 면적과 형태
③ 공기의 유입방식과 배출방식
④ 자동식 소화설비 및 피난구조설비의 설치 유무

해설 거실제연설비 배출풍량 선정 시 고려사항
(1) 예상제연구역의 수직거리
(2) 예상제연구역의 면적과 형태
(3) 공기의 유입방식과 배출방식

10

이해도 ○ △ × / 중요도 ★★

바닥면적이 400[m^2] 미만이고 예상제연구역이 벽으로 구획되어 있는 배출구의 설치위치로 옳은 것은? (단, 통로인 예상제연구역을 제외한다.)

① 천장 또는 반자와 바닥 사이의 중간 윗부분
② 천장 또는 반자와 바닥 사이의 중간 아랫부분
③ 천장, 반자 또는 이에 가까운 부분
④ 천장 또는 반자와 바닥 사이의 중간 부분

정답 08. ④ 09. ④ 10. ①

해설 배출구 설치기준

구분	구획	배출구 설치위치
바닥면적 400[m²] 미만	벽	천장 또는 반자와 바닥 사이의 중간 윗부분
	제연경계	천장·반자 또는 이에 가까운 벽의 부분(배출구의 하단이 해당 제연경계의 하단보다 높게 설치)
바닥면적 400[m²] 이상 또는 통로	벽	천장·반자 또는 이에 가까운 벽의 부분에 설치. 단, 배출구의 하단과 바닥 간의 최단거리가 2[m] 이상
	제연경계	천장·반자 또는 이에 가까운 벽의 부분(배출구의 하단이 해당 제연경계의 하단보다 높게 설치)

11

이해도 ○ △ × / 중요도 ★★★★

제연설비의 배출구를 설치할 때 예상제연구역의 각 부분으로부터 하나의 배출구까지의 수평거리는 몇 [m] 이내가 되어야 하는가?

① 5[m] ② 10[m]
③ 15[m] ④ 20[m]

해설 배출구 설치위치
예상제연구획 각 부분으로부터 수평거리 10[m] 이내

12

이해도 ○ △ × / 중요도 ★★

예상제연구역 바닥면적 400[m²] 미만 거실의 공기유입구와 배출구 간의 직선거리로서 맞는 것은? (단, 제연경계에 의한 구획을 제외한다.)

① 2[m] 이상 ② 3[m] 이상
③ 5[m] 이상 ④ 10[m] 이상

해설 예상제연구역

바닥면적	설치장소 및 구획	구분	내용
400[m²] 미만	기타	설치높이	바닥 외의 장소
		공기유입구와 배출구 간의 직선거리	5[m] 이상
	공연장·집회장·위락시설 : 200[m²] 초과	설치높이	바닥으로부터 1.5[m] 이하의 높이
		주변 2[m] 이내	가연성 내용물이 없도록 할 것

13

이해도 ○ △ × / 중요도 ★

예상제연구역 바닥면적 400[m²] 이상 거실의 공기유입구의 설치기준으로서 맞는 것은? (단, 제연경계에 따른 구획을 제외한다.)

① 천장에 설치하되 배출구와 10[m] 거리를 둔다.
② 바닥으로부터 1.5[m] 이하의 높이에 설치한다.
③ 천장과 바닥에 관계없이 배출구와 5[m] 이상의 직선거리만 확보한다.
④ 바닥으로부터 1[m] 이상의 높이에 설치한다.

해설 공기유입구의 설치기준

바닥면적	구분	내용
400[m²] 이상	설치높이	바닥으로부터 1.5[m] 이하의 높이
	주변 2[m] 이내	가연성 내용물이 없도록 할 것

정답 11. ② 12. ③ 13. ②

바닥면적이 400[m^2] 미만의 경우는 배출구와 공기유입구의 직선거리를 5[m] 이상 요구하고 있으나 바닥면적 400[m^2] 이상의 경우에는 그러하지 아니한다.

14

이해도 ○ △ × / 중요도 ★

예상제연구역의 공기유입량이 시간당 30,000[m^3]이고 유입구를 60[cm]×60[cm]의 크기로 사용할 때 공기유입구의 최소설치수량은 몇 개인가?

① 4개 ② 5개
③ 6개 ④ 7개

해설 공기유입량 : 30,000[m^3/hr]
공기유입구 크기 : 배출량 1[m^3/min]당 35[cm^2] 이상
공기는 배출한 양만큼 유입되므로 유입량과 배출량은 같다. 따라서 이를 분당 나타내면,

$$배출량=\frac{30,000[m^3/hr]}{60[min/hr]}=500[m^3/min]$$

공기유입구 크기
$=500[m^3/min]\times35[cm^2\cdot min/m^3]$
$=17,500[cm^2]$

공기유입구의 개수
$$=\frac{17,500[cm^2]}{3,600[cm^2]}=4.86 ≒ 5개$$

15

이해도 ○ △ × / 중요도 ★★★★

배출풍도의 설치기준 중 다음 ( ) 안에 알맞은 것은?

> 배출기 흡입측 풍도 안의 풍속은 (㉠)[m/s] 이하로 하고, 배출측 풍속은 (㉡)[m/s] 이하로 할 것

① ㉠ 15, ㉡ 10
② ㉠ 10, ㉡ 15
③ ㉠ 20, ㉡ 15
④ ㉠ 15, ㉡ 20

해설 배출풍도
(1) 흡입측 풍도 안 풍속 : 15[m/s] 이하
(2) 배출측 풍속 : 20[m/s] 이하

16

이해도 ○ △ × / 중요도 ★

배출풍도 등의 설치에 관한 설명 중 틀린 것은?

① 배출기의 전동기 부분과 배풍기 부분은 격리하여 설치한다.
② 제연기와 배출풍도의 접속부분에 사용하는 캔버스는 내열성(석면 제외)이 있는 것으로 할 것
③ 배출풍도가 벽 등을 관통하는 경우에는 벽 등과의 틈이 10[cm]가 되도록 할 것
④ 배출풍도가 내화구조의 벽 또는 바닥을 관통하는 곳에 있어서는 원격조작이 가능한 방화댐퍼를 부착할 것

해설 배출풍도가 벽 등을 관통하는 경우에는 벽 등과의 틈이 없어야 한다.

17

이해도 ○ △ × / 중요도 ★

제연설비의 화재안전기술기준상 유입풍도 및 배출풍도에 관한 설명으로 맞는 것은?

① 유입풍도 안의 풍속은 25[m/s] 이하로 한다.
② 배출풍도는 석면재료와 같은 내열성의 단열재로 유효한 단열처리를 한다.
③ 배출풍도와 유입풍도의 아연도금강판 최소두께는 0.45[mm] 이상으로 하여야 한다.
④ 배출기 흡입측 풍도 안의 풍속은 15[m/s] 이하로 하고, 배출측 풍속은 20[m/s] 이하로 한다.

정답 14. ② 15. ④ 16. ③ 17. ④

해설 배출풍도
(1) 흡입측 풍도 안 풍속 : 15[m/s] 이하
(2) 배출측 풍속 : 20[m/s] 이하
(3) 단열처리 : 내열성(석면재료를 제외)의 단열재
(4) 배출풍도와 유입풍도의 아연도금강판 최소두께 : 0.5[mm] 이상

① 유입풍도 안 풍속은 20[m/s] 이하이다.

18

이해도 ○ △ × / 중요도 ★

제연설비에서 가동식의 벽, 제연경계벽, 댐퍼 및 배출기의 작동은 무엇과 연동되어야 하며, 예상제연구역 및 제어반에서 어떤 기동이 가능하도록 하여야 하는가?

① 자동화재감지기, 자동기동
② 자동화재감지기, 수동기동
③ 비상경보설비, 자동기동
④ 비상경보설비, 수동기동

해설 제연설비 기동
(1) 가동식의 벽, 제연경계벽, 댐퍼, 배출기 작동 : 자동화재감지기와 연동
(2) 예상제연구역(또는 인접장소) 및 제어반 : 수동으로 기동이 가능

19

이해도 ○ △ × / 중요도 ★★

다음에서 설명하는 기계제연방식은?

> 화재 시 배출기만 작동하여 화재장소의 내부 압력을 낮추어 연기를 배출시키며, 송풍기는 설치하지 않고 연기를 배출시킬 수 있으나 연기량이 많으면 배출이 완전하지 못한 설비로 화재초기에 유리하다.

① 제1종 기계제연방식
② 제2종 기계제연방식
③ 제3종 기계제연방식
④ 스모크타워제연방식

해설 기계제연방식
(1) 제1종 기계제연방식 : 급기+배기
(2) 제2종 기계제연방식 : 급기
(3) 제3종 기계제연방식 : 배기

20

이해도 ○ △ × / 중요도 ★★★

제연방식에 의한 분류 중 다음의 장단점에 해당하는 방식은 어느 것인가?

> • 장점 : 화재초기에 화재실의 내압을 낮추고 연기를 다른 구역으로 누출시키지 않는다.
> • 단점 : 연기온도가 상승하면 기기의 내열성에 한계가 있다.

① 제1종 기계제연방식
② 제2종 기계제연방식
③ 제3종 기계제연방식
④ 밀폐방연방식

해설 기계제연방식

구분	송풍기 (급기, 가압)	배풍기 (배기, 감압)	화재실 압력
제1종	○	○	–
제2종	○	×	가압 (연기 유출)
제3종	×	○	감압

21

이해도 ○ △ × / 중요도 ★★★

송풍기 등을 사용하여 건축물 내부에 발생한 연기를 제연구획까지 풍도를 설치하여 강제로 제연하는 방식은?

① 밀폐제연방식
② 자연제연방식
③ 기계제연방식
④ 스모크타워제연방식

해설 기계(강제)제연방식
풍도에 기계장치로 압력차를 주어 자연배기력을 보강한 제연방식

정답 18. ② 19. ③ 20. ③ 21. ③

22

이해도 ○ △ × / 중요도 ★

소방대상물에 제연 샤프트를 설치하여 건물 내 · 외부의 온도차와 화재 시 발생되는 열기에 의한 밀도 차이를 이용하여 실내에서 발생한 화재 열, 연기 등을 지붕 외부의 루프모니터 등을 통해 옥외로 배출 · 환기시키는 제연방식은?

① 자연제연방식
② 루프해치방식
③ 스모크타워제연방식
④ 제3종 기계제연방식

해설 제연 샤프트를 설치하여 건물 내 · 외부의 온도차와 화재 시 발생되는 열기에 의한 밀도 차이를 이용하여 실내에서 발생한 화재 열, 연기 등을 지붕 외부의 루프모니터 등을 통해 옥외로 배출 · 환기시키는 제연방식을 스모크타워제연방식이라 한다.

23

이해도 ○ △ × / 중요도 ★★★

제연설비에 사용되는 송풍기로 적당하지 않은 것은?

① 다익형 ② 에어리프트형
③ 덕트형 ④ 리밋로드형

해설 송풍기의 종류

구분	원심력식	축류식
종류	• 다익형(시로코) • 익형(에어포일) • 터보형 • 리밋로드형 • 덕트형	• 축류형 • 프로펠러형

② 제연설비에 사용되는 송풍기에 에어포일형은 있지만 에어리프트형은 없다.

24

이해도 ○ △ × / 중요도 ★★

건물 내의 제연계획으로 자연제연방식의 특징이 아닌 것은?

① 기구가 간단하다.
② 연기의 부력을 이용하는 원리이므로 외부의 바람에 영향을 받지 않는다.
③ 건물 외벽에 제연구나 창문 등을 설치해야 하므로 건축계획에 제약을 받는다.
④ 고층건물은 계절별로 연돌효과에 의한 상하 압력차가 달라 제연효과가 불안정하다.

해설 자연제연방식의 특징
(1) 별도의 설비가 필요 없다.
(2) 연기의 부력을 이용하는 원리이므로 외부의 바람에 영향을 받는다.
(3) 건물 외벽에 제연구나 창문 등을 설치해야 하므로 건축계획에 제약을 받는다.
(4) 고층건물은 계절별로 연돌효과에 의한 상하 압력차가 달라 제연효과가 불안정하다.

정답 22. ③ 23. ② 24. ②

단답식 핵심문제

01 제연구역 층 기준 : 하나의 제연구역은 ( )에 미치지 아니하도록 할 것

02 하나의 제연구역 면적 : ( )

03 제연구역 설정 시 거실과 통로는 ( )한다.

04 통로상의 제연구역 : 보행중심의 길이가 ( )

05 제연구역의 수직거리 기준 : 하나의 제연구역은 직경 ( ) 원 내에 내접

06 제연구역을 구획하는 방법 3가지 : (①), (②), (③)

07 단독제연의 소규모 거실(벽으로 구획)의 거실배출방식

(1) 배출량 : ( )
(2) 최저배출량 : ( )

✔ 정답

01. 2개 이상의 층
02. 1,000[m^2] 이내
03. 상호제연
04. 60[m] 이내
05. 60[m]
06. ① 보, ② 제연경계벽, ③ 벽(셔터, 방화문 포함)
07. (1) 1[CMM/m^2], (2) 5,000[CMH] 이상

08 단독제연 대규모 거실(400[m^2] 이상)의 배출량

(1) 벽

구분	예상제연구역 직경 40[m] 이하	예상제연구역 직경 40 ~ 60[m]
배출량[m^3/h]	40,000	(①)

(2) 제연경계벽

수직거리	배출량[m^3/h]	
	예상제연구역 직경 40[m] 이하	예상제연구역 직경 40 ~ 60[m]
2[m] 이하	40,000	(②)
2[m] 초과 ~ 2.5[m] 이하	45,000	50,000
2.5[m] 초과 ~ 3[m] 이하	50,000	55,000
3[m] 초과	60,000	65,000

09 배출구의 설치위치 : 예상제연구획 각 부분으로부터 수평거리 (   )

10 배출풍도

(1) 흡입측 풍도 안 풍속 : (   )

(2) 배출측 풍속 : (   )

11 풍도에 기계장치로 압력차를 주어 자연배기력을 보강한 제연방식을 (   ) 이라고 한다.

12 자연배연방식 중 하나로 굴뚝이 높을수록 배출이 잘 되는 배연방식을 (   ) 이라고 한다.

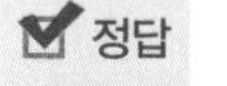
정답

08. ① 45,000, ② 45,000

09. 10[m] 이내

10. (1) 15[m/s] 이하, (2) 20[m/s] 이하

11. 기계(강제)제연방식

12. 스모크타워식 배연방식

13 제연설비에 사용하는 송풍기

구분	원심력식	축류식
종류	(①) (②) (③) 리밋로드형 덕트형	(④) 프로펠러형

14 자연제연방식은 연기의 부력을 이용하는 원리이므로 외부의 바람에 영향을 (   )

정답

13. ① 다익형(시로코), ② 익형(에어포일), ③ 터보형, ④ 축류형
14. 받는다.

02 특별피난계단의 계단실 및 부속실 제연설비(NFTC 501A)

1 개요

차압과 기류(급기가압)를 이용하여 피난경로(계단, 샤프트, 부속실) 등을 연기를 차단하여 보호하는 제연설비

2 목적

(1) 인명안전

건물 거주자가 방호된 피난경로와 피난처를 사용하고 있을 가능성이 있는 부속실에 생존 가능한 조건을 유지

(2) 소화활동

소화활동을 하는 소방관의 안전을 도모할 수 있는 공간을 제공

(3) 재산보호

화재공간에 인접한 구역의 물품이나 장비를 연기의 오염으로부터 방호하기 위함이다.

3 설치대상

설치대상 소방대상물	설치기준
특정소방대상물(갓복도형 아파트 제외)	특별피난계단 계단실 및 부속실

4 제연방식(2.1)

(1) 차압

제연구역에 옥외의 신선한 공기를 공급하여 제연구역의 기압을 제연구역 이외의 옥내보다 높게 하되 일정한 차압을 유지하게 함으로써 옥내로부터 제연구역 내로 연기가 침투하지 못하도록 하는 방식

(2) 방연풍속

피난을 위하여 제연구역의 출입문이 일시적으로 개방되는 경우 방연풍속을 유지하도록 옥외의 공기를 제연구역 내로 보충·공급하는 방식

(3) 과압배출

출입문이 닫히는 경우 제연구역의 과압을 방지할 수 있는 유효한 조치를 하여 차압을 유지하는 방식

5 제연구역의 선정(2.2)

(1) 계단실 및 그 부속실을 동시에 제연

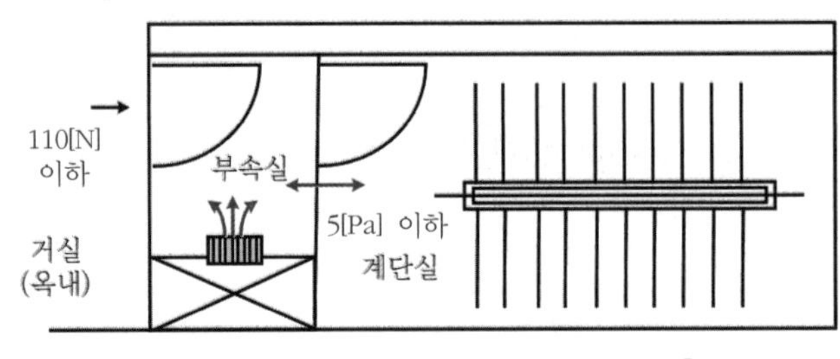

▌특별피난계단의 계단실 및 부속실 제연▌

(2) 부속실만을 단독으로 제연

(3) 계단실 단독제연

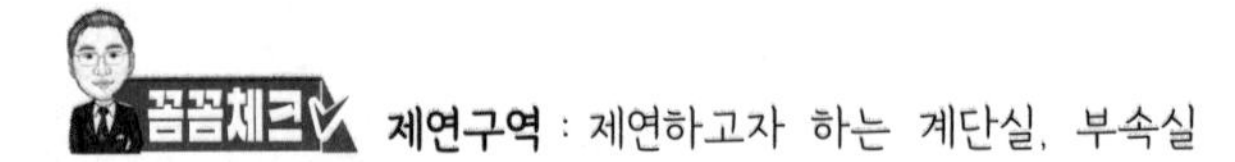

제연구역 : 제연하고자 하는 계단실, 부속실

6 차압 등(2.3) ★★★

(1) 최소

제연구역과 옥내와의 최소차압 40[Pa] 이상(스프링클러 12.5[Pa])

(2) 최대

출입문 개방에 필요한 힘은 110[N] 이하 ★★

(3) 출입문이 일시적으로 개방되는 경우 비개방 부속실 차압

기준차압의 70[%] 이상

(4) 계단실 · 부속실 동시 제연

① 계단실 = 부속실

② 계단실 > 부속실(5[Pa] 이하)

(5) 차압측정용 관 설치장소

제연구역에 접하는 옥내(제연구역에 접하는 옥내가 2곳 이상)

7 급기량(2.4)

급기량 = 차압을 유지할 수 있는 공기량(누설량) + 보충량

8 누설량(2.5)

(1) 누설량

제연구역의 누설량을 합한 양(출입문이 2개소 이상인 경우에는 각 출입문의 누설틈새면적을 합한 것)

$$Q = 0.827A\sqrt{P} \quad ★★$$

여기서, Q : 누설량[m^3/s]
A : 누설틈새면적[m^2]
P : 차압[Pa]

(2) 병렬경로

합산 $A = A_1 + A_2 + A_3$, $P_1 = P_2 = P_3$

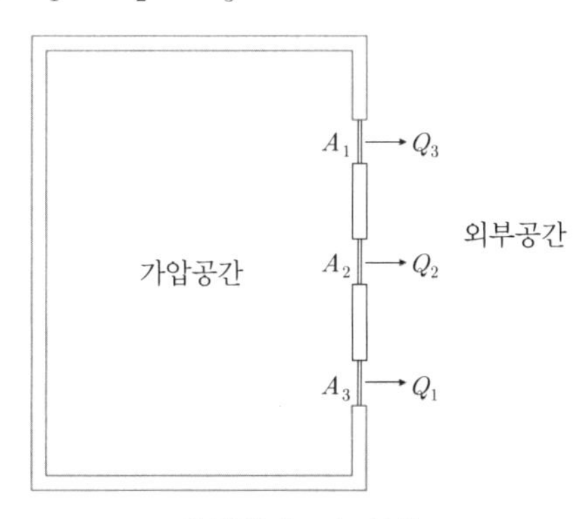

❙ 병렬경로 누설 ❙

(3) 직렬경로

조화평균 $A = \dfrac{1}{\sqrt{\dfrac{1}{A_1^2} + \dfrac{1}{A_2^2}}}$, $Q_1 = Q_2 = Q_3$

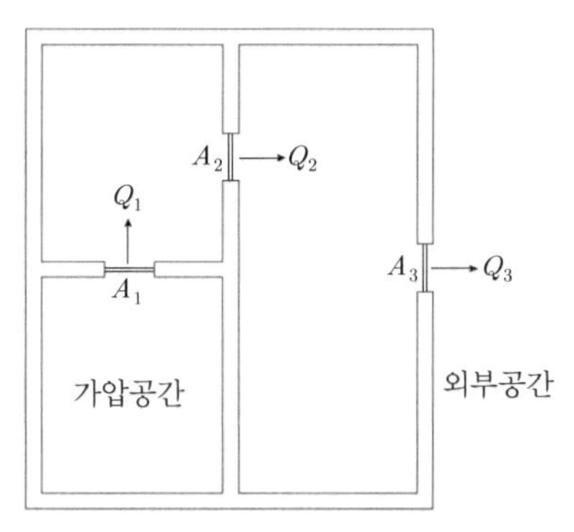

❙ 직렬경로 누설 ❙

(4) 합성구조

병렬 + 직렬(바깥쪽에서 안쪽으로 역산)

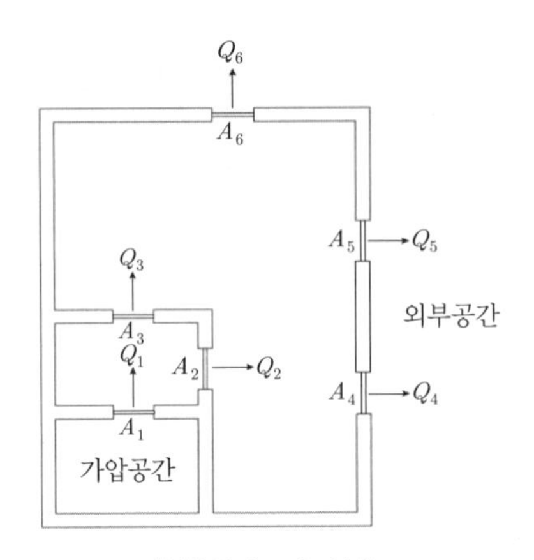

▌합성경로 누설▐

9 보충량(2.6)

(1) 정의

피난을 위하여 제연구역의 출입문이 일시적으로 개방되는 경우 방연풍속을 유지하도록 옥외의 공기를 제연구역 내로 보충 공급

(2) 보충량의 기준

구분	보충량
부속실의 수가 20 이하	1개층 이상
부속실의 수가 20 초과	2개층 이상

10 방연풍속(2.7)

구분		방연풍속
계단실 · 부속실 동시 제연 또는 계단실만 제연 ★		0.5[m/s]
부속실만 단독으로 제연	옥내가 거실	0.7[m/s]
	옥내가 복도	0.5[m/s]

옥내가 거실인 경우 화재발생 위험이 크다. 따라서 연기의 이동하는 힘이 크므로 방연풍속도 0.7[m/s]로 커야 한다.

11 과압방지조치(2.8)

(1) 설치대상

제연구역에 과압의 우려가 있는 경우 과압방지조치를 해야 한다.

(2) 예외

제연구역 내에 과압발생의 우려가 없다는 것을 시험 또는 공학적인 자료로 입증하는 경우에는 과압방지조치를 하지 않을 수 있다.

12 누설틈새의 면적 등(2.9)

(1) 출입문의 틈새면적

$$A = \left(\frac{L}{l}\right) \times Ad$$

여기서, A : 출입문의 틈새면적[m²]

L : 출입문 틈새의 길이[m](다만, L의 수치가 l의 수치 이하인 경우에는 l의 수치로 할 것)

l : [표] 참조

Ad : [표] 참조

구분	l의 값
외여닫이문이 설치되어 있는 경우	5.6
쌍여닫이문이 설치되어 있는 경우	9.2
승강기의 출입문이 설치되어 있는 경우	8.0
구분	**Ad의 값**
외여닫이문으로 제연구역의 실내 쪽으로 열리도록 설치하는 경우	0.01
제연구역의 실외 쪽으로 열리도록 설치하는 경우	0.02
쌍여닫이문의 경우	0.03
승강기의 출입문	0.06

(2) 창문의 틈새면적

① 여닫이식 창문으로서 창틀에 방수팩킹이 없는 경우

틈새면적[m²] $= 2.55 \times 10^{-4} \times$ 틈새의 길이[m]

② 여닫이식 창문으로서 창틀에 방수팩킹이 있는 경우

틈새면적[m²] $= 3.61 \times 10^{-5} \times$ 틈새의 길이[m]

③ 미닫이식 창문이 설치되어 있는 경우

틈새면적[m²] $= 1.00 \times 10^{-4} \times$ 틈새의 길이[m]

(3) 제연구역으로부터 누설하는 공기가 승강기의 승강로를 경유하여 승강로의 외부로 유출하는 유출면적

승강로 상부의 승강로와 기계실 사이의 개구부 면적을 합한 것

(4) 제연구역을 구성하는 벽체(반자 속의 벽체를 포함)가 벽돌 또는 시멘트블록 등의 조적구조이거나 석고판 등의 조립구조인 경우

불연재료를 사용하여 틈새를 조정

(5) 제연설비의 완공 시 제연구역의 출입문 등은 크기 및 개방방식이 해당 설비의 설계 시와 같아야 한다.

CHAPTER 08

13 유입공기의 배출(2.10)

(1) 유입공기의 배출

화재층의 제연구역과 면하는 옥내로부터 옥외로 배출(예외 직통계단식 공동주택의 경우)

꼼꼼체크 **유입공기** : 제연구역으로부터 옥내로 유입하는 공기로서 차압에 따라 누설하는 것과 출입문의 개방에 따라 유입하는 것

(2) 배출방식

① 수직풍도에 따른 배출 : 옥상으로 직통하는 전용의 배출용 수직풍도를 설치하여 배출

㉠ 자연배출식 : 굴뚝효과에 따라 배출

㉡ 기계배출식 : 수직풍도의 상부에 전용의 배출용 송풍기를 설치하여 강제로 배출

② 배출구에 따른 배출 : 건물의 옥내와 면하는 외벽마다 옥외와 통하는 배출구를 설치하여 배출

③ 제연설비에 따른 배출 : 거실제연설비가 설치되어 있고 당해 옥내로부터 옥외로 배출하여야 하는 유입공기의 양을 거실제연설비의 배출량에 합하여 배출하는 경우 유입공기의 배출은 당해 거실제연설비에 따른 배출로 갈음

14 수직풍도에 따른 배출(2.11)

(1) 수직풍도의 구조

내화구조(벽과 비내력벽의 내화구조 기준에 적합)

(2) 수직풍도 두께

0.5[mm] 이상

(3) 재질 등

아연도금강판 또는 동등 이상의 내식성 · 내열성이 있는 것으로 마감되는 접합부에 대하여는 통기성이 없도록 조치

(4) 각 층의 옥내와 면하는 수직풍도의 관통부의 배출댐퍼 설치기준

① 배출댐퍼 두께 : 1.5[mm] 이상

② 재질 : 강판 또는 이와 동등 이상의 성능이 있는 것으로 설치하고 비내식성 재료의 경우에는 부식방지조치

③ 평상시 : 닫힌 구조로 기밀상태 유지

④ 감시기능 내장 : 개폐 여부를 당해 장치 및 제어반에서 확인

⑤ 기밀상태 점검가능 구조 : 구동부의 작동상태와 닫혀 있을 때의 기밀상태 점검가능 구조

⑥ 이 · 탈착구조 : 풍도의 내부마감상태에 대한 점검 및 댐퍼의 정비 목적 ★★★

⑦ 화재감지기의 동작 : 당해 층 댐퍼 개방

⑧ 개방 시 실제 개구부의 크기 : 수직풍도의 내부 단면적과 같도록 할 것
⑨ 댐퍼는 수직풍도의 내부로 돌출하지 않게 설치

댐퍼를 수직풍도의 내부로 돌출하지 않게 설치하는 이유 : 풍도 내의 공기흐름에 지장을 주지 않도록 하기 위함

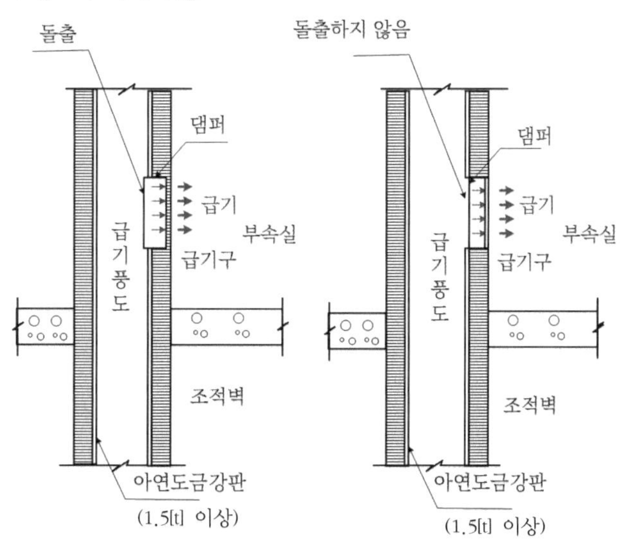

▌급기풍도의 예시 및 설치 모습▐

(5) 수직풍도의 내부 단면적

① 자연배출식(예외 수직풍도의 길이가 100[m]를 초과하는 경우에는 산출수치의 1.2배 이상)

$$A_P = \frac{Q_N}{2}$$

여기서, A_P : 수직풍도의 내부 단면적[m^2]

Q_N : 수직풍도가 담당하는 1개층의 제연구역의 출입문(옥내와 면하는 출입문을 말한다) 1개의 면적[m^2]과 방연풍속[m/s]을 곱한 값[m^3/s]

② 송풍기를 이용한 기계배출식 : 풍속 15[m/s] 이하

(6) 기계배출식의 배출용 송풍기 설치기준

① 열기류에 노출되는 송풍기 및 그 부품들은 250[℃]의 온도에서 1시간 이상 가동상태를 유지
② 송풍기의 풍량 : Q_N에 여유량을 더한 양을 기준
③ 화재감지기의 동작에 따라 연동

(7) 수직풍도의 상부의 말단

빗물이 흘러들지 아니하는 구조로 하고, 옥외의 풍압에 따라 배출성능이 감소하지 아니하도록 유효한 조치

15 배출구에 따른 배출(2.12)

(1) 배출구에 개폐기를 설치

(2) 개폐기 설치기준

① 빗물과 이물질이 유입하지 아니하는 구조

② 옥외쪽으로만 열리도록 하고 옥외의 풍압에 따라 자동으로 닫히도록 할 것

③ 그 밖의 설치기준

㉠ 배출댐퍼 두께 : 1.5[mm] 이상

㉡ 재질 : 강판 또는 이와 동등 이상의 성능이 있는 것으로 설치하고 비내식성 재료의 경우에는 부식방지조치

㉢ 개방 시 실제 개구부의 크기 : 수직풍도의 내부 단면적과 같도록 할 것

(3) 개폐기 개구면적

$$A_O = \frac{Q_N}{2.5}$$

여기서, A_O : 개폐기의 개구면적[m^2]

Q_N : 수직풍도가 담당하는 1개층의 제연구역의 출입문(옥내와 면하는 출입문을 말한다) 1개의 면적[m^2]과 방연풍속[m/s]을 곱한 값[m^3/s]

16 급기(2.13)

(1) 부속실 제연

동일 수직선상의 모든 부속실은 하나의 전용 수직풍도를 통해 동시에 급기

(2) 계단실 및 부속실을 동시에 제연

계단실에 대하여는 그 부속실의 수직풍도를 통해 급기

(3) 계단실만 제연

전용 수직풍도를 설치하거나 계단실에 급기풍도 또는 급기송풍기를 직접 연결하여 급기

(4) 하나의 수직풍도마다 전용의 송풍기로 급기

(5) 비상용승강기 승강장 제연

비상용승강기의 승강로를 급기풍도로 사용

17 급기구(2.14)

(1) 급기구 설치기준

① 급기용 수직풍도와 직접 면하는 벽체 또는 천장에 고정

② 급기되는 기류흐름이 출입문으로 인하여 차단되거나 방해받지 아니하도록 옥내와 면하는 출입문으로부터 가능한 먼 위치에 설치

(2) 계단실과 그 부속실 동시 제연 또는 계단실만 제연

급기구는 계단실 매 3개층 이하의 높이마다 설치(예외 계단실의 높이가 31[m] 이하로서 계단실만을 제연하는 경우에는 하나의 계단실에 하나의 급기구만을 설치)

(3) 급기구 댐퍼 설치기준

① 재질 등 : 기술기준에 적합한 것으로 할 것

② 자동차압급기댐퍼는 기술기준에 적합한 것으로 설치할 것

③ 자동차압급기댐퍼가 아닌 댐퍼 : 개구율을 수동으로 조절할 수 있는 구조

④ 화재감지기에 따라 모든 제연구역의 댐퍼가 개방(예외 둘 이상의 특정소방대상물이 지하에 설치된 주차장으로 연결되어 있는 경우에는 특정소방대상물의 화재감지기 및 주차장에서 하나의 특정소방대상물의 제연구역으로 들어가는 입구에 설치된 제연용 연기감지기의 작동에 따라 해당 특정소방대상물의 수직풍도에 연결된 모든 제연구역의 댐퍼가 개방되도록 하거나 해당 특정소방대상물을 포함한 둘 이상의 특정소방대상물의 모든 제연구역의 댐퍼가 개방되도록 할 것)

⑤ 댐퍼의 작동이 전기적 방식에 의하는 경우

㉠ 평상시 닫힌 구조로 기밀상태 유지

㉡ 풍도의 내부마감상태에 대한 점검 및 댐퍼의 정비가 가능한 이·탈착구조

⑥ 기계적 방식에 따른 경우

㉠ 개폐 여부를 당해 장치 및 제어반에서 확인할 수 있는 감지기능을 내장

㉡ 구동부의 작동상태와 닫혀 있을 때의 기밀상태를 수시로 점검할 수 있는 구조

㉢ 풍도의 내부마감상태에 대한 점검 및 댐퍼의 정비가 가능한 이·탈착구조

⑦ 그 밖의 설치기준 : 댐퍼는 풍도 내의 공기흐름에 지장을 주지 않도록 수직풍도의 내부로 돌출하지 않게 설치

18 급기풍도(2.15)

(1) 수직풍도

① 수직풍도의 구조 : 내화구조(벽과 비내력벽의 내화구조 기준에 적합)

② 수직풍도 두께 : 0.5[mm] 이상

③ 재질 등 : 아연도금강판 또는 동등 이상의 내식성·내열성이 있는 것으로 마감되는 접합부에 대하여는 통기성이 없도록 조치

(2) 수직풍도 이외의 풍도로 금속판으로 설치하는 풍도

① 재질 : 아연도금강판 또는 이와 동등 이상의 내식성·내열성이 있는 것

② 단열처리

㉠ 불연재료(석면재료를 제외)인 단열재로 유효한 단열처리

㉡ 예외 : 방화구획이 되는 전용실에 급기송풍기와 연결되는 풍도는 단열이 필요 없다.

③ 강판의 두께 ★

단위 : [mm]

풍도 단면의 긴 변 또는 직경의 크기	450 이하 (NO. 3)	450 초과 750 이하 (NO. 3 ~ 5)	750 초과 1,500 이하 (NO. 5 ~ 10)	1,500 초과 2,250 이하 (NO. 10 ~ 15)	2,250 초과 (NO. 15)
강판두께	0.5	0.6	0.8	1.0	1.2

④ 누설량 : 급기량의 10[%]를 초과하지 말 것

⑤ 구조 : 정기적으로 풍도 내부를 청소할 수 있는 구조

⑥ 풍도 내의 풍속 : 15[m/s] 이하

⑦ 피토관 측정 시 풍속 계산식

$$V = 1.29\sqrt{P_v}$$

여기서, V : 풍속[m/s]

P_v : 동압[Pa]

⑧ 풍량 계산식

$$Q = 3{,}600\,VA$$

여기서, Q : 풍량[m^3/hr]

V : 평균 풍속[m/s]

A : 덕트의 단면적[m^2]

19 급기송풍기(2.16)

(1) 송풍기 송풍능력

급기량의 1.15배 이상

(2) 풍량조절장치 설치

풍량조절

(3) 풍량측정장치 설치

풍량을 실측할 수 있는 유효한 조치

(4) 설치위치

인접장소의 화재로부터 영향을 받지 아니하고 접근 및 점검이 용이한 곳

(5) 송풍기는 옥내의 화재감지기의 동작에 따라 작동

(6) 캔버스

내열성(석면재료를 제외)이 있는 것

20 외기취입구(2.17)

(1) 설치위치

① 외기를 옥외로부터 취입하는 경우 설치위치

㉠ 연기 또는 공해물질 등으로 오염된 공기를 취입하지 아니하는 위치

㉡ 배기구 등으로부터 수평거리 5[m] 이상, 수직거리 1[m] 이상 낮은 위치에 설치

② 취입구를 옥상에 설치하는 경우 : 옥상의 외곽면으로부터 수평거리 5[m] 이상, 외곽면의 상단으로부터 하부로 수직거리 1[m] 이하의 위치에 설치

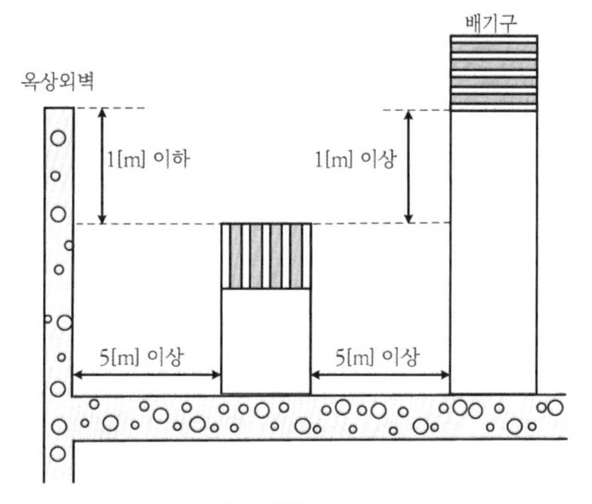

▌외기취입구▐

(2) 구조

① 빗물과 이물질이 유입하지 아니하는 구조

② 취입공기가 옥외의 바람의 속도와 방향에 따라 영향을 받지 아니하는 구조

21 수동기동장치(2.19)

(1) 설치위치

배출댐퍼 및 개폐기의 직근과 제연구역(예외 계단실 및 그 부속실을 동시에 제연하는 제연구역에는 그 부속실에만 설치) 스위치는 0.8[m] 이상 1.5[m] 이하

(2) 기능

① 전층의 제연구역에 설치된 급기댐퍼의 개방

② 당해 층의 배출댐퍼 또는 개폐기의 개방

③ 급기송풍기 및 유입공기의 배출용 송풍기의 작동

④ 개방 · 고정된 모든 출입문의 개폐장치의 작동

(3) 수동발신기의 조작과 연동

수동기동장치는 옥내에 설치된 수동발신기의 조작에 따라서도 작동할 수 있도록 설치

22 비상전원(2.21)

(1) 비상전원의 종류

자가발전설비, 축전지설비, 전기저장장치

(2) 용량 ★★

층수	비상전원 용량
30층 미만	20분 이상
30층 이상	40분 이상
50층 이상	60분 이상

23 성능확인(2.22)

(1) 시험 · 측정 및 조정 등(TAB)

제연설비는 설계목적에 적합한지 사전에 검토하고 제연설비의 성능과 관련된 건물의 모든 부분(건축설비 포함)을 완성하는 시점에 맞추어 시험 · 측정 및 조정을 해야 한다.

(2) 시험 · 측정 및 조정 등의 기준 ★★★★

① 제연구역의 모든 출입문 등의 크기와 열리는 방향이 설계 시와 동일한지 여부를 확인하고, 동일하지 아니한 경우 급기량과 보충량 등을 다시 산출하여 조정 가능 여부 또는 재설계 · 개수의 여부를 결정할 것

② 제연구역의 출입문 및 복도와 거실(옥내가 복도와 거실로 되어 있는 경우에 한한다) 사이의 출입문마다 제연설비가 작동하고 있지 아니한 상태에서 그 폐쇄력을 측정할 것

③ 옥내의 층별로 화재감지기(수동기동장치를 포함)를 동작시켜 제연설비가 작동하는지 여부를 확인할 것

④ 제연설비가 작동하는 경우 시험 등을 실시

㉠ 부속실과 면하는 옥내 및 계단실의 출입문을 동시에 개방 : 유입공기의 풍속은 개구부를 10 이상의 지점에서 균등 분할하여 측정

㉡ 시험 등의 과정에서 출입문을 개방하지 아니하는 제연구역의 실제 차압이 기준차압의 70[%] 이상의 기준에 적합한지 여부를 출입문 등에 차압측정공을 설치하고 이를 통하여 차압측정기구로 실측하여 확인 · 조정할 것

㉢ 출입문의 개방에 필요한 힘을 측정하여 개방력에 적합한지 여부를 확인하고, 적합하지 아니한 경우에는 급기구의 개구율 조정 및 플랩댐퍼와 풍량조절용댐퍼 등의 조정에 따라 적합하도록 조치할 것. 이때 제연구역의 출입문과 면하는 옥내에 거실제연설비가 설치된 경우에는 이 기준에 따른 제연설비와 해당 거실제연설비를 동시에 작동시킨 상태에서 출입문의 개방력을 측정할 것

㉣ 시험 등의 과정에서 부속실의 개방된 출입문이 자동으로 완전히 닫히는지 여부를 확인하고, 닫힌 상태를 유지할 수 있도록 조정할 것

24 부속실과 거실제연의 비교

구분	거실	부속실
제연방식	급 · 배기방식	급기가압방식
제연목적	연기층과 청결층의 형성을 통해 피난가능시간 확보	안전구역 연기침입 방지
적용	거실, 통로	피난경로(부속실, 계단, 승강장)
제연댐퍼 개방	• 급기 : 화재실 또는 화재실 주변 • 배기 : 화재실	• 급기 : 전층 • 배기 : 해당 층 • 과압 형성 : 플랩댐퍼, 자동차압급기댐퍼
급기댐퍼 재질	별도의 규제가 없다.	1.5[mm] 이상의 두께 요구(내열성)
급기량	면적, 직경, 수직거리에 따라 결정	누설면적과 보충량에 따라 결정
풍속	최대풍속이 정해져 있다.	방연풍속이 있다.
보호대상	화재실과 안전구역으로 이동경로의 피난자의 안전확보	피난자의 안전구역 및 소방대의 안전확보
제어원리	흐름(유동)제어	압력제어
제연대책	• 적극적 대책 • smoke venting	• 소극적인 대책 • smoke defence

기출·예상문제

01

이해도 ○ △ × / 중요도 ★★★

특별피난계단의 계단실 및 부속실 제연설비에 대한 안전기준 내용으로 틀린 것은?

① 제연구역과 옥내와의 사이에 유지하여야 하는 최소차압은 40[Pa] 이상으로 하여야 한다.
② 제연설비가 가동되었을 경우 출입문의 개방에 필요한 힘은 110[N] 이상으로 하여야 한다.
③ 계단실과 부속실을 동시에 제연하는 경우 부속실의 기압은 계단실과 같게 하거나 압력 차이가 5[Pa] 이하가 되도록 하여야 한다.
④ 계단실 및 그 부속실을 동시에 제연하는 것 또는 계단실만 제연할 때의 방연풍속은 0.5[m/s] 이상이어야 한다.

해설 차압 등

(1) 최소 : 제연구역과 옥내와의 최소차압 40[Pa] 이상(스프링클러 12.5[Pa])
(2) 최대 : 출입문 개방에 필요한 힘은 110[N] 이하
(3) 출입문이 일시적으로 개방되는 경우 비개방 부속실 차압 : 기준차압의 70[%] 이상
(4) 계단실 · 부속실 동시 제연
① 계단실=부속실
② 계단실>부속실(5[Pa] 이하)

02

이해도 ○ △ × / 중요도 ★★

급기가압방식으로 실내를 가압할 때 그 실의 문 틈새를 통하여 누출되는 공기의 양에 대한 설명 중 옳은 것은?

① 문의 틈새면적에 비례한다.
② 문을 경계로 한 실내외의 기압차에 비례한다.
③ 문의 틈새면적에 반비례한다.
④ 문을 경계로 한 실내외의 기압차에 반비례한다.

해설 누설량 공식

$$Q=0.827A\sqrt{P}$$

여기서, Q : 누설량[m^3/s]
A : 누설틈새면적[m^2]
P : 차압[Pa]

∴ 누설량은 틈새면적에 비례한다.
누설량은 압력의 제곱근에 비례한다.

03

이해도 ○ △ × / 중요도 ★

제연구역의 선정방식 중 계단실 및 그 부속실을 동시에 제연하는 것의 방연풍속은 몇 [m/s] 이상이어야 하는가?

① 0.5 ② 0.7
③ 1 ④ 1.5

해설 방연풍속

구분		방연풍속
계단실 · 부속실 동시 제연 또는 계단실만 제연		0.5[m/s]
부속실만 단독제연	옥내가 거실	0.7[m/s]
	옥내가 복도	0.5[m/s]

정답 01. ② 02. ① 03. ①

04

이해도 ○ △ × / 중요도 ★

제연설비에 있어서 거실 내 유입공기의 배출방식으로 맞지 않는 것은?

① 수직풍도에 따른 배출
② 배출구에 따른 배출
③ 플랩댐퍼에 따른 배출
④ 제연설비에 따른 배출

해설 유입공기배출방식
(1) 수직풍도에 따른 배출
(2) 배출구에 따른 배출
(3) 제연설비에 따른 배출

05

이해도 ○ △ × / 중요도 ★★★

특별피난계단의 부속실 제연설비에 있어서 각 층의 옥내와 면하는 수직풍도의 관통부의 배출댐퍼 설치에 관한 설명 중 맞지 않는 것은?

① 배출댐퍼는 두께 1.5[mm] 이상의 강판으로 제작하여야 한다.
② 풍도의 배출댐퍼는 이 · 탈착구조가 되지 않도록 설치한다.
③ 개폐 여부를 해당 장치 및 제어반에서 확인할 수 있는 감시기능을 내장하고 있을 것
④ 평상시 닫힘구조로 기밀상태를 유지할 것

해설 각 층의 옥내와 면하는 수직풍도의 관통부의 배출댐퍼 설치기준
(1) 배출댐퍼 두께 : 1.5[mm] 이상
(2) 재질 : 강판 또는 이와 동등 이상의 성능이 있는 것으로 설치하고 비내식성 재료의 경우에는 부식방지조치
(3) 평상시 : 닫힌 구조로 기밀상태 유지
(4) 감시기능 내장 : 개폐 여부를 당해 장치 및 제어반에서 확인
(5) 기밀상태 점검가능 구조 : 구동부의 작동상태와 닫혀 있을 때의 기밀상태 점검가능 구조
(6) 이 · 탈착구조 : 풍도의 내부마감상태에 대한 점검 및 댐퍼의 정비목적
(7) 화재감지기의 동작 : 당해 층 댐퍼 개방
(8) 개방 시 실제 개구부의 크기 : 수직풍도의 최소내부단면적 이상으로 할 것
(9) 댐퍼는 수직풍도의 내부로 돌출하지 않게 설치

06

이해도 ○ △ × / 중요도 ★

특별피난계단의 계단실 및 부속실 제연설비의 화재안전기술기준 중 급기풍도 단면의 긴 변의 길이가 1,300[mm]인 경우 강판의 두께는 몇 [mm] 이상이어야 하는가?

① 0.6　　② 1.0
③ 0.8　　④ 1.2

해설 풍도의 두께[mm]

풍도 단면의 긴 변 또는 직경의 크기	450 이하	450 초과 750 이하	750 초과 1,500 이하	1,500 초과 2,250 이하	2,250 초과
강판두께	0.5	0.6	0.8	1.0	1.2

07

이해도 ○ △ × / 중요도 ★★★★

특별피난계단의 부속실 등에 설치하는 급기가압방식 제연설비의 측정시험 조정항목을 열거한 것이다. 이에 속하지 않는 것은?

① 배연구의 설치위치 및 크기의 적정 여부 확인
② 화재감지기 동작에 의한 제연설비의 작동 여부 확인
③ 출입문의 크기와 열리는 방향이 설계 시와 동일한지 여부 확인
④ 출입문마다 그 바닥 사이의 틈새가 평균적으로 균일한지 여부 확인

정답 04. ③ 05. ② 06. ③ 07. ①

해설 배연구의 설치위치 및 크기의 적정 여부를 확인하는 것이 아니다. 배연구는 거실제연설비에 해당된다.

08

이해도 ○ △ × / 중요도 ★

특별피난계단의 계단실 및 부속실 제연설비의 비상전원은 제연설비를 유효하게 최소 몇 분 이상 작동할 수 있도록 하여야 하는가? (단, 층수가 30층 이상 49층 이하인 경우이다.)

① 20 ② 30
③ 40 ④ 60

해설 비상전원
(1) 비상전원의 종류 : 자가발전설비, 축전지설비, 전기저장장치
(2) 용량

층수	비상전원 용량
30층 미만	20분 이상
30층 이상	40분 이상
50층 이상	60분 이상

09

이해도 ○ △ × / 중요도 ★

건축물의 층수가 40층인 특별피난계단의 계단실 및 부속실 제연설비의 비상전원은 몇 분 이상 유효하게 작동할 수 있어야 하는가?

① 20 ② 30
③ 40 ④ 60

해설 건축물의 층수가 30층 이상 50층 미만인 특별피난계단의 계단실 및 부속실 제연설비의 비상전원은 40분 이상 유효하게 작동하여야 한다.

10

이해도 ○ △ × / 중요도 ★★

특별피난계단의 계단실 및 부속실 제연설비의 차압 등에 관한 기준 중 다음 ( ) 안에 알맞은 것은?

> 제연설비가 가동되었을 경우 출입문의 개방에 필요한 힘은 ( )[N] 이하로 하여야 한다.

① 12.5 ② 40
③ 70 ④ 110

해설 계단실 · 부속실 제연설비인 경우는 제연설비가 가동되었을 경우 출입문의 개방에 필요한 힘은 110[N] 이하이어야 한다.

11

이해도 ○ △ × / 중요도 ★

특별피난계단의 계단실 및 부속실 제연설비의 차압 등에 관한 기준 중 옳은 것은?

① 제연설비가 가동되었을 경우 출입문의 개방에 필요한 힘은 130[N] 이하로 하여야 한다.
② 제연구역과 옥내와의 사이에 유지하여야 하는 최소차압은 40[Pa](옥내에 스프링클러설비가 설치된 경우에는 12.5[Pa]) 이상으로 하여야 한다.
③ 피난을 위하여 제연구역의 출입문이 일시적으로 개방되는 경우 개방되지 아니하는 제연구역과 옥내와의 차압은 기준차압의 60[%] 미만이 되어서는 아니된다.
④ 계단실과 부속실을 동시에 제연하는 경우 부속실의 기압은 계단실과 같게 하거나 계단실의 기압보다 낮게 할 경우에는 부속실과 계단실의 압력차이는 10[Pa] 이하가 되도록 하여야 한다.

정답 08. ③ 09. ③ 10. ④ 11. ②

① 제연설비가 가동되었을 경우 출입문의 개방에 필요한 힘은 110[N] 이하이다.
③ 피난을 위하여 제연구역의 출입문이 일시적으로 개방되는 경우 개방되지 아니하는 제연구역과 옥내와의 차압은 기준차압의 70[%] 미만이 되어서는 아니 된다.
④ 계단실과 부속실을 동시에 제연하는 경우 부속실의 기압은 계단실과 같게 하거나 계단실의 기압보다 낮게 할 경우에는 부속실과 계단실의 압력차이는 5[Pa] 이하가 되도록 하여야 한다.

핵심문제

01 차압

(1) 최소 : 제연구역과 옥내와의 최소차압 (   )(스프링클러 12.5[Pa])
(2) 최대 : 출입문 개방에 필요한 힘은 (   )

02 방연풍속

<table>
<tr><th colspan="2">구분</th><th>방연풍속</th></tr>
<tr><td colspan="2">계단실 · 부속실 동시 제연 또는 계단실만 제연</td><td>(①)</td></tr>
<tr><td rowspan="2">부속실만, 비상용 승강기 승강장만 단독제연</td><td>옥내가 거실</td><td>(②)</td></tr>
<tr><td>옥내가 복도</td><td>(③)</td></tr>
</table>

03 비상전원 용량

층수	비상전원 용량
30층 미만	(①)
30층 이상	(②)
50층 이상	(③)

01. (1) 40[Pa] 이상, (2) 110[N] 이하
02. ① 0.5[m/s], ② 0.7[m/s], ③ 0.5[m/s]
03. ① 20분 이상, ② 40분 이상, ③ 60분 이상

03 연결송수관설비(NFTC 502)

1 개요

연결송수관은 화재가 발생 시 소방관이 소화활동을 할 때 소방 펌프차에 의하여 방수소화가 되지 않는 고층건축물에 대해서 외부에서 소방 펌프차로 건축물 내부에 송수해서 방수구에 연결하여 소방관이 내부에서 유효한 소화활동을 할 수 있도록 되어 있는 소화활동 설비이다.

2 설치목적 ★

(1) 소화펌프 작동 정지에 대응

(2) 소화 수원의 고갈에 대응

(3) 소방차에서의 직접 살수 시 도달높이 및 장애물의 한계 극복

3 연결송수관설비의 구성

송수구, 배관, 방수구, 방수기구함 ★

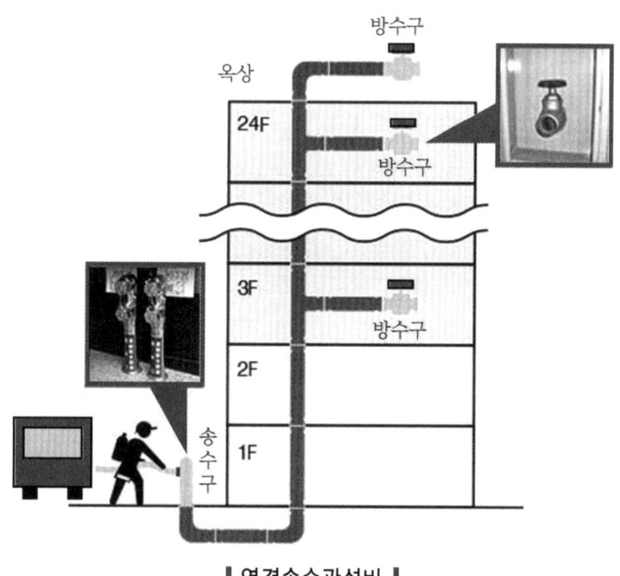

▌연결송수관설비 ▌

4 연결송수관설비의 종류

(1) 건식

① 10층 이하의 저층건물에 적용하는 설비방식

② 입상관에 물을 채워두지 않는 설비방식

(2) 습식

① 높이가 31[m] 이상 또는 11층 이상의 고층건물에 적용하는 설비방식

② 입상관에 상시 물을 채워두는 설비방식

5 송수구(2.1) ★★★★

(1) 설치위치

① 소방차가 쉽게 접근할 수 있고 노출된 장소

② 화재층으로부터 지면으로 떨어지는 유리창 등이 송수 및 그 밖의 소화작업에 지장을 주지 아니하는 장소

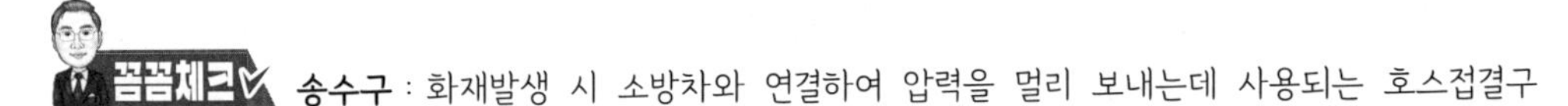

송수구 : 화재발생 시 소방차와 연결하여 압력을 멀리 보내는데 사용되는 호스접결구

(2) 설치높이

0.5~1[m]

(3) 연결배관에 개폐밸브를 설치하는 경우 설치위치

확인 및 조작할 수 있는 장소(옥외 또는 기계실)

(4) 급수개폐밸브 작동스위치

① 급수개폐밸브가 잠길 경우 : 탬퍼스위치의 동작으로 인하여 감시제어반 또는 수신기에 표시되어야 하며 경보음을 발할 것

② 탬퍼스위치 시험 : 감시제어반 또는 수신기에서 동작의 유무 확인과 동작시험, 도통시험

③ 급수개폐밸브의 작동표시 스위치에 사용되는 전기배선 : 내화전선 또는 내열전선

(5) 송수구 구경과 종류

65[mm]의 쌍구형 ★

(6) 표지설치

가까운 곳의 보기 쉬운 곳

① 송수압력범위를 표시한 표지

② 연결송수관설비 송수구라는 표지

(7) 송수구 설치개수

수직배관마다 1개 이상 ★

(8) 송수구 부근에는 자동배수 및 체크밸브 설치순서

① 습식 : 송수구 – 자동배수밸브 – 체크밸브

② 건식 : 송수구 – 자동배수밸브 – 체크밸브 – 자동배수밸브 ★★

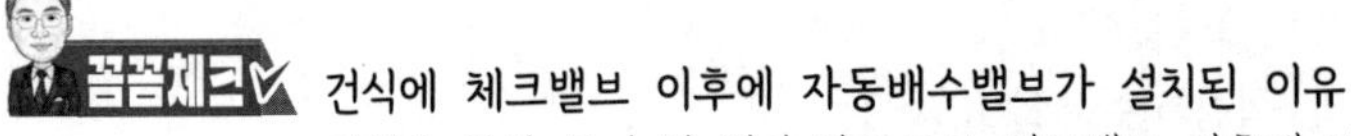

건식에 체크밸브 이후에 자동배수밸브가 설치된 이유

건식은 항상 물이 차 있지 않으므로 체크밸브 이후에 자동배수밸브를 설치하여 물을 빼주어야 한다. 습식은 체크밸브 이후 부분에 물이 차 있으므로 자동배수밸브의 설치가 곤란하다.

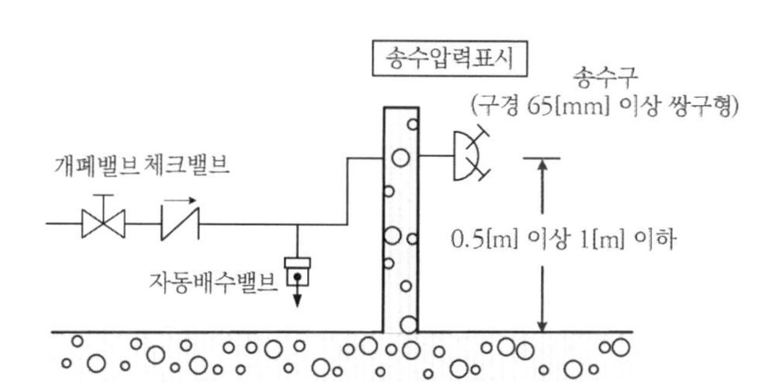

▌연결송수관 송수구▐

(9) 마개설치

이물질 방지

6 배관 등(2.2) ★★★

(1) 주배관 구경

주배관 구경이 100[mm] 이상인 옥내소화전설비의 배관과 겸용 가능 ★

암기 Tip 송주백

(2) 습식대상

높이 31[m] 이상 지상 11층 이상 ★★★★★

암기 Tip 송습 삼일빌딩(31) 고고(11)

(3) 연결송수관설비의 수직배관 설치장소

예외 학교 또는 공장이거나 배관 주위를 1시간 이상 내화성능이 있는 재료로 보호하는 경우

① 내화구조로 구획된 계단실(부속실을 포함)

② 파이프덕트 등 화재의 우려가 없는 장소

(4) 분기배관

성능인증 및 제품검사 기술기준에 적합한 것을 설치

(5) 식별표시

배관은 구분이 될 수 있는 위치에 배관 표면 또는 보온재에 식별표시

7 방수구(2.3) ★

(1) 설치대상

소방대상물의 층마다 설치

(2) 설치제외 대상

① 아파트의 1층 및 2층 ★

② 소방차의 접근이 가능하고 소방대원이 소방차로부터 각 부분에 쉽게 도달할 수 있는 피난층

③ 송수구가 부설된 옥내소화전을 설치한 특정소방대상물(예외 집회장 · 관람장 · 백화점 · 도매시장 · 소매시장 · 판매시설 · 공장 · 창고시설 또는 지하가)로서 다음의 어느 하나에 해당하는 층 ★★★

㉠ 지하층을 제외한 층수가 4층 이하 + 연면적이 6,000[m^2] 미만

㉡ 지하층의 층수가 2 이하

(3) 설치위치

계단으로부터 5[m] 이내

① **아파트 또는 바닥면적이 1,000[m^2] 미만인 층** : 계단의 부속실을 포함하며 계단이 2 이상 있는 경우에는 그 중 1개의 계단에 설치

② **바닥면적 1,000[m^2] 이상인 층(아파트를 제외)** : 계단의 부속실을 포함하며 계단이 3 이상 있는 층의 경우에는 그 중 2개의 계단에 설치

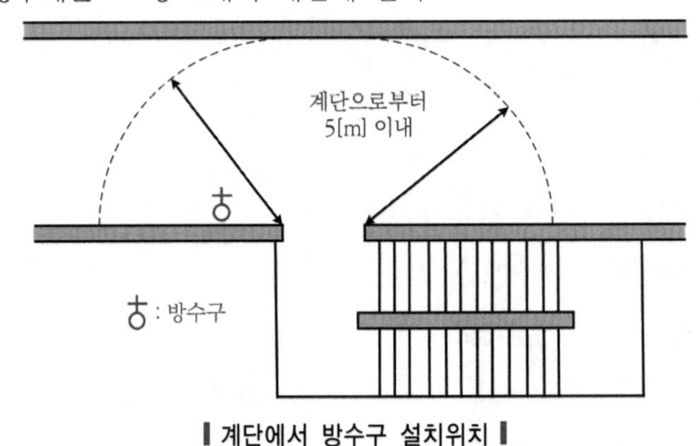

▌계단에서 방수구 설치위치▐

(4) 방수구 추가설치에 따른 수평거리

① 지하가, 지하층(3,000[m^2]) : 25[m] ★★★

② 기타 : 50[m]

③ 터널 주행차로 측벽길이 : 50[m]

(5) 11층 이상에 설치하는 방수구 ★★★★

① 원칙 : 쌍구형

② 예외 : 단구형

㉠ 아파트의 용도로 사용되는 층

㉡ 스프링클러설비가 유효하게 설치되어 있고 방수구가 2개소 이상 설치된 층

(6) 방수구 호스접결구

0.5 ~ 1[m]

(7) 방수구 구경

65[mm]

(8) **방수구 위치표시**

표시등 또는 축광식 표지

① **표시등** : 함의 상부에 설치(성능인증 및 기술기준에 적합한 것)

② **축광식 표지** : 성능인증 및 기술기준에 적합한 것

(9) 방수구는 개폐기능을 가진 것을 설치, 평상시 닫힌 상태를 유지

8 방수기구함(2.4)

(1) **설치기준**

피난층과 가장 가까운 층을 기준으로 3개층마다 설치 ★

(2) **설치위치**

방수구에서 보행거리 5[m] 이내 ★

암기 Tip 기삼오(기구함 3층마다 5미터 이내)

(3) **기구함의 내용물**

길이 15[m] 호스와 방사형 관창 ★

① **호스** : 담당구역 각 부분에 유효하게 물이 뿌려질 수 있는 개수 이상 비치, 쌍구형의 경우는 단구형의 2배 이상

② **관창** : 단구형 1개, 쌍구형 2개 이상

(4) **표지설치**

"방수기구함"이라는 축광식 표지

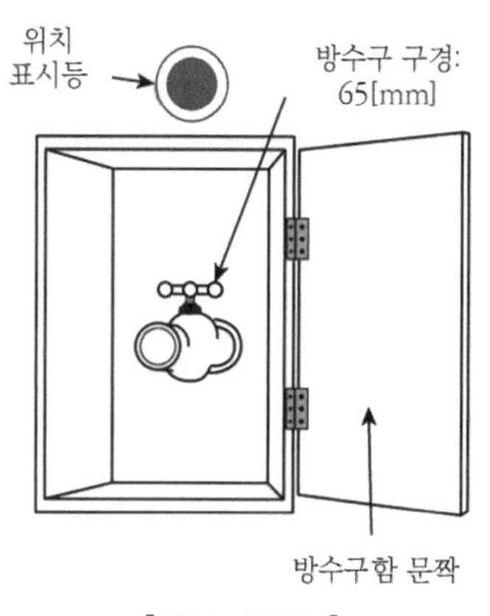

▌방수기구함▐

9 가압송수장치(2.5) ★★

(1) **설치대상**

지표면에서 최상층 방수구의 높이가 70[m] 이상 소방대상물

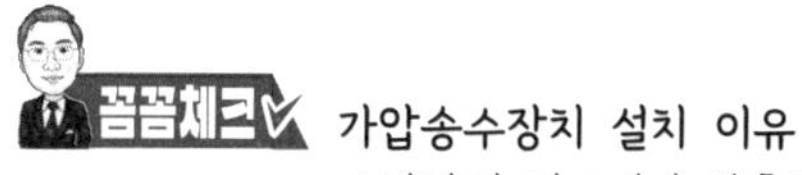

가압송수장치 설치 이유

소방차의 펌프에서 방출하는 압력은 110[m]의 수두압으로 마찰 등의 손실을 고려했을 때 70[m] 이상에서는 사용에 적정압(0.35[MPa])이 나오지 않는다는 전제하에 가압송수장치로 가압하여 효율적인 소방활동을 기하고자 제안을 한 것이다.

(2) **가압송수장치 방사압**

0.35[MPa] 이상 ★

(3) **방사량(Q)** ★★

구분	일반적인 경우	계단식 APT
방수구 3개 이하	2,400[L/min] 이상	1,200[L/min] 이상
방수구 3개 초과 5개 이하	2,400[L/min]+N×800[L/min]	1,200[L/min]+N×400[L/min]

여기서, N : 3개를 초과하는 방수구수(max : 2)

(4) 가압송수장치 기동

① 방수구가 개방될 때 자동으로 기동

② 수동스위치의 조작에 따라 수동기동

㉠ 수동스위치는 2개 이상을 설치

㉡ 그 중 1개는 송수구의 부근에 설치

③ 수동스위치 설치기준

㉠ 설치위치 : 송수구로부터 5[m] 이내 + 보기 쉬운 장소 + 바닥으로부터 높이 0.8[m] 이상 1.5[m] 이하

㉡ 수납설치 : 1.5[mm] 이상의 강판함

㉢ 표지부착 : 연결송수관설비 수동스위치

㉣ 문짝 : 불연재료

④ 접지하고 빗물 등이 들어가지 아니하는 구조

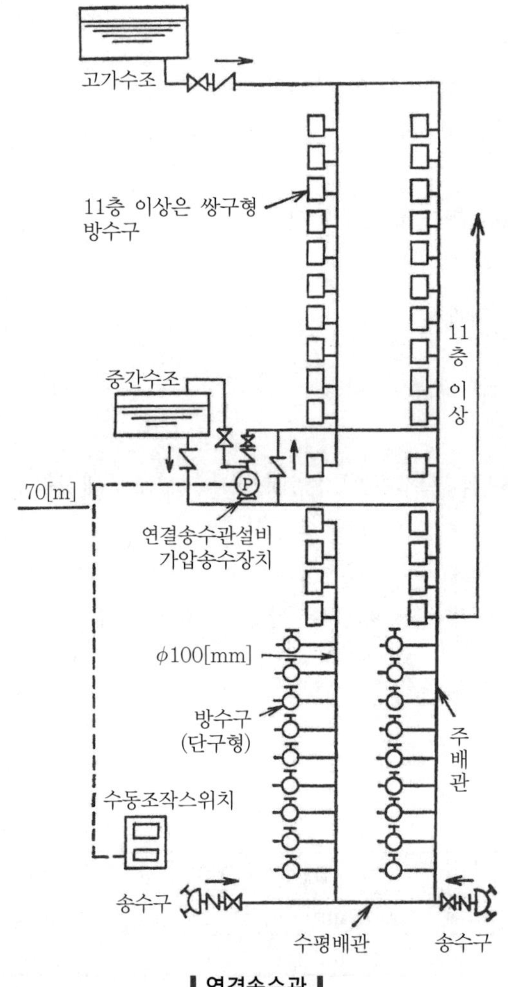

▌연결송수관▐

객관식 기출·예상문제

01 이해도 ○ △ × / 중요도 ★

다음 중 연결송수관설비의 설치목적이 아닌 것은?

① 소화펌프 작동 정지에 대응
② 소화 수원의 고갈에 대응
③ 소화펌프의 가동 시 송출수량을 보충하기 위해
④ 소방차에서의 직접 살수 시 도달높이 및 장애물의 한계 극복

해설 설치목적
(1) 소화펌프 작동 정지에 대응
(2) 소화 수원의 고갈에 대응
(3) 소방차에서의 직접 살수 시 도달높이 및 장애물의 한계 극복

02 이해도 ○ △ × / 중요도 ★

다음 중 연결송수관설비의 구조와 관계가 없는 것은?

① 송수구
② 방수구
③ 방수기구함
④ 유수검지장치

해설 연결송수관설비의 구성
송수구, 배관, 방수구, 방수기구함

03 이해도 ○ △ × / 중요도 ★★

연결송수관설비 송수구에 관한 설명 중 옳지 않은 것은?

① 송수구 부근에 설치하는 체크밸브 등은 습식의 경우 송수구, 자동배수밸브, 체크밸브 순으로 설치하여야 한다.
② 연결송수관의 수직배관마다 1개 이상을 설치하여야 한다.
③ 지면으로부터의 높이가 0.5[m] 이상 1[m] 이하의 위치가 되도록 설치하여야 한다.
④ 구경 65[mm]의 단구형으로 설치하여야 한다.

해설 연결송수구 구경과 종류
65[mm]의 쌍구형

04 이해도 ○ △ × / 중요도 ★★★

건식 연결송수관설비에서 설치순서로 적당한 것은?

① 송수구 – 자동배수밸브 – 체크밸브
② 송수구 – 체크밸브 – 자동배수밸브
③ 송수구 – 자동배수밸브 – 체크밸브 – 자동배수밸브
④ 송수구 – 체크밸브 – 자동배수밸브 – 체크밸브

해설 송수구 부근 자동배수 및 체크밸브 설치순서
(1) 습식 : 송수구 – 자동배수밸브 – 체크밸브
(2) 건식 : 송수구 – 자동배수밸브 – 체크밸브 – 자동배수밸브

정답 01. ③ 02. ④ 03. ④ 04. ③

05

이해도 ○ △ × / 중요도 ★

연결송수관설비에 대하여 틀린 것은?

① 연결송수관설비는 소방대원들이 각 층에서 소화작업을 하게 되는 소화활동설비이다.

② 하나의 건축물에 설치된 각 수직배관이 중간에 개폐밸브가 설치되지 아니한 배관으로 상호 연결이 되어 있을 때, 건축물마다 1개의 송수구를 설치할 수 있다.

③ 주배관에서 구경은 100[mm] 이상으로 하고 지면으로부터 높이가 31[m] 이상인 소방대상물에서는 습식으로 한다.

④ 아파트가 아닌 11층 이상의 건축물에 방수구가 1개소가 설치된 층에는 방수구를 단구형으로 할 수 있다.

해설 스프링클러가 설치되고 방수구가 2개소 설치된 층은 단구형 방수구를 설치할 수 있다.

06

이해도 ○ △ × / 중요도 ★

연결송수관설비의 송수구에 대한 설치기준으로 틀린 것은?

① 하나의 건축물에 설치된 각 수직배관이 중간에 개폐밸브가 설치되지 아니한 배관으로 상호 연결되어 있는 경우에는 건축물마다 1개씩 설치할 수 있다.

② 연결배관에 개폐밸브를 설치 시 그 개폐상태를 쉽게 확인 및 조작할 수 있는 옥외 또는 기계실 등에 설치한다.

③ 건식의 경우에 송수구, 자동배수밸브, 체크밸브, 자동배수밸브의 순으로 자동배수밸브 및 체크밸브를 설치한다.

④ 송수구는 가까운 곳의 보기 쉬운 곳에 "연결송수관설비 송수구"라고 표시한 표지와 송수구역 일람표를 설치한다.

해설 연결송수관 송수구 표지설치
가까운 곳의 보기 쉬운 곳
(1) 송수압력범위를 표시한 표지
(2) "연결송수관설비 송수구"라는 표지

④ 송수구역 일람표를 설치하라는 규정은 없다.

07

이해도 ○ △ × / 중요도 ★★

연결송수관설비 배관의 설치기준으로 옳지 않은 것은?

① 지면으로부터의 높이가 31[m] 이상인 특정소방대상물은 습식설비로 하여야 한다.

② 다른 부분과 내화구조로 구획된 덕트 또는 피트의 내부에 설치하는 경우에는 소방용 합성수지 배관으로 설치할 수 있다.

③ 배관 내 사용압력이 1.2[MPa] 미만인 경우 이음매 있는 구리 및 구리합금관을 사용하여야 한다.

④ 연결송수관설비의 배관은 주배관의 구경이 100[mm] 이상인 옥내소화전설비·스프링클러설비 또는 물분무등소화설비의 배관과 겸용할 수 있다.

해설 연결송수관의 배관기준

압력 1.2[MPa] 미만	압력 1.2[MPa] 이상
배관용 탄소강관	압력배관용 탄소강관
이음매 없는 구리 및 구리합금관	
배관용 스테인리스강관 또는 일반배관용 스테인리스강관	배관용 아크용접 탄소강강관
덕타일 주철관	

정답 05. ④ 06. ④ 07. ③

③ 배관 내 사용압력이 1.2[MPa] 미만인 경우 이음매 없는 구리 및 구리합금관을 사용할 수 있다.

08

이해도 ○ △ × / 중요도 ★★★

연결송수관설비에서 습식설비로 하여야 하는 건축물 기준은?

① 건축물의 높이가 31[m] 이상인 것
② 지상 10층 이상의 건축물인 것
③ 건축물의 높이가 25[m] 이상인 것
④ 지상 7층 이상의 건축물인 것

해설 연결송수관설비 습식설비 설치대상
높이 31[m] 이상 지상 11층 이상

암기 Tip 송수 삼일빌딩(31) 고고(11)

09

이해도 ○ △ × / 중요도 ★

연결송수관의 주배관이 옥내소화전 또는 스프링클러설비의 배관과 겸용할 수 있는 경우는 어떠한 것인가?

① 구경이 100[mm] 이상인 경우
② 준비작동식 스프링클러설비인 경우
③ 건물의 층고가 31[m] 이하인 경우
④ 가압펌프가 따로 설치되어 있는 경우

해설 연결송수관 주배관 구경
100[mm] 이상(소화설비 배관과 겸용 가능)

암기 Tip 송주백(송수관 주배관 100[mm]

10

이해도 ○ △ × / 중요도 ★

연결송수관설비의 배관 및 방수구에 관한 설치기준 중 맞지 않는 것은?

① 주배관의 구경은 100[mm] 이상의 것으로 한다.
② 지상 11층 이상인 소방대상물은 습식설비로 한다.
③ 배관은 옥내소화전, 스프링클러 포소화설비의 배관과 겸용할 수 있다.
④ 전용 방수구의 구경은 65[mm]의 것으로 설치한다.

해설 연결송수관설비의 배관은 주배관의 구경이 100[mm] 이상인 옥내소화전설비의 배관과 겸용할 수 있다.

11

이해도 ○ △ × / 중요도 ★★

연결송수관설비에 대한 설명 중 옳지 않은 것은?

① 송수구는 연결송수관의 수직배관마다 1개 이상을 설치할 것
② 주배관 구경은 100[mm] 이상의 것으로 할 것
③ 지면으로부터 높이가 31[m] 이상인 소방대상물에 있어서는 건식설비로 할 것
④ 습식의 경우에는 송수구, 자동배수밸브, 체크밸브의 순으로 설치할 것

해설 지면으로부터 높이가 31[m] 이상인 소방대상물에 있어서는 습식설비로 할 것

12

이해도 ○ △ × / 중요도 ★

연결송수관설비의 방수용 기구함 설치기준 중 ( ) 안에 알맞은 것은?

> 방수기구함은 피난층과 가장 가까운 층을 기준으로 (㉠)개층마다 설치하되 그 층의 방수구마다 보행거리 (㉡)[m] 이내에 설치할 것

① ㉠ 2, ㉡ 3　② ㉠ 3, ㉡ 2
③ ㉠ 3, ㉡ 5　④ ㉠ 5, ㉡ 3

CHAPTER 08

정답 08. ① 09. ① 10. ③ 11. ③ 12. ③

해설 방수기구함은 피난층과 가장 가까운 층을 기준으로 3개층마다 설치하되, 그 층의 방수구마다 보행거리 5[m] 이내에 설치할 것

13

이해도 ○ △ × / 중요도 ★

아파트에 연결송수관설비를 설치할 때 방수구는 몇 층부터 설치할 수 있는가?

① 3층 ② 4층
③ 5층 ④ 7층

해설 연결송구관설비의 송수구는 층마다 설치하게 되어 있다. 하지만 아파트의 경우 1, 2층이 제외 대상이므로 3층부터 설치한다.

14

이해도 ○ △ × / 중요도 ★★★

연결송수관설비의 방수구 설치에서 지하가 또는 지하층의 바닥면적의 합계가 3,000[m^2] 이상일 때 이 층의 각 부분으로부터 방수구까지의 수평거리 기준은?

① 25[m] ② 50[m]
③ 65[m] ④ 100[m]

해설 방수구 추가설치에 따른 수평거리
(1) 지하가, 지하층(3,000[m^2]) : 25[m]
(2) 기타 : 50[m]
(3) 터널 주행차로 측벽길이 : 50[m]

15

이해도 ○ △ × / 중요도 ★★

연결송수관설비의 방수구 설치기준에 관련된 사항이다. 적절하지 않은 항목은?

① 10층 이상의 층에는 쌍구형으로 설치하여야 한다.
② 호스접결구는 바닥으로부터 높이 0.5[m] 이상 1[m] 이하의 위치에 설치하여야 한다.
③ 구경이 65[mm]의 것으로 하여야 한다.
④ 방수구는 개폐기능을 가진 것이어야 한다.

해설 11층 이상에 설치하는 방수구
(1) 원칙 : 쌍구형
(2) 예외 : 단구형
  ① 아파트의 용도로 사용되는 층
  ② 스프링클러설비가 유효하게 설치되어 있고 방수구가 2개소 이상 설치된 층

16

이해도 ○ △ × / 중요도 ★

17층의 사무소 건축물로 11층 이상에 쌍구형 방수구가 설치된 경우, 14층에 설치된 방수기구함에 요구되는 길이 15[m]의 호스 및 방사형 관창의 설치개수는?

① 호스는 5개 이상, 방사형 관창은 2개 이상
② 호스는 3개 이상, 방사형 관창은 1개 이상
③ 호스는 단구형 방수구의 2배 이상의 개수, 방사형 관창은 2개 이상
④ 호스는 단구형 방수구의 2배 이상의 개수, 방사형 관창은 1개 이상

해설 연결송수구 기구함의 내용물
길이 15[m] 호스와 방사형 관창
(1) 호스 : 담당구역 각 부분에 유효하게 물이 뿌려질 수 있는 개수 이상, 쌍구형의 경우는 단구형의 2배 이상
(2) 관창 : 단구형 1개, 쌍구형 2개 이상

정답 13. ① 14. ① 15. ① 16. ③

17

이해도 ○ △ × / 중요도 ★

연결송수관설비의 가압송수장치의 설치기준으로 틀린 것은? (단, 지표면에서 최상층 방수구의 높이가 70[m] 이상의 특정소방대상물이다.)

① 펌프의 양정은 최상층에 설치된 노즐선단의 압력이 0.35[MPa] 이상의 압력이 되도록 할 것
② 계단식 아파트의 경우 펌프의 토출량은 1,200[L/min] 이상이 되는 것으로 할 것
③ 계단식 아파트의 경우 해당 층에 설치된 방수구가 3개를 초과하는 것은 1개마다 400[L/min]을 가산한 양이 펌프의 토출량이 되는 것으로 할 것
④ 내연기관을 사용하는 경우(층수가 30층 이상 49층 이하) 내연기관의 연료량은 20분 이상 운전할 수 있는 용량일 것

해설 비상전원

(1) 비상전원의 종류 : 자가발전설비, 축전지설비, 전기저장장치
(2) 용량

층수	비상전원 용량
30층 이상	40분 이상
50층 이상	60분 이상

18

이해도 ○ △ × / 중요도 ★★

연결송수관설비의 가압송수장치 설치에서 방수구의 수량이 가장 많이 설치된 층이 6개라면 이때 필요한 펌프의 분당 토출량은 얼마 이상이어야 하는가? (단, 소방대상물은 지표면에서 최상층 방수구의 높이가 70[m] 이상인 일반 건물이다.)

① 3,600[L] ② 4,000[L]
③ 6,000[L] ④ 6,400[L]

해설 가압송수장치 방사량(Q)

구분	일반적인 경우	계단식 APT
방수구 3개 이하	2,400[L/min] 이상	1,200[L/min] 이상
방수구 3개 초과 5개 이하	2,400[L/min]+N×800[L/min]	1,200[L/min]+N×400[L/min]

여기서, N : 3개를 초과하는 방수구수 (max : 2)

Q=2,400[L/min]+N×800[L/min]
=2,400[L/min]+2×800[L/min]
=4,000[L/min]

19

이해도 ○ △ × / 중요도 ★

방수구가 각 층에 2개씩 설치된 소방대상물에 연결송수관 가압송수장치를 설치하려 한다. 가압송수장치의 설치대상과 최상층 말단의 노즐에서 요구되는 최소방사압력, 토출량이 적합한 것은?

① • 설치대상 : 높이 60[m] 이상인 소방대상물
 • 방사압력 : 0.25[MPa] 이상
 • 토출량 : 2,200[L/min] 이상
② • 설치대상 : 높이 70[m] 이상인 소방대상물
 • 방사압력 : 0.25[MPa] 이상
 • 토출량 : 2,200[L/min] 이상
③ • 설치대상 : 높이 60[m] 이상인 소방대상물
 • 방사압력 : 0.35[MPa] 이상
 • 토출량 : 2,400[L/min] 이상
④ • 설치대상 : 높이 70[m] 이상인 소방대상물
 • 방사압력 : 0.35[MPa] 이상
 • 토출량 : 2,400[L/min] 이상

정답 17. ④ 18. ② 19. ④

해설 연결송수관설비 가압송수장치
(1) 설치대상 : 높이 70[m] 이상인 소방대상물
(2) 방사압력 : 0.35[MPa] 이상
(3) 토출량 : 2,400[L/min] 이상

20

이해도 ○ △ × / 중요도 ★

지표면에서 최상층 방수구의 높이가 70[m] 이상의 소방대상물에 습식 연결송수관설비 펌프를 설치할 때 최상층에 설치된 노즐선단의 최소압력으로 적합한 것은?

① 0.15[MPa] 이상
② 0.25[MPa] 이상
③ 0.35[MPa] 이상
④ 0.45[MPa] 이상

해설 연결송수관설비 가압송수장치 방사압 0.35[MPa] 이상

21

이해도 ○ △ × / 중요도 ★

연결송수관설비의 가압송수장치를 기동하는 방법 및 기동스위치에 대한 설치기준으로 틀린 것은?

① 가압송수장치는 방수구가 개방될 때 자동으로 기동되거나 수동스위치의 조작에 따라 기동되도록 할 것
② 수동스위치는 2개 이상을 설치하되 그 중 1개는 송수구로부터 5[m] 이내의 보기 쉬운 장소에 바닥으로부터 높이 0.8[m] 이상 1.5[m] 이하로 설치할 것
③ 수동스위치는 2개 이상을 설치하되 그 중 1개는 송수구 부근에 1.5[mm] 이상의 강판함에 수납하여 설치할 것
④ 가압송수장치의 기동을 표시하는 표시등을 설치할 것

해설 가압송수장치 기동
(1) 방수구가 개방될 때 자동으로 기동
(2) 수동스위치의 조작에 따라 기동
  ① 수동스위치는 2개 이상을 설치
  ② 그 중 1개는 송수구의 부근에 설치
(3) 수동스위치 설치기준
  ① 설치위치 : 송수구로부터 5[m] 이내의 보기 쉬운 장소에 바닥으로부터 높이 0.8[m] 이상 1.5[m] 이하
  ② 수납설치 : 1.5[mm] 이상의 강판함
  ③ 표지부착 : 연결송수관설비 수동스위치
  ④ 문짝 : 불연재료

22

이해도 ○ △ × / 중요도 ★★

송수구가 부설된 옥내소화전을 설치한 특정소방대상물로서 연결송수관설비의 방수구를 설치하지 아니할 수 있는 층의 기준 중 다음 ( ) 안에 알맞은 것은? (단, 집회장 · 관람장 · 백화점 · 도매시장 · 소매시장 · 판매시설 · 공장 · 창고시설 또는 지하가를 제외한다.)

- 지하층을 제외한 층수가 (㉠)층 이하이고, 연면적이 (㉡)[m^2] 미만인 특정소방대상물의 지상층의 용도로 사용되는 층
- 지하층의 층수가 (㉢) 이하인 특정소방대상물의 지하층

① ㉠ 3, ㉡ 5,000, ㉢ 3
② ㉠ 4, ㉡ 6,000, ㉢ 2
③ ㉠ 5, ㉡ 3,000, ㉢ 3
④ ㉠ 6, ㉡ 4,000, ㉢ 2

정답 20. ③ 21. ④ 22. ②

해설 연결송수구 방수구 설치제외 대상

(1) 아파트의 1층 및 2층
(2) 소방차의 접근이 가능하고 소방대원이 소방차로부터 각 부분에 쉽게 도달할 수 있는 피난층
(3) 송수구가 부설된 옥내소화전을 설치한 특정소방대상물(예외 집회장 · 관람장 · 백화점 · 도매시장 · 소매시장 · 판매시설 · 공장 · 창고시설 또는 지하가)로서 다음의 어느 하나에 해당하는 층
   ① 지하층을 제외한 층수가 4층 이하이고, 연면적이 6,000[m^2] 미만인 특정소방대상물의 지상층
   ② 지하층의 층수가 2 이하인 특정소방대상물의 지하층

04 연결살수설비(NFTC 503)

1 개요

(1) 정의

건물의 지하화재에 대하여 소방펌프 자동차가 송수구에 연결송수한 소화수를 살수헤드를 통하여 연소부분에 살수하는 설비

(2) 목적

지하층이나 무창층의 화재 시에는 연기를 완전히 제압하지 못하면 소방대의 진입 또는 소화활동이 거의 불가능하게 된다. 왜냐하면 농연과 축열로 소방대의 시야 확보와 호흡곤란으로 소화활동에 장애가 크기 때문이다.

(3) 구성

송수구, 배관, 선택밸브, 살수헤드(일반적으로 개방형) 등

2 설치대상

구분	설치기준	제외대상
판매시설, 운수시설, 창고시설 중 물류터미널	바닥면적의 합계 1,000[m^2] 이상	• 송수구를 부설한 (간이) 스프링클러설비, 물분무등소화설비 등이 적합하게 설치된 경우 • 지하구
지하층(피난층으로 도로와 접하면 제외)	바닥면적의 합계 150[m^2] 이상	
국민주택 규모 이하의 아파트의 지하층	바닥면적 700[m^2] 이상	
학교의 지하층		
가스시설	노출된 탱크의 용량 30[톤] 이상 ★★	
판매시설 및 지하층의 연결통로 등	연결통로	

3 종류

(1) 건식

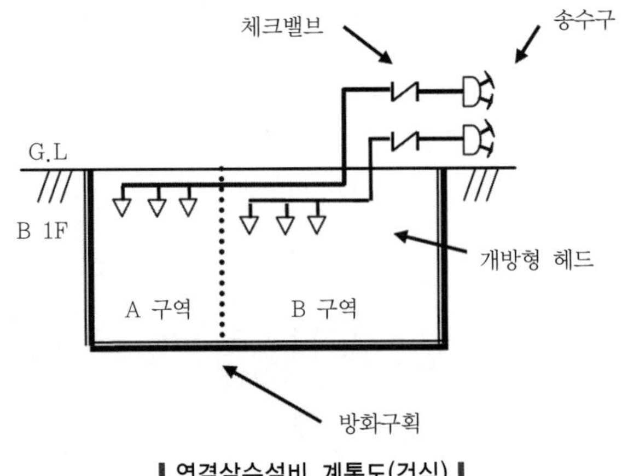

▌연결살수설비 계통도(건식)▐

(2) 습식

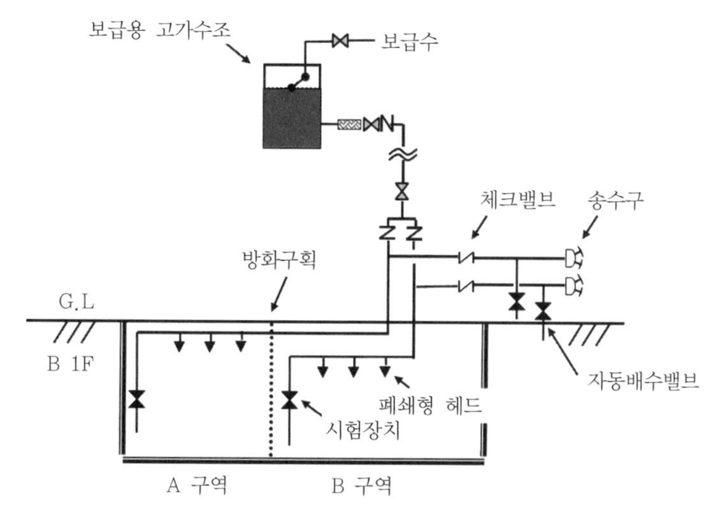

▎연결살수설비 계통도(습식)▎

4 송수구 등(2.1) ★

(1) 송수구

① 설치위치

㉠ 소방펌프 자동차가 쉽게 접근할 수 있고, 노출된 장소

㉡ 가연성 가스의 저장취급시설에 설치하는 송수구 ★

- 방호대상물로부터 20[m] 이상의 거리를 두고 설치
- 방호대상물에 면하는 부분은 높이 1.5[m] 이상 폭 2.5[m] 이상의 철근콘크리트 벽으로 가려진 장소에 설치

② 송수구의 구경과 종류

㉠ 65[mm]의 쌍구형

㉡ 예외 : 하나의 송수구역에 부착하는 살수헤드의 수가 10개 이하인 것은 단구형 ★★★★

③ 개방형 헤드 사용하는 송수구의 호스접결구 : 송수구역마다 설치

④ 설치높이 : 지면으로부터 높이가 0.5[m] 이상 1[m] 이하

⑤ 급수를 차단하는 밸브 설치금지 : 송수구로부터 주배관에 이르는 연결배관에는 개폐밸브를 설치하지 아니할 것(예외 배관을 겸용으로 사용하는 경우)

⑥ 표지와 일람표 설치 : 송수구의 부근에는 "연결살수설비 송수구"라고 표시한 표지와 송수구역 일람표를 설치(예외 선택밸브를 설치한 경우에 일람표는 제외)

⑦ 마개설치 : 송수구의 이물질을 막기 위함

(2) 선택밸브

① 설치위치 : 화재 시 연소의 우려가 없는 장소로서 조작 및 점검이 쉬운 위치

② **자동개방밸브의 선택밸브를 사용하는 경우** : 송수구역에 방수하지 아니하고 자동밸브의 작동시험이 가능한 때

③ **송수구역 일람표 설치** : 선택밸브의 부근

(3) 자동배수밸브와 체크밸브

① **설치위치** : 송수구 가까운 부분

② **설치순서**

㉠ 폐쇄형 헤드 : **송**수구 → **자**동배수밸브 → **체**크밸브

암기 Tip 송자체

㉡ 개방형 헤드 : 송수구 → 자동배수밸브

③ **자동배수밸브의 설치기준** : 배관 안의 물이 잘 빠질 수 있는 위치에 설치, 배수로 인하여 다른 물건 또는 장소에 피해를 주지 아니할 것

(4) 개방형 헤드

하나의 송수구역에 설치하는 살수헤드의 수는 10개 이하 ★★★

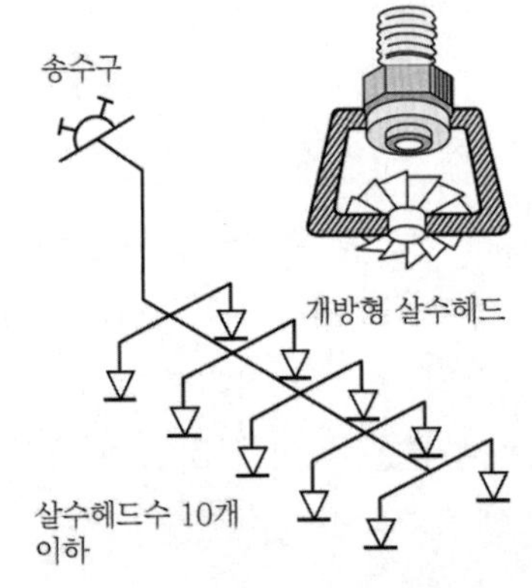

| 하나의 송수구에 설치하는 개방형 헤드수 |

5 배관(2.2)

(1) 배관과 배관이음쇠의 재질

① 다음에 해당하는 것

배관 내 사용압력이 1.2[MPa] 미만	배관 내 사용압력이 1.2[MPa] 이상	합성수지관 암기 Tip 지내천
배관용 탄소강관(KS D 3507) 이음매 없는 구리 및 구리합금관(KS D 5301). 다만, 습식의 배관에 한함	압력배관용 탄소강관(KS D 3562)	**천**장(상층이 있는 경우에는 상층바닥의 하단을 포함한다. 이하 같다)과 반자를 불연재료 또는 준불연재료로 설치하고 소화배관 내부에 항상 소화수가 채워진 상태로 설치하는 경우

배관 내 사용압력이 1.2[MPa] 미만	배관 내 사용압력이 1.2[MPa] 이상	합성수지관 암기 Tip 지내천
배관용 스테인리스강관(KS D 3576) 또는 일반배관용 스테인리스강관(KS D 3595)	배관용 아크용접 탄소강강관(KS D 3583)	별도의 구획된 덕트 또는 피트의 내부에 설치
덕타일 주철관(KS D 4311)		지하에 매설

② ①과 동등 이상의 강도 · 내식성 및 내열성을 국내 · 외 공인기관으로부터 인정받은 것

③ **배관용 스테인리스강관(KS D 3576)의 이음을 용접** : 알곤용접방식

(2) 배관의 구경

① 연결살수설비 전용헤드 ★★★★★

하나의 배관에 부착하는 살수헤드의 개수	1개	2개	3개	4개 또는 5개	6개 이상 10개 이하
배관의 구경[mm]	32	40	50	65	80

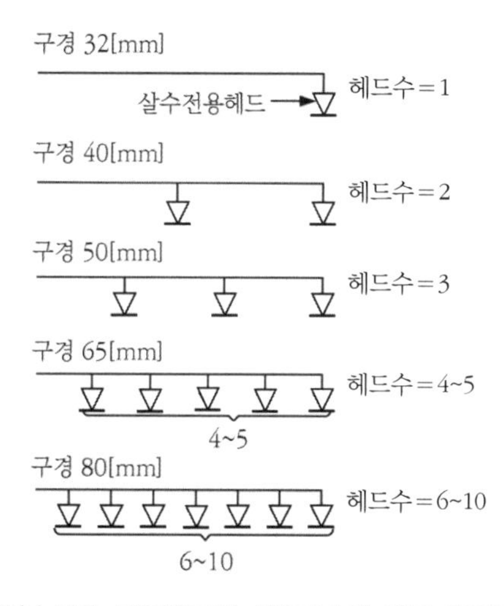

| 연결살수설비 전용헤드의 설치개수에 따른 배관구경 |

② **스프링클러헤드를 사용하는 경우** : 스프링클러설비의 화재안전기술기준(NFTC 103)의 [표] 2.5.3.3 기준

(3) 배관의 설치기준 ★★★★

① **폐쇄형 헤드 사용 시 주배관의 접속부분에 체크밸브 설치** ★★★

㉠ 옥내소화전설비의 주배관

㉡ 수도배관(구경이 가장 큰 배관)

㉢ 옥상에 설치된 수조(다른 설비의 수조를 포함)

② **폐쇄형 헤드 사용 시 시험배관 설치**

㉠ 송수구의 가장 먼 가지배관의 끝으로부터 연결하여 설치할 것

㉡ 시험장치 배관의 구경 : 가장 먼 가지배관의 구경과 동일한 구경
㉢ 배관 끝에 물받이통 및 배수관 설치(예외 목욕실 · 화장실 또는 그 밖의 배수처리가 쉬운 장소의 경우)

③ 개방형 헤드 사용 시 : 수평주행배관은 헤드를 향하여 상향으로 $\frac{1}{100}$ 이상의 기울기로 설치하고 주배관 중 낮은 부분에 자동배수밸브를 설치

암기 Tip 백살(살수설비는 개방형에 $\frac{1}{100}$ 기울기)

④ 가지배관 : 토너먼트방식이 아니어야 한다. ★★
⑤ 한 쪽 가지배관에 설치되는 헤드의 개수 : 8개 이하

6 헤드(2.3)

(1) 헤드의 종류

연결살수설비 전용헤드 또는 스프링클러헤드

(2) 건축물에 설치하는 연결살수설비의 설치기준

① 천장 또는 반자의 실내에 면하는 부분에 설치
② 헤드의 설치간격(예외 살수헤드의 부착면과 바닥과의 높이가 2.1[m] 이하인 부분은 살수헤드의 살수분포에 따른 거리) ★★★★★

구분	연결살수설비 전용헤드	스프링클러헤드
수평거리	3.7[m] 이하	2.3[m] 이하

③ 가연성 가스의 저장 · 취급시설에 설치하는 헤드(예외 지하에 설치된 경우로 지상에 노출된 부분이 없는 경우)
㉠ 헤드의 종류 : 연결살수설비 전용 개방형 헤드
㉡ 설치위치 : 가스저장탱크 · 가스홀더 및 가스발생기 주위
㉢ 헤드 상호간의 거리 : 3.7[m] 이하
㉣ 헤드의 살수범위 : 가스저장탱크 · 가스홀더 및 가스발생기 몸체의 중간 윗부분의 모든 부분이 포함되도록 하고, 살수된 물이 흘러내리면서 살수범위에 포함되지 않은 부분 모두 적셔질 수 있도록 하여야 한다.

(3) 헤드의 유지관리 및 점검사항 ★

① 칸막이 등의 변경이나 신설로 인한 살수장애가 되는 곳은 없는지 확인
② 헤드가 탈락, 이완 또는 변형된 것은 없는지 확인
③ 헤드의 주위에 장애물로 인한 살수의 장애가 되는 것이 없는지 확인

7 헤드의 설치제외(2.4) ★★

(1) 상점(예외 바닥면적이 150[m²] 이상인 지하층)으로서 주요 구조부가 내화구조 또는 방화구조로 되어 있고, 바닥면적이 500[m²] 미만으로 방화구획되어 있는 특정소방대상물 또는 그 부분

(2) 그 외는 스프링클러와 헤드의 설치제외 참조

8 연결송수관과 연결살수설비 비교

구분	연결송수관설비	연결살수설비
설치장소	소방대원이 내부의 화재 현장에 진입 가능한 장소	화재 현장에 진입이 불가능한 장소
적용부위	주로 지상의 고층부	지하부분
이용방식	수동	자동
진압수단	수동으로 화원에 직접살수하여 화재를 진압	고정설비인 살수헤드로 화재를 진압
구성	송수구 + 연결송수관 + 방수구 + 호스	송수구 + 살수장치
송수구역	• 송수구역의 개념이 없다. • 높이가 70[m] 이상인 경우는 가압송수장치가 필요하다.	• 송수구역을 구분하여야 한다. • 가압송수장치가 불필요하다.

기출·예상문제

01 이해도 ○ △ × / 중요도 ★

연결살수설비의 구조를 이루는 부속물이 아닌 것은?

① 폐쇄형 헤드
② 송수구역 선택밸브
③ 단구형 송수구
④ 준비작동식 밸브

해설 연결살수설비의 구성
송수구, 배관, 선택밸브, 살수헤드(일반적으로 개방형) 등

02 이해도 ○ △ × / 중요도 ★★★

다음 중 연결살수설비 설치대상이 아닌 것은?

① 가연성 가스 20[톤]을 저장하는 지상탱크시설
② 지하층으로서 바닥면적의 합계가 200[m^2]인 장소
③ 판매시설 · 물류터미널로서 바닥면적의 합계가 1,500[m^2]인 장소
④ 아파트의 대피시설로 사용되는 지하층으로서 바닥면적의 합계가 850[m^2]인 장소

해설 ① 가연성 가스 30[톤]을 저장하는 지상탱크시설

03 이해도 ○ △ × / 중요도 ★

가연성 가스의 저장 · 취급시설에 설치하는 연결살수설비의 송수구는 그 방호대상물로부터 얼마 이상의 거리를 두어야 하는가?

① 10[m] 이상 ② 15[m] 이상
③ 20[m] 이상 ④ 25[m] 이상

해설 가연성 가스의 저장 · 취급시설에 설치하는 연결살수설비의 송수구
(1) 방호대상물로부터 20[m] 이상의 거리를 두고 설치
(2) 방호대상물에 면하는 부분이 높이 1.5[m] 이상 폭 2.5[m] 이상의 철근콘크리트벽으로 가려진 장소에 설치

04 이해도 ○ △ × / 중요도 ★★

연결살수설비의 송수구 설치에서 하나의 송수구역에 부착하는 살수 전용 헤드가 몇 개 이하인 것에 있어서는 단구형으로 설치할 수 있는가?

① 10개 ② 15개
③ 20개 ④ 30개

해설 송수구의 구경과 종류
(1) 65[mm]의 쌍구형
(2) 예외 : 하나의 송수구역에 부착하는 살수헤드의 수가 10개 이하인 것은 단구형

05 이해도 ○ △ × / 중요도 ★

다음 연결살수설비에 대한 시설기준에서 ( ) 안에 적합한 것은?

> 송수구는 구경 65[mm]의 쌍구형으로 설치할 것. 다만, 하나의 송수구역에 부착하는 살수헤드의 수가 ( )개 이하일 경우에 있어서는 단구형의 것으로 할 수 있다.

① 4 ② 5
③ 9 ④ 10

정답 01. ④ 02. ① 03. ③ 04. ① 05. ④

해설 송수구의 구경과 종류
(1) 65[mm]의 쌍구형
(2) 예외 : 하나의 송수구역에 부착하는 살수헤드의 수가 10개 이하인 것은 단구형

06

이해도 ○ △ × / 중요도 ★

연결살수설비의 송수구 설치기준에 대한 내용으로 맞는 것은?

① 폐쇄형 헤드를 사용하는 설비의 경우에는 송수구 → 자동배수밸브 → 체크밸브의 순으로 설치할 것
② 폐쇄형 헤드를 사용하는 송수구의 호스접결구는 각 송수구역마다 설치할 것
③ 개방형 헤드를 사용하는 연결살수설비에 있어서 하나의 송수구역에 설치하는 살수헤드의 수는 20개 이하가 되도록 할 것
④ 송수구의 높이가 0.5[m] 이하의 위치에 설치할 것

해설 폐쇄형 헤드
송수구 → 자동배수밸브 → 체크밸브의 순으로 설치

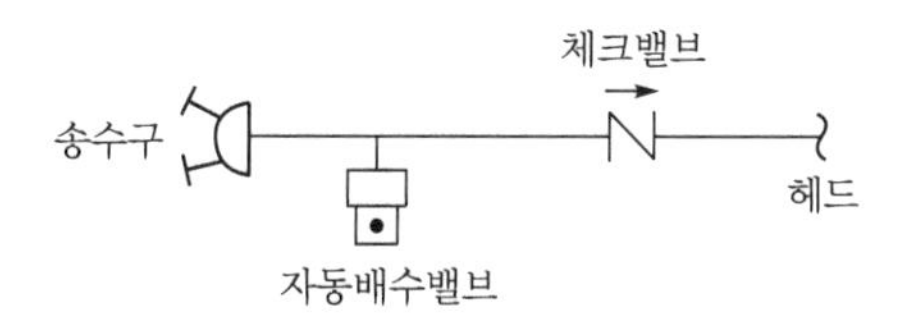

② 개방형 헤드를 사용하는 송수구의 호스접결구는 각 송수구역마다 설치할 것
③ 개방형 헤드를 사용하는 연결살수설비에 있어서 하나의 송수구역에 설치하는 살수헤드의 수는 10개 이하가 되도록 할 것
④ 송수구의 높이는 0.5[m] 이상 1[m] 이하의 위치에 설치할 것

07

이해도 ○ △ × / 중요도 ★

연결살수설비의 송수구 설치기준에 관한 설명으로 옳은 것은?

① 지면으로부터 높이가 1[m] 이상 1.5[m] 이하의 위치에 설치할 것
② 개방형 헤드를 사용하는 연결살수설비에 있어서 하나의 송수구역에 설치하는 살수헤드의 수는 15개 이하가 되도록 할 것
③ 폐쇄형 헤드를 사용하는 송수구의 호스접결구는 각 송수구역마다 설치할 것
④ 폐쇄형 헤드를 사용하는 설비의 경우에는 송수구 · 자동배수밸브 · 체크밸브의 순으로 설치할 것

해설 ① 1[m] 이상 1.5[m] 이하 → 0.5[m] 이상 1[m] 이하
② 15개 이하 → 10개 이하
③ 폐쇄형 헤드 → 개방형 헤드

08

이해도 ○ △ × / 중요도 ★★★

개방형 헤드를 사용하는 연결살수설비에서 하나의 송수구역에 설치하는 살수헤드의 최대개수는?

① 10
② 15
③ 20
④ 30

해설 개방형 헤드
하나의 송수구역에 설치하는 살수헤드의 수는 10개 이하

CHAPTER 08

정답 06. ① 07. ④ 08. ①

09

이해도 ○ △ × / 중요도 ★★★★★

연결살수설비 배관의 설치기준 중 하나의 배관에 부착하는 살수헤드의 개수가 3개인 경우 배관의 구경은 최소 몇 [mm] 이상으로 설치해야 하는가? (단, 연결살수설비 전용헤드를 사용하는 경우이다.)

① 32　② 40
③ 50　④ 60

해설 연결살수설비 배관의 설치기준

하나의 배관에 부착하는 살수헤드의 개수	1개	2개	3개	4개 또는 5개	6개 이상 10개 이하
배관의 구경 [mm]	32	40	50	65	80

10

이해도 ○ △ × / 중요도 ★

폐쇄형 헤드를 사용하는 연결살수설비의 주배관을 옥내소화전설비의 주배관에 접속할 때 접속부분에 설치해야 하는 것은? (단, 옥내소화전설비가 설치된 경우이다.)

① 체크밸브　② 게이트밸브
③ 글로브밸브　④ 버터플라이밸브

해설 폐쇄형 헤드 사용 시 주배관의 접속부분에 체크밸브 설치
(1) 옥내소화전설비의 주배관
(2) 수도배관(구경이 가장 큰 배관)
(3) 옥상에 설치된 수조(다른 설비의 수조를 포함)

11

이해도 ○ △ × / 중요도 ★★

폐쇄형 헤드를 사용하는 연결살수설비의 주배관과 연결하여야 하는 대상으로 적절치 않은 것은?

① 옥내소화전설비의 주배관
② 수도배관
③ 옥상에 설치된 물탱크
④ 스프링클러설비의 주배관

해설 폐쇄형 헤드 사용 시 주배관의 접속부분에 체크밸브 설치
(1) 옥내소화전설비의 주배관
(2) 수도배관(구경이 가장 큰 배관)
(3) 옥상에 설치된 수조(다른 설비의 수조를 포함)

12

이해도 ○ △ × / 중요도 ★

연결살수설비의 배관에 관한 설치기준 중 옳은 것은?

① 개방형 헤드를 사용하는 연결살수설비의 수평주행배관은 헤드를 향하여 상향으로 $\frac{5}{100}$ 이상의 기울기로 설치한다.
② 가지배관 또는 교차배관을 설치하는 경우에는 가지배관의 배열은 토너먼트방식이어야 한다.
③ 교차배관에는 가지배관과 가지배관 사이마다 1개 이상의 행가를 설치하되, 가지배관 사이의 거리가 4.5[m]를 초과하는 경우에는 4.5[m] 이내마다 1개 이상 설치한다.
④ 가지배관은 교차배관 또는 주배관에서 분기되는 지점을 기점으로 한쪽 가지배관에 설치되는 헤드의 개수는 6개 이하로 하여야 한다.

해설 교차배관의 행가 설치
(1) 가지배관과 가지배관 사이마다 1개 이상의 행가 설치
(2) 가지배관 사이의 거리가 4.5[m]를 초과하는 경우 : 4.5[m] 이내마다 1개 이상 설치

정답 09. ③ 10. ① 11. ④ 12. ③

① 개방형 헤드를 사용하는 연결살수설비의 수평주행배관은 헤드를 향하여 상향으로 $\frac{1}{100}$ 이상의 기울기로 설치한다.
② 가지배관 또는 교차배관을 설치하는 경우에는 가지배관의 배열은 토너먼트 외의 방식이어야 한다.
④ 가지배관은 교차배관 또는 주배관에서 분기되는 지점을 기점으로 한 쪽 가지배관에 설치되는 헤드의 개수는 8개 이하로 하여야 한다.

설비		기울기
스프링클러	가지배관	$\frac{1}{250}$
	수평주행배관	$\frac{1}{500}$
물분무배수설비		$\frac{2}{100}$
연결살수설비 수평주행배관		$\frac{1}{100}$
연소방지설비 수평주행배관		$\frac{1}{1,000}$

13

이해도 ○ △ × / 중요도 ★

연결살수설비의 배관시공에 관한 설명 중 옳지 않은 것은?

① 개방형 헤드를 사용하는 연결살수설비에 있어서의 수평주행배관은 헤드를 향하여 상향으로 $\frac{1}{100}$ 이상의 기울기로 설치한다.
② 가지배관 또는 교차배관을 설치하는 경우에는 가지배관의 배열은 토너먼트방식이어야 한다.
③ 가지배관은 교차배관 또는 주배관에서 분기되는 지점을 기점으로 한 쪽 가지배관에 설치되는 헤드의 개수는 8개 이하로 하여야 한다.
④ 배관은 배관용 탄소강관 또는 압력배관용 탄소강관이나 이와 동등 이상의 강도 · 내식성 및 내열성을 가진 것으로 하여야 한다.

해설 연결살수설비의 가지배관 배열
토너먼트방식이 아니어야 한다.

14

이해도 ○ △ × / 중요도 ★★★★★

연결살수설비 전용헤드를 사용하는 연결살수설비에서 천장 또는 반자의 각 부분으로부터 하나의 살수헤드까지의 수평거리는 몇 [m] 이하인가? (단, 살수헤드의 부착면과 바닥과의 높이가 2.1[m]를 초과한다.)

① 2.1[m] ② 2.3[m]
③ 2.7[m] ④ 3.7[m]

해설 연결살수설비 헤드의 설치간격

구분	연결살수설비 전용헤드	스프링클러헤드
수평거리	3.7[m] 이하	2.3[m] 이하

15

이해도 ○ △ × / 중요도 ★

건축물의 연결살수설비 헤드로서 스프링클러헤드를 설치할 경우, 천장 또는 반자의 각 부분으로부터 하나의 헤드까지의 수평거리는 얼마이어야 하는가?

① 3.7[m] 이하 ② 3.3[m] 이하
③ 2.7[m] 이하 ④ 2.3[m] 이하

해설 연결살수설비 헤드의 설치간격

구분	연결살수설비 전용헤드	스프링클러헤드
수평거리	3.7[m] 이하	2.3[m] 이하

정답 13. ② 14. ④ 15. ④

16

이해도 ○ △ × / 중요도 ★★

가연성 가스의 저장·취급시설에 설치하는 연결살수설비의 헤드 설치기준으로 옳은 것은?

① 헤드의 살수범위는 살수된 물이 흘러내리면서 살수범위에 포함된 부분만 모두 적셔질 수 있도록 한다.
② 연결살수설비 전용의 개방형 헤드를 설치한다.
③ 가스저장탱크·가스홀더 및 가스발생기의 주위에 설치하되, 헤드 상호간의 거리는 2.3[m] 이하로 한다.
④ 헤드의 살수범위에 가스홀더 및 가스발생기의 몸체의 중간 윗부분은 포함되지 않도록 한다.

해설 가연성 가스의 저장·취급시설에 설치하는 헤드
(1) 헤드의 종류 : 연결살수설비 전용 개방형 헤드
(2) 설치위치 : 가스저장탱크·가스홀더 및 가스발생기 주위
(3) 헤드 상호간의 거리 : 3.7[m] 이하
(4) 헤드의 살수범위 : 가스저장탱크·가스홀더 및 가스발생기 몸체의 중간 윗부분의 모든 부분이 포함되도록 하고, 살수된 물이 흘러내리면서 살수범위에 포함되지 아니한 부분도 모두 적셔질 수 있도록 하여야 한다.

17

이해도 ○ △ × / 중요도 ★

연결살수설비의 살수헤드 설치면제 장소가 아닌 곳은?

① 고온의 용광로가 설치된 장소
② 물과 격렬하게 반응하는 물품의 저장 또는 취급하는 장소
③ 지상 노출가스 저장 59[톤] 탱크시설
④ 냉장창고 또는 냉동창고의 냉장실 또는 냉동고

해설 지상의 노출가스는 30[톤] 이상이면 살수헤드 설치대상이므로 59[톤]의 저장시설은 살수헤드 설치대상이다.

정답 16. ② 17. ③

CHAPTER 9 기 타

01 공동주택(NFTC 608)

소방시설	설치내용	
소화기구	• 1단위/100[m^2] • 각 세대 및 공용부(승강장, 복도)에 설치 • 보일러실 : 방화구획 또는 SP, 간이 SP, 물분무등 설치 시 부속용도별 제외 • 주방 : 주거용 자동소화장치 + 열원차단장치(부속용도별 제외)	
옥내소화전	호스릴방식	
스프링클러	헤드 기준개수	기본 : 10개
		아파트 각 동이 주차장으로 서로 연결된 구조 : 30개
	합성수지배관	항상 소화수가 채워진 상태(습식)
	방호구역	• 하나의 방호구역은 1개층 • 예외 : 복층형 아파트는 3개층
	수평거리(R)	2.6[m]
	외벽에 설치한 SP 헤드	• 창문에서 0.6[m] 이내 • 서울시 조례처럼 180[cm] 간격은 적용 안 해도 됨 • SP 헤드는 창문이 모두 포함되도록 설계
	외벽에 설치한 SP 헤드 제외 가능	• 드렌처설비 시공 시 • 창문과 창문 사이 수직부분이 내화구조 90[cm] 이상 이격됐을 시 • 발코니 규정의 방화판 또는 방화유리창 설치 시 • 발코니 설치된 부분
	헤드 종류	조기반응형
	대피공간	헤드 제외 가능
	실외기 등 소규모 공간	60[cm] 반경 확보나 장애물 폭의 3배를 확보하지 못하는 경우 살수방해가 최소화되는 위치에 설치
피난기구	설치	각 세대마다 설치
	피난장애방지	동일 직선상이 아닌 위치
	공기안전매트	• 관리주체의 관리구역마다 1개 이상 추가 • 예외 : 옥상이나 수직 · 수평방향으로 인접세대로 피난이 가능한 경우
	피난기구 설치 예외	갓복도식 또는 인접세대로 피난이 가능한 구조
	대피실 설치 예외	승강식 피난기, 하향식 피난구용 내림식 사다리를 방화구획된 장소에 설치하고 대피실 면적 규정과 외기에 접하는 구조인 경우

소방시설	설치내용	
부속실 제연설비	성능확인	부속실 단독제연의 경우 부속실과 면하는 옥내 출입문만 개방한 후 방연풍속 측정 가능
연결송수관	설치	• 층마다 설치 • 예외 : 아파트 등의 1층, 2층(피난층, 직상층) • 계단의 출입구로부터 5[m] 이내에 설치하고 수평거리 50[m]마다 설치 • 송수구 – 쌍구형(아파트 등 용도는 단구형 가능) – 동별로 설치하되, 소방차량의 접근 및 통행이 용이하고 잘 보이는 장소 • 펌프의 토출량 – 2,400[L/min](계단식 아파트 1,200[L/min]) – 방수구 3개 초과 시 800[L/min · 개](max 5개)
비상콘센트	설치	계단의 출입구로부터 5[m] 이내에 설치하고 수평거리 50[m]마다 설치

기출·예상문제

01

이해도 ○ △ × / 중요도 ★

아파트 각 동이 주차장으로 서로 연결된 구조의 경우 기준개수는 몇 개인가?

① 10　　② 20
③ 30　　④ 40

해설 기준개수
(1) 기본 : 10개
(2) 아파트 각 동이 주차장으로 서로 연결된 구조 : 30개

02

이해도 ○ △ × / 중요도 ★

아파트 등의 세대 내 스프링클러헤드를 설치하는 천장 · 반자 · 천장과 반자 사이 · 덕트 · 선반 등의 각 부분으로부터 하나의 스프링클러헤드까지의 수평거리 기준은 몇 [m] 이하인가?

① 2.1　　② 2.3
③ 2.6　　④ 3.2

해설 공동주택에서 각 부분으로부터 하나의 스프링클러헤드까지의 수평거리
2.6[m]

03

이해도 ○ △ × / 중요도 ★

다음 중 외벽에 설치한 SP 헤드를 설치하지 않아도 되는 경우에 해당하지 않는 것은?

① 드렌처설비 시공 시
② 창문과 창문 사이 수직부분이 내화구조 70[cm] 이상 이격됐을 시
③ 발코니 규정의 방화판 또는 방화유리창 설치 시
④ 발코니 설치된 부분

해설 외벽에 설치한 SP 헤드를 설치하지 않아도 되는 경우
(1) 드렌처설비 시공 시
(2) 창문과 창문 사이 수직부분이 내화구조 90[cm] 이상 이격됐을 시
(3) 발코니 규정의 방화판 또는 방화유리창 설치 시
(4) 발코니 설치된 부분

04

이해도 ○ △ × / 중요도 ★

층수가 16층인 아파트 건축물에 각 세대마다 12개의 폐쇄형 스프링클러헤드를 설치하였다. 이때 소화펌프의 토출량은 몇 [L/min] 이상인가?

① 800　　② 960
③ 1,600　　④ 2,400

해설 폐쇄형 스프링클러 분당 토출량

$$Q = 80 \times N$$

여기서, Q : 분당 송수량[L/min]
N : 헤드 설치개수 또는 기준개수
아파트의 경우 각 세대 설치개수가 10개 이상인 경우 기준개수는 10개이다.
$\therefore$ $80 \times 10 = 800$[L/min]

정답 01. ③ 02. ③ 03. ② 04. ①

02 창고시설(NFTC 609)

<table>
<tr><th>소방시설</th><th colspan="3">설치내용</th></tr>
<tr><td>소화기구</td><td colspan="3">(1) 설치대상 : 창고시설 내 배전반 및 분전반
(2) 가스, 분말, 고체 자동소화장치 또는 소공간용 소화용구</td></tr>
<tr><td>옥내소화전</td><td colspan="3">(1) 저수량과 비상전원 용량 기존 특정소방대상물 대비 2배
① 수원 : 5.2[m³](2.6[m³]×2)× N(max 2)
② 비상전원
㉠ 종류 : 자가발전설비, 축전지설비(내연기관에 따른 펌프를 사용하는 경우에는 내연기관의 기동 및 제어용 축전지를 말함) 또는 전기저장장치
㉡ 용량 : 40분 이상
(2) 사람이 상시 근무하는 물류창고 등 동결의 우려가 없는 경우 : 건식 설치 규정 제외(습식 설치)</td></tr>
<tr><td rowspan="7">스프링클러</td><td rowspan="2">방식</td><td>일반창고</td><td>(1) 습식 : 라지드롭형 스프링클러헤드
(2) 예외 : 건식설비 설치가능
① 냉동창고 또는 영하의 온도로 저장하는 냉장창고
② 창고시설 내에 상시 근무자가 없어 난방을 하지 않는 창고시설</td></tr>
<tr><td>랙식 창고</td><td>(1) 라지드롭형 스프링클러헤드 : 높이 3[m]마다 설치
(2) 예외 : 수평거리 15[cm] 이상의 송기공간이 있는 랙식 창고는 송기공간에 설치가능
(3) 적층식 랙 : 면적을 방호구역 면적에 포함한다.
(4) 13.7[m] 이하 랙식 창고 : 화재조기진압용 스프링클러설비 설치가능</td></tr>
<tr><td colspan="2">수원</td><td>(1) 라지드롭형 스프링클러
N(max 30개)×3.2[m³](160[L/min]×20[min])
(2) 랙식 창고의 라지드롭헤드
N(max 30개)×9.6[m³](160[L/min]×60[min])
(3) 화재조기진압용 스프링클러설비를 설치하는 경우
$Q=12\times60\times K\sqrt{10P}$</td></tr>
<tr><td colspan="2">가압송수장치</td><td>(1) 스프링클러 송수량 : 160[L/min]× N
(2) 스프링클러 방수압력 : 0.1[MPa]
(3) 화재조기진압용 스프링클러설비 : 화재조기진압용 SP의 방사량(Q) 및 헤드선단의 압력(0.1 ~ 0.52)을 충족할 것</td></tr>
<tr><td colspan="2">가지배관의 헤드수</td><td>(1) 4개 이하(반자 아래와 반자 속에 병설하는 경우는 반자 아래의 헤드수)
(2) 예외 : 화재조기진압용 스프링클러설비</td></tr>
<tr><td colspan="2">라지드롭형 헤드의 수평거리</td><td>(1) 특수가연물을 저장 또는 취급하는 창고 : 1.7[m] 이하
(2) 그 외의 창고는 2.1[m](내화구조로 된 경우에는 2.3[m]) 이하</td></tr>
<tr><td colspan="2">화재조기진압용 스프링클러헤드의 수평거리</td><td>「화재조기진압용 스프링클러설비의 화재안전기술기준(NFPC 103B)」 2.7(헤드)에 따라 설치할 것</td></tr>
</table>

소방시설	설치내용	
스프링클러	드렌처설비	방화구획이 적용되지 아니하거나 완화 적용되어 연소할 우려가 있는 개구부
	비상전원	(1) 종류 : 자가발전설비, 축전지설비(내연기관에 따른 펌프를 사용하는 경우에는 내연기관의 기동 및 제어용 축전지를 말한다) 또는 전기저장장치 (2) 용량 : 20분(랙식 창고의 경우 60분) 이상
소화수조 및 저수조	저수량	특정소방대상물의 연면적을 5,000[m^2]로 나누어 얻은 수(소수점 이하의 수는 1로 본다)에 20[m^3]를 곱한 양 이상

기출·예상문제

01

이해도 ○ △ × / 중요도 ★

창고시설 내 배전반 및 분전반에 설치하여야 하는 소화기구에 해당하지 않는 것은?

① 가스자동소화장치
② 분말자동소화장치
③ 고체에어로졸 자동소화장치
④ 캐비닛 자동소화장치

해설 창고시설 내 배전반 및 분전반에 설치하여야 하는 소화기구
(1) 가스자동소화장치
(2) 분말자동소화장치
(3) 고체에어로졸 자동소화장치
(4) 소공간용 소화용구

02

이해도 ○ △ × / 중요도 ★

창고시설에 옥내소화전의 수원 중 가장 바른 것은?

① $1.3[m^3] \times N(\max\ 2)$
② $2.6[m^3] \times N(\max\ 2)$
③ $3.6[m^3] \times N(\max\ 2)$
④ $5.2[m^3] \times N(\max\ 2)$

해설 수원
$5.2[m^3](2.6[m^3] \times 2) \times N(\max\ 2)$

03

이해도 ○ △ × / 중요도 ★

창고시설 옥내소화전설비의 비상전원 용량은 몇 분 이상인가?

① 10분 ② 20분
③ 30분 ④ 40분

해설 창고시설 옥내소화전설비 비상전원 용량
40분 이상

04

이해도 ○ △ × / 중요도 ★

랙식 창고의 라지드롭형 스프링클러 헤드는 얼마의 높이마다 헤드를 설치하는가?

① 2[m] ② 3[m]
③ 4[m] ④ 5[m]

해설 랙식 창고의 라지드롭형 스프링클러헤드
높이 3[m]마다 설치

05

이해도 ○ △ × / 중요도 ★

랙식 창고의 라지드롭형 스프링클러 헤드의 최대설치개수는 몇 개인가?

① 10개 ② 20개
③ 30개 ④ 40개

해설 랙식 창고의 라지드롭 헤드
N(max 30개) $\times 9.6[m^3](160[L/min] \times 60[min])$

06

이해도 ○ △ × / 중요도 ★

랙식 창고의 라지드롭형 스프링클러 헤드의 가압송수장치의 송수량과 방사시간은 얼마인가?

① $160[L/min] \times 10[min]$
② $160[L/min] \times 20[min]$
③ $160[L/min] \times 40[min]$
④ $160[L/min] \times 60[min]$

정답 01. ④ 02. ④ 03. ④ 04. ② 05. ③ 06. ④

해설 랙식 창고의 라지드롭 헤드
N(max 30개)×9.6[m³](160[L/min] ×60[min])

07

이해도 ○ △ × / 중요도 ★

교차배관에서 분기되는 지점을 기점으로 한쪽 가지배관에 설치되는 헤드의 개수(반자 아래와 반자 속의 헤드를 하나의 가지배관상에 병설하는 경우에는 반자 아래에 설치하는 헤드의 개수)는 얼마인가?

① 4개 이하 ② 4개 이상
③ 8개 이하 ④ 8개 이상

해설 교차배관에서 분기되는 지점을 기점으로 한쪽 가지배관에 설치되는 헤드의 개수(반자 아래와 반자 속의 헤드를 하나의 가지배관상에 병설하는 경우에는 반자 아래에 설치하는 헤드의 개수)는 4개 이하

08

이해도 ○ △ × / 중요도 ★

일반가연물을 취급하는 창고시설에 라지드롭 스프링클러헤드를 10개 설치할 때 가압송수장치의 분당 토출량 [m³/min]으로 맞는 것은?

① 0.8 ② 1.6
③ 2.4 ④ 1.0

해설 라지드롭 스프링클러 분당 토출량

$$160[\text{L/min}] \times N$$

문제에서 창고시설의 일반가연물을 취급하는 장소의 설치개수는 10개
$\therefore\ 160 \times 10 = 1{,}600[\text{L/min}] = 1.6[\text{m}^3/\text{min}]$

09

이해도 ○ △ × / 중요도 ★★★★★

특수가연물을 저장 또는 취급하는 랙크식 창고의 경우에는 라지드롭형 스프링클러헤드를 설치하는 천장·반자·천장과 반자 사이·덕트·선반 등의 각 부분으로부터 하나의 스프링클러헤드까지의 수평거리 기준은 몇 [m] 이하인가? (단, 성능이 별도로 인정된 스프링클러헤드를 수리계산에 따라 설치하는 경우는 제외한다.)

① 1.7 ② 2.5
③ 3.2 ④ 4

해설 라지드롭 헤드 배치기준

대상		수평거리(R)
특수가연물 저장·취급하는 장소		1.7[m] 이하
그 외의 창고	내화구조	2.3[m] 이하
	기타	2.1[m] 이하

① 특수가연물을 저장하는 랙크식 창고는 더 강화된 기준인 특수가연물을 저장·취급하는 장소의 수평거리 1.7[m] 이하를 적용한다.

정답 07. ① 08. ② 09. ①

03 건설현장(NFTC 606)

1 용어의 정의(1.8)

(1) 간이소화장치

건설현장에서 화재발생 시 신속한 화재 진압이 가능하도록 물을 방수하는 형태의 소화장치

(2) 비상경보장치

발신기, 경종, 표시등 및 시각경보장치가 결합된 형태의 것으로서 화재위험 작업공간 등에서 수동조작에 의해서 화재경보 상황을 알려줄 수 있는 비상벨장치

(3) 가스누설경보기

건설현장에서 발생하는 가연성 가스를 탐지하여 경보하는 장치

(4) 간이피난유도선

화재발생 시 작업자의 피난을 유도할 수 있는 케이블 형태의 장치

(5) 비상조명등

화재발생 시 안전하고 원활한 피난활동을 할 수 있도록 계단실 내부에 설치되어 자동 점등되는 조명등

(6) 방화포

건설현장 내 용접 · 용단작업 시 발생하는 금속성 불티로부터 가연물이 점화되는 것을 방지해주는 차단막

2 소화기의 성능 및 설치기준(2.1)

(1) 성능기준

소화약제는 적응성이 있는 것을 설치

(2) 설치기준

① **일반적인 작업** : 각 층 계단실마다 계단실 출입구 부근에 능력단위 3단위 이상인 소화기 2개 이상

② **인화성(引火性) 물품을 취급하는 작업 등** : 작업종료 시까지 작업지점으로부터 5[m] 이내 쉽게 보이는 장소에 능력단위 3단위 이상인 소화기 2개 이상과 대형 소화기 1개를 추가 배치

③ 축광식 표지 설치

3 간이소화장치 성능 및 설치기준(2.2)

(1) 수원

20분 이상의 소화수를 공급할 수 있는 양

(2) 소화수의 방수압력

최소 0.1[MPa] 이상

(3) 방수량

65[L/min] 이상

(4) 인화성(引火性) 물품을 취급하는 작업 등을 하는 경우

작업종료 시까지 작업지점으로부터 25[m] 이내에 설치 또는 배치하여 상시 사용이 가능하여야 하며 동결방지조치

(5) 간이소화장치 설치제외(완공검사를 받은 경우)

① 옥내소화전설비

② 연결송수관설비와 연결송수관설비의 방수구 인근에 대형 소화기를 6개 이상 배치한 경우

4 방화포의 성능 및 설치기준(2.7)

(1) 설치대상

용접 · 용단작업 시 11[m] 이내에 가연물이 있을 경우

(2) 설치제외

용접불티 비산방지덮개, 용접방화포 등 불꽃, 불티 등 비산방지조치를 한 경우

5 소방안전관리자

(1) 선임기간

소방시설공사 착공신고일부터 건축물 사용승인일까지 선임(소방본부장 또는 소방서장에게 신고)

(2) 건설현장 소방안전관리자의 업무

① 방수 · 도장 · 우레탄폼 성형 등 가연성 가스 발생작업과 용접 · 용단 및 불꽃이 발생하는 작업이 동시에 이루어지지 않도록 수시로 확인하여야 한다.

② 가연성 가스가 발생되는 작업을 할 경우에는 사전에 가스누설경보기의 정상작동 여부를 확인하고, 작업 중 또는 작업 후 가연성 가스가 체류되지 않도록 충분한 환기조치를 실시하여야 한다.

③ 용접 · 용단작업을 할 경우에는 성능인증 받은 방화포가 설치기준에 따라 적정하게 도포되어 있는지 확인하여야 한다.

④ 위험물 등이 있는 장소에서 화기 등을 취급하는 작업이 이루어지지 않도록 확인하여야 한다.

기출·예상문제

01 이해도 ○ △ × / 중요도 ★

건설현장에서 인화성(引火性) 물품을 취급하는 작업 등을 하는 경우 작업 종료 시까지 작업지점으로부터 5[m] 이내 쉽게 보이는 장소에 추가 배치해야 되는 소화기는?

① 능력단위 3단위 이상인 소화기 1개 이상과 대형 소화기 1개
② 능력단위 3단위 이상인 소화기 2개 이상과 대형 소화기 1개
③ 능력단위 5단위 이상인 소화기 1개 이상과 대형 소화기 1개
④ 능력단위 5단위 이상인 소화기 2개 이상과 대형 소화기 1개

해설 건설현장에서 인화성(引火性) 물품을 취급하는 작업 등
작업종료 시까지 작업지점으로부터 5[m] 이내 쉽게 보이는 장소에 능력단위 3단위 이상인 소화기 2개 이상과 대형 소화기 1개를 추가 배치

02 이해도 ○ △ × / 중요도 ★

건설현장의 간이소화장치의 방수량은?

① 65[L/min] 이상
② 130[L/min] 이상
③ 260[L/min] 이상
④ 350[L/min] 이상

해설 간이소화장치 방수량
65[L/min] 이상

03 이해도 ○ △ × / 중요도 ★

건설현장의 용접 · 용단작업 시 몇 [m] 이내에 가연물이 있을 경우 방화포를 설치하여야 하는가?

① 5[m] ② 10[m]
③ 11[m] ④ 15[m]

해설 용접 · 용단작업 시 11[m] 이내에 가연물이 있을 경우에는 방화포를 설치하여야 한다.

04 이해도 ○ △ × / 중요도 ★

다음 중 건설현장 소방안전관리자의 업무에 해당하지 않는 것은?

① 방수 · 도장 · 우레탄폼 성형 등 가연성 가스 발생작업과 용접 · 용단 및 불꽃이 발생하는 작업이 동시에 이루어지지 않도록 수시로 확인하여야 한다.
② 가연성 가스가 발생되는 작업을 할 경우에는 사전에 가스누설경보기의 정상작동 여부를 확인하고, 작업 중 또는 작업 후 가연성 가스가 체류되지 않도록 충분한 환기조치를 실시하여야 한다.
③ 위험물 등이 있는 장소에서 화기 등을 취급하는 작업이 이루어지도록 확인하여야 한다.
④ 용접 · 용단작업을 할 경우에는 성능인증 받은 방화포가 설치기준에 따라 적정하게 도포되어 있는지 확인하여야 한다.

정답 01. ② 02. ① 03. ③ 04. ③

해설 건설현장 소방안전관리자의 업무

(1) 방수 · 도장 · 우레탄폼 성형 등 가연성 가스 발생작업과 용접 · 용단 및 불꽃이 발생하는 작업이 동시에 이루어지지 않도록 수시로 확인하여야 한다.
(2) 가연성 가스가 발생되는 작업을 할 경우에는 사전에 가스누설경보기의 정상작동 여부를 확인하고, 작업 중 또는 작업 후 가연성 가스가 체류되지 않도록 충분한 환기조치를 실시하여야 한다.
(3) 용접 · 용단작업을 할 경우에는 성능인증 받은 방화포가 설치기준에 따라 적정하게 도포되어 있는지 확인하여야 한다.
(4) 위험물 등이 있는 장소에서 화기 등을 취급하는 작업이 이루어지지 않도록 확인하여야 한다.

04 지하구(NFTC 605)

1 소화기구 및 자동소화장치(2.1)

(1) 소화기구

① 소화기의 능력단위

㉠ A급 화재 : 개당 3단위 이상

㉡ B급 화재 : 개당 5단위 이상

㉢ C급 화재 : 적응성이 있는 것

② **한 대의 총중량** : 7[kg] 이하(사용 및 운반의 편리성을 고려)

③ **설치위치 및 개수** : 사람이 출입할 수 있는 출입구 부근에 5개 이상

④ **설치높이** : 1.5[m] 이하

⑤ **표지** : "소화기"라고 표시한 조명식 또는 반사식의 표지판을 부착

(2) 자동식 소화장치

① **설치대상** : 지하구 내 발전실 · 변부속실 · 송부속실 · 변압기실 · 배전반실 · 통신기기실 · 전산기기실 · 기타 이와 유사한 시설이 있는 장소 중 바닥면적이 300[m^2] 미만인 곳

② **자동소화장치** : 가스 · 분말 · 고체에어로졸 · 캐비닛형

③ **예외** : 물분무등소화설비를 설치한 경우

④ **가스 · 분말 · 고체에어로졸 자동소화장치 또는 소공간용 소화용구** : 제어반 또는 분전반마다 설치

⑤ 케이블 접속부(절연유를 포함한 접속부에 한한다)마다 자동소화장치를 설치하되, 소화성능이 확보될 수 있도록 방호공간을 구획하는 등 유효한 조치를 하여야 한다.

㉠ 가스 · 분말 · 고체에어로졸 자동소화장치

㉡ 중앙소방기술심의위원회의 심의를 거쳐 소방청장이 인정하는 자동소화장치

2 자동화재탐지설비(2.2)

(1) 감지기 중 먼지 · 습기 등의 영향을 받지 아니하고 발화지점(1[m] 단위)과 온도를 확인할 수 있는 것을 설치

(2) 설치기준

① 지하구 천장의 중심부에 설치하되 감지기와 천장 중심부 하단과의 수직거리는 30[cm] 이내로 할 것

② 형식승인 내용에 설치방법이 규정되어 있거나, 중앙기술심의위원회의 심의를 거쳐 제조사 시방서에 따른 설치방법이 지하구 화재에 적합하다고 인정되는 경우에는 형식승인 내용 또는 심의결과에 의한 제조사 시방서에 따라 설치할 수 있다.

(3) 수신기에 표시되는 발화지점은 지하구의 실제거리와 일치하도록 할 것

(4) 설치예외

공동구 내부에 상수도용 또는 냉·난방용 설비만 존재하는 부분

(5) 발신기, 지구음향장치 및 시각경보기는 설치하지 않을 수 있다.

3 유도등(2.3)

(1) 설치대상

사람이 출입할 수 있는 출입구(환기구, 작업구를 포함)

(2) 규격

지하구 환경에 적합한 크기의 피난구유도등을 설치

4 연소방지설비(2.4)

(1) 방수헤드

① 천장 또는 벽면에 설치

② 수평거리

㉠ 전용헤드 : 2[m] 이하

㉡ 스프링클러헤드 : 1.5[m] 이하

③ 헤드설치

㉠ 설치위치 : 소방대원의 출입이 가능한 환기구·작업구마다 지하구의 양쪽 방향으로 살수헤드(개방형)를 설치

㉡ 한쪽 방향의 살수구역의 길이 : 3[m] 이상

㉢ 예외 : 환기구 사이의 간격이 700[m]를 초과할 경우에는 700[m] 이내마다 살수구역을 설정하되, 지하구의 구조를 고려하여 방화벽을 설치한 경우에는 그러하지 아니하다.

㉣ 연소방지설비 전용헤드를 설치할 경우 : 「소화설비용 헤드의 성능인증 및 제품검사 기술기준」에 적합한 살수헤드를 설치

(2) 송수구

① 소방차가 쉽게 접근할 수 있는 노출된 장소에 설치, 눈에 띄기 쉬운 보도/차도에 설치

② 구경 : 65[mm] 쌍구형

③ 살수구역 안내 표시 : 송수구로부터 1[m] 이내

④ 설치높이 : 0.5 ~ 1[m]

⑤ 자동배수밸브 및 체크밸브 : 송수구 가까운 곳

⑥ 송수구로부터 주배관에 이르는 연결배관에는 개폐밸브를 설치하지 아니할 것

5 연소방지재(2.5)

(1) 설치대상

지하구 내에 설치하는 케이블 · 전선 등

(2) 예외

케이블 · 전선 등은 난연성능 이상을 충족하는 것으로 설치한 경우

(3) 성능기준

한국산업표준(KS C IEC 60332-3-24)에서 정한 난연성능 이상을 충족할 것

6 방화벽(2.6)

(1) 구조

항상 닫힌 상태를 유지하거나 자동폐쇄장치에 의하여 화재신호를 받으면 자동으로 닫히는 구조

(2) 내화구조로서 홀로 설 수 있는 구조

(3) 출입문 설치 시 방화문으로 할 것

(4) 관통하는 케이블, 전선 등에는 내화충전구조로 마감한다.

(5) 방화벽은 분기구 및 국사 · 변전소 등의 건축물과 지하구가 연결되는 부위(건축물로부터 20[m] 이내)에 설치

(6) 자동폐쇄장치를 사용하는 경우

「자동폐쇄장치의 성능인증 및 제품검사의 기술기준」에 적합한 것으로 설치

7 무선통신보조설비의 옥외안테나의 설치위치(2.7)

(1) 방재실 인근

(2) 공동구의 입구

(3) 연소방지설비 송수구가 설치된 장소(지상)에 설치

8 통합감시시설(2.8)

(1) 소방관서와 지하구의 통제실 간에 소방활동과 관련된 정보를 상시 교환할 수 있는 정보통신망 구축

(2) 정보통신망은 광케이블 또는 이와 유사한 성능을 가진 선로일 것

(3) 수신기는 지하구의 통제실에 설치하되 화재신호, 경보, 발화지점 등 수신기에 표시되는 정보가 【별표 1】에 적합한 방식으로 119 상황실이 있는 관할소방서의 정보통신장치에 표시되도록 할 것

객관식 기출·예상문제

01 이해도 ○ △ × / 중요도 ★

다음 중 ( ) 안에 알맞은 용어는?

> 지하구에 설치하는 소화기의 능력단위는 A급 화재는 개당 (㉠) 이상, B급 화재는 개당 (㉡) 이상, C급 화재는 (㉢)이 있는 것

① ㉠ 3단위, ㉡ 3단위, ㉢ 적응성
② ㉠ 3단위, ㉡ 5단위, ㉢ 적응성
③ ㉠ 5단위, ㉡ 5단위, ㉢ 적응성
④ ㉠ 3단위, ㉡ 7단위, ㉢ 적응성

해설 지하구 소화기의 능력단위
(1) A급 화재 : 개당 3단위 이상
(2) B급 화재 : 개당 5단위 이상
(3) C급 화재 : 적응성이 있는 것

02 이해도 ○ △ × / 중요도 ★

연소방지설비 방수헤드의 설치기준 중 다음 ( ) 안에 알맞은 것은?

> 방수헤드 간의 수평거리는 연소방지설비 전용헤드의 경우에는 (㉠)[m] 이하, 스프링클러헤드의 경우에는 (㉡)[m] 이하로 할 것

① ㉠ 2, ㉡ 1.5
② ㉠ 1.5, ㉡ 2
③ ㉠ 1.7, ㉡ 2.5
④ ㉠ 2.5, ㉡ 1.7

해설 방수헤드 간의 수평거리

헤드의 종류	수평거리
연소방지설비 전용헤드	2[m] 이하
스프링클러헤드	1.5[m] 이하

03 이해도 ○ △ × / 중요도 ★

연소방지설비의 배관에 관한 기준 중 틀린 것은?

① 수평주행배관의 구경은 100[mm] 이상으로 한다.
② 교차배관은 가지배관과 수평으로 설치하거나 또는 가지배관 밑에 설치하고, 그 구경은 제3호에 따르되, 최소구경이 40[mm] 이상이 되도록 할 것
③ 연소방지설비 전용의 헤드만을 사용해야 한다.
④ 연소방지 전용헤드의 수평거리는 2.0[m] 이하로 한다.

해설 연소방지설비 헤드
(1) 연소방지설비 전용헤드
(2) 스프링클러헤드

04 이해도 ○ △ × / 중요도 ★★

연소방지설비 방수헤드의 설치기준 중 살수구역은 환기구 등을 기준으로 지하구의 길이방향으로 몇 [m] 이내마다 1개 이상 설치하여야 하는가?

① 150 ② 200
③ 350 ④ 700

정답 01. ② 02. ① 03. ③ 04. ④

해설 살수구역

구분	기준
환기구 등을 기준	700[m] 이내마다 1개 이상
살수구역 길이	3[m] 이상

05 이해도 ○ △ × / 중요도 ★

연소방지설비 방수헤드의 설치기준으로 옳은 것은?

① 방수헤드 간의 수평거리는 연소방지설비 전용헤드의 경우에는 1.5[m] 이하로 할 것
② 방수헤드 간의 수평거리는 스프링클러헤드의 경우에는 2[m] 이하로 할 것
③ 살수구역은 지하구의 길이방향으로 700[m] 이내마다 1개 이상 설치할 것
④ 하나의 살수구역의 길이는 2[m] 이상으로 할 것

해설 ① 방수헤드 간의 수평거리는 연소방지설비 전용헤드의 경우에는 2[m] 이하로 할 것
② 방수헤드 간의 수평거리는 스프링클러헤드의 경우에는 1.5[m] 이하로 할 것
④ 하나의 살수구역의 길이는 3[m] 이상으로 할 것

06 이해도 ○ △ × / 중요도 ★

환기구 등을 기준으로 지하구의 길이가 1,000[m]인 경우, 연소방지설비의 살수구역은 최소 몇 개로 하여야 하며, 하나의 살수구역의 길이는 몇 [m] 이상으로 해야 하는가?

① 살수구역수 : 3개, 살수구역길이 : 3[m] 이상
② 살수구역수 : 2개, 살수구역길이 : 3[m] 이상
③ 살수구역수 : 3개, 살수구역길이 : 25[m] 이상
④ 살수구역수 : 2개, 살수구역길이 : 25[m] 이상

해설 살수구역
(1) 환기구 등을 기준으로 지하구의 길이 방향으로 700[m] 이내마다 1개 이상 설치
(2) 살수구역 길이 : 3[m] 이상

$$\therefore \text{살수구역} = \frac{\text{지하구길이}[m]}{700[m]} = \frac{1{,}000[m]}{700[m]} = 1.42 \fallingdotseq 2\text{개}$$

07 이해도 ○ △ × / 중요도 ★

지하구의 화재안전기술기준에 따라 연소방지설비 헤드의 설치기준으로 옳은 것은?

① 헤드 간의 수평거리는 연소방지설비 전용헤드의 경우에는 1.5[m] 이하로 할 것
② 헤드 간의 수평거리는 스프링클러헤드의 경우에는 2[m] 이하로 할 것
③ 천장 또는 벽면에 설치할 것
④ 한쪽 방향의 살수구역의 길이는 2[m] 이상으로 할 것

해설 연소방지설비 헤드의 설치기준
(1) 설치장소 : 천장 또는 벽면
(2) 방수헤드 간의 수평거리

헤드의 종류	수평거리
연소방지설비 전용헤드	2[m] 이하
스프링클러헤드	1.5[m] 이하

정답 05. ③ 06. ② 07. ③

(3) 살수구역 : 양쪽 방향으로 설치

구분	기준
700[m]를 초과하는 경우	700[m] 이내마다 1개 이상
살수구역 길이	3[m] 이상

08 이해도 ○ △ × / 중요도 ★

연소방지설비의 설치기준 구조 등에 관한 설명으로 틀린 것은?

① 송수구로부터 1[m] 이내에 살수구역 안내표지를 설치할 것
② 송수구는 구경 65[mm]의 쌍구형으로 설치할 것
③ 지하구 안에 설치된 내화배선 케이블 등에는 연소방지재를 설치할 것
④ 방수헤드는 천장 또는 벽면에 설치할 것

해설 내화배선 케이블에는 별도의 연소방지용 도료를 도포할 필요가 없다. 내화배선과 동등의 성능을 가지지 못한 배선에 연소방지재를 설치한다.

✔ 정답 08. ③

핵심문제

01 살수구역

구분	기준
환기구 등을 기준	(①)마다 1개 이상
살수구역 길이	(②)

02 연소방지설비 전용헤드는 헤드 간의 수평거리는 (   )로 할 것

03 방수헤드 간의 수평거리는 스프링클러헤드의 경우에는 (   )로 할 것

04 지하구에 설치하는 소화기의 능력단위는 A급 화재는 개당 (①) 이상, B급 화재는 개당 (②) 이상, C급 화재는 (③)이 있는 것

05 지하구에 설치하는 감지기는 감지기 중 (①) 등의 영향을 받지 아니하고 발화지점((②) 단위)과 (③)를 확인할 수 있는 것을 설치

06 방화벽은 분기구 및 국사 · 변전소 등의 건축물과 지하구가 연결되는 부위(건축물로부터 (   ) 이내)에 설치

정답

01. ① 700[m] 이내, ② 3[m] 이상
02. 2[m] 이하
03. 1.5[m] 이하
04. ① 3단위, ② 5단위, ③ 적응성
05. ① 먼지 · 습기, ② 1[m], ③ 온도
06. 20[m]

소방기계시설론

2025. 2. 19. 초 판 1쇄 인쇄
2025. 2. 26. 초 판 1쇄 발행

지은이 | 유창범, 이장원, 유재길, 이정필
펴낸이 | 이종춘
펴낸곳 | BM (주)도서출판 성안당
주소 | 04032 서울시 마포구 양화로 127 첨단빌딩 3층(출판기획 R&D 센터)
10881 경기도 파주시 문발로 112 파주 출판 문화도시(제작 및 물류)
전화 | 02) 3142-0036
031) 950-6300
팩스 | 031) 955-0510
등록 | 1973. 2. 1. 제406-2005-000046호
출판사 홈페이지 | **www.cyber.co.kr**
ISBN | 978-89-315-1327-1 (13530)
정가 | 30,000원

이 책을 만든 사람들
기획 | 최옥현
진행 | 박경희
교정 | 김지숙
전산편집 | 송은정
표지 디자인 | 박현정
홍보 | 김계향, 임진성, 김주승, 최정민
국제부 | 이선민, 조혜란
마케팅 | 구본철, 차정욱, 오영일, 나진호, 강호묵
마케팅 지원 | 장상범
제작 | 김유석